地理信息系统原理

王维芳　范文义　金星姬　李国春　编著

哈尔滨工业大学出版社
HITP　HARBIN INSTITUTE OF TECHNOLOGY PRESS

内 容 简 介

全书共分七章,第一章介绍了地理信息系统的概念、类型、组成、功能和发展趋势等。第二章介绍了"3S"技术地理空间基础。第三章介绍了空间数据的表达方法。第四章介绍了地理信息系统数据库的组织。第五章介绍了数字化高程模型。第六章介绍了空间数据处理、分析方法及应用模型。第七章介绍了地理空间信息可视化与地图制图。

本书适合作为高等院校地理信息专业的本科生和研究生的基础理论参考用书。

图书在版编目(CIP)数据

地理信息系统原理/王维芳等编著. —哈尔滨:
哈尔滨工业大学出版社,2023.11
ISBN 978 - 7 - 5767 - 1101 - 1

Ⅰ.①地… Ⅱ.①王… Ⅲ.①地理信息系统 - 高等学
校 - 教材 Ⅳ.①P208.2

中国国家版本馆 CIP 数据核字(2023)第 239406 号

DILI XINXI XITONG YUANLI

策划编辑	刘培杰 张永芹
责任编辑	刘春雷
封面设计	孙茵艾
出版发行	哈尔滨工业大学出版社
社 址	哈尔滨市南岗区复华四道街 10 号 邮编 150006
传 真	0451 - 86414749
网 址	http://hitpress.hit.edu.cn
印 刷	哈尔滨圣铂印刷有限公司
开 本	787 mm×1 092 mm 1/16 印张 20.75 字数 476 千字
版 次	2023 年 11 月第 1 版 2023 年 11 月第 1 次印刷
书 号	ISBN 978 - 7 - 5767 - 1101 - 1
定 价	78.00 元

(如因印装质量问题影响阅读,我社负责调换)

前　言

近年来,地理信息系统(Geographic Information System,GIS)技术进入了飞速发展的阶段,其应用范围和发展速度都超乎了人们的想象。地理信息系统是以应用为目的,以技术为引导,在为各行各业服务中逐步形成的一门由地理学、测绘学和信息学交叉的技术学科,内容涵盖了基础理论、技术体系、软件系统、工程质量标准和应用各领域。各交叉学科的向前发展成为地理信息系统不断快速发展的动力,尤其是计算机技术的发展和应用,为推动地理信息系统发展提供了强大动力,使学科的研究范围包含且超越了现代测绘科学的所有内容。地理信息系统已应用到各个领域,与人们生活息息相关,它具有强大的空间分析功能,可以解决与地理位置有关的空间决策问题,越来越受到各行各业的关注。

地理信息系统的应用领域非常广泛,可应用于土地资源、水资源、生物资源、矿产资源和森林资源等。它的许多技术和方法都是从实际应用中得以研究利用的,具有很强的实用性。地理信息系统的应用涉及多个学科,每个具体的领域都有其解决问题的特定方法和模型。如何将这些具体的模型纳入地理信息系统中,从而通过地理信息系统来解决不同领域的空间问题,这是共性和个性的结合问题,也是一般原理方法与具体的应用领域模型相结合,并在具体的地理信息系统软件中得以实现的问题。将以上几方面融合在一起,就形成了构建空间分析应用模型的思路和方法,这就是应用地理信息系统的精髓之所在。

编写本书的目的是为读者讲解地理信息系统的基本概念、基本理论、基本方法和在实践中的应用。全书共分7章,第一章主要介绍地理信息系统的概念、类型、组成、功能和发展趋势等。第二章主要介绍"3S"技术地理空间基础,包括地球椭球、坐标系统、地图投影和地形图分幅等内容,为以后的学习打下基础。第三章主要介绍空间数据的表达方法,包括空间数据模型、空间数据结构等内容。第四章介绍地理信息系统数据库的组织,包括空间数据的数字化及空间数据库的管理,数据格式变换等。第五章主要介绍数字化高程模型,包括数字化高程模型的表达、空间数据插值、地形信息的提取以及数字化地形的可视化表达等。第六章主要介绍空间数据处理、分析方法及应用模型,因为地理信息系统的应用已经由管理型向分析决策支持型转变,所以这一部分是地理信息系统中最重要的内容,是创建地理信息系统复杂分析的基础。第七章主要介绍地理空间信息可视化与地图制图。希望通过本书的学习,读者能够了解地理信息系统基本原理和应用,能成为应用型人才,能树立面向未来的信心。

本书第一、二章由范文义和李国春编写,第五、六章由王维芳编写,第三、四、七章由金星姬编写,由王维芳统稿。各位作者所指导的研究生做了大量的实验研究、文字和图表的整理工作。

由于作者水平和时间所限,书中疏漏之处在所难免,敬请读者谅解和指正。

编　者

2023 年 8 月

目　　录

1

第一章 绪 论

近年来,随着社会的进步和信息化技术的飞速发展,地理信息系统越来越深入到现代生活的每一个角落,已经成为各行各业必备的实用工具。地理信息系统集地球数字化于一身,能装下整个地球的超量信息,可谓换个角度看世界。它将我们居住的地球以数字化形式展现在世人面前,你可以在"远在天边,近在咫尺"的"地球村"中畅游,可以从卫星遥感影像中看南极,这就是地理信息系统产生的魅力。地理信息系统技术是对地理科学发展强有力的技术支持,该门技术的发展,与当代相关科学技术的发展紧密相连,是在生产实践中发展起来的空间数据管理和分析应用技术,与人们在生产实践中的要求相适应。

目前,地理信息系统产业保持着高速发展的态势,并带动了相关产业的急剧增长。地理信息产业是当今国际公认的高新技术产业,具有广阔的市场需求和发展前景。地理信息已经在国民经济和社会发展的各个方面得到应用,如政府决策、城市规划、环境监测、卫生防疫、社会经济统计、人口计生、公安指挥、资源管理、交通管理、地籍管理、房地产管理、基础设施管理、电信电力资源管理、物流管理以及位置服务等诸多方面,给我们的生活带来了便利。电子地图、卫星导航、遥感影像,这些地理信息产业链上的新生事物正在创造奇迹,效益已经显现。

近年来,以信息论、控制论和系统论为先导,加之耗散结构理论、突变论和协同学理论的引用,给地理学注入了新鲜血液。地理信息系统技术的兴起,又使地理学向精密科学迈进了一步。地理信息系统、遥感技术、全球定位系统和自动制图技术的有机结合,构成了科学地理学日臻完善的技术体系,引起了世界各国普遍的重视。地理信息系统是管理和分析空间数据的技术,它可及时而又准确地向地学工作者、各级管理和生产部门提供有关区域的综合信息、方案优选和战略决策等方面可靠的地理或空间信息。在论述地理信息系统之前,先介绍一些相关的基本概念。

第一节 地理信息系统的概念

一、"3S"技术的概念

近年来,在空间信息及与之有关的领域,"3S"的概念方兴未艾。"3S"是指以遥感(Remote Sensing,RS)、地理信息系统(Geographic Information System,GIS)和全球定位系统(Global Positioning System,GPS)为主的,与地理空间信息有关的科学技术领域。在国际上,与

"3S"对应的英文词为 Geomatics。因此，可以认为"3S"就是我国的"Geomatics"。

"Geomatics"一词也有其演化过程，最早于20世纪60年代末期出现在法国，法国的大地测量和摄影学家 Bernart Dubuisson 于1975年将该词的法文"Geomatique"正式用于科学文献。1990年，P. Gagnon 将"Geomatics"定义为"利用各种手段，通过一切途径来获取和管理有关空间基础信息的空间数据的科学技术领域"。随即加拿大、澳大利亚、英国、荷兰、中国香港等国家和地区的一些高等学校的测量工程系、政府机构、杂志等出现了更名热潮。如加拿大拉瓦尔大学等将测量工程系改名为"Geomatics"系；加拿大学者 Groot 到荷兰特温特大学任教，将测量学、摄影测量学、遥感图像处理、地图制图、土地信息系统以及计算机科学几个教研室合起来成立了"Geoinformation"系；同年，加拿大能源矿产资源部将其测量杂志和遥感局改名为"Geomatics Canada"。

从以上"Geomatics"一词出现的过程可以看出，"Geomatics"反映了现代测绘科学、遥感和地理信息科学与现代计算机科学和信息科学相结合的多学科集成，以满足空间信息处理要求的趋势。"Geomatics"一词译为"地球空间信息学"，是以全球定位系统、地理信息系统、遥感等空间信息技术为主要内容，并以计算机技术为主要技术支撑，用于采集、量测、分析、存储、管理、显示、传播和应用与地理空间分布有关的数据的一门综合的、集成的信息科学的重要组成部分，是构成数字地球的基础。

综上，无论是对于研究人员还是应用人员，"3S"技术都为相关人员进行科学研究、政府管理、社会生产提供了新一代的观测手段、描述语言和思维工具。"3S"技术的结合应用，取长补短，是一个自然的发展趋势，三者之间的相互作用形成了"一个大脑，两只眼睛"的框架，即遥感和全球定位系统向地理信息系统提供或更新区域信息以及空间定位，地理信息系统进行相应的空间分析，并从遥感和全球定位系统提供的浩如烟海的数据中提取有用信息，进行综合集成，使之成为决策的科学依据。

地理信息系统、遥感和全球定位系统三者集成使用，构成整体的、实时的和动态的对地观测、分析和应用的运行系统，提高了地理信息系统的应用效率。在实际的应用中，较为常见的是"3S"两两之间的集成，如地理信息系统和遥感集成，地理信息系统和全球定位系统集成或者遥感和全球定位系统集成，但是同时集成并使用"3S"技术的应用实例则较少。美国俄亥俄州立大学与公路管理部门合作研制的测绘车是一个典型的"3S"集成应用，它将全球定位系统接收机与一个立体视觉系统结合载于车上，在公路上行驶以取得公路以及两旁的环境数据，并立即自动整理，存储于地理信息系统数据库中。测绘车上安装的立体视觉系统包括两个 CCD 摄像机，在行进时，每秒曝光一次，获取并存储一对影像，同时做实时自动处理。

遥感、地理信息系统、全球定位系统集成的方式可以在不同的技术水平上实现，最简单的方法是将三种系统分开而由用户综合使用，进一步是三者有共同的界面，做到表面上无缝的集成，数据传输则在内部通过特征码相结合，最好的方法是整体的集成，成为统一的系统。

单纯从软件实现的角度来看，开发"3S"集成的系统在技术上并没有多大的障碍。目前一般工具软件实现的技术方案是:通过支持栅格数据类型及相关的处理分析操作以实现与遥感的集成,而通过增加一个动态矢量图层以实现与全球定位系统的集成。对于"3S"集成技术而言,最重要的是在应用中综合使用遥感以及全球定位系统,利用其实时、准确获取数据的能力,降低应用成本或者实现一些新的应用。

"3S"技术的发展,形成了综合的、完整的对地观测系统,提高了人类认识地球的能力;相应地,它拓展了传统测绘科学的研究领域。地球空间信息学作为地理学的一个分支学科产生,并对包括遥感、全球定位系统在内的现代测绘技术的综合应用进行探讨和研究。同时,它也推动了其他一些相联系的学科的发展,如地球信息科学、地理信息科学等,它们成为"数字地球"这一概念提出的技术基础。

二、地理信息系统的概念

(一)数据与信息

在地理信息系统的研究和应用中,经常要涉及数据(data)和信息(information)两个术语。从科学的观点来看,两者之间有词义上的差别,即数据是信息的表达,而信息则是数据的内容。

1. 数据

数据是未经加工的原始材料,就地理信息系统总体而论,涉及两大方面的内容:其一是数据的收集、输入和处理,建立其空间数据库。其二是数据的空间分析,建立应用模型并输出。有人认为,输入的都叫数据,输出的都叫信息。其实不然,数据是通过数字化或记录下来可以被鉴别的符号,不仅数字是数据,而且文字、符号和图像也是数据,数据本身并没有意义。例如,数字"1",它可以离开地理信息系统而独立存在,也可以离开地理信息系统的各个组成和阶段而独立存在,即它既可以回避实体是什么,也可以回避它本身能做什么,而且在计算机化的地理信息系统中,数据的格式往往和具体的计算机系统有关,随载荷它的物理设备的形式而改变。

2. 信息

信息是用文字、数字、符号、语言、图形、图像、声音等介质来表示事件、事物、现象等的内容、数量或特征,向人们提供关于现实世界新的事实知识,以作为生产、管理和决策的依据。信息是对数据的解释、运用与解算,数据,即使是经过处理以后的数据,只有经过解释才有意义,才能成为信息。就本质而言,数据是客观对象的表示,而信息则是数据表示的意义,只有数据对实体行为产生影响时才成为信息。例如,同样的数字"1",当用来标识某一种实体的类别时,它就提供了特征码信息,当用来表示某一种实体在某个地域内存在与否时,它就提供了有(用 1 表示)和无(用 0 表示)两种信息,如森林经营的某个小班中"1"表示有红松存在,"0"表示没有红松存在。

但是,要从数据中得到信息,处理和解释是非常重要的环节。所谓数据处理,是指对数据进行收集、筛选、排序、归并、转换、存储、检索、计算、分析、模拟和预测等操作。这些操作的目的包括把数据转换成便于观察、分析、传输或进一步处理的形式;把数据加工成对正确管理和决策有用的数据;把数据编辑后存储起来,以供不断使用。数据处理是为了数据解释,而数据解释需要人的经验和应用目的。对同一数据,每个人的解释可能不同,因而对决策的影响也可能不同。而不同的解释,则往往来自不同的背景、目的和应用。

3. 信息的特征

第一,信息的客观性。任何信息都是与客观事实紧密相关的,这是信息的正确性和精确度的保证。

第二,信息的实用性。信息对决策是十分重要的,信息系统将地理空间的大量空间数据和属性数据收集、组织和管理起来,经过处理、转换和分析变为对生产、管理和决策具有重要意义的有用信息,这是由建立信息系统的明确目的所决定的。

第三,信息的传输性。信息可以在信息发送者和接收者之间传输,既包括系统把有用信息送至终端设备(包括远程终端)和以一定的形式或格式提供给有关用户,也包括信息在系统内各个子系统之间的流转和交换。

第四,信息的共享性。信息与实物不同,信息可以传输给多个用户,为多个用户共享,如上所述,在网络地理信息系统(Web Geographic Information System,Web GIS)中更是如此,而其本身并无损失。信息的这些特点,使信息成为当代社会发展的一项重要资源,它已渗透到各个学科领域。目前,与地理空间分布有关的各个学科、部门都在应用地理信息系统解决各自的问题。

4. 信息的属性

(1)信息的哲学属性。如 N. Wiener 所说:"信息就是信息,不是物质,也不是能量。"信息来源于物质,但不是物质本身;信息与能量有密切的关系,但不等于能量。信息与材料(物质)、能源(能量)被看作当今社会的三大支柱。首先,信息是材料(物质)的属性,其次,信息的表述、存储和传递都要以物质为载体。信息与能源(能量)也有密切的关系。信息存储或信息传递都要花费一定的能量。

(2)信息的经济价值属性。信息的价值在于它本身的知识性和技术性。不论是自然信息还是社会信息,都有其特定的意义和价值。同时信息的价值还体现在存储、传递信息均需耗费信息工作人员的社会必要劳动时间上。

(3)信息的物理属性。信息的物理属性表现在它的载体依附性和可塑性两方面。信息的载体依附性容易被人理解,信息具有可塑性指的是它可以压缩、扩充和叠加,也可以变换形态。在信息的流通、使用过程中,经过综合、分析、再加工,原始信息可以变成二次信息和三次信息;原有的信息价值可实现增值;为了有效地交流和传播,借助于先进的信息技术,文本、图像、数字、语言等各种形态的信息均可实现相互转换。

（4）信息的时效性。人们获取信息的目的在于利用信息,信息的效用与利用时间有密切关系。信息的时效性可以从信息自身和用户两个角度来分析。就前者来看,它是描述事物、人类活动、人类知识的,信息来源于物质,而物质是不断运动变化、发展的,随着时间的推移,原有信息就会出现与事物的状况在某种程度上的不符,从而逐步过时、老化。就后者来看,是在特定条件下执行特定任务时提出信息需求的,超过了时间及环境等条件的限制,原有的信息就没有价值了。与信息的时效性关联的是信息的贬值与"污染"。信息的滞后、信息的失效就意味着信息贬值;用户在信息急骤增加的情况下,一方面很难找到正确的信息,另一方面又被质量差、已贬值或虚假、错误的信息包围,这就是信息用户所面临的信息"污染"。治理信息"污染"需要采取两方面的措施:一是信息工作人员在信息的搜集、加工、提供方面需要及时、全面、准确、认真。二是信息用户要加强自己的信息意识,学会用不同的方法查找不同的信息,提高查准率和查全率,为工作和实践服务。

（二）地理信息与地理信息系统

1. 地理信息

地理信息是指表征地理圈或地理环境固有要素或物质的数量、质量、分布特征、关系和规律等的数字、文字、图像和图形等的总称。地理信息是对有关地理实体的性质、特征和变化过程的描述,是对地理数据的解释。从地理实体到地理数据,再从地理数据到地理信息的发展,反映了人类从认识物质、能量到认识信息的一个巨大飞跃。地理圈或地理环境是客观世界最大的信息源,随着现代科学技术的发展,特别是借助于数学、对地观测技术和计算机科学,科学工作者已经有可能迅速地采集地理空间的几何信息、物理信息和人为信息,并实时地识别、转换、存储、传输、再生成、显示和控制应用这些信息,这也已经成为数字化信息时代的主要特点。

地理信息除了具有信息的一般特性（客观性、实用性、传输性和共享性）外,还具有以下特点:

首先,地理信息属于空间信息,有空间分布的特点,其位置的识别是与数据联系在一起的,这是地理信息区别于其他类型信息的一个最显著的标志。地理实体或目标的特征有空间特征、属性特征和时态特征。空间特征包括空间位置、几何特征（如方向、距离、面积等）和拓扑关系（地理实体之间的邻接、包含、关联等）;属性特征又称为非空间数据,它是描述地理实体特征的定性或定量的指标,可以是关于地理目标的定性描述,也可以是地理目标的定量测量数据;时态特征是地理想象变化过程的时段表达,越来越受到地理信息系统学界的重视。地理信息定位特征是通过公共的地理基础来体现的,即按照特定地区的经纬网或公里网建立的地理坐标来实现空间位置的识别,并可以按照指定的区域进行信息的处理。

其次,地理信息具有多维结构的特征,即在二维空间的基础上,实现多专题的第三维的信息结构,即某一空间位置上含有多重属性,一般在地理信息系统中分成多个专题图层,各个专题或实体之间的联系是通过属性码进行的。这既为岩石圈 - 气圈 - 水圈 - 生物圈及其内部的相互作用进行综合性的研究提供了可能性,也为地理圈多层次的分析和信息的传递与筛选提供了方便。

再次,地理信息的时序特征十分明显,因此可以按照时间的尺度进行地理信息的划分,分为超短期的(如森林火灾)、短期的(如江河洪水、农作物长势)、中期的(如土地利用、农作物估产)、长期的(如水土流失)和超长期的(如火山爆发、地壳变形)等。地理信息的这种动态变化的特征,一方面要求信息获取及时,定期更新地理信息系统的空间数据库,另一方面要重视自然历史过程的积累和对未来的预测、预报,以免用过时的信息造成决策的失误,或者缺乏可靠的动态数据,不能对地理事件或现象做出合乎机制的预测预报和科学论证。因此,要研究地理信息,首先必须把握地理信息的这种区域性的、多层次的和动态变化的特征,然后才能选择正确的手段,实现资源和环境的综合分析、管理、规划和决策。

2. 地理信息系统

(1)信息系统。信息系统是具有采集、处理、管理和分析数据能力的系统。它能为单一的或有组织的决策过程提供有用的信息。一个基于计算机的信息系统包括计算机硬件、软件、数据和用户四大要素:计算机硬件包括各类计算机处理设备及终端设备,它帮助人们在非常短的时间内组织、存储、处理大量的数据;软件是计算机程序,没有软件支持的计算机硬件是发挥不了作用的;数据是系统分析与处理的对象,构成系统的应用基础;用户是信息系统服务的对象。

(2)信息系统的类型。信息系统是为解决不同领域中的问题而产生并发展的,从发展的逻辑上,信息系统主要分为以下四种。

①管理信息系统(Management Information System,MIS)。它是一种基于数据库的管理系统,在数据级上支持管理者。如人事管理信息系统、财务管理信息系统、售票系统等。

②决策支持系统(Decision Support System,DSS)。它是在管理信息系统的基础上发展起来的一种信息系统,不仅为管理者提供数据支持,还提供方法、模型的支持,该系统是一组处理数据和进行分析的程序,能对问题进行仿真或模拟,从而辅助管理者进行决策。

③人工智能和专家系统(Expert System,ES)。它是能模仿人工决策处理过程的基于计算机的信息系统。在决策支持系统上进一步引入了人工智能(Artificial Intelligence,AI)技术。专家系统能应用智能推理制作决策并解释选择该决策的理由,它主要由五个部分组成:知识库、推理机、解释系统、用户接口和知识获得系统。

④空间信息系统(Spatial Information System,SIS)。它是对空间数据进行采集、处理、管理、分析和决策的系统。它可以集成管理信息系统、决策支持系统、人工智能和专家系统的技术而成为一种综合的系统。

从另一个角度,信息系统按照是否包含空间信息,又可分为非空间信息系统和空间信息系统,具体分类见图 1 - 1。

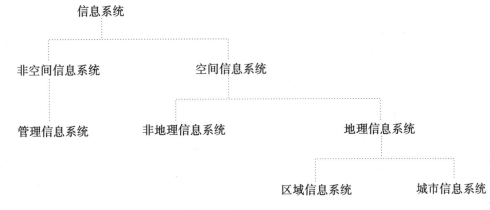

图 1-1　信息系统的分类

（3）地理信息系统。地理信息系统是在计算机软件和硬件的支持下，运用系统工程和信息科学的理论，科学管理和综合分析具有空间内涵的地理数据，以提供对规划、管理、决策和研究所需信息的技术系统。从信息系统的角度，地理信息系统是研究与地理分布有关的空间信息系统，它具有信息系统的各种特点，地理信息系统与其他信息系统的主要区别在于其存储和处理的信息是经过地理编码的，地理位置及与该位置有关的地物属性成为信息检索的重要部分。在地理信息系统中，现实世界被表达成一系列的地理要素、实体或地理现象，这些地理特征至少有空间位置信息和非位置的属性信息两部分组成。例如加拿大地理信息系统（Canada Geographic Information System，CGIS）和美国的 ARC/INFO 软件系统等都是这种典型的处理和分析空间数据的技术系统。关于地理信息系统的定义有多种表达方法，但其本质是一致的。

其他定义：美国联邦数字地图协调委员会（Federal Interagency Coordinating Committee on Digital Cartography，FICCDC）将地理信息系统定义为是由计算机硬件、软件和不同方法组成的系统，设计该系统用来支持空间数据采集、管理、处理、分析、建模和显示，以便解决复杂的规划和管理问题。

英文定义：GIS is a System of computer software, hardware, data and personnel to help manipulate, analyze and present information that is tied to a spatial location.

GIS is a method to visualize, manipulate, analyze, and display spatial data.

GIS is a "Smart Maps" linking a database to the map.

地理信息系统的特点：

①研究对象有地理分布特征。地理信息系统在分析处理问题中使用了空间数据与属性数据，并通过空间数据库管理系统将两者联系在一起共同管理、分析和应用，从而提供了认识地理现象的一种新的方法。而管理信息系统只有属性数据库的管理，即使存储了图形，也往往是机械形式存储，不能进行有关空间数据操作，如空间查询、邻域分析、图层叠加等，更无法进行复杂的空间分析。

②强调空间分析的能力。地理信息系统在空间数据库的基础上,通过空间解析模型算法进行空间数据的分析。地理信息系统总体上分为两方面,一是建立地理信息系统,二是研究空间分析应用模型。

③对图形和属性一体化管理。地理信息系统按空间数据库的要求,将图形数据和属性数据用一定的机制连接起来进行一体化管理,在空间数据库的基础上进行深层次的分析。

④不仅有自身的理论技术体系,而且是一项工程。地理信息系统不同于一般的计算机软件,虽然其外观也表现为计算机软硬件系统,内涵却是由计算机程序和地理数据组成的地理空间信息模型。当具有一定地球科学知识的用户使用地理信息系统时,它所面对的数据不再是毫无意义的,而是把客观世界抽象为模型化的空间数据,用户可以按应用的目的通过这个模型取得自然过程的分析和预测信息,用于管理和决策。而且地理信息系统是一门交叉学科,它既依赖于地理学、测绘学、统计学等基础性学科,又取决于计算机软硬件技术、对地观测等数据获取技术、人工智能与专家系统的进步与成就,在解决资源与环境的问题时,从数据的收集、组织、处理,建立空间数据库,到空间分析应用模型的构建,都要不同程度地涉及优化方案的研究制定和二次开发。当然,这里并非让读者对地理信息系统望而生畏,而是想指出学习及掌握地理信息系统的策略——地理信息系统的概念、理论、技术;资源与环境的相关知识;地理信息系统的具体使用与开发方法,这几者要紧密结合起来。

(4)地理信息系统与其他相关系统的区别。

①地理信息系统与计算机辅助设计(Computer Aided Design,CAD)的区别。计算机辅助设计主要是利用计算机代替或辅助工程设计人员进行各种图形设计。它处理的对象是规则的几何图形及其组合,处理编辑图形的功能极强,属性处理功能很弱。目前,有一种称为ArcCAD 的系统,它是 AutoDesk 公司与美国环境系统研究所公司(Environmental Systems Research Institute,ESRI)合作设计,拥有部分地理信息系统的功能,偏重图形编辑操作的系统,但远不能同美国环境系统研究所公司的 ARC/INFO 软件相比。地理信息系统处理的对象往往是自然目标(如土壤类型、植被类型),属性功能十分重要,图形和属性之间的关系紧密,有地理信息系统独特的数据结构,强调空间数据的分析功能。但由于计算机辅助设计(特别是AutoCAD)的图形编辑处理能力很强,而且有很多单位有用 AutoCAD 做好的电子图形文档,因此,计算机辅助设计及其产品就成了地理信息系统的一种数据源。

②地理信息系统与一般数据库管理系统的区别。地理信息系统与一般数据库管理系统的主要区别在于地理信息系统处理的数据是空间数据和属性数据的综合数据,它不仅管理反映空间属性的一般的数字、文字数据,还要管理反映地理分布特征及其之间拓扑关系的空间位置数据。而且要把两者有机地结合起来,进行协调管理和分析。而一般性的数据库管理系统(如人事、财务或售票系统等),处理对象是非空间的属性数据,数据模型通常为关系型二维表格。但是用一般数据库管理系统建立起来的数据库可以作为地理信息系统空间数据库的属性库的数据源。例如,在森林资源管理领域,在过去的二三十年里,森林经理调查的小班数据,都用 dBASE、FoxBASE 或 FoxPro 等系统以林业局或林场为单位建立了森林资

源数据库,若在这样的林业局或林场建立地理信息系统,则属性数据库不必重新建立,通过一定的方法将原来的森林资源的数据库与图形数据库连接,即可构成地理信息系统的空间数据库。

③地理信息系统与电子地图的区别。电子地图是模拟地图在计算机中的数字表示形式。它是测绘成果的一种进步,是地图数字化的结果,一般要按地图的分幅框架以地图数据库的形式存储在一定的设备上。现在,到测绘部门购买的地形图大多是绘制在纸张上的、标准的分幅形式的地形图,建立地理信息系统时要用数字化的方法(数字化仪、扫描仪等)将它们组织到计算机中。随着经济的发展和技术的进步,测绘部门提供的地图可能都是电子地图,以光盘的形式提供给用户,那么在建立地理信息系统时将省去地图数字化的程序,效率将大大提高。因此,电子地图是地理信息系统重要的数据源。

地理信息系统与相关学科、技术的关系见图1-2。

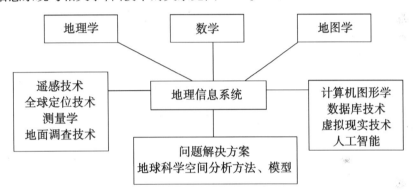

图1-2 地理信息系统与相关学科、技术的关系

第二节 地理信息系统的类型、组成和功能

一、地理信息系统的类型

地理信息系统技术发展很快,同一个系统由于常常要完成一些新的任务,也经常处于变化和重写之中,因此,很难建立一种固定的方法对地理信息系统进行分类。一般认为,当前国际上的地理信息系统基本包括以下三种不同的类型。

(1)专题性地理信息系统(Thematic GIS):指以某一专业、任务或现象为主要内容的系统,为特定的专门目的服务。例如,森林资源管理信息系统、水资源管理信息系统、矿产资源信息系统、农作物估产信息系统、草场资源管理信息系统、水土流失信息系统、森林火灾扑救指挥及评估系统,等等。

(2)区域性地理信息系统(Regional GIS):指以某个区域综合研究和全面的信息服务为目标,可以按不同的规模,如国家、地区级或省、市和县级等为各不同级别行政区服务的区域信息系统,也可以是按自然区划的区域信息系统。例如,中国自然环境综合信息系统、黄河流域信息系统等。实际上,许多开发出来的地理信息系统是区域性专题地理信息系统,如大兴安岭森林动态监测信息系统、哈尔滨市水土流失信息系统,等等。

(3)通用或工具性地理信息系统(GIS Tools):它是一组具有图形图像数字化、存储管理、查询检索、分析运算和多种输出等地理信息系统基本功能的软件包或控件库(如 ArcGIS Engine)。它们或者是专门设计开发的,或者是在完成了实用地理信息系统后抽取具体区域或专题的地理空间数据后得到的,具有对计算机硬件适应性强、数据管理和操作效率高、功能强的特点,是具有普遍适用性的地理信息系统。如美国环境系统研究所公司的 ArcGIS,MapInfo 公司的 MapInfo,我国的 SuperMap 等。

在工具性地理信息系统的支持下建立区域或专题地理信息系统,不仅可以节省地理信息系统软件开发的人力、物力、财力,缩短系统建立周期,提高系统技术水平,而且地理信息系统技术易于推广,使地理信息系统的应用人员将更多的精力投入到高层次的应用模型的开发上。

地理信息系统可以按很多标准(任务、专业、功能、用户类型、行政等级、数据结构等)来分类。例如根据数据结构的类型,可将地理信息系统分为:①矢量型地理信息系统。②栅格型地理信息系统。③混合式地理信息系统。

二、地理信息系统的组成

一个典型的地理信息系统应包括五个基本部分:计算机硬件系统、计算机软件系统、地理空间数据库、系统管理应用人员和应用分析模型。计算机软硬件系统是地理信息系统的基本核心,空间数据库则是基础,管理应用人员是地理信息系统应用成功的关键,应用分析模型是随着地理信息系统技术应用领域的不断拓宽和深入而出现的。

计算机硬件系统包括主机和输入、输出设备。主机部分这里不多赘述,输入、输出设备见图 1-3。

计算机软件系统包括计算机系统软件(如 Windows 2000、UNIX 等操作系统)和地理信息系统软件以及其他支持程序。

地理信息系统软件一般由以下五个基本的技术模块组成。

(1)数据输入和检查。按照地理坐标或特定的地理范围,收集图形、图像和文字资料,通过有关的量化工具(数字化仪、扫描仪和交互终端)和介质(磁盘、光盘),将地理要素的点、线、面图形转化为计算机能够接受的数字形式,同时进行预处理、编辑检查、数据格式转换,并输入系统。

(2)数据存储和数据库管理。地理空间数据库是地理信息系统的关键之一,它保证地理要素的几何数据、拓扑数据和属性数据的有机联系和合理组织,以便系统用户的有效提取、检索、更新、分析和共享。

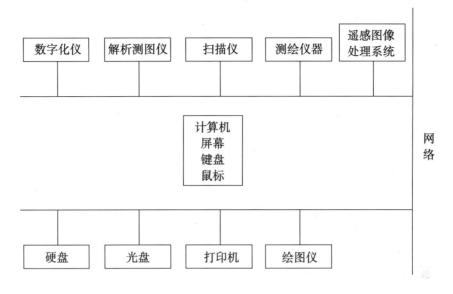

图 1 - 3　地理信息系统的输入、输出设备

（3）数据处理和分析。数据处理和分析是地理信息系统功能的主要体现，也是系统应用数字方法的主要动力，其目的是为了取得系统应用所需要的信息，或对原有信息结构形式的转换。这些转换、分析和应用的类型是极其广泛的，包括比例尺和投影的数字变换、数据的逻辑提取和计算、数据处理和分析，以及地理或空间模型的建立。

（4）数据传输与显示。系统将分析和处理的结果传输给用户，它以各种恰当的形式（报表、统计分析、查询应答或地图形式）显示在屏幕上，或硬拷贝，提供应用。

（5）用户界面。用户界面是用户与系统交互的工具。由于地理信息系统功能复杂，且用户又往往为非计算机专业人员，用户界面是地理信息系统应用的重要组成部分。它采用目前流行的图形界面，提供多窗口和光标选择菜单等控制功能，为用户提供方便。地理信息系统软件的组成见图 1 - 4。

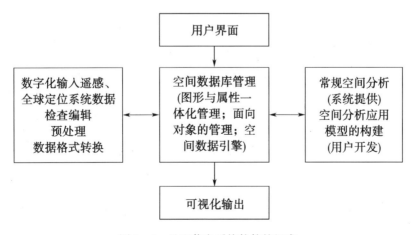

图 1 - 4　地理信息系统软件的组成

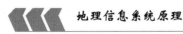

地理信息系统的支持软件是指一些支持对数据的输入、存储、转换和接口的辅助性软件,如数据库管理系统、计算机图形软件包(AutoCAD 等)、图像处理系统等。目前,最常用的地理信息系统支持软件是为地理信息系统做数据输入准备方面的软件,如用于扫描矢量化的 R2V,用于数据准备的北京吉威数源公司的 Geoway 等都是一些使用起来得心应手的软件。

地理信息系统的空间数据库是地理信息系统应用的基础,有其自身的发展过程,以 ARC/INFO 为例,其数据库模型到现在已经历经了三代:第一代数据模型是 CAD 模型,它把矢量图形信息和少量的属性信息存储在二进制文件中;第二代数据模型是 Coverage 模型;第三代数据模型是 Geodatabase 模型,是一种面向对象的数据模型。在网络地理信息系统中,又引入了空间数据引擎 ArcSDE,它是在数据库管理系统(如 Oracle, Microsoft SQL Server, IBM DB2 等)中存储和管理多用户空间数据库的通路。就本质而言,地理信息系统的地理数据分为图形数据和属性数据。数据表达可以采用矢量和栅格两种形式,图形数据表现了地理空间实体的位置、大小、形状、方向以及拓扑关系,属性数据是对地理空间实体性质或数量的描述。空间数据库系统由数据库实体和空间数据库管理系统组成。空间数据库管理系统主要用于数据维护、操作和查询检索,空间数据库是地理信息系统应用项目重要的资源与基础,它的建立和维护是一项非常复杂的工作,涉及许多步骤,需要投入大量的人力与开发资源,是开展地理信息系统应用项目的瓶颈技术之一。而地理信息系统的应用水平则是在空间数据库建立的基础上,体现在空间分析和空间分析应用模型的构建上。

人是地理信息系统中的重要构成因素,地理信息系统不同于一幅地图,而是一个动态的地理模型。仅有计算机软硬件和数据还不能构成完整的地理信息系统,需要人进行系统组织、管理、维护、数据更新、系统完善扩充、应用程序开发,并灵活采用地理分析模型提取多种信息,为研究和决策服务。

应用分析模型是根据具体的应用目标和问题,借助于地理信息系统的空间分析功能,在信息世界中形成的概念模型,具体化为信息世界中可操作的机理和过程。随着地理信息系统技术的发展及其应用领域的扩大,地理信息系统简单的分析功能已远远不能满足需要,尽管大多数地理信息系统软件能通过其宏语言或内部函数提供统计分析等基本的分析手段,然而地球科学工作者及其他地理信息系统使用者往往需要功能更为复杂、强大的应用分析模型(包括数学模型、环境模拟模型等)。当前地理信息系统不能满足社会和区域可持续发展在空间分析、预测预报、决策支持等方面的要求,直接影响到地理信息系统的应用效益和生命力。另外,在各个专业应用领域,都有许多具有很大实用价值的应用模型,如水文研究领域使用的众多产汇流模型、水质模拟模型等,但这些模型往往缺乏直观、友好的图形界面以及对空间数据分析显示等方面的支持,与地理信息系统相比,在图形数据的查询、显示、输出等方面往往相形见绌。同时,在应用地理信息系统开发研制中,普遍存在建立应用模型工作量所占比重过大,而且模型相互重复的现象。因此,不论从提高复杂的应用地理信息系统的开发效率的角度,还是出于对各类应用模型本身的界面优化与图形支持等方面的需求,都必须加强地理信息系统与应用模型的集成研究,以充分提高地理信息系统的分析功能。地理信息系统与应用模型的集成既可以充分发挥地理信息系统在空间数据操作方面的优势,又可以改变地理信息系统中应用分析模型研制与开发工作低效的局面,弥补地理信息系统在专业分析功能方面的不足。应用模型与地理信息系统集成形式包括源代码、函数库、可执行程序与模型库。其中,前三种是常见的形式,模型库是一种仍在探索中的形式。

三、地理信息系统的功能

地理信息系统的研究对象有地理分布特征,结合上述地理信息系统软件的结构可以看出,地理信息系统的功能应包括以下方面。

1. 数据的采集、检验与编辑

主要用于获取数据,将所需的各种数据通过一定的数据模型和数据结构输入并转换成计算机所要求的格式进行存储。保证地理信息系统数据库中的数据在内容与空间上的完整性、数据及逻辑一致性,通过编辑的手段保证数据的无错。地理信息系统空间数据库的建设占整个系统建设投资的70%以上,因此,信息共享和自动化数据输入成为地理信息系统研究的重要内容,出现了一些专门用于自动化数据输入的地理信息系统的支持软件。随着数据源种类的不同,输入的设备和输入方法也在发展。目前,用于地理信息系统数据采集的方法和技术很多,如扫描矢量化和遥感数据集成等。

2. 数据处理

地理信息系统有自身的数据结构,一个完善的地理信息系统应该兼容图形图像格式的工业标准,同时也应该与其他系统的数据格式相兼容,这就存在不同数据结构之间的数据格式的转换问题。一个地理信息系统内部的矢量和栅格数据也有相互转换的问题,而且转换的效果要好,速度要快。目前,数据输入一般采用矢量结构输入,因为栅格结构输入工作量太大(早期地理信息系统可用栅格结构输入),需要时将矢量数据转换为栅格数据,栅格数据特别适合于构建地图分析模型。投影变换和坐标变换在建立地理信息系统空间数据库中非常重要,只有在同一地图投影和同一坐标系下,各种空间数据才能绝对配准。

3. 空间数据库管理

空间数据库管理是组织地理信息系统项目的基础,涉及空间数据(图形图像数据)和属性数据。栅格模型、矢量模型或栅格/矢量混合模型是常用的空间数据组织方法。由于地理信息系统空间数据库数据量大,涉及的内容多,这些特点决定了它既要遵循常用的关系型数据库管理系统来管理数据,又要采用一些特殊的技术和方法来解决常规数据库无法管理空间数据的问题。地理信息系统的数据库管理已经从图形数据和属性数据通过唯一标识码的公共项一体化连接发展到面向目标的数据库模型,再到多用户的空间数据库引擎。地理信息系统数据库管理技术的改进,有助于大数据量的信息检索、查询和共享的效率。

4. 基本空间分析

空间分析是地理信息系统的核心功能,也是地理信息系统与其他计算机软件的根本区

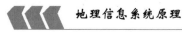

别。一个地理信息系统软件提供的基本空间分析功能的强弱(如图层的空间变换、再分类、叠加分析、邻域分析、网络分析等)直接影响系统的应用范围,同时也是衡量地理信息系统功能强弱的标准。

5. 应用模型的构建方法

由于地理信息系统应用范围越来越广,不同的学科、专业都有各自的分析模型,一个地理信息系统软件不可能涵盖所有与地球科学相关学科的分析模型,这是共性与个性的问题。因此,地理信息系统除了应该提供上述的基本空间分析功能外,还应提供构建专业模型的方法,这可能包括提供系统的宏语言、二次开发工具、相关控件或数据库接口等。关于空间分析应用模型的构建方法将在本书第六章中详细论述。

6. 结果显示与输出

地理信息系统的处理分析结果需要输出给用户,输出数据的种类很多,可能有地图、表格、文字、图像等,为了突出效果,有时需要三维虚拟显示;输出的介质可以是纸张、光盘、磁盘或屏幕等,尤其是地理信息系统的地图输出功能,一个好的地理信息系统应能提供一种良好的、交互式的制图环境,以供地理信息系统的使用者设计和制作出高品质的地图。

当然,随着解决资源与环境问题要求的变化和相关理论技术的发展,地理信息系统的功能应随之扩充、进步。

第三节　地理信息系统的发展

地理信息系统的发展有赖于相关学科技术的发展(如计算机软硬件技术、地理学、地图学、计算机图形学、遥感技术等)和解决资源与环境等领域问题的需要。特别是在 20 世纪 60 年代后,相关技术的进步构成了地理信息系统发展的推力,资源与环境问题需要处理大量的地理数据构成拉力,二者的结合便是地理信息系统产生和发展的必要条件。

一、国际发展状况

(一)起始阶段

地理信息系统是 20 世纪 60 年代中期开始逐渐发展起来的一门新技术。由于 20 世纪 40 年代和 50 年代计算机科学、地图学和航空摄影测量技术的发展,逐渐产生利用计算机汇总各种来源的数据,借助计算机处理和分析这些数据,最后通过计算机输出一系列结果作为对决策有用的信息,这就产生了最早的地理信息系统的基本框架。长期以来,地学工作者一直要研究存在于具体时空框架中的地理要素,最初存储这些要素的共同介质是模拟地图(绘制在纸张上的地图),使用和分析空间数据时,是通过由这种模拟地图和读图人员组成的简易系统来完成的,偶尔也借助一些简单的量算工具。经验表明,采用这种简易的系统,提取少量数据比较容易,但是要提取大量的地理信息或者研究存在于多种地图要素之间的复杂关系时,就很困难。例如,当地学研究人员要用手工方法在两组或两组以上的数据之间研究其可能的相互关系,而这些空间数据的坐标系统不一致,比例尺不统一时,是很困难的,甚至是不可能的。因此,当20世纪50年代末和60年代初,计算机获得广泛应用以后,很快就被应用于空间数据的存储和处理,使计算机成为地图信息存储和计算处理的工具,将很多地图转换为能被计算机利用的数字形式。

计算机分析地图内容并提供信息是从自然资源的管理和土地规划任务开始的,在这个基础上诞生了世界上第一个地理信息系统——加拿大地理信息系统。这时地理信息系统的特征是和计算机技术的发展水平联系在一起的,表现在计算机存储能力小,磁带存取速度慢,机助制图能力较强,地学分析功能比较简单,实现了手扶跟踪的数字化方法,可以完成地图数据的拓扑编辑,分幅数据的自动拼接,开创了栅格单元的操作方法,发展了许多面向栅格的系统。例如哈佛大学的SYMAP是最著名的一例,另外还有GRID、MLMIS等系统,所有这些处理空间数据的技术奠定了地理信息系统发展的基础。这一时期,地理信息系统发展的另一显著标志是许多有关的组织和机构纷纷建立,例如1966年美国成立城市和区域信息系统协会(The Urban and Regional Information Systems Association,URISA),1969年又建立了州信息系统全国协会(National Soil Information System,NASIS),国际地理联合会(International Geographical Union,IGU)于1968年设立了地理数据收集和处理委员会(CGDSP)。这些组织和机构的建立,对于传播地理信息系统的知识和发展地理信息系统的技术起了重要的指导作用。

(二)巩固阶段

20世纪70年代,计算机发展到第三代,不仅内存容量大增,运算速度也达到10^{-6}秒级,而且输入、输出设备比较齐全,推出了大容量直接存取设备——磁盘,为地理数据的录入、储存、检索、输出提供了强有力的手段,特别是人机对话和随机操作的应用,可以通过屏幕直接监视数字化的操作,而且能很快看到制图分析的结果,并进行实时的编辑。这时由于计算机技术及其在自然资源和环境数据处理中的应用,特别是在资源与环境问题中,要处理和分析大量的地理数据,导致了地理信息系统在自然资源开发、环境保护、土地利用及规划等领域的大量应用,促使地理信息系统迅速发展。例如从1970年至1976年,美国就建成了50多个信息系统,分别作为处理地理、地质和水资源等领域空间信息的工具。其他如加拿大,德国,瑞典和日本等国也先后发展了本国的地理信息系统。地理信息系统的发展,使一些商业公司开始活跃起来,相关软件在市场上受到欢迎,同时管理问题也开始受到重视。例如,国际地理联合会较广泛深入地研究了五个主要系统的成功和失败,先后于1975年和1976年两次调查了与空间数据处理有关的计算机软件,以确定现有软件的类型、特点和质量,当时大约有300个应用系统投入使用,其中较完整的地理信息系统软件就有80个之多。1980年在美国出版的《空间数据处理计算机软件》(三卷)的报告,基本总结了1979年以前世界各国地理信息系统发展的概貌。与此同时,D. F. Marble等拟订了处理空间数据的计算机软件说明的标准格式,对全部软件进行了系统的分类,提出地理信息系统今后的发展应着重研究空间数据处理的算法、数据结构和数据库管理系统三大问题。先后召开了一系列地理信息系统的国际讨论会,例如,1971年在法国圣玛德莲(Saint-Maximin)召开了关于数据库的国际专家会议,国际地理联合会先后于1970年和1972年两次召开关于地理信息系统的学术讨论会,1978年国际测量师联合会(International Federation of Surveyors,FIG)规定第三委员会的主要任务是研究地理信息系统,同年在德国达姆斯塔特工业大学召开了第一次地理信息系统讨论会等。这期间,许多大学(例如美国纽约州立大学布法罗分校等)开始注意培养地理信息系统方面的人才,创建了地理信息系统实验室。因此,地理信息系统这一技术受到了政府部门、商业公司和大学的普遍重视,成为一个引人注目的领域。

(三)突破阶段

20世纪80年代是地理信息系统普遍发展和推广应用的阶段。由于大规模和超大规模集成电路的问世,推出了第四代计算机,特别是微型计算机和远程通信传输设备的出现,例如1984年Prime 9950象征着新一代微机的诞生,有4兆~6兆内存,每秒400万次运算,为计算机的普及应用创造了条件,加上计算机网络的建立,使地理信息的传输时效得到极大的提高。在系统软件方面,完全面向数据管理的数据库管理系统(Database Management System,DBMS)通过操作系统(Operating System,OS)管理数据,系统软件工具和应用软件工具得到研发,数据处理开始和数学模型、模拟等决策工具结合。地理信息系统的应用从解决基础设施的规划(如道路、输电线等)转向更加复杂的区域,例如土地的农业利用、城市化的发展、人口的规划和安置等,地理因素成为投资标准和决策不可缺少的依据。这时期,地理信息系统不仅引起工业化国家的普遍兴趣,例如英国、法国、德国、挪威、瑞典、荷兰、以色列、澳大利亚、苏联等国都在积极推动地理信息系统的发展和应用,而且不再受国家界线的限制,地理信息系统开始用于解决全球性的问题,例如全球的沙漠化、全球可居住区的评价、厄尔尼诺现象、酸雨及核扩散等对世界环境潜在的影响。因此,国际著名的地理信息系统专家R.F.汤姆林逊(R.F.Tomlinson)认为,如果20世纪70年代是这个领域发展的巩固时期,那么20世纪80年代就是国际地理信息系统发展具有突破性的时期。

1989年市场上有报价的系统就有70多个,其中有代表性的有:美国环境系统研究所公司的ARC/INFO、Intergraph公司的MGE(Modular GIS Environment,该系统后来改名为Geo-Media)、MapInfo公司的MapInfo、澳大利亚Gensys公司的GenaMap、德国Siemens公司的SI-CAD(UNIX系统下)和WCAD(Windows系统下)。有些系统至今仍在发展。

(四)产业化阶段

进入20世纪90年代,随着数字化信息产品在全球的普及和地理信息系统产业的建立,地理信息系统的应用已经深入到各行各业,并成为许多机构必备的工作系统。社会对地理信息系统的认识普遍提高,需求大幅度增加,从而导致地理信息系统应用的扩大与深化。现在的问题不再是讨论是否使用地理信息系统,而是如何改进、发展、利用地理信息系统获取经济效益及扩大经济范围和提高开发水平的问题。

自20世纪90年代后期以来,互联网(Internet)技术得到了迅速的发展,几乎进入了人类社会生活的各个领域,对社会文明的进步和经济的发展产生了极为深远的影响,互联网技术正在改变着整个世界。人类进入21世纪后,信息技术更加迅猛发展,随着通信、视频、宽带等信息网络与互联网相互融合步伐的加快,以及下一代互联网(Internet 2)技术的成熟,一些影响互联网普及和进一步应用的技术制约因素将得到解决,互联网日益成为信息化社会信息交流、信息获取的重要工具。基于互联网的浏览器和服务器(Browser/Server)体系结构的应用模式已经成为一种新的工业标准被广泛应用于信息发布、检索等诸多领域。地理信息系统技术的飞速发展虽然为地理信息的电子化、可视化、网络化、存储管理带来了重大革新,但地理信息只限于局部使用,而社会对地理信息的需求在不断增长。互联网技术的迅速发展为地理信息系统提供了一种崭新而又非常有效的地理信息载体,这就使得互联网环境下的空间信息处理技术成为可能。网络地理信息系统就是近年来发展起来的基于互联网平台、采用万维网(World Wide Web,WWW)协议运行在互联网上的地理信息系统。它是利用互联网技术来完善和扩展地理信息系统的一项新技术,其核心是在地理信息系统中嵌入超文本传输协议(Hyper Text Transfer Protocol, HTTP)和传输控制协议/网际协议(Transmission Control Protocol/Internet Protocal, TCP/IP)标准的应用体系,实现互联网环境下的空间信息管理等地理信息系统功能。网络地理信息系统开拓了地理信息资源利用的新领域,为地理信息系统的社会化共享提供了可能。它改变了地理信息系统数据信息的获取、传输、发布、共享、应用和可视化等过程和方式,大量的地理信息系统的信息在互联网上以万维网形式发布,因而成为"数字地球"的支撑技术之一。

当前,地理信息系统的软件开发商纷纷加入出了网络地理信息系统,尤其是几大主流网络地理信息系统平台提供商,几乎一年左右就有新的版本推出。其中比较有代表性的系统平台有美国环境系统研究所公司的 MapObjects Internet Map Server(MapObject IMS)和 ArcView Internet Map Server(ArcView IMS),后合并为 ArcIMS;MapInfo 公司的 MapXtreme;Autodesk 公司的 MapGuide;Intergraph 公司的 GeoMedia Web Map 等。这些平台各有特点,都提供了二次开发的手段,而且都处在快速的发展之中。

在这一时期,组件式地理信息系统是地理信息系统发展中的又一阶段。它采用组件对象模型(Component Object Model, COM)技术,这是微软公司提出的一种开发和支持程序对象组件的框架。组件对象模型现在已成为一类技术,如 Sunsoft Java Bean 技术就是基于组件对象模型的思想形成的。微软的组件对象模型技术是由对象链接与嵌入(Object Linking and Embedding, OLE)发展而来,对象链接与嵌入是一种用来显示和编辑一些复杂文档的技术,例如在文字处理器应用程序(Microsoft Office Word)中显示别的应用,就需要一个嵌入式的功能组件,在 OLE 1.0 中通过连接实现 Drag and Drop,而 OLE 2.0 开始支持对象的嵌入,出现了对象链接与嵌入控件技术。在网络浏览器上引入了控件技术后,微软将所有这类技术统称为 Active X 技术。以美国环境系统研究所公司产品为例,Windows NT ARC/INFO 7.1.2 是第一个组件化产品。ARC/INFO 8 的 ArcObjects 是 ArcMap、ArcCatalog 等 ArcGIS 系列应用程序的开发平台。ArcObjects 组件展现了在 ARC/INFO、ArcView 中可以利用的全部功能。MapObjects 则是由美国环境系统研究所公司开发的一组供开发人员使用的制图与地理信息系统功能组件,它由一个叫 Map 的 Active X 控件和一系列可编程 Active X 对象组成。

二、国内发展状况

我国地理信息系统的发展、起步比较晚,大体可分为以下三个阶段。

(一)准备阶段

20 世纪 70 年代初,我国也开始探讨计算机在地图制图和遥感领域的应用。例如 1972 年开始研制制图自动化系列,1974 年引进美国地球资源卫星图像,并开展了卫星图像的处理和分析工作,1976 年召开了第一次遥感技术规划会议,形成遥感技术试验与应用蓬勃发展的局面,并先后开展了京津唐地区红外遥感试验、新疆哈密地区航空遥感试验、津渤地区的环境遥感研究,以及天津等地区农业土地资源遥感清查方法的应用等。除了环境卫星系列数据与图像的接收、处理和应用,还开展了全国范围的航空摄影测量与地形制图,数以万计的地面和海洋观测网的布置,以及从地方到中央的多层次社会经济统计数据,为我国建立地理信息系统的数据库打下了坚实的基础。与此同时,还研究了利用计算机处理与输出地图的方法,1977 年诞生了我国第一张由计算机输出的全要素地图,研究利用统计数据的计算机处理技术,对数字地形模型基本数据的特征参数及其提取的试验,自然景观单元的划分与计算机分类方法的研究,以及 1978 年在黄山召开的全国第一次数据库学术讨论会,这些都为我国地理信息系统的研制和开发做了技术上的准备,积累了经验,开辟了道路。

(二)试验阶段

20 世纪 80 年代,随着微型计算机的问世,软件技术的发展和我国对"信息革命"的热烈响应,地理信息系统这一新技术正式作为实体,在我国进入全面试验阶段。这些试验包括:

(1)典型试验。典型试验是围绕着建立数据规范和标准、空间数据库建设,数据处理和分析算法,以及系统分析软件和应用软件的开发等专题展开的。例如,1981 年在渡口—二滩的遥感和地理信息系统的典型试验中,就是以航空遥感资料为基础,从土地覆盖和环境污染着手,试验多源的数据采集与空间配准的方法,探索信息专题化和数字化的技术途径;中国科学院成都计算机应用研究所围绕区域数据模型的设计和建立,就查询、检索、系统分析和数据更新等技术方法开展试验研究;通过以农业为主要服务对象,为其提供有关质量评价、动态分析预报的模式和软件,应用于水库淹没损失、水资源估算、土地资源清查、环境质量评价与人口趋势分析等多项专题的试验研究。

(2)专题试验。专题试验是在专业系统建设的基础上,探索地理信息系统的设计与应用,包括人口、资源、环境与经济等广泛的专题。例如结合全国人口普查,建立我国人口信息系统;在全国大地测量和数字地形模型建立的基础上,建立我国国土资源信息系统。经济信息管理系统已于 1986 年问世,其他区域性和专题性的信息系统,在各自不同的层次上具有不同的特色,并为我国地理信息系统的发展做出了贡献。

（3）通用软件的设计。通用软件是指任何地理信息系统都必须具有的支撑软件，它可以和不同的专业相结合，构成不同的专题信息系统。例如美国推出的 ARC/INFO 就是这种典型的地理信息系统通用软件。我国为探索功能较为完整的地理信息系统通用软件的设计和建设，一方面在"七五"计划期间，将地理信息系统重要软件的研制列为国家科技攻关项目，另一方面为了证实在微机上建立区域地理信息系统的可行性，以便在众多的微机上推广应用，广泛开展了微机地理信息系统软件的研制，例如 PURSIS（Peking University Remote Sensing Information System）。PURSIS 是由北京大学遥感与地理信息系统研究所推出的微机地理信息系统通用软件。该软件系统采用模块化程序结构设计，有利于增添新的功能模块，由于利用了一些成功的软件技术，为图形的输入和编辑创立了一个良好的交互式工作环境。通过设计高效率的数据格式转换算法、数据压缩编码技术和其他一些分析工具等，大大增强了这种全数字型的微机地理信息系统的功能。这些软件系统的研制和应用，不但为区域的管理与规划提供实用的系统服务，而且从理论和技术上为地理信息系统通用软件的发展提供了有益的经验。

（4）机构建设和人才培养。机构建设和人才培养是推动我国地理信息系统发展的组织保证。我国于 1985 年创建了第一个资源与环境信息系统实验室，这是一个开放型的高技术开发实验室。1987 年在北京举行了国际地理信息系统学术讨论会，交流和讨论了国际上地理信息系统研究现状、主要趋向和应用前景，举行专题学术讲座，系统介绍和讨论了国外在地理信息系统研究方面的进展和应用深度，并对地理信息系统建设的理论、技术和经验等进行了探讨。有关高等学校开设了地理信息系统课程等。这一切活动展示了我国在地理信息系统方面的进展，这些试验和进展，虽然在总体水平上还处于国际上 20 世纪 70 年代中期的水平，但是已经为我国地理信息系统的发展创造了有利的社会舆论，为进一步发展和实际应用打下了基础。

（三）快速发展阶段

20 世纪 90 年代，我国的地理信息系统出现了前所未有的发展局面。"中国地理信息产业协会""中国海外地理信息科学协会"等机构相继成立，并且出现了一批从事地理信息学科和工程的高科技企业，特别是在"九五"计划期间，国家科委把地理信息系统、遥感及全球定位系统的综合应用列为重点科技攻关项目，研制开发国产地理信息系统软件更是重中之重。全国有五个单位分别开发出了地理信息科学软件：吉奥时空信息技术股份有限公司的 GeoStar，中国地质大学的 MapGIS，北京大学遥感与地理信息研究所的 CityStar（该系统后改名为 Region Management），中国林业科学研究院的 ViewGIS，深圳市雅都软件股份有限公司的 GROW。此后，这些软件继续改版升级，中国科学院地理科学与资源研究所的北京超图软件股份有限公司和中国科学院遥感与数字地理研究所的北京国遥万维信息技术有限公司等单位分别推出了 SuperMap 和 GeoBeans 等软件。在全国成立了若干遥感、地理信息系统和全球定位系统的公司或代理公司。

三、地理信息系统的发展趋势

综观地理信息系统的发展,从最早的基本框架到成为一个独立发展的新领域,经历过几十个年头。目前它明显地体现出多学科交叉的特征,这些交叉的学科包括地理学、地图学、计算机科学、摄影测量学、遥感技术、全球定位系统、数学和统计科学,以及一切与处理和分析空间数据有关的学科。它具有自己独立的研究任务,这就是以数字形式综合或分析空间信息。地理信息系统既是综合性的技术方法,其本身又是研究实体和应用工具,它的发展具有下述主要的趋势。

(一)网络地理信息系统

伴随着互联网的飞速发展,地理信息系统从单机走向了网络。网络地理信息系统是利用互联网来扩展和完善地理信息系统功能的一项新技术,是由地理信息系统和互联网技术相结合而产生的一种新技术方法,同时也是社会对地理信息的需求不断增长的结果。网络地理信息系统的解决方案还不是很完备,有待于进一步的发展,其发展有赖于两个方面:一是地理信息系统本身的完善,如数据结构的问题,目前的网络地理信息系统多数采用关系型数据库来管理空间数据,图形数据和属性数据分别存储,通过唯一识别符将二者连接起来,这种模式不适合网络地理信息系统海量数据的处理。与此连带的问题是数据的标准化和规范化,不同的地理信息系统都有自己的数据格式,多源数据的共享和综合是网络地理信息系统的发展方向。地理信息系统的空间分析能力是核心,特别是空间分析应用模型的构建,因为只有把不同专业的模型纳入全球定位系统中,才能充分发挥地理信息系统的功能,仅靠全球定位系统软件本身提供的常规空间分析功能不能满足各个行业的要求,如何提高地理信息系统的空间分析应用模型构建的能力是必不可少的。二是互联网本身的发展。与传统基于服务器/客户机(Client/Server)的地理信息系统相比,网络地理信息系统的优点在于:

(1)更广泛的访问范围。客户可以同时访问多个位于不同地方的服务器上的最新数据,大大方便了地理信息系统的数据管理,使分布式的多数据源的数据管理和合成更易于实现。

(2)平台独立性。无论服务器/客户机是何种机器,也无论网络地理信息系统服务器端使用何种地理信息系统软件,由于使用了通用的网络浏览器,用户就可以透明地访问网络地理信息系统数据,在本机或某个服务器上进行分布式部件的动态组合和空间数据的协同处理与分析,实现远程异构数据的共享。

(3)降低系统成本。传统地理信息系统在每个客户端都要配备昂贵的专业软件,而用户使用的经常只是一些最基本的功能,这实际造成了极大的浪费。网络地理信息系统在客户端通常只需使用网络浏览器(有时还要加一些插件),其软件成本与全套专业软件相比明显要节省得多。另外,由于客户端的简单性而节省的维护费用也不容忽视。

(4)更简单的操作。要广泛推广地理信息系统,使之为广大普通用户所接受,而不仅仅局限于少数受过专业培训的专业用户使用,就要降低对系统操作的要求。通用的网络浏览器无疑是降低操作复杂度的最好选择。

(二)组件式地理信息系统

组件式地理信息系统(Com GIS)是地理信息系统的又一发展趋势。它采用组件对象模型(COM)技术,是微软公司提出的一种开发和支持程序对象组件的框架。组件对象模型现在已成为一类技术,如 Sunsoft Java Bean 技术就是基于组件对象模型的思想设计的。组件式地理信息系统不是一个最终的软件系统,它是把地理信息系统的各大功能模块制作成若干控件,每个控件完成不同的功能。各个地理信息系统控件之间及其与非地理信息系统控件之间,可以通过 VB、VC 等开发工具集成起来形成最终的地理信息系统应用。之所以出现组件式地理信息系统,其主要原因是一个功能强大的地理信息系统软件系统在一个特定的领域应用时,该系统所提供的功能可能仅被应用了 20%,大部分功能被闲置;另外,在实际应用中,有些应用围绕地图展开,而在其他一些应用中,地图只是其中的一部分,此时应用开发人员迫切需要一种制图和地理信息系统组件,而不是最终的地理信息系统软件系统来完成他们的应用。

随着地理信息系统的发展,组件式地理信息系统会随之发展。

(三)三维地理信息系统

二维地理信息系统无法满足用户日益增长的需求,用户需要更为直观真实的三维地理信息系统来作为交互式查询和分析的媒介,三维地理信息系统是一个重要发展方向,也是地理信息学科的研究热点之一,其研究范围涉及数据库、计算机图形学、虚拟现实等多个科学领域。目前,国内外许多学者对三维地理信息系统的三维结构、三维建模以及单一领域的应用提出了许多方法和技术手段。事实上,人们对三维地理信息系统建模与实现仍处于理论研究阶段。在现有的三维地理信息系统中,系统功能在三维场景可视化、实时漫游等方面取得了较好的成果,但查询分析功能比较弱。然而查询分析功能在三维地理信息系统的实现和应用中具有十分重要的地位,它可使三维地理信息系统具有辅助决策支持的能力。实现三维查询分析非常困难,三维地理信息系统在数据的采集、管理、分析、显示和系统设计等方面要比二维地理信息系统复杂得多,并不是简单地增加了 Z 坐标的问题。有些地理信息系统软件采用建立数字高程模型与专题图或遥感图像复合叠加后,用透视投影进行立体显示的方法来处理和表达地形的起伏,但涉及地下和地上的三维自然和人工景观就无能为力了,只能将其投影到地表,再进行处理,这种方式实际上仍是以二维的形式来处理数据。试图用二维系统来描述三维空间的方法,必然存在不能精确地反映、分析和显示三维信息的问题。真正的三维地理信息系统必须支持三维的数据模型,具有三维的空间数据库,提供三维的空间分析功能。

(四)时态地理信息系统

传统的地理信息系统处理的是无时间概念的数据,只能是现实世界在某个时刻的静态表达。当被描述的对象随时间变化比较缓慢且变化的历史过程无关紧要时,可以用"数据更新"的方式来处理时间变化的影响。然而,地理信息系统所描述的现实世界随时间连续变化时,时间维度必须作为与空间等量的因素加入到地理信息系统中来。

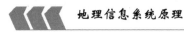

（1）对象随时间变化很快：噪声污染、水质检测、日照变化等，一秒中可以得到一个，甚至几个数据。

（2）历史回溯和演变：地籍变更、环境变化、灾难预警等，需要根据已有数据回溯过去某一时刻的情况或预测将来某一时刻的情况。

（3）地球科学家想对某一时刻的所有地质条件或某一时间段内的平均地质条件进行评价，他们是否能容易地获得在"A时刻的值或从时间B到时间C这段时间内的值"。

将时间的影响引入到地理信息系统中，就产生了时态地理信息系统（Temporal GIS，TGIS），或称四维地理信息系统。当前主要的时态地理信息系统模型包括空间–时间立方体模型、序列快照模型、基图修正模型和空间–时间组合体模型。时态地理信息系统的研究重点主要包括时空数据库模型（如何设计并建立一个有效的数据库结构来存储时空数据）、时空分析和推理（如何根据数据库中大量的时间序列数据和空间数据进行包括时间推理和空间推理在内的数据分析）、时空数据库管理系统（目前主要研究的是时空数据库查询语言，而真正对数据库管理系统层次的研究很少）和时空数据的可视化研究（探讨不同时间数据的显示、制图和符号化）四个方面。其中有关时空数据库模型的研究比较深入，而对时态的可视化问题研究较少，过去一般借助轨迹线等方法描述地理数据的时态特征，现在的研究是借助动画技术向表述地理数据时间维度的方向发展。

（五）移动地理信息系统

移动地理信息系统是以移动互联网为支撑、以全球定位系统智能手机为终端的地理信息系统，是继桌面地理信息系统、网络地理信息系统之后又一新的技术热点，移动定位、移动MIS、移动办公等越来越成为企业或个人的迫切需求，移动地理信息系统就是其中的集中代表，它使得随时随地获取信息变得轻松自如。移动地理信息系统由空间数据库、地理信息系统服务器、瓦片服务器、地理信息系统客户端等几部分构成。移动地理信息系统在行业应用上，通常需要包含移动MIS、移动OA的内容实现企业信息的集成，所应用的行业有交通、公安、消防、电力、城管、物流、国土、测绘、环保、通信、林业、农业、海洋等。

（六）"3S"技术综合、集成

目前，在已有的文献中，"3S"集成的概念被提到了空前的高度。但必须清醒地看到，真正的"3S"集成系统是很少的。用遥感和全球定位系统收集数据，用地理信息系统作为管理平台去解决地学的相关问题，这只是三种技术的综合应用，不能称为集成；把遥感数字图像处理和地理信息系统在软件系统中编制成一套菜单不难实现，也不能称为集成。真正的"3S"集成系统应当在数据结构的层次上实现，以地理信息系统为信息管理平台，全球定位系统数据作为点矢量数据比较容易进入地理信息系统空间数据库，而遥感数据则相对困难。因为，遥感数据虽然是栅格结构的，但每个像元存储的都是光谱值，不直接代表某种专题值，因此也不能直接进入地理信息系统的空间数据库。从目前地理信息系统的矢量和栅格数据结构的角度看，遥感数据进入地理信息系统空间数据库必须按照地理信息系统对数据结构的要求进行。

从矢量结构的角度,应该充分研究遥感图像的地物目标提取和自动分类技术,通过分形算法、小波变换、区域生长、边缘检测等方法提取地物目标的图形结构信息,由于遥感图像的复杂性,要实现全自动提取,还需要很长时间的研究。在自动分类中,由于经常出现许多散点和过小的图斑,虽然通过阈值的方法可以合并,但又需要保留一些点状的地物,人机交互是必要的,类间的边界处理清晰后,方能用栅格矢量转换方法提取图形信息,且所得图形信息大部分需要进行编辑(如断接不平滑、位置不合理、多边形不封闭等)。总之,遥感数据以矢量的结构进入地理信息系统空间数据库,需要进行充分的研究。

从栅格结构的角度,用遥感信息模型的方法提取专题信息比较容易与地理信息系统集成。因为从地理信息系统数据结构的角度看,遥感数据是栅格结构的,每个栅格(像元)存储的是相应地面大小的地物的平均光谱辐射的量化值,遥感信息模型就是要将每个栅格(像元)的光谱辐射值通过模型转化为不同的专题值(如生物量、植被盖度、森林蓄积量等),从而使遥感信息模型的结果变为地理信息系统空间数据库的栅格数据结构的图层。

遥感信息模型与一般的数学模型是有重要区别的,数学模型是在抽象的数学空间内完成计算的,它可以是连续的,也可以是离散的,不一定与图像有关。用这样的模型可以定量地获得一些点或同质区域的地物参数,而一些地学或生物学参量是随着地理分布变化的,如森林蓄积量、生长量、植被的盖度、生物量等,一般的数学模型对地学参量的地理分布通常是无能为力的。遥感既然是信息收集的技术,理应承担起这样的任务,遥感信息模型正是基于此建立起来的,它一定是离散的、与图像有关的模型,是在数学模型的基础上按像元计算,能提供地学参数地理分布的可视化模型。许多数学模型稍加修改补充,就可以转化为遥感信息模型。

建立遥感信息模型通常可分成选择遥感信息的独立变量、建立模型和按像元计算并成图三个步骤,其中建立模型可按两类方法进行:

(1)将地学参量直接与遥感信息变量建立经验的回归模型。这类方法的优点是建模方法简单,缺点是由于各次试验条件、影响因素都有些差异,关系常常不稳定,应用时重复性差、难于对比和推广。

(2)通过理论分析或概念分析建模。地理问题既有必然的规律,又有偶然的因素影响,因此,研究地理问题既要弄清主要因子之间的关系,又要处理次要因子的随机影响。一般是先通过理论上的成因分析建立数理方程,再将数理方程通过统计方法处理。这种方法的优点是所建立的模型稳定,缺点是建模困难。

因此,研究不同专题的遥感信息模型是实现空间信息系统集成的有效途径之一。

第二章 "3S"技术地理空间基础

遥感、地理信息系统和全球定位系统都是处理与地理空间分布有关的信息的理论技术。地理空间的数学基础是地理信息系统空间位置数据定位、量算、转换和参与空间分析的基准。所有空间数据必须纳入相同空间参考基准下才可以进行空间分析。地理空间的数学基础主要包括地球空间参考、空间数据投影及坐标转换、空间尺度和地理格网。地球空间参考解决地球的空间定位与数学描述问题,空间数据投影及坐标转换主要解决如何把地球曲面信息展布到二维平面,空间尺度规定在多大的详尽程度研究空间信息,地理格网在于建立组织空间信息、空间区域框架方法,实现对空间数据进行科学有效的管理。掌握地理空间数学基础是正确应用地理信息系统完成各种空间分析与应用的基础。

因此如何描述地球,建立地球模型,表达或确定地球表面的位置,并把这种空间曲面转换为平面的理论和方法就成了地球空间信息学(Geomatics)学科或技术的共同基础。用数学的方法描述地球,从几何大地测量的角度需建立参考椭球和总地球椭球。参考椭球不是唯一的,各个国家或地区分别采用一定大小的地球椭球,通过定位和定向建立参考椭球,作为局部地区大地测量成果计算的参考面。表达或确定地球表面的位置,需要建立坐标系统。同是一个点的位置,由于采用的测量手段、计算方法和使用目的的不同,可以采用不同的坐标系统。把地球空间曲面转换为平面坐标的理论和方法属于地图投影的理论。

第一节 地球空间参考

一、大地水准面和大地体

地球上海洋面积占整个地球表面积的71%,而大陆仅占29%,因而地球总的形状可认为是被静止海水面所包围的球体。为了深入研究地理空间,有必要建立地球表面的几何模型。

地球的自然表面是一个起伏不平,十分不规则的,包括海洋底部、高山、高原在内的固体地球表面。固体地球表面的形态是多种成分的内、外地貌营力在漫长的地质时代综合作用的结果,非常复杂,难以用一个简洁的数学表达式描述出来,所以不适合于数字建模。因此,在诸如长度、面积、体积等几何测量中都面临着十分复杂的困难。地球表面的71%被流体状态的海水所覆盖,将水处于静止时的表面称为水准面。在地球重力场中,水准面上各点处处与点的重力方向正交。同一水准面上各点的重力位相等,故水准面又称为重力等位面。测量中仪器的整置均以水准气泡为依据,所以水准面是测量的基准面。显然,无穷多个观测站将产生无穷多个水准面。大地测量学所要研究的是在整体上非常接近于地球自然表面的水准面,故设想当海洋处于静止平衡状态时(即没有波浪、潮汐、水流和大气压变化等引起的扰动),将它延伸到大陆内部的水准面来表示地球的形状是最为理想的,这个面叫大地水准面(图2-1)。这是一个没有皱纹和棱角的、连续的封闭曲面。大地水准面是水准面之一,也是一个等位面。在大地水准面上的重力位处处相等,并与其上的重力方向处处正交。由于地球内部物质分布不均匀,大地水准面的形状(几何性质)和重力场(物理性质)都是不规则的。它不能用一个简单的几何形状和数学公式来表达。由大地水准面所包围的整个形体称为大地体。大地测量中研究地球的形状就是研究大地水准面的形状,或者说是研究大地体的形状。

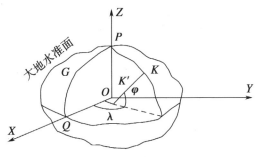

图2-1 大地水准面

大地水准面的概念最初是由德国物理学家里士廷(J. Listing)于1872年提出的。关于它的更确切的定义目前尚在研究中。当我们还不能唯一地确定它的时候,在历史上各个国家或地区均选择一个平均海(水)面来替代它。例如,我国采用黄海平均海(水)面。所以有大地水准面在海洋上等于平均海(水)面的习惯说法。严格来说,平均海(水)面不是一个等位面,它相对一个等位面来说是起伏不平的,犹如地面上地形起伏一样,这在海洋学中称为海面地形,它的测定已是当前海洋大地测量学的主要内容之一。实践也已表明,各个国家或地区的平均海(水)面间有一定的差异。通过精密水准测量等手段发现各平均海(水)面间可能有1~2 m或更多的差异。因此,有人提出应该把平均海(水)面称为地区性大地水准面,以便和唯一的全球性大地水准面相区别。

对渤海、黄海、东海和南海,用精密水准测量与青岛、黄河口、吴淞口、坎门等各验潮站联测后,可计算出各平均海(水)面的起伏情况。假定青岛的平均海(水)面为0,则其结果如图2-2所示。

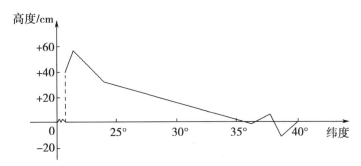

图2-2 我国平均海(水)面的起伏

由此可见,我国海域在南北方向上,呈现出南高北低的倾斜,其高差在 0.6 m 左右。平均海(水)面存在着差异,就是说它们不属于一个水准面,因而在确定大地水准面时,将产生不定性。过去,当我们研究地球形状不可能获得非常精确的结果时,这种差异是无关重要的。但是随着大地测量学的发展,以及地球物理学的需要,研究大地水准面这一不定性,就具有了重大的意义。

二、地球椭球

由于大地体表面存在着不规则的起伏,但这种起伏从全局来看并不是很大,因为这种起伏主要是地壳层的物质分布不均匀所引起的,而地壳的质量约占地球总质量的 1/65,所以,若从整体上看,大地体则相当接近于一个规则的形体,即可用一个具有微小扁率的旋转椭球来近似表达。

旋转椭球是一个规则的数学曲面,用两个参数即可确定。这两个参数通常为长半径 a 和扁率 f。一百多年来,世界上各个国家在大地测量中,均采用某一旋转椭球来代表地球,故称其为地球椭球。

选定某一个地球椭球后,仅仅解决了椭球的形状和大小的问题。要把地面大地网归算到地球椭球的参考面上,仅仅知道它的形状和大小是不够的,还必须确定它同大地体的相关位置,这就是所谓椭球的定位和定向问题。一个形状、大小、定位和定向都已确定的地球椭球叫作参考椭球。参考椭球面是我们处理几何大地测量结果的基准面,也是我们研究地球几何形状的参考面。参考椭球一旦确定,则标志着大地坐标系已经建成。地球椭球的定位和定向与大地坐标系或空间大地直角坐标系的建立是一致的。

推算地球椭球参数历来是研究地球科学的一项重要任务。17 世纪以来,大地测量学者一直在精化最能代表地球真正形状和大小的地球椭球参数。依据大量的实际测量资料,从弧度测量早期的弧线法与面积法一直发展到综合利用天文、大地、重力和卫星测量资料的现代弧度测量,算出了各种不同的地球椭球参数。从近十几年看,所求椭球参数已日趋稳定。

推算椭球参数,是由不同国家(地区)、不同年代的测量资料,按不同的处理方法得出的。概括说来,可以分成三个阶段。

第一个阶段,从 18 世纪 40 年代起至 19 世纪末止。椭球参数是利用沿子午圈或平行圈布设的弧长,按弧度测量中的弧线法求得的。显然,弧线法弧度测量只能求得某些测量弧段上的大地水准面断面,它只能反映大地体局部特征而不能反映全部特征。在计算时,完全按几何原理进行,只用了天文、大地等资料,没有估计到地球的物理性质,没有使用重力测量资料。

在 19 世纪,先后算出三十余个椭球的参数,其中比较著名的是德兰勃(Delambre)、埃弗瑞斯特(Everest)、艾黎(Airy)、贝塞尔(Bessel)、克拉克(Clarke,1866)和克拉克(Clarke,1880)椭球参数。德兰勃椭球曾被用来规定 1 m 的长度(即 1 m 等于该椭球一象限子午线弧长的一千万分之一)。一些比较著名的坐标系,例如印度坐标系、泰国坐标系、马来亚(马来西亚联邦)坐标系、东京坐标系、1927 北美坐标系和夏威夷坐标系等就分别采用了上述埃弗瑞斯特、艾黎、贝塞尔和克拉克等地球椭球参数。这些参数和现代结果相比误差较大,但是经典大地测量主要是在某一范围内推求各点的相对位置,虽然椭球参数不甚精确,但是影响也不是很大。另外,一个国家或地区参考椭球的确定具有一定的延续性和稳定性,轻易改变将给大地测量、制图等工作增加很大的工作量,因此,这些椭球参数有的至今还被一些国家沿用。

第二个阶段,从20世纪初起至20世纪50年代中后期止。这段时期的弧度测量有两个特点:一是许多国家先后完成了大量的天文大地测量工作。如美国从1911年至1935年共布设了70 000 km左右的一等三角测量网,其结果组成了一等网。大面积的天文大地测量资料为面积法弧度测量提供了前提保障。而且在有些弧度测量计算中,按普拉特(Pratt)、艾黎提出的均衡运动假说,采用了地壳均衡补偿理论;二是利用重力测量资料推求地球椭球的扁率,其中比较著名的是赫尔默特(Helmert)、海福特(Hayford)和克拉索夫斯基(Krasovsky)椭球等。

赫尔默特椭球就是利用重力测量的方法推出其椭球的扁率的,其长半径则是按美国和欧洲弧度测量资料得出的。此椭球参数曾被埃及采用过。

海福特椭球的特点是采用了地壳均衡补偿理论。由于海福特所用的资料仅仅分布在美国一个国家内,而且他所采用的地壳均衡补偿深度过大,所以其扁率及长半径和现代资料相比都显得过大。该椭球在1924年西班牙马德里召开的国际大地测量与地球物理联合会(IUGG)第二届大会上,被确定为国际地球椭球,是该组织推荐的第一个国际椭球。西欧各国、北美和南美的一些国家,如比利时、保加利亚、丹麦、意大利、葡萄牙、罗马尼亚、土耳其、芬兰、巴西和阿根廷等国均采用该椭球,我国(1932年后)也采用过该椭球,著名的1950年欧洲坐标系也采用了这个椭球。

克拉索夫斯基椭球在推算时除使用了苏联1936年前完成的大量的弧度测量资料外,还使用了西欧和美国的资料,并广泛地使用了确定地球扁率的重力测量资料。在计算时还考虑了地球的三轴性。所以,从当时来说,该椭球比其他已知的地球椭球更科学。采用这个椭球的国家有苏联、保加利亚、匈牙利、民主德国、波兰、罗马尼亚、捷克斯洛伐克、越南和朝鲜。我国1954年北京坐标系也采用了这个椭球。

第三个阶段,从20世纪60年代起至今。这个时期所推求的椭球参数不仅仅利用了地面测量的天文、大地和重力等资料,而且广泛采用了卫星测量的各种资料,包括卫星光学摄影测量、多普勒定位、卫星激光测距和卫星激光测高等。所得参数的精度,对于长半径 a 和扁率 f 已分别达到 0.3×10^{-6} 和 1×10^{-5},而且相互间的结果比较稳定,长半径 a 约为6 378 135 m至6 378 145 m,扁率 f 约为1/298.255至1/298.257。

从理论上讲,为满足地球动力学的需要,应该力求使参数精度达到 10^{-7}、10^{-8} 和 10^{-9}。为此,需要研究新的观测手段,如激光测月、卫星跟踪卫星、重力梯度测量和甚长基线干涉等,在数量上则需要遍及全球的更多的观测资料。

我国在1978年全国天文大地网平差会议上决定,选用国际上推荐的1975年大地坐标系地球椭球参数(IAG – 1975),建立我国1980年国家大地坐标系,该值和国际上推荐的

1980 年、1983 年大地坐标系地球椭球参数基本相同。

最后必须指出,椭球的形状和大小仅仅反映地球的基本几何特性。考虑到历史的习惯和几何大地测量学中研究问题的方便,对于旋转椭球而言,一般用长半径 a 和扁率 f 两个参数表示。但是,从几何和物理两个方面来研究地球,仅有两个参数是不够的。自 1967 年开始,国际上明确了旋转椭球采用四个参数表示,它们是:椭球长半径 a,引力常数与地球质量的乘积 GM,地球重力场二阶带球谐系数 J_2 和地球自转角速度 ω。利用这四个参数,可以导出一系列其他常数,如椭球扁率 f 和赤道重力值等。

三、总地球椭球

在经典大地测量中,各个国家分别采用一定大小的地球椭球,通过定位和定向建立参考椭球,作为局部地区大地测量成果计算的参考面,这样建立的参考椭球,在一般情况下和局部地区的大地水准面最为契合,对于常规的测绘工作来说,比较方便。又考虑到一个坐标系统的建立需要保持一定的延续性和稳定性,所以局部性质的地球椭球一直为各国经典大地测量所采用。但是,当我们的研究范围扩展到全球时,就需要一个总地球椭球,这个椭球应和整个大地体最为契合。总地球椭球是一个概念,卫星大地测量出现后,可以通过卫星得到全球各种测量资料,同时结合地球的几何和物理参数,推算出与大地体契合最好的地球椭球。总地球椭球只有一个。参考椭球是与某个区域如一个国家大地水准面最为契合的椭球,可以有许多个。

如果只从几何大地测量来研究问题,那么我们要求的总地球椭球可以按几何意义来定义。即除了满足在定位和定向时,使总地球椭球的中心和地球的质心重合($\Delta X_0 = \Delta Y_0 = \Delta Z_0 = 0$),总地球椭球的短轴和地球的自转轴重合、起始大地子午面和起始天文子午面重合($\varepsilon_x = \varepsilon_y = \varepsilon_z = 0$)外,还要求总地球椭球和大地体最为契合,也就是说,在确定其参数 a,f 时,要满足全球范围内大地水准面差距 N 的平方和最小,即

$$\begin{cases} \Delta X_0 = \Delta Y_0 = \Delta E_0 = 0 \\ \varepsilon_x = \varepsilon_y = \varepsilon_z = 0 \end{cases}$$

$$\iint\limits_{\sigma} N^2 \mathrm{d}\sigma = \min$$

因此,确定一个总地球椭球共有八个参数,即 $a,f,\Delta X_0,\Delta Y_0,\Delta Z_0,\varepsilon_x,\varepsilon_y,\varepsilon_z$,并满足上述要求,这在一定的精度范围内是可以满足的。

综上所述,对于经典大地测量,研究局部地球形状拟采用参考椭球,建立参心坐标系。对于卫星大地测量,研究全地球形状采用总地球椭球,建立地心坐标系。我国 1954 年北京坐标系属于前者,WGS-84 坐标系属于后者。在当今重新建立参心坐标系时,也可考虑兼顾两者,即采用一个接近总地球的椭球参数值,按局部定位和定向建立坐标系,我国 1980 年国家大地坐标系就属于这种情况。显然,其本质还是属于参心坐标系。WGS-84 坐标系与我国 2000 国家大地坐标系(CGCS2000)的基本定义是一致的,采用的参考椭球非常相近,椭

球常数中仅扁率有细微差别,虽然会造成同一点在两个坐标系中的值有微小差异,但是,在当前测量精度水平下这种微小差异是可以忽略的。因此,可以认为2000国家大地坐标系和WGS-84坐标系是相同的,在坐标系的实现精度范围内两种坐标系下的坐标是一致的。

地球椭球与总地球椭球的区别在于:一是代表对象不同,地球椭球代表地球大小和形状的数学曲面,而总地球椭球代表与大地体吻合最好的地球椭球。二是等级不同,推算出的与大地体吻合最好的地球椭球,就是总地球椭球。由此可知,总地球椭球比地球椭球高一级。三是数量不同,地球椭球有无限个,而总地球椭球是与大地水准面最接近的地球椭球,只有一个。四是精确度不同。为了建立地球坐标系,测绘上选择一个形状和大小与大地水准面最为接近的旋转椭球代替大地水准面。在理论上把这个规定为跟地球最为契合的椭球体称为地球椭球,而与大地水准面最接近的地球椭球称为总地球椭球。所以,总地球椭球比地球椭球更精确。各种地球表面如图2-3所示。

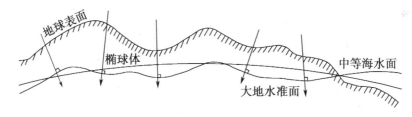

图2-3 各种地球表面

四、椭球元素及其关系

地球椭球是由一个椭圆绕其短轴旋转而成的几何体。图2-4表示以O为中心的椭球,图中$PEP'E'$是一个椭圆,若以短轴PP'为旋转轴,旋转360°即成为椭球。通过椭球中心并包含短轴PP'的平面叫作子午面,它与椭球面的截线称为子午圈或经圈。过某一大地点所做的子午面叫作该点的大地子午面,如图2-4中的$PKAP'$即为通过点K的大地子午面。通过椭球中心O而与短轴PP'垂直的平面叫作赤道面,它与椭球面的截线称为赤道圈。与赤道面平行的平面和椭球面的截线称为平行圈或纬圈。图2-4中的SKS'即为过点K的纬圈。

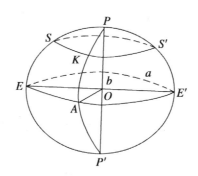

图2-4 地球椭球

地球椭球的基本元素是由子午椭圆的基本元素决定的,决定椭球形状和大小一般有下列几个元素:

(1) 椭球的长半径:$a = OA = OE$。

(2) 椭球的短半径:$b = OP$。

(3) 扁率:$f = \dfrac{a - b}{a}$。

(4) 子午椭圆的第一偏心率:$e = \sqrt{\dfrac{a^2 - b^2}{a^2}}$。

(5) 子午椭圆的第二偏心率:$e' = \sqrt{\dfrac{a^2 - b^2}{b^2}}$。

以上各元素之间还存在如下关系式

$$\frac{b^2}{a^2} = 1 - e^2 \text{ 或 } b = a\sqrt{1 - e^2}$$

$$\frac{a^2}{b^2} = 1 + e'^2 \text{ 或 } a = b\sqrt{1 + e'^2}$$

$$e^2 = \frac{e'^2}{1 + e'^2}$$

$$e'^2 = \frac{e^2}{1 - e^2}$$

从几何大地测量学的角度,对于旋转椭球,一般用长半径 a 和扁率 f 两个参数表示。对于在我国从事遥感、地理信息系统、全球定位系统应用的人员,应该掌握以下四个椭球的参数:

(1) 克拉索夫斯基椭球,对应 1954 年北京坐标系,参数为

$$a = 6\ 378\ 245\ m$$

$$f = 1/298.3$$

(2) IAG – 1975 椭球或 IUGG – 1975 椭球,对应 1980 西安坐标系,参数为

$$a = 6\ 378\ 140\ m$$

$$f = 1/298.257$$

其中 IAG 是国际大地测量协会,IUGG 是国际大地测量与地球物理联合会,从几何的角度来看,二者是相同的。IUGG 的推荐值包括地球物理方面更多的参数。以上两个椭球都属参考椭球。

(3) WGS – 84 椭球,对应 WGS – 84 坐标系,参数为

$$a = 6\ 378\ 137\ m$$

$$f = 1/298.257\ 223\ 563$$

(4) CGCS2000 椭球,对应于 2000 国家大地坐标系,参数为

$$a = 6\ 378\ 137\ m$$

$$f = 1/298.257\ 222\ 101$$

五、椭球面上各种曲率半径

地球椭球面上的曲率半径在大地坐标变换和地图投影中是不可缺少的椭球参数。

如图 2－5,过椭球面上一点 P 可作一条法线 PK_p,包含椭球面上一点法线的平面叫法截面。法截面与椭球面的截线叫法截线。除两极外,椭球面上的一点沿着不同方向的法截线,其曲率半径各不相同。在不同的情况下应用不同的曲率半径解决各种不同问题。

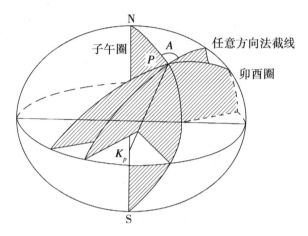

图 2－5 地球椭球上的法截面

(一) 子午圈曲率半径

包含 PK_p 的子午面与椭球面的截线是子午线,子午线的曲率半径用 M 表示。子午线是一条平面曲线,如用 $y = f(x)$ 表示该曲线的方程,则有

$$M = -\frac{\left[1 + \left(\frac{\mathrm{d}y}{\mathrm{d}x}\right)^2\right]^{3/2}}{\frac{\mathrm{d}^2 y}{\mathrm{d}x^2}}$$

先引入以下符号,供后面公式推导中使用

$$\eta = e'\cos B$$

$$w = \sqrt{1 - e^2\sin^2 B}$$

$$v = \sqrt{1 + e'^2\cos^2 B} = \sqrt{1 + \eta^2}$$

$$c = \frac{a^2}{b}$$

由图 2－6 可得

$$\frac{\mathrm{d}y}{\mathrm{d}x} = \tan(90° + B) = -\cot(B)$$

所以

$$\frac{\mathrm{d}^2 y}{\mathrm{d}x^2} = \left(-\frac{\cos B}{\sin B}\right)' = -\frac{-\sin^2 B - \cos^2 B}{\sin^2 B}\frac{\mathrm{d}B}{\mathrm{d}x} = \frac{1}{\sin^2 B}\frac{\mathrm{d}B}{\mathrm{d}x}$$

在子午面上，$x = \dfrac{c \cdot \cos B}{v}$，则

$$\frac{\mathrm{d}x}{\mathrm{d}B} = -\frac{c}{v}\sin B - \frac{c}{v^2}\cos B \frac{\mathrm{d}V}{\mathrm{d}B}$$

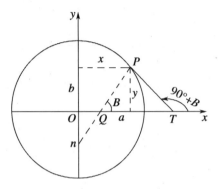

图 2 - 6   地球椭球剖面图

因为

$$v^2 = 1 + e'^2\cos^2 B$$

所以

$$\frac{\mathrm{d}v}{\mathrm{d}B} = (1 + e'^2\cos^2 B)^{\frac{1}{2}\,'} = -\frac{1}{2}(1 + e'^2\cos^2 B)^{-\frac{1}{2}} \cdot 2\,e'^2\cos B \cdot \sin B$$

$$= -(1 + e'^2\cos^2 B)^{-\frac{1}{2}} \cdot e'^2\cos^2 B \cdot \tan B$$

$$= -(1 + \eta^2)^{-\frac{1}{2}} \cdot \eta^2 \cdot \tan B = -\frac{\eta^2}{v}\tan B$$

$$\frac{\mathrm{d}x}{\mathrm{d}B} = -\frac{c}{v}\sin B - \frac{c}{v^2}\cos B \frac{\mathrm{d}v}{\mathrm{d}B} = -\frac{c}{v}\sin B - \frac{c}{v^2}\cos B \cdot \frac{-\eta^2}{v}\tan B$$

$$= -\frac{c}{v}\sin B + \frac{c\,\eta^2}{v^3}\sin B = -\frac{cv^2 - c\,\eta^2}{v^3}\sin B$$

$$\frac{\mathrm{d}^2 y}{\mathrm{d}x^2} = \frac{1}{\sin^2 B}\frac{\mathrm{d}B}{\mathrm{d}x} = -\frac{v^3}{c \cdot \sin^3 B}$$

$$\frac{\mathrm{d}^2 y}{\mathrm{d}x^2} = \frac{1}{\sin^2 B}\frac{\mathrm{d}B}{\mathrm{d}x} = -\frac{1}{\sin^2 B} \cdot \frac{v^3}{(c\,v^2 - c\,\eta^2) \cdot \sin B}$$

$$= \frac{-v^3}{c(1 + \eta^2 - \eta^2) \cdot \sin^3 B} = -\frac{v^3}{c \cdot \sin^3 B}$$

把 $\dfrac{\mathrm{d}y}{\mathrm{d}x}$ 和 $\dfrac{\mathrm{d}^2 y}{\mathrm{d}x^2}$ 代入 M 的方程得

$$M = -\frac{(1 + \cot^2 B)^{\frac{3}{2}}}{-\dfrac{v^3}{c \cdot \sin^3 B}} = \frac{c \cdot \sin^3 B \cdot \left(1 + \dfrac{\cos^2 B}{\sin^2 B}\right)^{\frac{3}{2}}}{v^3}$$

$$= \frac{c \cdot \sin^3 B \cdot \sin^{-3} B}{v^3} = \frac{c}{v^3} = \frac{a^2}{b} \frac{1}{\sqrt{1 + e'^2 \cos^2 B}^3}$$

$$= \frac{a^2}{a\sqrt{1 - e'^2}} \frac{1}{\sqrt{1 + \dfrac{e'^2}{1 - e'^2} \cos^2 B}^3} = \frac{a}{\sqrt{1 - e'^2} \sqrt{\dfrac{1 - e'^2 \sin^2 B}{1 - e'^2}}^3}$$

$$= \frac{a(1 - e'^2)^{\frac{3}{2}}}{(1 - e'^2)^{\frac{1}{2}}(1 - e'^2 \sin^2 B)^{\frac{3}{2}}} = \frac{a(1 - e'^2)}{(1 - e'^2 \sin^2 B)^{\frac{3}{2}}} = \frac{a(1 - e'^2)}{w^3}$$

于是,得到子午圈的曲率半径的计算公式

$$M = \frac{a(1 - e^2)}{w^3} = \frac{a(1 - e^2)}{(1 - e^2 \sin^2 B)^{3/2}}$$

由该计算公式可以看出,M 随 B 的增大而增大。

当 $B = 0°$ 时,在赤道上,M 小于赤道半径,赤道的曲率半径为

$$M_0 = a(1 - e^2) = \frac{c}{\sqrt{(1 + e^2)^3}}$$

当 $0° < B < 90°$ 时,此时 M 随纬度的增大而增大

$$a(1 - e^2) < M < c$$

当 $B = 90°$ 时,在极点上,M 等于极点曲率半径,极点的曲率半径为

$$M_{90} = \frac{a}{\sqrt{1 - e^2}} = c$$

(二) 卯酉圈曲率半径

过椭球面上一点的法线,可作无限多个平面,其中一个与该点子午面相垂直的平面与椭球面相截形成的闭合曲线称为卯酉圈,此时,大地方位角 A 为 $90°$。

由麦尼尔(Meusnier)定理知:如果通过曲面上一点引两条截弧,一为法截弧,一为斜截弧,且在该点这两条弧具有公共切线,那么斜截弧在该点的曲率半径等于法截弧在该点的曲率半径乘以两截弧平面间夹角的余弦,即

$$r = N \cos B = x = \frac{a \cdot \cos B}{w}$$

$$N = \frac{r}{\cos B} = \frac{a}{w} = \frac{a}{\sqrt{1 - e^2 \sin^2 B}}$$

上式就是卯酉圈曲率半径的计算公式。

(三) 任意方向法截线曲率半径公式

以上讨论的子午圈曲率半径 M 和卯酉圈曲率半径 N 是两个相互垂直的法截弧曲率半径,这在微分几何中统称为主曲率半径。当已知曲面上任一点的主曲率半径后,就可按欧拉(Euler)公式写出该点任意方位角的法截弧曲率半径 R_A

$$\frac{1}{R_A} = \frac{\cos^2 A}{M} + \frac{\sin^2 A}{N}$$

$$R_A = \frac{a}{\sqrt{1 - e^2 \sin^2 B}} \times \frac{1}{1 + e'^2 \cos^2 B \cos^2 A}$$

当大地方位角 $A = 90°$ 时为卯酉圈,此时

$$N = \frac{a}{\sqrt{1 - e^2 \sin^2 B}} = \frac{a}{w}$$

当 $A = 0°$ 时为子午圈,此时

$$M = \frac{a(1 - e^2)}{(\sqrt{1 - e^2 \sin^2 B})^3} = \frac{a(1 - e^2)}{w^3} = \frac{c}{(1 + e'^2 \cos^2 B)^{3/2}}$$

椭球面上的弧长在地图投影中是不可缺少的参数,其计算方法将在地图投影一节中详细介绍。

第二节　大地坐标系和空间直角坐标系

一、大地坐标系

这里的大地坐标系是指大地经纬度坐标系,大地坐标系建立在参考椭球上。在图 2 – 7 中,O 是参考椭球的中心,ON 为椭球旋转轴。

地面上点 $P_{地}$ 的大地子午面 NPS 与起始大地子午面地所构成的二面角 L,叫作点 $P_{地}$ 的大地经度,由起始大地子午面算起,向东为正,向西为负。$P_{地}$ 对于椭球的法线 $P_{地}K_P$ 与赤道面的夹角 B,叫作 $P_{地}$ 的大地纬度,由赤道面算起,向北为正,向南为负。$P_{地}$ 沿法线到椭球面的距离 h,叫作大地高,从椭球面算起,向外为正,向内为负。

关于大地高的定义见图 2 – 8,地面点 $P_{地}$ 沿椭球法线直接投影到椭球面上,得到点 P,从点 $P_{地}$ 沿法线到椭球面的距离 h 叫作大地高,这种投影法称为赫尔默特投影。当 $P_{地}$ 沿稍弯曲的铅垂线投影到大地水准面上时,则得到点 $P_{地}$ 在大地水准面上的投影点 P',它们之间沿铅垂线量的距离为正高 $H_{正}$,然后再将点 P' 沿法线投影到椭球面上得点 P_0,点 P' 与点 P_0 间的距离称为大地水准面差距 N,这种双重投影称为毕兹德(Pizzetti)投影。由于这两种投影相差甚微,因此在实用上将略去两种投影的差异

$$h(大地高) = H_{正}(正高) + N(大地水准面差距)$$

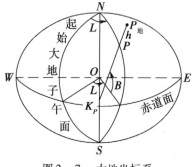

图 2 – 7　大地坐标系

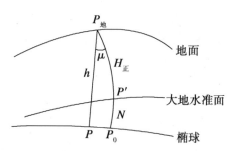

图 2 – 8　大地高示意图

我国采用正常高系统(图2-9)。正常高为地面点到似大地水准面的垂线长,似大地水准面是将地面点沿垂线向下量取正常高所得各点联结起来而形成的连续曲面。似大地水准面与参考椭球面也不重合,它们之间的高程差称为高程异常 ζ,当采用正常高系统时

$$h(大地高) = H(正常高) + \zeta(高程异常)$$

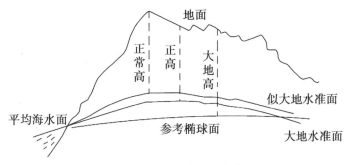

图 2-9 大地高与正常高

二、天文坐标系

图2-10中,O 是质心,OP 为地球自转轴,点 P 假定为北极点,K 为大地水准面上任意一点,KK' 为点 K 的垂线方向。包含点 K 垂线方向并与地球自转轴 OP 平行的平面称为点 K 的天文子午面。点 G 为英国的格林尼治天文台(Royal Greenwich Observatory,RGO)。过点 G 包含 OP 的平面称为起始天文子午面。过地球质心并与 OP 正交的平面称为地球赤道面。

点 K 的垂线与赤道面的交角 φ 称为点 K 的天文纬度,点 K 的天文子午面与起始天文子午面的夹角 λ 称为点 K 的天文经度。将 φ,λ 定义为点 K 的天文坐标,这样建立的经纬度坐标系称为天文坐标系,它是一种可以通过天文观测直接测定点位坐标的一种自然坐标系。天文坐标给定一点的垂线方向,因此它不仅包含点位信息,还包含重力场信息。天文坐标系在研究大地水准面形状中起着重要的作用。

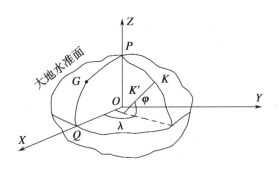

图 2-10 天文坐标系

三、空间直角坐标系

(一) 参心空间直角坐标系

参心空间直角坐标系是在参考椭球上建立的三维直角坐标系 $O-XYZ$(图2-11):坐标

系的原点位于椭球的中心,Z轴与椭球的短轴重合,X轴位于起始大地子午面与赤道面的交线上,Y轴与XZ平面正交,$O-XYZ$构成右手坐标系。因此,参考椭球一旦确定,其上的参心空间直角坐标系也随之确定,即地球椭球的定位定向过程的实质就是建立参心空间直角坐标系的过程。

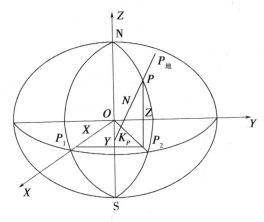

图 2-11　参心空间直角坐标系

建立一个参心坐标系,包括以下几方面:

(1)确定椭球的形状和大小。

(2)确定椭球中心的位置,简称定位。

(3)确定椭球中心为原点的空间直角坐标系坐标轴的方向,简称定向。

(4)确定大地原点。

以上内容通常用一组方程表示,一般地,在建立参心大地坐标系时,为了使方程组最简单,还要再加上以下三个条件:

(1)椭球短轴与地轴自转轴平行。

(2)椭球面上的起始大地子午面与地球上的起始天文子午面平行。

(3)椭球面与大地水准面(采用正常高系统时,为似大地水准面)尽可能地接近。

前两个条件又称为"双平行"条件,表示为

$$\varepsilon_x = \varepsilon_y = \varepsilon_z = 0$$

式中$\varepsilon_x,\varepsilon_y,\varepsilon_z$称为欧拉角,是指两个空间直角坐标系的坐标轴间的夹角。虽然在建立参心坐标系时假定欧拉角为零,但那是为了求解方程组简单,实际上"双平行"条件并不成立,因此,在进行不同空间直角坐标系之间的相互转换时,必须考虑欧拉角。

第三个条件表示为

$$\sum N^2 = \min$$

这里 min 表示参考椭球表面与地球表面差异最小。

在建立参心坐标系时,由于观测范围的限制,不同的国家或地区要求所确定的参考椭球面与局部大地水准面最契合。由于参考椭球不是唯一的,所以参心空间直角坐标系也不是唯一的。

(二) 地心空间直角坐标系

地心空间直角坐标系分为地心空间大地平面直角坐标系和地心空间大地瞬时直角坐标系。通常所说的地心坐标系往往指的是地心空间大地平面直角坐标系。

地心坐标系的建立与参心坐标系相似,参见图 2 – 11

$$
\begin{cases}
\varepsilon_x = \varepsilon_y = \varepsilon_z = 0 \\
\Delta X = \Delta Y = \Delta Z \\
\iint N^2 \mathrm{d}\sigma = 0
\end{cases}
$$

地心坐标系是唯一的,如 2000 国家大地坐标系或 WGS – 84 坐标系。表 2 – 1 是 WGS – 84 坐标系与局部参心坐标系的关系。

表 2 – 1 WGS – 84 坐标系与局部参心坐标系的关系

区域坐标系	参考椭球	dX	dY	dZ
1984 澳大利亚	澳大利亚国家	– 134	– 48	– 149
1975 年百慕大	克拉克(1866)	– 73	213	296
阿根廷	海福特(1910)	– 148	136	90
巴西制图	海福特(1910)	– 206	172	– 6
雅加达	贝塞尔(1841)	– 377	681	– 50
1950 欧洲	海福特(1910)	– 87	– 98	– 121
1969 关岛	克拉克(1866)	– 100	– 248	259
1963 中国香港	海福特(1910)	– 156	– 271	– 189
1927 北美	克拉克(1866)	– 8	160	176
东京	贝塞尔(1841)	– 128	481	664
1969 南美	1969 南美	– 57	1	– 41

四、大地坐标系与空间直角坐标系的转换

$$X = (N + h)\cos B \cos L$$

$$Y = (N + h)\cos B \sin L$$

$$Z = [N(1 - e^2) + h]\sin B$$

式中 N 为卯酉圈曲率半径,h 为大地高,e 为子午椭圆第一偏心率,X, Y, Z 为空间直角坐标系坐标。

五、空间直角坐标系的转换

（一）三参数法

假设两坐标系间各坐标轴相互平行，是在轴系间不存在欧拉角的条件下得出的。实际应用中，因欧拉角不大，可以用三参数近似地进行空间直角坐标系的转换。公共点只有一个时，采用三参数公式进行转换

$$\begin{pmatrix} X_1 \\ Y_1 \\ Z_1 \end{pmatrix} = \begin{pmatrix} dX \\ dY \\ dZ \end{pmatrix} + \begin{pmatrix} X_2 \\ Y_2 \\ Z_2 \end{pmatrix}$$

式中：dX,dY,dZ 为旧坐标原点相对于新坐标原点在三个坐标轴上的分量，通常称为三个平移参数。虽不太合理，夹角和夹角的误差在数值上属一个数量级，能满足一定的精度要求。

（二）七参数法

两个空间直角坐标系除原点不重合外，各坐标轴相互不平行，除了三个平移参数，还有三个欧拉角，两个坐标系的尺度也不一样，还需要设置一个尺度变化参数，共有七个参数。

（1）平移将原点重合。

（2）绕 Z 轴旋转 ε_z

$$\hat{X} = \cos \varepsilon_z \cdot X_2 + \sin \varepsilon_z Y_2 + 0 \cdot Z_2$$

$$\hat{Y} = -\sin \varepsilon_z \cdot X_2 + \cos \varepsilon_z Y_2 + 0 \cdot Z_2$$

$$Z_2 = 0 \cdot X_2 + 0 \cdot Y_2 + 1 \cdot Z_2$$

$$T_z = \begin{pmatrix} \cos \varepsilon_z & \sin \varepsilon_z & 0 \\ -\sin \varepsilon_z & \cos \varepsilon_z & 0 \\ 0 & 0 & 1 \end{pmatrix}$$

（3）绕 X 轴旋转 ε_x

$$T_x = \begin{pmatrix} 1 & 0 & 0 \\ 0 & \cos \varepsilon_x & \sin \varepsilon_x \\ 0 & -\sin \varepsilon_x & \cos \varepsilon_x \end{pmatrix}$$

（4）绕 Y 轴旋转 ε_y

$$T_y = \begin{pmatrix} \cos \varepsilon_y & 0 & -\sin \varepsilon_y \\ 0 & 1 & 0 \\ \sin \varepsilon_y & 0 & \cos \varepsilon_y \end{pmatrix}$$

旋转阵都是正交阵

$$\begin{pmatrix} X_1 \\ Y_1 \\ Z_1 \end{pmatrix} = T_y \cdot T_x \cdot T_z \cdot \begin{pmatrix} X_2 \\ Y_2 \\ Z_2 \end{pmatrix}$$

因为 $\varepsilon_x,\varepsilon_y,\varepsilon_z$ 都是秒级微小量,所以有 $\cos\varepsilon_x = \cos\varepsilon_y = \cos\varepsilon_z = 1,\sin\varepsilon_x = \varepsilon_x,$ $\sin\varepsilon_y = \varepsilon_y,\sin\varepsilon_z = \varepsilon_z,\sin\varepsilon_x\sin\varepsilon_y = \sin\varepsilon_x\sin\varepsilon_z = \sin\varepsilon_y\sin\varepsilon_z = 0,$因此

$$T = T_y \cdot T_x \cdot T_z = \begin{pmatrix} 1 & \varepsilon_z & -\varepsilon_y \\ -\varepsilon_z & 1 & \varepsilon_x \\ \varepsilon_y & -\varepsilon_x & 1 \end{pmatrix}$$

考虑平移的尺度

$$\begin{pmatrix} X_1 \\ Y_1 \\ Z_1 \end{pmatrix} = \begin{pmatrix} \mathrm{d}X \\ \mathrm{d}Y \\ \mathrm{d}Z \end{pmatrix} + \begin{pmatrix} 1 & \varepsilon_z & -\varepsilon_y \\ -\varepsilon_z & 1 & \varepsilon_x \\ \varepsilon_y & -\varepsilon_x & 1 \end{pmatrix}\begin{pmatrix} X_2 \\ Y_2 \\ Z_2 \end{pmatrix} + m\begin{pmatrix} X_2 \\ Y_2 \\ Z_2 \end{pmatrix}$$

七参数公式与三参数公式比较,能获得较高精度的转换结果。在实际应用中,也可以舍弃不显著的参数,例如个别欧拉角,选择四、五或六个参数进行不同空间直角坐标系间的转换。获得转换参数的方法可以通过联合测试一些公共点获得。因为通过联合测试可以获得这些公共点在新旧两个坐标系中的坐标值,于是就可以利用上述公式求出转换参数。当公共点较多时,观测方程式个数大于所示参数个数,这时还可以根据测量平差原理列出观测值的误差方程式,组成并解算法方程,求得转换参数及精度。求得转换参数后,便可以应用上述公式将一个坐标系转换成另一个坐标系。

六、高程基准

(一) 概述

高程是表示地球上一点至参考基准面的距离,就一点位置而言,它和水平量值一样是不可缺少的。它和水平量值一起,统一表达点的位置。它对于人类活动包括国家建设和科学研究乃至人们生活都是最基本的地理信息。从测绘学的角度来讨论,所谓高程是对于某一具有特定性质的参考面而言。没有参考面,高程就失去了意义,同一点其参考面不同,高程的意义和数值都不同。例如,正高是以大地水准面为参考面,正常高是以似大地水准面为参考面,而大地高则是以地球椭球面为参考面。这种相对于不同性质的参考面所定义的高程体系称为高程系统。

大地水准面、似大地水准面和地球椭球面都是理想的表面。经典大地测量学认为,大地水准面或似大地水准面在海洋上是和平均海面重合的。人们通常所说的高程是以平均海面为起算基准面,所以高程也被称作标高或海拔高,包括高程起算基准面和相对于这个基准面的水准原点(基点)高程,就构成了高程基准。高程基准是推算国家统一高程控制网中所有水准高程的起算依据,它包括一个水准基面和一个永久性水准原点。水准基面,通常理论上采用大地水准面,它是一个延伸到全球的静止海水面,也是一个地球重力等位面,实际上确定的水准基面是取验潮站长期观测结果计算出来的平均海面。一个国家和地区的高程基准,一般一经确定不应轻易变更。近几十年的研究表明平均海面并不是真正的重力等位面,它相对于大地水准面存在着起伏,并且由于高程基准观测地点及观测时间的影响,随着科学技术不断进步,随着时间的推移会出现新的问题,所以不可避免必要时建立新的基准。

（二）我国主要高程基准

1. 1956 年黄海高程系统

1956 年，我国根据基本验潮站应具备的条件，认为青岛验潮站位置适中，地处我国海岸线的中部，而且青岛验潮站所在港口是有代表性的规律性半日潮港，又避开了江河入海口，同时具有外海海面开阔，无密集岛屿和浅滩，海底平坦，水深在 10 m 以上等有利条件，因此，1957 年确定青岛验潮站为我国基本验潮站，验潮井建在地质结构稳定的花岗石基岩上，以该站 1950 年至 1956 年 7 年间的潮汐资料推求的黄海平均海水面作为我国的高程基准面，即零高程面。以此高程基准面作为我国统一起算面的高程系统，名谓"1956 年黄海高程系统"。1956 年黄海高程系统的高程基准面的确立，对统一全国高程有其重要的历史意义，对国防和经济建设、科学研究等方面都起到了重要的作用。

2. 1985 国家高程基准

从潮汐变化周期来看，确立 1956 年黄海高程系统的平均海水面所采用的验潮资料时间较短，还不到潮汐变化的一个周期（一个周期一般为 18.61 年），同时又发现验潮资料中含有粗差，因此有必要重新确定新的国家高程基准。

新的国家高程基准面是根据青岛验潮站 1952 年至 1979 年 19 年间的验潮资料计算确定的，将这个高程基准面作为全国高程的统一起算面，称为"1985 国家高程基准"。所有水准测量测定的高程都以这个面为零起算，也就是以高程基准面作为零高程面。从 1988 年 1 月 1 日起，开始改用 1985 国家高程基准作为高程起算的统一基准。设在青岛的中华人民共和国水准原点为推算国家高程控制网高程的起算点。由 1956 年黄海平均海（水）面起算的中华人民共和国水准原点的高程即正常高为 72.289 m，由 1985 国家高程基准起算的中华人民共和国水准原点的高程即正常高为 72.260 m。为此，1985 国家高程基准与 1956 国家高程基准的水准原点间的转换关系为 H85 = H56 − 0.029 m，式中 H85，H56 分别表示新旧高程基准水准原点的正常高。

我国高程系统采用正常高系统。正常高为地面点到似大地水准面的垂线长，它由精密水准测量和三角高程测量等方法，通过一定的改正、计算获得。

这一高程基准面只与青岛验潮站所处的黄海平均海水面重合。所以，我国陆地水准测量的高程起算面不是真正意义上的大地水准面。要将这一基准面归化到大地水准面，必须扣掉青岛验潮站海面地形高度。经初步研究表明，青岛验潮站平均海水面高出全球平均海水面 0.1 m，比采用卫星测高确定的全球大地水准面高（0.26 ± 0.05）m。

现在世界各国采用的高程基准面不一致。高程基准面不统一，给大地测量带来一些问题。预计，随着海洋学和海洋大地测量学的发展，将可提供更精确的海面地形图，从而使这个问题得到解决。除此之外，我国以前曾经使用过多个高程基准，如大连高程基准、大沽高程基准、废黄河高程基准、坎门高程基准、罗星塔高程基准等。现在在我国的一些地区，还同时采用其他高程基准，如长江流域习惯采用吴淞高程基准、珠江地区习惯采用珠江高程基准等。

（三）深度基准

1. 深度基准概念

海水在不断地变化，海水的深度大约一半时间在平均海面以上，一半时间在平均海面以下,也就是说,若以平均海面向下计算水深,大约有一半时间海水没那么深。这就提出了如何确定深度基准的问题。

所谓深度基准是指海图图载水深及其相关要素的起算面。通常取当地平均海面向下一定深度为这样的起算面,即深度基准面。深度基准无论怎样确定都必须遵循两个共同的原则,一要保证航行安全,二要充分利用航道。因此,深度基准面要定得合理,不宜过高或过低。海图图载的深度为最小水深。

平均海面至其下一定深度的基面的距离称为深度基准面值,图载水深是该深度基准面至海底的距离。深度基准面的选择与海区潮汐情况有关,常采用当地的潮汐调和常数来计算。因此,由于各地潮汐性质不同,计算方法不同,一些国家和地区的深度基准面也不同。有的采用理论深度基准面、有的采用平均低潮面、平均低低潮面、最低低潮面、印度大潮低潮面、大潮平均低潮面等,还有的由于海区受潮汐影响不大采用平均海面。

我国在 1956 年以前主要采用略最低低潮面(印度大潮低潮面),大潮平均低潮面和实测最低潮面等为深度基准面。1956 年 10 月在北京召开的中国、苏联、越南、朝鲜四国海道测量会议上,我国决定从 1957 年起深度基准采用理论深度基准面。该基准面是按照苏联弗拉基米尔(Vladimir)方法计算的当地理论最低低潮面。

2. 使用深度基准的注意事项

海水深度由深度基准面向下计算的这种图载的深度并不是实际的深度。想要得到实际深度还必须使用潮汐表。所谓潮汐表是各主要港口的潮位与重要航道潮流的预报表,为有关海洋部门提供潮汐未来变化信息。在潮高起算面与深度基准面一致的前提下,某处某时刻的实际海水深度,应该是图载水深与潮汐表得到的该处相应时刻潮高之和。

深度基准在实践中是一个复杂的基准面。或是一个国家,由于各地平均海面的不一致,对应深度基准面也不一致,或平均海面一致,由于各海区潮汐性质不同,深度基准面也不一致,或点平均海面一致,潮汐性质相同,由于采用的潮汐资料时间间隔长短不同,深度基准面也可能不一致,使用海图时应该首先明了有关情况。

深度基准转换的概念从整体上讲,是求两种不同基准面之间的函数关系,就具体两幅不同深度基准的海图来讲,实际上就是求它们基准面间的差值。深度基准的转换基本做法是,首先就某一海区某一深度基准面,运用种种方法求其与理论深度基准面的关系;其次是对所求关系进行综合研究,一方面采用数学方法得到某些函数关系,另一方面进行这些关系的地理分布的研究,绘出分布场;最后运用这一函数关系和分布场求各深度基准面对于统一深度基准面的改正。当然,实际运作时,还可能进一步加以简化。

第三节 地图投影

地图投影的定义是,将椭球面上各点的大地坐标,按照一定的数学法则,变换为平面上相应点的平面直角坐标。或者运用一定的数学法则,将地球椭球面的经纬线网格相应地投影到平面上的方法,如图 2－12 所示。

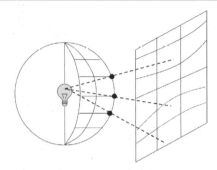

图2-12 地图投影示意图

一、地图投影的种类

由于地球是一个赤道略扁的不规则椭球体,故表面是一个不可展平的曲面,所以运用任何数学方法进行这种转换都会产生误差和变形,为了按照不同的需求缩小误差,就产生了各种投影方法。变形虽不可避免,但可以控制,即可以使某一种变形为零,也可以使各种变形(一般为角度变形、长度变形和面积变形)减小到某一程度,以满足不同用途对地图投影的要求。

(一)按地图投影变形性质分类

地图变形可分为角度变形、面积变形、长度变形和任意变形,地图投影根据变形可以分为以下几种(图2-13):

等角投影:投影前后保持角度不变,所以又称为正形投影、相似投影。

等积投影:投影前后保持面积相等,但有角度变形。

任意投影:投影前后既有面积变形,也有角度变形。

等距投影:在任意投影中有一类投影在某些特定方向上没有长度变形,称为等距投影。

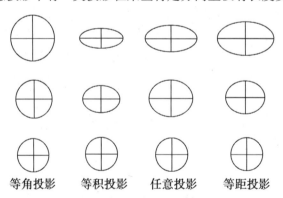

等角投影 等积投影 任意投影 等距投影

图2-13 地图投影按变形分类

(二)按投影面分类

椭球面可以被投影到许多种表面上,常用的有平面、柱面和锥面,得到以下投影类型(图2-14)。

圆锥投影:想象为用一个巨大的圆锥体罩住地球,把地表的位置投影到圆锥面上,然后沿着一条经线将圆锥切开展成平面。圆锥体罩住地球的方式可以有两种,与地球相切(单割线)、与地球相割形成两条与地球表面相割的割线(双割线)。

圆柱投影:用一个圆柱体罩住地球,把地表的位置投影到圆柱面上,然后将圆柱切开展成平面。圆柱投影可以作为圆锥投影的一个特例,即圆锥的顶点延伸到无穷远。

方位投影:以一个平面作为投影面,切于地球表面,把地表的位置投影到平面上。方位投影也可以作为圆锥投影的一个特例,即圆锥的母线与高的夹角为180°,圆锥变为平面。

(三)按投影面与地球椭球体的相对位置分类

根据投影面与地球椭球体的相对位置的不同,还可以将投影类型分为正轴投影、斜轴投影和横轴投影(图2-14)。

正轴投影:投影面的轴(圆锥、圆柱的轴线,平面的法线)与地球椭球体的旋转轴重合。也称正常位置投影,或称极投影。

斜轴投影:投影面的轴(圆锥、圆柱的轴线,平面的法线)既不与地球椭球体的旋转轴重合,也不与赤道面重合。也称水平投影。

横轴投影:投影面的轴(圆锥、圆柱的轴线,平面的法线)与地球赤道面重合。也称赤道投影。

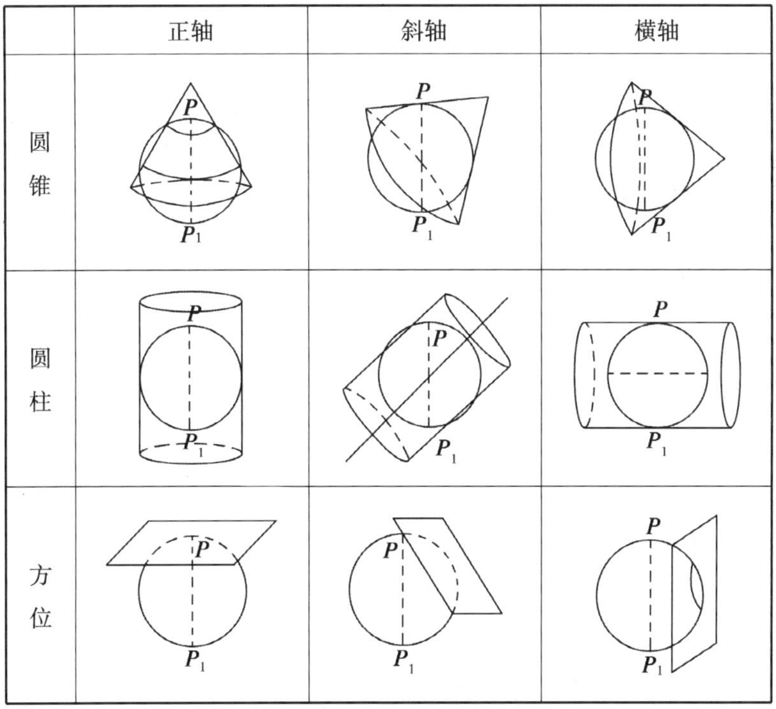

	正轴	斜轴	横轴
圆锥			
圆柱			
方位			

图2-14 各种几何投影

(四)按投影面与地球椭球相割或相切分类

割投影:以平面、圆柱面或圆锥面作为投影面,使投影面与球面相割,将球面上的经纬线投影到投影面上,然后将投影面展成平面而成(图2-15)。

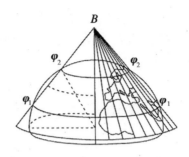

图 2 - 15　割投影

切投影：以平面、圆柱面或圆锥面作为投影面，使投影面与球面相切，将球面上的经纬线投影到投影面上，然后将投影面展成平面而成（图 2 - 16）。

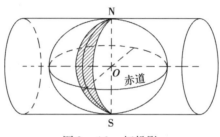

图 2 - 16　切投影

（五）非几何投影

不借助几何面，根据某些条件用数学解析方法确定球面与平面之间点与点的函数关系。在这类投影中，一般可按经纬线形状分为下述几类：

伪方位投影：纬线为同心圆，中央经线为直线，其余的经线均为对称于中央经线的曲线，且相交于纬线的共同圆心。

伪圆柱投影：纬线为平行直线，中央经线为直线，其余的经线均为对称于中央经线的曲线。

伪圆锥投影：纬线为同心圆弧，中央经线为直线，其余经线均为对称于中央经线的曲线。

多圆锥投影：纬线为同轴圆弧，其圆心均位于中央经线上，中央经线为直线，其余的经线均为对称于中央经线的曲线。

二、地图投影的选择

（一）制图对地图投影的要求

在制作地图的过程中选择地图投影是一个重要的问题，投影的性质与经纬网形状不仅对于编制地图的过程有影响，而且对以后使用地图也有很大的影响。现代制作地图的方法和过程日益完善，用于编图资料的地图质量越好，对所编图的要求也越高。同样对于地图数学基础来说,地图投影的要求也越高。事实上,自新中国成立以来,我国的测绘事业(包括各种地图成品的出版)以不可比拟的速度发展着,在建立地图数学基础方面也有很大的进步,例如一些大型地图作品,都采用了我国自行设计和计算的新型地图投影。选择地图投影是一项创造性的工作,没有一个现成的公式、方案或规范可以遵循,而投影种类日益增多,所以要选择投影必须熟悉地图投影的理论及掌握具体投影的知识。选择地图投影的一般原则要考虑地图的用途、比例尺及使用方法、制图区域大小、制图区域的形状和位置以及出版方式和统计图资料转绘技术上的要求等。

(二)地理信息系统中地图投影的配置要求

地图是地理信息系统的主要数据来源,即地理信息系统的数据多来自于各种类型的地图资料。不同的地图资料根据其成图的目的与需要的不同而采用不同的地图投影,当来自这些地图资料的数据进入计算机时,首先必须将它们进行转换,用共同的地理坐标系统和直角坐标系统作为参照系,来记录存储各种信息要素的地理位置和属性,保证在同一地理信息系统内(甚至不同的地理信息系统之间)的信息数据能够实现交换、配准和共享,否则后续所有基于地理位置分析、处理及应用都是不可能的。地图投影对地理信息系统的影响是渗透在地理信息系统建设的各个方面的。通过对国内外各种地理信息系统的分析,可以发现,各种地理信息系统中投影系统的配置与设计一般具有以下的特点:

(1)各个国家的地理信息系统所采用的投影系统与该国的基本比例尺地图系列所用的投影系统一致。

(2)地理信息系统中各种比例尺的投影系统与其相应比例尺的主要信息源地图所用的投影系统一致。

(3)各地区的地理信息系统中的投影系统与其所在区域适用的投影系统一致。

(4)各种地理信息系统一般只采用一种或两种投影系统,以保证地理定位框架的统一。

(三)地理信息系统中地图投影的配置与设计

加拿大地理信息系统是世界上公认的第一个地理信息系统。这个系统的最主要的信息源是12 000张各种用途的土地利用图,其比例尺系列为1∶12.5万、1∶25万、1∶50万,这些土地利用图是用同比例尺的系列地形图为地理底图编制而成的,采用了与加拿大国家地形图系列一致的地图投影系统,即比例尺大于或等于1∶50万时采用通用横轴墨卡托投影(UTM投影),比例尺小于1∶50万时采用正轴等角割圆锥投影(兰勃特(Lambert)投影)。加拿大地理信息系统以墨卡托投影作为系统的地理基础,考虑到图幅数量和使用方便等原因,选定了以1∶25万作为系统的主比例尺。虽然在比例尺小于1∶50万的地图上精确定位信息小,可量测性差,但鉴于加拿大地理信息系统的数据处理子系统具有自动拼幅形成较大区域数据库的能力,以及加拿大地理信息系统以全国、省、市、地方四级为存储、分析、检索和输出层次,且加拿大国家基本比例尺地图多采用兰勃特投影,故该系统同时配置了兰勃特投影作为中小比例尺数据的地理基础。

日本国土信息系统(ISLAND)是日本国家地理信息系统中最具规模和最具代表性的,它的目的是更为有效地管理有关国土的各种数字化信息和图像信息。它的主要数据来源是地形图、土地利用图、航片和卫片。日本的地形图和土地利用图系列采用了墨卡托投影,卫片采用了斜轴墨卡托(HOM)投影,航片采用了墨卡托投影,故日本国土信息系统采用了墨卡托投影。

美国的地理信息系统建设以先分散后统一为其特点,其所建系统的数量之多遥遥领先于世界上任何一个国家。墨卡托投影是美国国家基本比例尺地图所用的投影系统,州平面坐标系是美国在国家大地测量系统中的墨卡托投影的基础上为每个州设计的平面坐标系统。州平面坐标系统以高斯 – 克吕格(Gauss – Kruger)投影(等角横切椭圆柱投影)和兰勃特投影为主,局部地区采用了斜轴墨卡托投影。州平面坐标系在设计时已经顾及了投影对所在区域的地理适应性,保证了该州范围内投影的精度,故大多数州际的地理信息系统也选用了州平面坐标系为系统的数学基础。

我国的各种地理信息系统都采用了与我国基本比例尺系列地形图一致的地图投影系统,即比例尺大于或等于1:50万时采用高斯 – 克吕格投影,1:100万时采用正轴等角割圆锥投影。这种坐标系统配置与设计的原因如下:

(1)我国基本比例尺地形图(1:0.5万,1:1万,1:2.5万,1:5万,1:10万,1:25万,1:50万和1:100万)中比例尺大于或等于1:50万的地形图均采用高斯 – 克吕格投影为地理基础。

(2)我国1:100万地形图采用正轴等角割圆锥投影,其分幅与国际1:100万地形图所采用的分幅一致。

(3)我国大部分省区图多采用正轴等角割圆锥投影和属于同一投影系统的正轴等面积割圆锥投影。

(4)正轴等角圆锥投影中,地球表面两点间的最短距离(即大圆航线)表现为近于直线,这有利于地理信息系统中空间分析和信息量度的正确实施。

因此,我国地理信息系统中采用高斯 – 克吕格投影和正轴等角圆锥投影既适合我国的国情也符合国际上通用的标准。

三、高斯 – 克吕格投影

高斯 – 克吕格投影是由德国数学家、物理学家、天文学家高斯于19世纪20年代拟定,后经德国大地测量学家克吕格于1912年对投影公式加以补充,故称为高斯 – 克吕格投影,简称高斯投影,又名"等角横轴切椭圆柱投影",是地球椭球面和平面间正形投影的一种,我国于1952年起正式采用高斯 – 克吕格投影。

(一)概念

高斯 – 克吕格投影是一种等角横轴切椭圆柱投影。它是假设一个椭圆柱面与地球椭球体面横切于某一条经线上(轴子午线),按照等角条件将中央经线东、西各3°或1.5°经线范围内的经纬线投影到椭圆柱面上,然后将椭圆柱面展开成平面而成的(图2 - 17)。

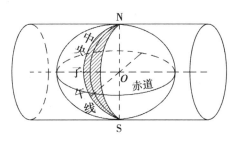

图2 - 17 高斯 - 克吕格投影

高斯 - 克吕格投影的特点:中央经线投影为直线,其长度没有变形,与球面实际长度相等,其余经线为向极点收敛的弧线,距中央经线越远,变形越大。赤道投影后是直线,但有长度变形。除赤道外其余纬线投影后为凸向赤道的曲线,并以赤道为对称轴。经线和纬线投影后仍然保持正交。所有长度变形的线段,其长度变形比均大于1。越远离中央经线,面积变形也越大。

(二) 分带投影

为了控制长度变形,若采用分带投影的方法,可使投影边缘的变形不致过大。所谓分带就是按一定的经差将椭球体划分为若干个狭窄区域,使各区域按高斯 - 克吕格投影规律进行投影,每个区域称为一个投影带。

分带投影的原则:从限制长度变形这个角度来考虑,分带越多越好,但为了减少换带计算及在换带计算中引起的计算误差,又要求分带不宜过多。实际分带时,应当兼顾上述两方面的要求。我国区域的经纬度范围见图2 - 18。

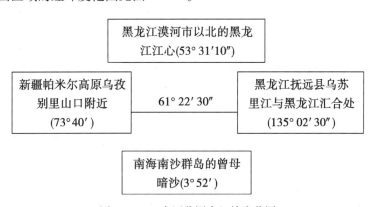

图2 - 18 中国范围内经纬度范围

我国各种大、中比例尺地形图采用了两种不同的高斯 - 克吕格投影带方式,分别为3°分带和6°分带。其中比例尺大于或等于1∶1万的地形图采用3°分带,比例尺在1∶2.5万至1∶50万的地形图采用6°分带。投影带编号从经度0°开始自西向东开始编号。

1.3°投影分带(n 为带号)

3°投影分带是从东经1°30′算起,每3°投影一次,将地球共分为120个投影带,自西向东依次编号。根据我国经度范围,我国位于3°投影分带的第24带至第45带之间。

中央子午线的经度计算公式为 $L_0 = 3n$,已知中央子午线的经度反算带号的公式为 $n = L_0/3$,任意经度所在投影带号的公式为 $n = [(L - 1.5)/3] + 1$。

2.6°投影分带(n 为带号)

从东经0°算起,每6°投影一次,将地球共分为60个投影带,编号从0°开始,自西向东依次编号。根据我国经度范围,我国位于6°投影分带的第13至23带之间。赤道长度变形不大于0.14%,面积最大变形不大于0.27%(图2-19)。

中央子午线的经度计算公式为 $L_0 = 6n - 3$,由中央子午线的经度反算带号的计算公式为 $n = (L_0 + 3)/6$。任意经度所在投影带号的计算公式为 $n = [L/6] + 1$(有余)。

6°投影分带与3°投影分带的位置关系见图2-20。

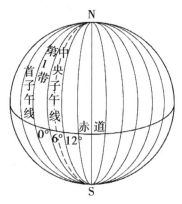

图2-19 高斯-克吕格投影分带

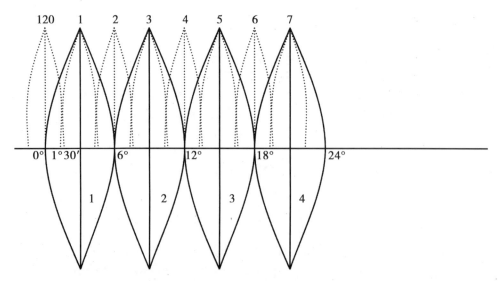

图2-20 6°投影分带与3°投影分带的位置关系(实线为6°分带,虚线为3°分带)

(三)高斯坐标系的建立

每个投影带在平面上的投影如图2-20所示,每条带设立一个平面直角坐标系。每条带的中央子午线和赤道的投影都是直线,分别为纵坐标轴(x轴)和横坐标轴(y轴),两者的交点为坐标原点O,构成高斯平面直角坐标系(与数学上普通的平面坐标系不同)。

为保证y坐标值为正,纵轴(x轴)西移500 km。经度1°对应的赤道弧长为111 km左右,纵轴西移后,y坐标永远为正值。另外,不同投影带的点可能具有相同的坐标,为了区分其所属投影带,在横坐标前加注两位带号,即前两位坐标是投影分带号。投影后的平面坐标(x,y)可按一定的数学公式计算得到(地图的高斯平面坐标用小写英文字母表示),见图2-21。

例如,地形图上某一点的高斯坐标为:$x = 3\ 380.24$ km,$y = 22\ 213.75$ km,横坐标(y坐标)的前两位是带号,可知该点位于6°投影分带的第22带。再如地形图上另一点的高斯坐标为$x = 3\ 380.24$ km,$y = 43\ 213.75$ km,横坐标(y坐标)的前两位是带号,可知该点位于3°投影分带的第43带。

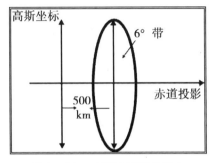

图2-21　高斯坐标系的建立

(四) 高斯投影正算公式

已知某一点在椭球面上的大地坐标(B,L),求其在高斯平面上的坐标(x,y),称为高斯投影正算。两者的数学关系一般表示为

$$x = F_1(B,L)$$
$$y = F_2(B,L)$$

高斯投影是一种数学投影,而不是一种透视投影。函数F_1和F_2叫作投影函数,只要确定了投影函数的数学表达式,就解决了从椭球面到平面的坐标互算问题。而投影函数的确定一般是在满足某种投影要求的前提下进行的。

投影条件:

(1) 投影后没有角度变形。

(2) 轴子午线的投影是一条直线,并且是投影点的对称轴。

(3) 轴子午线的投影没有长度变形。

对任意大地点进行投影,应先看它属于哪一带,设该带的中央子午线(轴子午线)为L_0,则变形程度只随$L - L_0 = l$而变,因此投影正算关系式可写为

$$x = F_1(B,l)$$
$$y = F_2(B,l)$$

为了推导高斯投影正算公式,以上式为基础,根据高斯投影的三个条件确定F_1和F_2的

形式。

先根据第一个条件推导投影函数应满足的特征方程。如图 2 – 22，设在椭球面上取任意点 P 及任意两个方向 PQ 和 PQ_1，它们在椭球面上的方位角分别为 θ 和 θ_1（从平行圈算起，逆时针旋转），其间夹角为 $\Delta\theta = \theta - \theta_1$；在平面上相应的投影点和投影方向为 P' 及 $P'Q'$ 与 $P'Q_1'$，在平面上方位角为 θ' 和 θ_1'（从 y 轴算起，逆时针旋转），其间夹角为 $\Delta\theta' = \theta' - \theta_1'$。

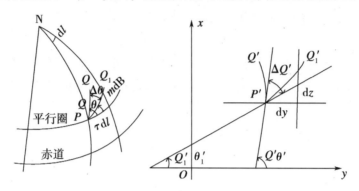

图 2 – 22　高斯投影等角条件

根据等角投影，必然存在如下关系式

$$\Delta\theta = \Delta\theta'$$

亦即

$$\theta_1' - \theta_1 = \theta' - \theta$$

上式说明等角投影的变形大小只与点的位置有关，而与方位无关。从图中取微分图形（直角三角形），可得

$$\tan\theta' = \frac{\mathrm{d}x}{\mathrm{d}y}$$

$$\tan\theta = \frac{M\mathrm{d}B}{r\mathrm{d}l}$$

其中，r 为平行圈半径，所以

$$r = N \cdot \cos B$$

$$\tan\theta' = \frac{\dfrac{\partial x}{\partial B}\mathrm{d}B + \dfrac{\partial x}{\partial l}\mathrm{d}l}{\dfrac{\partial y}{\partial B}\mathrm{d}B + \dfrac{\partial y}{\partial l}\mathrm{d}l} = \frac{\dfrac{\partial x}{\partial B}\dfrac{\mathrm{d}B}{\mathrm{d}l} + \dfrac{\partial x}{\partial l}}{\dfrac{\partial y}{\partial B}\dfrac{\mathrm{d}B}{\mathrm{d}l} + \dfrac{\partial y}{\partial l}}$$

引用三角公式

$$\tan(\theta' - \theta) = \frac{\tan\theta' - \tan\theta}{1 + \tan\theta'\tan\theta} = \frac{\dfrac{\dfrac{\partial x}{\partial B}\dfrac{\mathrm{d}B}{\mathrm{d}l} + \dfrac{\partial x}{\partial l}}{\dfrac{\partial y}{\partial B}\dfrac{\mathrm{d}B}{\mathrm{d}l} + \dfrac{\partial y}{\partial l}} - \dfrac{M\mathrm{d}B}{r\mathrm{d}l}}{1 + \dfrac{\dfrac{\partial x}{\partial B}\dfrac{\mathrm{d}B}{\mathrm{d}l} + \dfrac{\partial x}{\partial l}}{\dfrac{\partial y}{\partial B}\dfrac{\mathrm{d}B}{\mathrm{d}l} + \dfrac{\partial y}{\partial l}} \cdot \dfrac{M\mathrm{d}B}{r\mathrm{d}l}}$$

$$= \frac{\dfrac{\partial x}{\partial B}\dfrac{\mathrm{d}B}{\mathrm{d}l} + \dfrac{\partial x}{\partial l} - \dfrac{M\mathrm{d}B}{r\mathrm{d}l}\left(\dfrac{\partial y}{\partial B}\dfrac{\mathrm{d}B}{\mathrm{d}l} + \dfrac{\partial y}{\partial l}\right)}{\dfrac{\partial y}{\partial B}\dfrac{\mathrm{d}B}{\mathrm{d}l} + \dfrac{\partial y}{\partial l} + \dfrac{M\mathrm{d}B}{r\mathrm{d}l}\left(\dfrac{\partial x}{\partial B}\dfrac{\mathrm{d}B}{\mathrm{d}l} + \dfrac{\partial x}{\partial l}\right)}$$

$$= \frac{\dfrac{\partial x}{\partial l} + \left(\dfrac{\partial x}{\partial B} - \dfrac{M}{r}\dfrac{\partial y}{\partial l}\right)\dfrac{\mathrm{d}B}{\mathrm{d}l} - \dfrac{M}{r}\dfrac{\partial y}{\partial B}\left(\dfrac{\mathrm{d}B}{\mathrm{d}l}\right)^2}{\dfrac{\partial y}{\partial l} + \left(\dfrac{\partial y}{\partial B} + \dfrac{M}{r}\dfrac{\partial x}{\partial l}\right)\dfrac{\mathrm{d}B}{\mathrm{d}l} + \dfrac{M}{r}\dfrac{\partial x}{\partial B}\left(\dfrac{\mathrm{d}B}{\mathrm{d}l}\right)^2}$$

因为 $\dfrac{\mathrm{d}B}{\mathrm{d}l}$ 是与方向有关的量,根据等角投影的变形只与位置有关,而与方位无关,所以上式分子和分母后两项应该为零

$$\tan(\theta' - \theta) = \frac{\dfrac{\partial x}{\partial l}}{\dfrac{\partial y}{\partial l}}$$

$$\begin{cases} \dfrac{\partial x}{\partial B} - \dfrac{M}{r}\dfrac{\partial y}{\partial l} = 0 \\[3mm] \dfrac{\partial y}{\partial B} + \dfrac{M}{r}\dfrac{\partial x}{\partial l} = 0 \end{cases} \quad (\text{柯西 - 黎曼}(\text{Cauchy - Riemann}) \text{ 微分方程})$$

这就是等角投影应该满足的特征方程。

在特征方程的基础上,考虑第二个,第三个条件。

高斯投影的第二个条件是轴子午线的投影是一条直线,且是投影点的对称轴。

如图 2 - 23,OP 为椭球面上投影带的轴子午线,其经度为 L_0,在 OP 两侧有对称的两点 $A(B,l)$ 和 $A'(B,-l)$,轴子午线 OP 在平面上的投影是直线 OX,同时是平面坐标系的纵轴,因为 A,A' 对称于轴子午线,所以 a 和 a' 也必然和 OX 轴对称,它们的平面坐标为 $a(x,y)$,$a'(x,-y)$,所以有

$$x = F_1(B, \pm l)$$
$$\pm y = F_2(B, \pm l)$$

即不管 l 是正还是负,纵坐标 x 都是正值,而横坐标 y 与 l 同号。

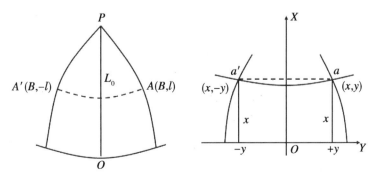

图 2 - 23 高斯投影中央经线

因此，按幂级数展开，F_1 应为 l 的偶次幂级数，F_2 为 l 的奇次幂级数

$$x = a_0 + a_2 l^2 + a_4 l^4 + \cdots$$

$$y = a_1 l + a_3 l^3 + a_5 l^5 + \cdots$$

式中 $a_0, a_1, a_2, \cdots$ 都是待定系数，根据级数的展开特点，这些系数都是大地纬度 B 的函数，而与 l 无关。

根据特征方程确定系数，先分别对上式 B 和 l 求导，得

$$\frac{\partial x}{\partial B} = \frac{\mathrm{d}a_0}{\mathrm{d}B} + \frac{\mathrm{d}a_2}{\mathrm{d}B}l^2 + \frac{\mathrm{d}a_4}{\mathrm{d}B}l^4 + \cdots$$

$$\frac{\partial y}{\partial B} = \frac{\mathrm{d}a_1}{\mathrm{d}B}l + \frac{\mathrm{d}a_3}{\mathrm{d}B}l^3 + \frac{\mathrm{d}a_5}{\mathrm{d}B}l^5 + \cdots$$

$$\frac{\partial x}{\partial l} = 2a_2 l + 4a_4 l^3 + \cdots$$

$$\frac{\partial y}{\partial l} = a_1 + 3a_3 l^2 + 5a_5 l^4$$

将上式代入特征方程 $\dfrac{\partial x}{\partial B} - \dfrac{M}{r}\dfrac{\partial y}{\partial l} = 0, \dfrac{\partial y}{\partial B} + \dfrac{M}{r}\dfrac{\partial x}{\partial l} = 0$ 中，得到

$$\begin{cases} a_1 + 3a_3 l^2 + 5a_5 l^4 + \cdots = \dfrac{r}{M}\left(\dfrac{\mathrm{d}a_0}{\mathrm{d}B} + \dfrac{\mathrm{d}a_2}{\mathrm{d}B}l^2 + \dfrac{\mathrm{d}a_4}{\mathrm{d}B}l^4 + \cdots\right) \\ 2a_2 l + 4a_4 l^3 + \cdots = -\dfrac{r}{M}\left(\dfrac{\mathrm{d}a_1}{\mathrm{d}B}l + \dfrac{\mathrm{d}a_3}{\mathrm{d}B}l^3 + \cdots\right) \end{cases}$$

根据等号两端 l 的同次幂相等，可得

$$a_1 = \frac{r}{M}\frac{\mathrm{d}a_0}{\mathrm{d}B}, a_2 = -\frac{1}{2}\frac{r}{M}\frac{\mathrm{d}a_1}{\mathrm{d}B}$$

$$a_3 = \frac{1}{3}\frac{r}{M}\frac{\mathrm{d}a_2}{\mathrm{d}B}, a_4 = -\frac{1}{4}\frac{r}{M}\frac{\mathrm{d}a_3}{\mathrm{d}B}$$

其通式为 $a_k = (-1)^{k-1}\dfrac{1}{k}\dfrac{r}{M}\dfrac{\mathrm{d}a_{k-1}}{\mathrm{d}B}$，只要确定了 a_0，可依次确定其余系数。

根据第三个条件：轴子午线投影没有长度变形。根据 x 的幂级数展开式，当 $l = 0, x = a_0$（展开式），这时纵轴上 x 坐标应该等于椭球面上该点到赤道的子午线弧长 S，即

$$a_0 = S$$

$$a_1 = \frac{r}{M}\frac{\mathrm{d}a_0}{\mathrm{d}B} = \frac{r}{M}\frac{\mathrm{d}x}{\mathrm{d}B}$$

又因为微分子午线与相应纬度的关系

$$\mathrm{d}x = \mathrm{d}BM, \frac{\mathrm{d}x}{\mathrm{d}B} = M$$

$$a_1 = r = N\cos B$$

$$a_1 = N\cos B$$

继续求 a_2，要计算 $\dfrac{\mathrm{d}a_1}{\mathrm{d}B}$，即

$$\frac{\mathrm{d}a_1}{\mathrm{d}B} = -N\sin B + \cos B \frac{\mathrm{d}N}{\mathrm{d}B}$$

利用 $N = a(1 - e^2\sin^2 B)^{-\frac{1}{2}}$ 求得

$$\frac{\mathrm{d}N}{\mathrm{d}B} = -\frac{1}{2}a(1 - e^2\sin^2 B)^{-\frac{3}{2}}(-2e^2\sin B\cos B)$$

$$= \frac{ae^2\sin B\cos B}{(1 - e^2\sin^2 B)^{\frac{3}{2}}} = \frac{e^2 N\sin B\cos B}{1 - e^2\sin^2 B}$$

$$\frac{\mathrm{d}a_1}{\mathrm{d}B} = -N\sin B + \cos B \frac{e^2 N\sin B\cos B}{1 - e^2\sin^2 B}$$

$$= N\sin B\left(-1 + \frac{e^2\cos^2 B}{1 - e^2\sin^2 B}\right)$$

$$= N\sin B\left(\frac{-1 + e^2\sin^2 B + e^2\cos^2 B}{1 - e^2\sin^2 B}\right)$$

$$= -N\sin B\left(\frac{1 - e^2}{1 - e^2\sin^2 B}\right)$$

由 $\dfrac{N}{M} = \dfrac{1 - e^2\sin^2 B}{1 - e^2}$，得

$$\frac{\mathrm{d}a_1}{\mathrm{d}B} = -N \cdot \frac{M}{N}\sin B = -M\sin B$$

将上式代入 a_2，可得

$$a_2 = -\frac{1}{2}\frac{r}{M}\frac{\mathrm{d}a_1}{\mathrm{d}B} = -\frac{1}{2}\frac{N\cos B}{M}(-M\sin B)$$

$$= \frac{1}{2}N\sin B\cos B$$

设

$$t = \tan B$$

类似地，依次推求各个系数

$$a_3 = \frac{1}{6}N(1 - t^2 + \eta^2)\cos^3 B$$

$$\eta = e'\cos B$$

$$a_4 = \frac{1}{24}Nt(5 - t^2 + 9\eta^2 + 4\eta^4)\cos^4 B$$

$$a_5 = \frac{1}{120}N(5 - 18t^2 + t^4 + 14\eta^2 - 58\eta^2 t^2)\cos^5 B$$

$$a_6 = \frac{1}{720}Nt(61 - 58t^2 + t^4 + 270\eta^2 - 330\eta^2 t^2)\cos^6 B$$

一般到 a_5 就足够保证 x,y 的计算精确到 $0.5\ \mathrm{mm}$ 了。对方程组

$$
\begin{cases}
x = S + \dfrac{1}{2}Nt\cos^2 Bl^2 + \dfrac{1}{24}Nt(5 - t^2 + 9\eta^2 + 4\eta^4)\cos^4 Bl^4 + \\[2mm]
\qquad \dfrac{1}{720}Nt(61 - 58t^2 + t^4 + 270\eta^2 - 330\eta^2 t^2)\cos^6 Bl^6 \\[3mm]
y = N\cos Bl + \dfrac{1}{6}N(1 - t^2 + \eta^2)\cos^3 Bl^3 + \\[2mm]
\qquad \dfrac{1}{120}N(5 - 18t^2 + t^4 + 14\eta^2 - 58\eta^2 t^2)\cos^5 Bl^5
\end{cases}
$$

进行分析:(1)当e不变时,x随B值增减而增减,y值则随B值增减而增减,又$\cos B = \cos(-B)$,所以不论是B为正还是为负,y值不变,子午线都凹向于中央子午线,并向两级收敛,对称于中央子午线和赤道。

(2)B不变时,随e的增减,x,y增减,对称于赤道的纬圈投影后凹向两极及垂直于子午线段投影。

(3)距中央子午线越远,长度变形越大。

此外,还要详细讨论子午圈弧长的算法。假定在子午圈上取两点,两点的距离可为无穷小,则该段弧长 dS 可视为以 M 为半径的圆弧(图 2 – 24),有

$$\mathrm{d}S = M\mathrm{d}B$$

$$\mathrm{d}S = \frac{a(1 - e^2)\mathrm{d}B}{(1 - e^2\sin^2 B)^{\frac{3}{2}}}$$

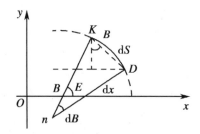

图 2 – 24　弧长 dS

显然,用积分的方法可求得具有纬度 B_1 和 B_2 两点间的弧长 S

$$S = \int_{B_1}^{B_2} \mathrm{d}S = \int_{B_1}^{B_2} \frac{a(1 - e^2)}{(1 - e^2\sin^2 B)^{\frac{3}{2}}}\mathrm{d}B = a(1 - e^2)\int (1 - e^2\sin^2 B)^{-\frac{3}{2}}\mathrm{d}B$$

上面是一个椭圆积分,不能直接求出,为此用二项式定理将$(1 - e^2\sin^2 B)^{-\frac{3}{2}}$展开为级数形式,然后逐项积分,得到

$$(1 - e^2\sin^2 B)^{-\frac{3}{2}} = 1 + \frac{3}{2}e^2\sin^2 B + \frac{15}{8}e^4\sin^4 B + \cdots$$

为了便于积分,将上式中的 $\sin B$ 的偶次函数化为倍角的余弦函数,然后再代入上式得

$$\sin^2 B = \frac{1}{2} - \frac{1}{2}\cos 2B$$

$$\sin^4 B = \frac{3}{8} - \frac{1}{2}\cos 2B + \frac{1}{8}\cos 4B$$

$$(1 - e^2\sin^2 B)^{-\frac{3}{2}} = A_0 - B_0\cos 2B + C_0\cos 4B - D_0\cos 6B + \cdots$$

其中

$$A_0 = 1 + \frac{3}{4}e^2 + \frac{45}{64}e^4 + \frac{175}{256}e^6 + \frac{11\,025}{16\,384}e^8 + \cdots$$

$$B_0 = \frac{3}{4}e^2 + \frac{15}{16}e^4 + \frac{525}{512}e^6 + \frac{2\,205}{2\,048}e^8 + \cdots$$

$$C_0 = \frac{15}{64}e^4 + \frac{105}{256}e^6 + \cdots$$

$$D_0 = \frac{35}{512}e^6 + \frac{315}{2\,048}e^8 + \cdots$$

$$S = a(1 - e^2)\int_{B_1}^{B_2}(A_0 - B_0\cos 2B + C_0\cos 4B - D_0\cos 6B + \cdots)\mathrm{d}B$$

一般地,要计算从赤道(纬度为 $0°$)到一定纬度为 B 的子午线弧长,则上式积分的下限 $B_1 = 0$,因此计算从赤道到大地纬度为点 B 的子午线弧长公式为

$$S = a(1 - e^2)\left(A_0 B - \frac{B_0}{2}\sin 2B + \frac{C_0}{4}\sin 4B - \frac{D_0}{6}\sin 6B + \cdots\right)$$

将克拉索夫斯基参考椭球的参数代入,计算出所需的参数(精确到小数点后 10 位)

$$A_0 = 1.005\,051\,773\,9$$

$$B_0 = 0.005\,062\,377\,6$$

$$C_0 = 0.000\,010\,624\,5$$

$$D_0 = 0.000\,000\,020\,8$$

最后得到克拉索夫斯基参考椭球的从赤道到纬度为 B 的子午线弧长公式

$$S = 6\,367\,558.496\,86B - 16\,036.480\,27\sin 2B + 16.828\,07\sin 4B -$$
$$0.021\,98\sin 6B + 0.000\,03\sin 8B$$

上式中的纬度 B 的单位是弧度,若按习惯以度、分、秒为单位,则弧长计算公式变为

$$S = 111\,134.861\,08B - 16\,036.480\,27\sin 2B + 16.82\,807\sin 4B -$$
$$0.021\,98\sin 6B + 0.000\,03\sin 8B$$

另外,计算弧长的公式还有其他形式,以下按倍角函数进一步化简

$$\sin 2B = 2\sin B\cos B$$

$$\sin 4B = 4\sin B\cos B(1 - 2\sin^2 B)$$

则 S 变为

$$S = a_0 B - \cos B(a_1\sin B + a_2\sin^3 B + a_3\sin^5 B + a_4\sin^7 B + \cdots)$$

将克拉索夫斯基参考椭球的参数代入计算系数后,弧长的计算公式变为

$$S = 111\,134.861\,08B - \cos B \cdot$$
$$(32\,005.780\,06\sin B + 133.921\,36\sin^3 B + 0.703\,04\sin^5 B + 0.003\,9\sin^7 B)$$

上式中的纬度的单位是度、分、秒。

将 1975 国际椭球（西安 80 坐标系）的参数代入计算系数后，弧长的计算公式变为

$$S = 111\ 133.005B - 16\ 038.528\sin 2B + 16.833\sin 4B - 0.022\sin 6B$$

将 S 代入正算公式计算高斯平面坐标，然后对 y 值进行加工，即将正算公式计算出的自然值加上 500 km，前面再冠以带号即可。

（五）高斯投影反变换公式

根据一点在高斯平面上的坐标 (x, y) 计算该点在椭球面上的大地坐标 (B, L)，称为高斯投影反算。

在进行高斯投影反算时，原面是高斯平面，投影面是椭球面，其相应的函数关系如下

$$B = \varphi_1(x, \pm y)$$
$$\pm l = \varphi_2(x, \pm y)$$

同正算一样，高斯投影反算时，上述函数必须满足前述三个条件，推导过程与正算公式相似

$$\begin{cases} \dfrac{\partial x}{\partial B} - \dfrac{M}{r}\dfrac{\partial y}{\partial l} = 0 \\[2mm] \dfrac{\partial y}{\partial B} + \dfrac{M}{r}\dfrac{\partial x}{\partial l} = 0 \end{cases} \quad （柯西 - 黎曼微分方程）$$

根据等角条件，φ_1 为偶函数，φ_2 为奇函数，把投影函数展开为 y 的幂级数

$$B = b_0 + b_2 y^2 + b_4 y^4 + \cdots$$
$$l = b_1 y + b_3 y^3 + b_5 y^5 + \cdots$$

对 x 和 y 取偏导数，将结果代入特征方程中，比较同次幂的系数

$$\frac{\partial B}{\partial x} = \frac{\mathrm{d}b_0}{\mathrm{d}x} + \frac{\mathrm{d}b_2}{\mathrm{d}x}y^2 + \frac{\mathrm{d}b_4}{\mathrm{d}x}y^4 + \cdots$$

$$\frac{\partial B}{\partial y} = \frac{\mathrm{d}b_1}{\mathrm{d}x}y + \frac{\mathrm{d}b_3}{\mathrm{d}x}y^3 + \frac{\mathrm{d}b_5}{\mathrm{d}x}y^5 + \cdots$$

$$\frac{\partial l}{\partial x} = 2b_2 y + 4b_4 y^3 + \cdots$$

$$\frac{\partial l}{\partial y} = b_1 + 3b_3 y^2 + 5b_5 y^4$$

$$\begin{cases} b_1 + 3b_3 y^2 + 5b_5 y^4 + \cdots = \dfrac{M}{r}\left(\dfrac{\mathrm{d}b_0}{\mathrm{d}x} + \dfrac{\mathrm{d}b_2}{\mathrm{d}x}y^2 + \dfrac{\mathrm{d}b_4}{\mathrm{d}x}y^4 + \cdots \right) \\[3mm] 2b_2 y + 4b_4 y^3 + \cdots = -\dfrac{r}{M}\left(\dfrac{\mathrm{d}b_1}{\mathrm{d}x}y + \dfrac{\mathrm{d}b_3}{\mathrm{d}x}y^3 + \cdots \right) \end{cases}$$

$$b_1 = \frac{M}{r}\frac{\mathrm{d}b_0}{\mathrm{d}x}$$

$$b_2 = -\frac{1}{2}\frac{r}{M}\frac{\mathrm{d}b_1}{\mathrm{d}x}$$

$$b_3 = \frac{1}{3}\frac{M}{r}\frac{\mathrm{d}b_2}{\mathrm{d}x}$$

$$b_4 = -\frac{1}{4}\frac{r}{M}\frac{db_3}{dx}$$

$$b_k = (-1)^{k+1}\frac{1}{k}\left(\frac{M}{r}\right)^{(-1)^{k+1}}\frac{db_{k-1}}{dx}$$

$$k = 1,2,3,\cdots$$

当 $y = 0$ 时，$B = b_0$。

设所求点 P 的平面坐标为 (x,y)，大地坐标为 (B,l)。如果 $y = 0$，x 不变，那么在高斯平面上按 $(x,0)$ 可找出另一点 f，点 f 的大地坐标为 $(B_f,0)$，$B_f \neq B$，这个点 f 称为点 P 的底点，B_f 称为底点纬度（图 2 - 25），所以 $b_0 = B_f$。将 b_0 对 x 求导，可得出 b_1，依次求导，就可得出各系数，如下

$$b_0 = B_f$$

$$b_1 = \frac{1}{N_f\cos B_f}$$

$$b_2 = \frac{1}{2M_fN_f}(-t_f)$$

$$b_3 = \frac{1}{6N_f^3\cos B_f}(-1-2t_f^2-\eta_f^2)$$

$$b_4 = \frac{1}{24M_fN_f^3}t_f(5+3t_f^2+\eta_f^2-9\eta_f^2t_f^2)$$

$$b_5 = \frac{1}{120N_f^5\cos B_f}(5+28t_f^2+24t_f^4+6\eta_f^2+8\eta_f^2t_f^2)$$

$$b_6 = \frac{1}{720M_fN_f^5}t_f(-61-90t_f^2-45t_f^4)$$

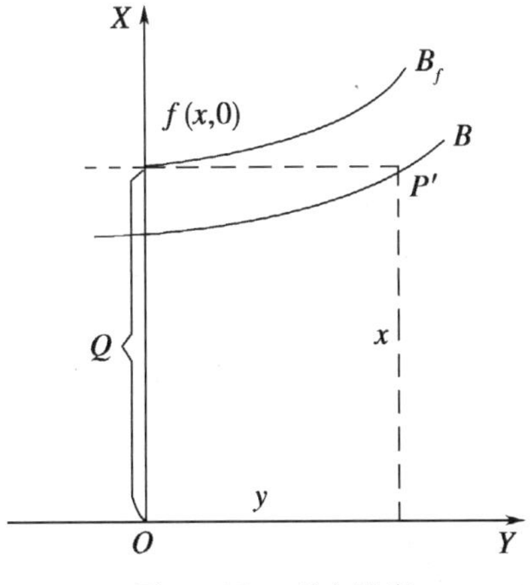

图 2 - 25　底点纬度

高斯投影反算公式如下，该公式的精度在最不利的情况下，当 l 最大 3°30′ 时（最宽投影带为 6°），可保证误差小于 0.000 05″

$$B = B_f - \frac{t_f}{2M_fN_f}y^2 + \frac{t_f}{24M_fN_f^3}(5+3t_f^2+\eta_f^2-9\eta_f^2t_f^2)y^4 - \frac{t_f}{720M_fN_f^5}(61+90t_f^2+45t_f^4)y^6$$

$$l = \frac{1}{N_f\cos B_f}y - \frac{1}{6N_f^3\cos B_f}(1+2t_f^2+\eta_f^2)y^3 + \frac{1}{120N_f^5\cos B_f}(5+28t_f^2+24t_f^4+6\eta_f^2+8\eta_f^2t_f^2)y^5$$

式中下标 f 是与底点纬度 B_f 有关的函数

$$t_f = \tan B_f, \eta_f^2 = e^2\cos^2 B_f$$

$$M_f = \frac{a(1-e^2)}{(1-e^2\sin^2 B_f)^{\frac{3}{2}}}$$

B_f 可用子午弧长的方法反求得到，此时，$x = S$，弧长公式取前四项即可

$$S = 111\ 134.861\ 08B - 16\ 036.480\ 27\sin 2B +$$

$$16.828\ 07\sin 4B - 0.021\ 98\sin 6B$$

用迭代法，迭代开始时设

$$B_f^1 = S/111\ 134.861\ 08$$

$$B_f^{i+1} = (S - F(B_f^i))/111\ 134.861\ 08$$

$$F(B_f^i) = -160\ 36.480\ 27\sin 2B_f^i + 16.828\ 07\sin 4B_f^i - 0.021\ 98\sin 6B_f^i$$

重复迭代，直至 $B_f^{i+1} - B_f^i < \varepsilon$ 为止。

（六）换带计算

1. 一般应用

分带投影可以限制变形的程度，但也给投影带来了连续的问题。因为两相邻投影带的公共边缘子午线在两带投影平面上的投影的弯曲方向不同，使得位于该边缘子午线附近分别居于两带的地形图不能拼接，所以给使用地图带来不便。为解决此问题，制作地形图时，在两带之间设重叠部分，每个带向东加宽 $30'$，向西加宽 $7'30''$，因此一个投影带的实际宽度是轴子午线以东 $3°30'$、以西 $3°7'30''$。在两相邻带公共边缘子午线附近有 $37'30''$ 宽的重叠部分。在该重叠范围内，同一大地点要计算两组坐标，一组属于东带，另一组属于西带。重叠范围的同一幅地形图，也绘制了两套坐标以供选择使用。

2. 换带计算

利用高斯投影公式进行换带计算，分两步进行：第一步，先把某点的一带平面坐标 (x_1, y_1) 利用投影反算公式计算为大地坐标 (B, L)；第二步，再由大地坐标 (B, L) 利用投影正算公式计算为另一带的平面坐标 (x_2, y_2)，即

$$(x_1, y_1) \rightarrow (B, L) \rightarrow (x_2, y_2)$$

需要注意的是，在第二步计算中，要根据第二带轴子午线经度 L_0 来变换 l 值。

3. 3° 带与 6° 带的转换

半数 3° 带（带号是单数）的中央子午线与 6° 带的中央子午线重合，而另半数 3° 带（带号是双数）的中央子午线与 6° 带的边缘子午线重合。

第一种情况，由于两种带的轴子午线重合，所以两个坐标系也就一样。如 3° 带的第 39 带与 6° 带的第 20 带属于同一坐标系，不需换算。

第二种情况,由于两带的轴子午线不重合,所以坐标系就不一样,需要换带计算。如已知一点在6°带的第20带的坐标,要求该点在3°带的第40带的坐标时,就要把该点在6°带的第20带的坐标看成是在3°带的第39带的坐标,把它从3°带的第39带的坐标换算为3°带的第40带的坐标,反之亦然。

四、通用横轴墨卡托投影(UTM 投影)

通用横轴墨卡托投影(UTM 投影),1938 年由美国提出,于1948 年完成了这种通用投影系统的计算。它是一种"等角横轴割圆柱投影",椭圆柱割地球于南纬80°、北纬84°两条等高圈,投影后两条相割的经线上没有变形,而中央经线上长度比为0.999 6(图2－26)。目前,美国、德国等60 多个国家以此投影作为国家基本地形图的数学基础,由于各国采用的地球椭球体的不同而存在差异,它的投影条件为:

(1) 等角投影。

(2) 中央子午线投影为一直线。

(3) 中央子午线投影后长度比等于0.999 6。

通用横轴墨卡托投影的分带方法是从经度180°起向东每6°为一带,即与国际1∶100 万地形图的划分一致,所以高斯投影第1 带(0°E－6°E)为横轴墨卡托投影第31 带,横轴墨卡托投影第1 带(180°W－174°W)是高斯投影第31 带。横轴墨卡托投影每带投影的范围限制在北纬84°至南纬80°,两极地区采用通用极球面(UPS)系。

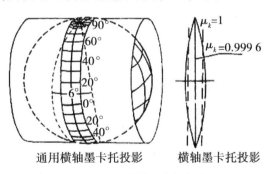

通用横轴墨卡托投影   横轴墨卡托投影

图2－26 横轴墨卡托投影

高斯－克吕格投影与通用横轴墨卡托投影的关系:

与高斯－克吕格投影相似,该投影角度没有变形,中央经线为直线,且为投影的对称轴,中央经线的比例因子取0.999 6 是为了保证离中央经线左右约330 km 处有两条不失真的标准经线。

通用横轴墨卡托投影的分带方法与高斯－克吕格投影相似,将北纬84°至南纬80°之间按经度分为60 个带,每带宽6°,从西经180°起算,两条标准纬线距中央经线180 km 左右,中央经线比例系数为0.999 6。我国的卫星影像资料常采用通用横轴墨卡托投影。

从投影几何方式看,高斯－克吕格投影是"等角横切圆柱投影",投影后中央经线保持长度不变,即比例系数为1;通用横轴墨卡托投影是"等角横轴割圆柱投影",圆柱割地球于南纬80°、北纬84°两条等高圈,投影后两条割线上没有变形,中央经线上长度比为0.999 6。因此如果采用相同的椭球体,那么从计算结果看,两者的主要差别在比例因子上,高斯－克吕格投影中央经线上的比例系数为1,通用横轴墨卡托投影为0.999 6,高斯－克吕格投影与通用横轴墨卡托投影可近似采用 $X[UTM] = 0.999\ 6 \times X[高斯]$,$Y[UTM] = 0.999\ 6 \times Y[高斯]$ 进行坐标转换。如果坐标纵轴西移了500 km,那么转换时必须将 Y 值减去500 000再乘上比例因子后再加500 000。

从分带方式看,两者的分带起点不同,高斯－克吕格投影自0°子午线起每隔经差6°自西向东分带,第1带的中央经度为3°;通用横轴墨卡托投影自西经180°起每隔经差6°自西向东分带,第1带的中央经度为－177°,因此高斯－克吕格投影的第1带是通用横轴墨卡托的第31带。此外,两投影的东纬偏移都是500 km,高斯－克吕格投影北纬偏移为零,通用横轴墨卡托北半球投影北纬偏移为零,南半球则为10 000 km。

五、圆锥投影

(一)兰勃特圆锥投影

兰勃特圆锥投影是由德国数学家兰勃特拟定的正形圆锥投影。设想用一个正圆锥切于或割于球面,应用等角条件将地球面投影到圆锥面上,然后沿一母线展开成平面。投影后纬线为同心圆圆弧,经线为同心圆半径。没有角度变形,经线长度比和纬线长度比相等。适于制作沿纬线分布的中纬度地区中、小比例尺地图。国际上用此投影编制1∶100万地形图和航空图。我国1∶100万地形图、全国地图及分省地图和比例尺小于1∶50万的地图一般使用兰勃特投影,全国地图的标准纬线现在使用的是25°和47°(之前使用过25°和45°),如图2－27所示。

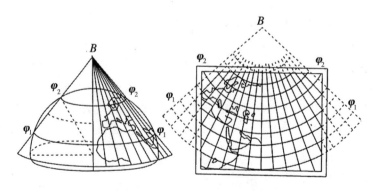

图2－27　兰勃特投影

（二）阿尔伯斯（Albers）投影

阿尔伯斯投影，又名"正轴等积割圆锥投影""双标准纬线等积圆锥投影"。圆锥投影的一种，为阿尔伯斯所拟定。中国地图出版社出版的 1∶800 万、1∶600 万和 1∶400 万中华人民共和国地图采用了双标准纬线 25° 和 47° 等积圆锥投影。以前还曾用过标准纬线为 25° 和 45° 以及边纬线（$S = 18°$，$N = 54°$）和中纬线（$M = 36°$）长度变形绝对值相等的等积圆锥投影，我国使用中央经线:110°00′ 或 105°00′。

第四节　地形图分幅与编号

一、地形图分幅

我国基本比例尺地形图均以 1∶100 万地形图为基础，按规定的经差和纬差划分图幅。为便于使用和管理，注意分幅编号是从经度 180° 起自西向东每经差 6° 为一列，投影带的带号与 1∶100 地形图的分幅列号相差 30。1∶100 万地形图的分幅采用国际分幅标准。每幅 1∶100 万地形图的范围是经差 6°、纬差 4°；纬度 60°～76° 为经差 12°、纬差 4°；纬度 76°～88° 之间经差 24°、纬差 4°（在我国范围内没有纬度 60° 以上的需要合幅的图幅）。

每幅 1∶100 万地形图划分为 2 行 2 列，共 4 幅 1∶50 万地形图，每幅 1∶50 万地形图的范围是经差 3°、纬差 2°。

每幅 1∶100 万地形图划分为 4 行 4 列，共 16 幅 1∶25 万地形图，每幅 1∶25 万地形图的范围是经差 1°30′、纬差 1°。

每幅 1∶100 万地形图划分为 12 行 12 列，共 144 幅 1∶10 万地形图，每幅 1∶10 万地形图的范围是经差 30′、纬差 20′。

每幅 1∶100 万地形图划分为 24 行 24 列，共 576 幅 1∶5 万地形图，每幅 1∶5 万地形图的范围是经差 15′、纬差 10′。

每幅 1∶100 万地形图划分为 48 行 48 列，共 2 304 幅 1∶2.5 万地形图，每幅 1∶2.5 万地形图的范围是经差 7′30″、纬差 5′。

每幅 1∶100 万地形图划分为 96 行 96 列，共 9 216 幅 1∶1 万地形图，每幅 1∶1 万地形图的范围是经差 3′45″、纬差 2′30″。

每幅1∶100 万地形图划分为 192 行 192 列，共 36 864 幅 1∶0.5 万地形图，每幅1∶0.5 万地形图的范围是经差 1′52.5″、纬差 1′15″。

各比例尺地形图的经纬差、行列数和图幅数成简单的倍数关系(见表2-2)。

表2-2 地形图分幅表

比例尺		1:100万	1:50万	1:25万	1:10万	1:5万	1:2.5万	1:1万	1:0.5万
图幅范围	经差	6°	3°	1°30′	30′	15′	7′30″	3′45″	1′52.5″
	纬差	4°	2°	1°	20′	10′	5′	2′30″	1′15″
行列数	行数	1	2	4	12	24	48	96	192
	列数	1	2	4	12	24	48	96	192
图幅数量关系		1	4	16	144	576	2 304	9 216	36 864
			1	4	36	144	576	2 304	9 216
				1	9	36	144	576	2 304
					1	4	16	64	256
						1	4	16	64
							1	4	16
								1	4

二、地形图编号

(一)1:100万地形图编号

1:100万地形图的编号采用国际编号标准。从赤道算起,每纬差4°为一行,至南、北纬88°各分为22行,依次用大写拉丁字母(字符码)A,B,C,…,V表示其相应行号;从180°经线算起,自西向东每经差6°为一列,依次用阿拉伯数字(数字码)1,2,3,…,60表示其相应列号。由经线和纬线所围成的每个梯形小格为一幅1:100万地形图,它们的编号由其所在的行号和列号组合而成。

我国1:100万地形图的投影采用兰勃特投影,按1:100万地形图的纬度划分原则分带投影。即从0°开始,每隔纬差4°为一个投影带,每个投影带单独计算坐标,建立数学基础。同一投影带内再按经差6°分幅,各图幅的大小完全相同,故只需计算经差6°、纬差4°的一幅图的投影坐标即可。

每幅图的直角坐标都是以图幅的中央经线为X轴,中央经线与图幅南纬线交点为原点,过原点的切线为Y轴,组成直角坐标系。每个投影带设置两条标准纬线,其位置是

$$\Phi_1 = \Phi_S + 30'$$

$$\Phi_2 = \Phi_N - 30'$$

需要注意的是,投影带的分带号与1:100万地形图分幅的纵行相差30。我国比例尺小于1:100万的地形图(含1:100万)用等角圆锥投影,大于1:50万(含1:50万)的地形图都用高斯-克吕格投影。图2-28为东半球北半球1:100万地形图的国际分幅和编号。

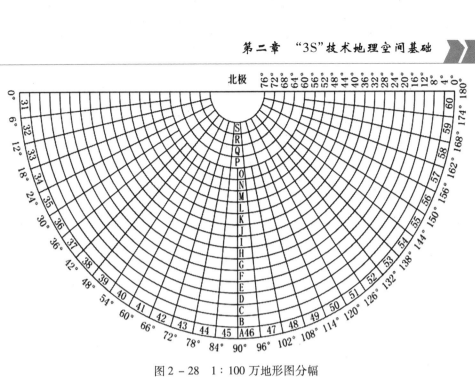

图 2 - 28　1∶100 万地形图分幅

（二）其他比例尺地形图编号

1. 地形图旧编号

由于历史的原因,我国地形图的编号在 20 世纪 90 年代以前很不统一,下列是旧地形图编号的一种

1∶100 万	4°×6°	J - 50
1∶50 万	2°×3°,在 1∶100 万上分 4 幅	J - 50 - A
1∶25 万	1°×1°30′,1∶100 万上分 16 幅	J - 50 - A - a
1∶20 万	40′×1°,在 1∶100 万上分 36 幅	J - 50 - A - [1]（现在已经没有）
1∶10 万	20′×30′,在 1∶100 万上分 144 幅	J - 50 - 144
1∶5 万	10′×15′,在 1∶10 万上分 4 幅	J - 50 - 144 - A
1∶2.5 万	5′×7′30″,在 1∶10 万上分 16 幅	J - 50 - 144 - A - 10
1∶1 万	2′30″×3′45″,在 1∶10 万上分 64 幅	J - 50 - 144 - A - [1]
1∶0.5 万	1′15″×1′52.5″,在 1∶10 万上分 256 幅	J - 50 - 144 - A - [200]

2. 地形图新编号

20 世纪 90 年代以后 1∶50 万 ~ 1∶0.5 万地形图的编号均以 1∶100 万地形图编号为基础,采用行列编号的方法。新编号由 10 位代码组成,分别是其所在 1∶100 万地形图的图号、比例尺代码和各图幅的行列号,即将 1∶100 万地形图按所含各比例尺地形图的经差和纬差分成若干行和列,横行从上到下、纵列从左到右按顺序分别用三位阿拉伯数字(数字码)表示,不足三位者前面补零,取行号在前、列号在后的排列形式标记;各比例尺地形图分别采用不同的字符作为其比例尺的代码,比例尺代码见表 2 - 3。

表 2-3   比例尺代码

比例尺	1∶50万	1∶25万	1∶10万	1∶5万	1∶2.5万	1∶1万	1∶0.5万
代码	B	C	D	E	F	G	H

例2.1   1∶50万地形图的编号（图2-29）。

一幅1∶100万地形图可划分为4幅1∶50万地形图,将1∶100万图幅的编号加上代码,即为该代码图幅的编号,如斜线所示部分地形图的图号为J50B001002。

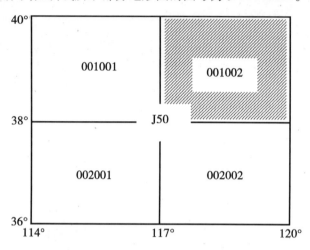

图2-29   1∶50万地形图分幅

例2.2   1∶25万地形图的编号（图2-30）。

一幅1∶100万地形图可划分为16幅1∶25万地形图,将1∶100万图幅的编号加上代码,即为该代码图幅的编号,如斜线所示部分地形图的图号为J50C003003。

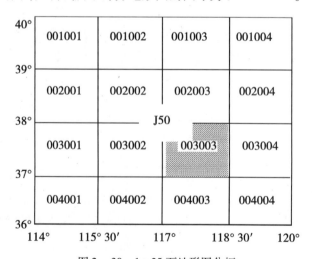

图2-30   1∶25万地形图分幅

例2.3   1∶10万地形图的编号（图2-31）。

单斜线所示部分地形图的图号为J50D010010。

例 2.4 1∶5 万地形图的编号(图 2-31)。

双斜线所示部分地形图的图号为 J50E017016。

按前述地形图的分幅标准,1∶100 万地形图图幅最东南角的 1∶0.5 万地形图的图号为 J50H192192。

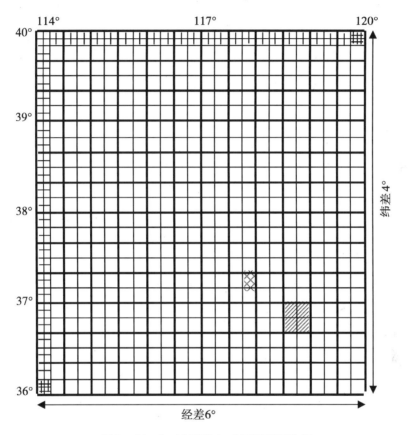

图 2-31 1∶10 万及 1∶5 万地形图分幅

三、编号应用的公式

1. 已知图幅内某点的经纬度或图幅西南图廓点的经纬度,计算其编号

(1) 按下式计算 1∶100 万地形图图幅编号

$$a = \left[\frac{\varphi}{4°}\right] + 1$$

$$b = \left[\frac{\lambda}{6°}\right] + 31$$

式中,[ ] 为商取整;a 为 1∶100 万地形图图幅所在纬度带字符码所对应的数字码;b 为 1∶100 万地形图图幅所在经度带的数字码;λ 为图幅内某点的经度或图幅西南图廓点的经

度;φ 为图幅内某点的纬度或图幅西南图廓点的纬度。

例2.5 某点经度为114°33′45″,纬度为39°22′30″,计算其所在图幅的编号

$$a = \left\lceil 39°22′30″/4° \right\rceil + 1 = 10(字符码\ J)$$

$$b = \left\lceil 114°33′45″/6° \right\rceil + 31 = 50$$

该点所在1∶100万地形图图号为 J50。

(2)按下式计算所求比例尺地形图在1∶100万地形图图号后的行列号

$$c = 4°/\Delta\varphi - \left\lceil (\varphi/4°)/\Delta\varphi \right\rceil$$

$$d = \left\lceil (\lambda/6°)/\Delta\lambda \right\rceil + 1$$

式中,( )为商取余;[ ]为商取整;c 为所求比例尺地形图在1∶100万地形图图号后的行号;d 为所求比例尺地形图在1∶100万地形图图号后的列号;λ 为图幅内某点的经度或图幅西南图廓点的经度;φ 为图幅内某点的纬度或图幅西南图廓点的纬度;$\Delta\lambda$ 为所求比例尺地形图分幅的经差;$\Delta\varphi$ 为所求比例尺地形图分幅的纬差。

仍以经度为114°33′45″,纬度为39°22′30″的某点为例,计算各比例尺地形图的编号。

例2.6 1∶50万地形图的编号。

$$\Delta\varphi = 2°, \Delta\lambda = 3°$$

$$c = 4°/2° - \left\lceil (39°22′30″/4°)/2° \right\rceil$$

$$= 2 - \left\lceil 3°22′30″/2° \right\rceil$$

$$= 001$$

$$d = \left\lceil (114°33′45″/6°)/3° \right\rceil + 1$$

$$= \left\lceil 33′45″/3° \right\rceil + 1$$

$$= 001$$

1∶50万地形图的图号为 J50B001001。

例2.7 1∶25万地形图的编号。

$$\Delta\varphi = 1°, \Delta\lambda = 1°30′$$

$$c = 4°/1° - \left\lceil (39°22′30″/4°)/1° \right\rceil$$

$$= 4 - \left\lceil 3°22′30″/1° \right\rceil$$

$$= 001$$

$$d = \left\lceil (114°33′45″/6°)/1°30′ \right\rceil + 1$$

$$= \lceil 33'45''/1°30' \rceil + 1$$

$$= 001$$

1∶25 万地形图的图号为 J50C001001。

例2.8 1∶10 万地形图的编号。

$$\Delta\varphi = 20',\Delta\lambda = 30'$$

$$c = 4°/20' - \lceil (39°22'30''/4°)/20' \rceil$$

$$= 12 - \lceil 3°22'30''/20' \rceil$$

$$= 002$$

$$d = \lceil (114°33'45''/6°)/30' \rceil + 1$$

$$= \lceil 33'45''/30' \rceil + 1$$

$$= 002$$

1∶10 万地形图的图号为 J50D002002。

例2.9 1∶5 万地形图的编号。

$$\Delta\varphi = 10',\Delta\lambda = 15'$$

$$c = 4°/10' - \lceil (39°22'30''/4°)/10' \rceil$$

$$= 24 - \lceil 3°22'30''/10' \rceil$$

$$= 004$$

$$d = \lceil (114°33'45''/6°)/15' \rceil + 1$$

$$= \lceil 33'45''/15' \rceil + 1$$

$$= 003$$

1∶5 万地形图的图号为 J50E004003。

例2.10 1∶2.5 万地形图的编号。

$$\Delta\varphi = 5',\Delta\lambda = 7'30''$$

$$c = 4°/5' - \lceil (39°22'30''/4°)/5' \rceil$$

$$= 48 - \lceil 3°22'30''/5' \rceil$$

$$= 008$$

$$d = \lceil (114°33'45''/6°)/7'30'' \rceil + 1$$

$$= \lceil 33'45''/7'30'' \rceil + 1$$

$$= 005$$

1∶2.5 万地形图的图号为 J50F008005。

例2.11 1∶1 万地形图的编号。

$$\Delta\varphi = 2'30'',\Delta\lambda = 3'45''$$

$$c = 4°/2'30'' - \left[(39°22'30''/4°)/2'30'' \right]$$

$$= 96 - \left[3°22'30''/2'30'' \right]$$

$$= 015$$

$$d = \left[(114°33'45''/6°)/3'45'' \right] + 1$$

$$= \left[33'45''/3'45'' \right] + 1$$

$$= 010$$

1：1万地形图的图号为 J50G015010。

例 2.12　1：0.5万地形图的编号。

$$\Delta\varphi = 1'15'', \Delta\lambda = 1'52.5''$$

$$c = 4°/1'15'' - \left[(39°22'30''/4°)/1'15'' \right]$$

$$= 192 - \left[3°22'30''/1'15'' \right]$$

$$= 030$$

$$d = \left[(114°33'45''/6°)/1'52.5'' \right] + 1$$

$$= \left[33'45''/1'52.5'' \right] + 1$$

$$= 019$$

1：0.5万地形图的编号为 J50H030019。

2. 已知图号计算该图幅西南图廓点的经纬度

按下式计算该图幅西南图廓点的经纬度

$$\lambda = (b - 31) \times 6° + (d - 1) \times \Delta\lambda$$

$$\varphi = (a - 1) \times 4° + (4°/\Delta\varphi - c) \times \Delta\varphi$$

式中，λ 为图幅西南图廓点的经度；φ 为图幅西南图廓点的纬度；a 为 1：100 万地形图图幅所在纬度带字符码所对应的数字码；b 为 1：100 万地形图图幅所在经度带的数字码；c 为该比例尺地形图在 1：100 万地形图图号后的行号；d 为该比例尺地形图在 1：100 万地形图图号后的列号；$\Delta\lambda$ 为所求比例尺地形图分幅的经差；$\Delta\varphi$ 为所求比例尺地形图分幅的纬差。

例 2.13　图号为 J50B001001，计算其西南图廓点的经纬度。

$$a = 10, b = 50, c = 1, d = 1, \Delta\varphi = 2°, \Delta\lambda = 3°$$

$$\lambda = (50 - 31) \times 6° + (1 - 1) \times 3° = 114°$$

$$\varphi = (10 - 1) \times 4° + (4°/2° - 1) \times 2° = 38°$$

该图幅西南图廓点的经度和纬度分别为 114°，38°。

例 2.14　图号为 J50D002002，计算其西南图廓点的经纬度。

$$a = 10, b = 50, c = 2, d = 2, \Delta\varphi = 20', \Delta\lambda = 30'$$

$$\lambda = (50 - 31) \times 6° + (2 - 1) \times 30' = 114°30'$$

$$\varphi = (10 - 1) \times 4° + (4°/20' - 2) \times 20' = 39°20'$$

该图幅西南图廓点的经度和纬度分别为 $114°30'$，$39°20'$。

3. 在同一幅 1∶100 万地形图图幅内不同比例尺地形图的行列关系换算

(1) 由较小比例尺地形图的行、列号计算所含各较大比例尺地形图的行、列号。

最西北角图幅的行、列号按下式计算

$$c_大 = \Delta\varphi_小 / \Delta\varphi_大 \times (c_小 - 1) + 1$$

$$d_大 = \Delta\varphi_小 / \Delta\varphi_大 \times (d_小 - 1) + 1$$

最东南角图幅的行、列号按下式计算

$$c_大 = c_小 \times \Delta\varphi_小 / \Delta\varphi_大$$

$$d_大 = d_小 \times \Delta\varphi_小 / \Delta\varphi_大$$

式中，$c_大$ 为较大比例尺地形图在 1∶100 万地形图图号后的行号；$d_大$ 为较大比例尺地形图在 1∶100 万地形图图号后的列号；$c_小$ 为较小比例尺地形图在 1∶100 万地形图图号后的行号；$d_小$ 为较小比例尺地形图在 1∶100 万地形图图号后的列号；$\Delta\varphi_大$ 为较大比例尺地形图分幅的纬差；$\Delta\varphi_小$ 为较小比例尺地形图分幅的纬差。

例 2.15 1∶10 万地形图的行、列号为 004，001，求所含 1∶2.5 万地形图的行、列号，其中

$$c_小 = 4, d_小 = 1, \Delta\varphi_小 = 20', \Delta\varphi_大 = 5'$$

最西北角图幅的行、列号为

$$c_大 = 20'/5' \times (4 - 1) + 1 = 013$$

$$d_大 = 20'/5' \times (1 - 1) + 1 = 001$$

最东南角图幅的行、列号为

$$c_大 = 4 \times 20'/5' = 016$$

$$d_大 = 1 \times 20'/5' = 004$$

所含 1∶2.5 万地形图的行、列号为

013001	013002	013003	013004
014001	014002	014003	014004
015001	015002	015003	015004
016001	016002	016003	016004

(2) 由较大比例尺地形图的行、列号计算它隶属于较小比例尺地形图的行、列号，较小比例尺地形图的行、列号按下式计算

$$c_小 = \left[c_大 / (\Delta\varphi_小 / \Delta\varphi_大) \right] + 1$$

$$d_小 = [d_大/(\Delta\varphi_小/\Delta\varphi_大)] + 1$$

式中,$[\quad]$ 为商取整;$c_小$ 为较小比例尺地形图在 1∶100 万地形图图号后的行号;$d_小$ 为较小比例尺地形图在 1∶100 万地形图图号后的列号;$c_大$ 为较大比例尺地形图在 1∶100 万地形图图号后的行号;$d_大$ 为较大比例尺地形图在 1∶100 万地形图图号后的列号;$\Delta\varphi_大$ 为较大比例尺地形图分幅的纬差;$\Delta\varphi_小$ 为较小比例尺地形图分幅的纬差。

例 2.16 1∶2.5 万地形图的行、列号分别为 016004 和 013003,计算它隶属于 1∶10 万地形图的行、列号。

$$c_大 = 16, d_大 = 4, \Delta\varphi_小 = 20', \Delta\varphi_大 = 5'$$
$$c_小 = [16/(20'/5')] = 004$$
$$d_小 = [4/(20'/5')] = 001$$
$$c_大 = 13, d_大 = 3$$
$$c_小 = [13/(20'/5')] + 1 = 004$$
$$d_小 = [3/(20'/5')] + 1 = 001$$

行、列号为 016004 和 013003 的 1∶2.5 万地形图隶属于 1∶10 万地形图的行、列号均为 004001。

注 前项有余数时,则加 1;无余数时,则不加 1。

四、地理网格和方位角

为了应用方便,常将经纬度和高斯坐标千米网格绘制于地形图上。

千米网格:在每一个投影带内,引一系列平行于纵轴和横轴的直线,而组成所谓直角坐标网格(图 2 - 32),其平行线的间隔根据不同的比例尺而定,1∶2.5 万和 1∶5 万时为 1 km,1∶10 万时为 2 km。不同比例尺地图上距离代表的实际距离见表 2 - 4。

表 2 - 4   不同比例尺地图图上距离代表的实际距离

地图比例尺	千米网格 /cm	相应实地距离 /km
1∶1 万	10	1
1∶2.5 万	4	1
1∶5 万	2	1
1∶10 万	2	2

经纬网:地理坐标网。在大比例尺地形图上一般不绘经纬网。地形图的比例尺为 1∶1 万 ~ 1∶10 万的地形图称为大比例尺地形图;1∶20 万 ~ 1∶50 万的地形图为中比例尺

地形图;小于或等于 1∶100 万的地形图为小比例尺地形图。

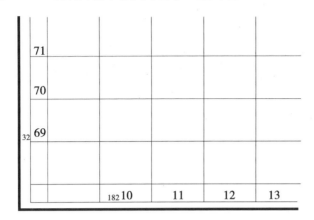

图 2 - 32　直角坐标网格

真子午线与真方位角:过地面上任意一点指向地球南北极的方向线称为真子午线,从真子午线北端顺时针方向量至某一直线的水平角称为真方位角。

磁子午线与磁方位角:磁针静止时所指的方向线称为磁子午线,以磁子午线方向为基本方向形成的方位角称为磁方位角。

纵坐标轴与坐标方位角:与中央子午线平行的纵线称为纵坐标轴,以纵坐标轴方向为基本方向形成的方位角称为坐标方位角。

以上三个方向称为三北方向。

磁偏角:过某点的真子午线与磁子午线方向间的夹角,用 δ 表示。磁子午线在真子午线以东为东偏,且为正,否则为负。我国的磁偏角东部西偏,西部东偏。

子午线收敛角:坐标纵线(中央子午线)与真子午线方向的夹角称为子午线收敛角。坐标纵线偏于真子午线以东称为东偏,且为正。

磁坐偏角:以坐标纵线为准,与磁子午线的夹角。

三个角之间的关系如图 2 - 33

真方位角 A_{12} = 坐标方位角 α_{12} + 子午线收敛角 γ = 磁方位角 A_{m12} + 磁偏角 δ

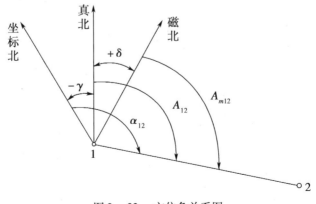

图 2 - 33　方位角关系图

第三章　空间数据的表达方法

　　客观的地理系统是复杂的、开放的巨系统,可归纳为两大类:自然环境系统和社会经济环境系统,其中的各种要素都与地理空间位置有关,空间对象的特征包含空间特征、属性特征和时间特征。地图和地理信息系统都可看作是地理原型的模型,地理信息系统以空间数据库为基础,对原型进行数字化表达,因此通过一定的数据结构把有关的空间数据组织到计算机系统中是建立地理信息系统数据库的一个核心问题。它包括确定专题领域的实际模型;建立表达实际模型的概念模型;建立实现概念模型的数据逻辑结构;确定数据库文件在数据库中的组织方式。

　　空间实际模型是指在研究区(项目所相关的空间区域)内与某领域有关的实际存在的物质世界,它包含所有能够被人们直接和不能直接观察到的各种有关信息。空间数据模型是对有关真实世界的一种抽象表达,可称为概念模型,对地理原型所建立的数据模型应能充分表达地理对象的特征(地理对象的时态数据表达尚在研究之中),所以矢量模型和栅格模型是目前地理信息系统的主要数据模型。空间数据结构是把概念模型转变为计算机系统所能接受的数据结构和逻辑关系。实际上,空间数据模型和数据的逻辑结构都是对空间实际模型的一种抽象,所以也可以把它们分别称为高层次的数据结构和低层次的数据结构。显然,为了建立一个有效的专题领域的空间数据库,需要深入地研究和分析这种空间信息的抽象性和传递过程。

第一节　空间信息

一、空间信息的表达

　　以地理信息系统的观点,所谓空间就是地理实体及其相互关系的存在形式。地理实体是存在于地球表面具有一定地理位置和属性的物体。虽然可以根据属性对地理实体进行各种分类,但各种地理实体都可以归结为点、线、面三种几何体。地理实体及其相互关系构成了空间信息。在设计某一具体技术领域专题数据库时充分认识该专题有关的空间信息类型、内在特征和存在的形式是十分必要的。

　　1. 点状要素

　　地面上真正的点状事物很少,一般都占有一定的面积,只是大小不同。这里所谓的点状要素,是指那些占面积较小,不能按比例尺表示,又要定位的事物。因此,面状事物和点状事物的界限并不严格。如居民点,在大、中比例尺地图上被表示为面状地物,在小比例尺地图上则被表示为点状地物。对点状要素的质量和数量特征,用点状符号表示。通常以点状符号的形状和颜色表示质量特征,以符号的尺寸表示数量特征,将点状符号定位于事物所在的相应位置上。

2. 线状要素

对于地面上呈线状或带状的事物,如交通线、河流、境界线、构造线等,在地图上均用线状符号来表示。当然,对于线状和面状实体的区分,也和地图的比例尺有很大的关系。如河流,在小比例尺的地图上,被表示成线状地物,而在大比例尺的地图上,则被表示成面状地物。通常用线状符号的形状和颜色表示质量的差别,用线状符号的尺寸变化(线宽的变化)表示数量特征。

3. 面状要素

面状分布的地理事物很多,其分布状况并不一样,有连续分布的,如气温、土壤等,有不连续分布的,如森林、油田、农作物等;它们所具有的特征也不尽相同,有的是性质上的差别,如不同类型的土壤,有的是数量上的差异,如气温的高低等。因此,表示它们的方式也不相同。

对于不连续分布或连续分布的面状事物的分布范围和质量特征,一般可以用面状符号表示。符号的轮廓线表示其分布位置和范围,轮廓线内的颜色、网纹或说明符号表示其质量特征,具体方法有范围法、质底法。对于连续分布的面状事物的数量特征及变化趋势,常常可以用一组线状符号 —— 等值线表示,如等温线、等降水量线、等深线、等高线等,其中等高线是以后地理信息系统建立数据库经常用到的一种数据表示方式。等值线的符号一般是细实线加数字注记。等值线的数值间隔一般是常数,这样就可以根据等值线的疏密,判断制图对象的变化趋势或分布特征。等值线法适合表示地面或空间呈连续分布且逐渐变化的地理事物。

二、空间实体的属性信息

空间实体的属性类型的划分随我们日常经验、科学领域的要求及研究问题的着眼点不同而不同。对空间实体属性的分类在较高层次上可趋于一致,如植被、水系、地形、道路、建筑物等,在低层次上各学科和专业都有相应的分类系统。但可以按以下标准划分成各种不同类型的属性:

(1)二元型:仅表示某种事物或现象对某一空间实体是有或无,如该空间是绿地还是非绿地。

(2)等级型:按实体的内在性质划分出若干种类型并具有一定的排序,如地位级、火险等级等。

(3)数量型:在某一地理空间内所发生的、由数量可表达的属性。如某一区域的面积、森林蓄积量等。

(4)非数量型:如坡向、坡位、森林、草地、河流等。

空间实体属性可以进行分解、综合、叠加和统计,而产生新的信息。

三、空间实体的度量信息

欧几里得（Euclid）几何学奠定了空间度量的基础，为此需要建立一定的参照坐标系（如直角坐标系、经纬度坐标系等）。在一个具体的地理信息系统中根据需要至少使用一种或多种坐标系，并在一定的场合下需要对坐标进行变换处理。在一定的坐标系下可获得空间实体的度量信息。空间度量信息包括：

（1）定位信息。点、线、面等基本类型的空间实体以及由它们组成的复合实体都有一定的空间位置，可以用选定的坐标系来描述。在笛卡儿（Descartes）直角坐标系中，一个点可以用一对数(X,Y)来描述，一条线可以用一串坐标对来描述，一个面可以用一组邻接且闭合的线来确定其位置。在直角坐标系中，可以对实体进行平移、缩放及几何旋转等坐标变换。

（2）无约束的几何距离（欧几里得距离）。欧几里得距离是常用的度量空间两点联结关系的一种概念。例如，火点到消防队之间的距离，瞭望塔之间的距离等。在二维空间中距离被定义为

$$d_{ij} = \sqrt{(x_i - x_j)^2 + (y_i - y_j)^2}$$

欧几里得距离有以下四个特点：

① 从一个点到它本身的距离等于零，$D(P,P) = 0$。

② 如果两点位置不同（两点坐标对应不等），那么两点距离大于零，$D(P_1, P_2) > 0 (P_1 \neq P_2)$。

③ 欧几里得距离遵守三角形三边不等定理 $D(P_1, P_2) \leq D(P_1, P_3) + D(P_2, P_3)$。

④ 欧几里得距离是对称的，$D(P_1, P_2) = D(P_2, P_1)$。

可将欧几里得距离概念扩展，获得线实体长度的度量。面实体的周长和面积度量为

$$L = \sum_{i=1}^{n} d_i \quad (i = 1, 2, 3, \cdots, n)$$

$$S = \frac{1}{2} \left| \sum_{i=1}^{n-1} (x_{i+1} \cdot y_i - x_i \cdot y_{i+1}) \right|$$

其中 L 表示周长，S 表示面积。

（3）有约束条件的距离（路径距离或有效距离）。在实际应用中两点的距离往往不是按欧几里得距离定义的。例如，汽车按现有的限定公路从一点到一点的距离，或"时间距离""成本距离"等。

四、空间实体的拓扑信息

（一）拓扑关系概述

拓扑关系是明确定义空间关系的一种数学方法。在地理信息系统中，用来描述并确定空间的点、线、面之间的关系及属性，并可实现相关的查询和检索。在空间实体之间隐含着一些独立于坐标系统外的几何关系，这些几何关系不随着几何实体的平移、旋转和缩放而发生变

化。在实际应用中,有时我们所需要的信息不强调描述空间实体的坐标位置,而重要的是要了解实体的空间连接关系。例如,查询某次森林火灾发生在哪一个林场、哪一个林班,某一条公路通过哪几个林场,与某个林场相邻接的是哪几个林场等。

理解拓扑变换和拓扑属性时,我们可以设想一块高质量的橡皮,它的表面是欧几里得平面,可被任意拉伸压缩,但不能扭转折叠,表面上有由结点、弧、环和区域组成的图形。若对该橡皮进行任意拉伸、压缩,但不扭转和折叠,则在橡皮形状的这些变换中,图形的一些属性将得到保留,是拓扑属性,有些属性将消失,是非拓扑属性(表 3 - 1)。

表 3 - 1   拓扑属性和非拓扑属性

拓扑属性	非拓扑属性
一个点在一个弧段的端点	两点之间的距离
一个弧段是一个简单的弧段	一个点指向另一个点的方向
一个点在一个区域的边界上	弧段的长度
一个点在一个区域的内部	一个区域的周长
一个点在一个区域的外部	一个区域的面积
一个面是一个简单的面(无岛)	
一个面的连通性	

(二) 拓扑关系类型

实体的典型拓扑关系有:

(1) 分离关系:两个实体彼此不邻接。

(2) 相邻关系:两个实体彼此相邻接。

(3) 重叠关系:两个实体共同占据某个共同的空间。

(4) 相交关系:两个实体部分占据某个共同的空间。

(5) 包含关系:一个实体在另一个实体所占据的空间之内。

把这些关系具体化为左边、右边、并排、上边、下边、前边、后边、紧挨、远离、接触、之间、里面、外面等基本关系集。可能发生上述拓扑关系的实体组合有:点与点、点与线、点与面、线与线、线与面、面与面。这些拓扑关系反映了空间实体的分布模式,而一定的分布模式又都包含更为隐式和复杂的信息。

基本的拓扑关系又可以归纳为以下几个方面,且拓扑元素之间的关系满足欧拉公式:

关联:不同拓扑元素之间的关系。

邻接:相同拓扑元素之间的关系。

包含:面与其他元素之间的关系。

层次:相同拓扑元素之间的关系。

欧拉公式:欧拉公式在地理信息系统中有着重要的意义,主要用来检查空间拓扑关系的正确性,能发现点、线、面不匹配的情况和多余、遗漏的图形元素

$$c + a = n + b$$

其中，n 为结点数，a 为弧段数，b 为多边形数，c 为常数。若 b 包含边界里面和外面的多边形，则 $c = 2$。若 b 仅包含边界内部的多边形，则 $c = 1$。

（三）拓扑关系的关联表达

拓扑关系的关联表达是指采用什么样的拓扑关联表来表达空间位置数据之间的关系，可分为全显式表达和半隐式表达。

1. 全显式表达

全显式表达既明确表示空间数据多边形、弧段、结点之间的拓扑关系，同时还明确表达结点、弧段、多边形之间的拓扑关系。对于图 3 - 1 采用全显式表达如表 3 - 2 至表 3 - 5 所示。

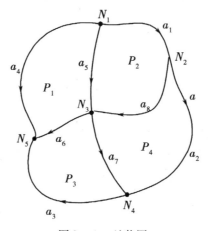

图 3 - 1 地物图

（1）多边形 - 弧段拓扑关联表（表 3 - 2）。

表 3 - 2 多边形 - 弧段拓扑关联表

多边形	弧段
P_1	a_4, a_5, a_6
P_2	a_1, a_8, a_5
P_3	a_3, a_6, a_7
P_4	a_2, a_7, a_8

（2）弧段 - 结点拓扑关联表（表 3 - 3）。

表 3 - 3 弧段 - 结点拓扑关联表

弧段	结点	弧段	结点
a_1	N_1, N_2	a_5	N_1, N_3
a_2	N_2, N_4	a_6	N_3, N_5
a_3	N_4, N_5	a_7	N_3, N_4
a_4	N_1, N_5	a_8	N_2, N_3

（3）结点－弧段拓扑关联表（表3－4）。

表3－4　结点－弧段拓扑关联表

结点	弧段
N_1	a_1, a_4, a_5
N_2	a_1, a_2, a_8
N_3	a_5, a_6, a_7, a_8
N_4	a_2, a_3, a_7
N_5	a_3, a_4, a_6

（4）弧段－多边形拓扑关联表（表3－5）。

表3－5　弧段－多边形拓扑关联表

弧段	左多边形	右多边形
a_1	0	P_2
a_2	0	P_4
a_3	0	P_3
a_4	P_1	0
a_5	P_2	P_1
a_6	P_3	P_1
a_7	P_4	P_3
a_8	P_4	P_2

2. 半隐式表达

全显式表达的表格之间可以互相推导，为简化拓扑关联表达，又便于使用，将全显式表格合并，来表达矢量数据结构中不同元素之间的拓扑关联性，形成表3－6。

表3－6　多边形拓扑关系半隐式表达表

弧段	始结点	终结点	左多边形	右多边形	弧坐标
a_1	N_1	N_2	0	P_2	$xn_1, yn_1, \cdots, xn_2, yn_2$
a_2	N_2	N_4	0	P_4	$xn_2, yn_2, \cdots, xn_4, yn_4$
a_3	N_4	N_5	0	P_4	$xn_4, yn_4, \cdots, xn_5, yn_5$
a_4	N_1	N_5	P_1	0	$xn_1, yn_1, \cdots, xn_5, yn_5$
a_5	N_1	N_3	P_2	P_1	$xn_1, yn_1, \cdots, xn_3, yn_3$
a_6	N_3	N_5	P_3	P_1	$xn_3, yn_3, \cdots, xn_5, yn_5$
a_7	N_3	N_4	P_4	P_3	$xn_3, yn_3, \cdots, xn_4, yn_4$
a_8	N_2	N_3	P_4	P_2	$xn_2, yn_2, \cdots, xn_3, yn_3$

五、空间实体的网络信息

很多线状实体空间的网络模型,如道路、河流、航空护林的航线网、通信网、防火阻隔带网等。网络模型的抽象是由结点和弧(线)所组成的图,它表达了网络元素的连通性。网络模型一旦构成,就构成了基本网络信息。"寻径""定址"是典型的网络分析技术,可以进行网络信息的提取和分析。

综上所述,空间实际模型是空间实体与关系的集合,它载荷了人们所需要的属性、度量、拓扑和网络信息。

第二节 空间数据模型

空间数据模型是确定用数据表达基本空间信息的方法。确定空间数据模型的基本原则是既要考虑能把所需要的空间基本信息储存于计算机兼容的介质中,又要考虑应用空间数据库时对空间信息的复原、查询、分析和处理的可能与效率。

空间实际模型是连续的,它由许多空间单元组成。如果我们按空间单元来把空间实际模型分成许多离散的个体,对每个个体都清晰地表达出其位置和基本属性,而复合信息、其他的度量信息、拓扑信息和网络信息都隐含于这种表达之中,那么就可实现对空间实际模型的高层次的抽象。显然,这种表达的关键是取决于对空间单元的划分的策略和方法。有两种划定空间单元的策略,并由此产生两种不同的空间数据模型表达空间信息的方法,下面分别叙述之。

一、规则格网式空间数据模型:栅格数据模型

(一)栅格数据模型特点

这种数据模型的空间单元是按空间位置进行人为划定的,而不考虑完整的实体边界(图3-2)。这种空间单元是大小相等的正方形网格,有着统一的定位参照系。对每个空间单元只记录其属性值,而不记录其坐标值。每个空间单元有着固定的8个相邻单元邻接。属性相同且位置相邻的网格集合可产生对空间实体的表达。

一个格网平面可以在该平面内按二分法循环分解为无限多的大小相等、形状不变的次级网格来增加对空间的分辨率。当然也可以按反过程进行综合,而使格网数据模型具有层次(树状)结构。

栅格数据模型对空间位置表达是隐式的,对属性表达是显式的。栅格数据模型表达空间信息的先决条件是定义空间属性的分类系统和栅格单元的大小,后者决定栅格数据模型表达空间的分辨率。

栅格数据模型的特点包括栅格数据模型用离散的量化栅格值表示空间实体；描述区域位置明确，属性明显；数据结构简单，易与遥感结合；难以建立地物间的拓扑关系；以及图形质量低，数据量大等。

2	2	2	2	3	3	3	3
2	2	2	2	3	3	3	3
2	2	2	2	3	3	3	3
2	2	2	2	3	3	3	1
2	2	2	3	3	3	1	1
2	2	2	3	3	1	1	7
2	2	2	2	1	4	4	1
1	1	1	1	4	4	4	4

图 3 - 2　栅格数据模型表达

（二）栅格数据的取值

每个栅格元素只能取一个属性值，实际上一个栅格可能对应于实体中几种不同属性值（图 3 - 3），因此存在栅格数据取值问题。常用的方法有面积占优法、长度占优法、中心点法和重要性法等。

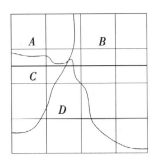

图 3 - 3　混合栅格单元

1. 面积占优法

把栅格中占有面积最大的属性值定义为本栅格的值。如图 3 - 3 中所示，第二行第二列栅格的属性值用面积占优法定义为 C，整幅栅格的取值结果见图 3 - 4。

A	A	B	B
C	C	B	B
C	D	B	B
D	D	D	B

图 3 - 4　面积占优法

2. 长度占优法

将网格中心画一横线或纵线,用横线所占最长部分的属性值作为栅格属性,整幅栅格的取值结果见图3-5。

A	A	B	B
C	C	B	B
C	D	B	B
D	D	D	B

图3-5   长度占优法

3. 中心点法

将栅格中心点的值作为栅格元素值,整幅栅格的取值结果见图3-6。

A	A	B	B
C	C	B	B
C	D	B	B
D	D	D	B

图3-6   中心点法

4. 重要性法

某些重要属性,只要在栅格中出现,不管所占面积和长度的比例大小,都要把该属性作为栅格属性,整幅栅格的取值结果见图3-7。

A	A	B	B
A	A	B	B
C	D	B	B
D	D	D	B

图3-7   重要性法

对混合属性的栅格单元进行取舍,会带来一定的误差,为了提高栅格单元的取值精度,更详尽地描述地物,应当尽可能地缩小栅格单元的尺寸,即提高图像的空间分辨率,但这样做的后果是使所要处理的数据量大幅度增加。

(三)栅格数据的获取

目读法:适用于所选区域范围小、栅格单元尺寸大的情况。

从扫描仪获取:高精度、快速度、数据格式标准化。

从摄像机获取:栅格元素数固定,如分辨率为 $512 \times 512, 1\,024 \times 1\,024$。

从遥感中获取:周期性、动态性、可自动提取专题信息。

从矢量数据转换成栅格数据。

二、面向实体的空间数据模型:矢量数据模型

(一) 矢量数据模型的特点

根据某些属性划定实体集。例如,在林业中把管理的区域划分成林业局、林场,在林场中划分林班,在林班中又根据森林的属性划分成不同种类的森林地块 —— 小班,构成空间实体集。把连续的空间按实体集中每个实体分割成空间单元,记录描述它们位置的坐标数据。这种表达空间信息的方法称为矢量数据模型,矢量数据模型对空间实体位置是显式表达,而对实体属性则是隐式表达(图 3 - 8)。矢量数据模型表达空间信息的先决条件是必须有一个确定空间位置的参照坐标系和划分地理实体的分类系统,前者决定矢量数据模型表达空间的精度。

在矢量数据模型中,现实世界的要素位置和范围可以采用点、线、面表达,每一个实体的位置都是用坐标参考系统中的空间位置定义的。地图空间中的每一位置都有唯一的坐标值。点、线和面用于表达不规则的地理实体在现实世界的状态。矢量图实际上是用数学方法来描述一幅图,点是由坐标对 (x,y) 表达的,线是由点组成的,面是由线组成的。

矢量数据模型的特点包括用离散的点或线描述地理现象及特征;用拓扑关系描述矢量数据之间的关系;面向目标的操作;数据结构复杂且难以同遥感数据结合;难于处理位置关系。

图 3 - 8　空间实体的矢量数据表达

(二) 矢量数据的获取

矢量数据可以从外业测量获取(如全球定位系统、导线测量等),用跟踪数字化方法获取

数据,也可以从栅格数据转换成矢量数据。

对于同一地物,分别用栅格数据模型和矢量数据模型表达的效果见图3-9。同一种数据模型可以通过几种不同的数据结构来实现,在一定的条件下,它们在储存、复原、检索和分析处理等方面都有不同的效率。

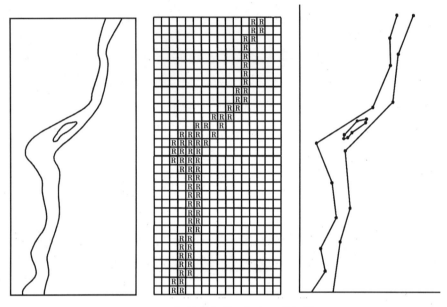

图3-9　栅格数据模型与矢量数据模型

第三节　空间数据结构

一、栅格数据结构

(一)二维矩阵数据结构

二维矩阵数据结构是一种最简单的、最基本的表达,是基于规则格网空间数据模型的数据结构。它把规则格网平面作为一个二维矩阵进行数学表达,格网中每个空间单元(栅格)相应于具有行、列位置的矩阵元素,把该空间所载荷的实体属性的编码值赋予它相应的矩阵元素(图3-10)。二维矩阵数据结构的基本要素为行、列数定义及数据体

$$N, M, X_{ij} \quad (i = 1, 2, 3, \cdots, N, j = 1, 2, 3, \cdots, M)$$

其中X_{ij}为第i行第j列栅格单元所载荷的属性值,N, M为行、列数。

2	2	2	2	2	2	2	2	1	7	7	7	7	7	7	7
2	2	2	2	2	2	2	2	1	7	7	7	7	7	7	7
2	2	2	2	2	2	2	2	1	1	7	7	7	7	7	7
2	2	2	2	2	2	2	1	7	7	7	7	7	7	7	7
2	2	2	2	2	2	1	1	7	7	7	7	7	7	7	7
2	2	2	2	2	1	1	7	7	7	7	7	7	7	7	7
2	2	2	2	1	4	4	1	7	7	7	7	7	7	7	7
1	1	1	1	4	4	4	4	1	7	7	7	7	7	7	7
4	4	4	4	4	4	4	4	1	7	7	7	7	7	7	7
4	4	4	4	4	4	4	4	4	1	7	7	7	7	7	7
4	4	4	4	4	4	4	4	4	4	1	7	7	7	7	7
4	4	4	4	4	4	4	4	4	4	4	1	7	7	7	7
4	4	4	4	4	4	4	4	4	4	4	4	1	7	7	7
4	4	4	4	4	4	4	4	4	4	4	4	4	1	7	7
4	4	4	4	4	4	4	4	4	4	4	4	4	4	1	7
4	4	4	4	4	4	4	4	4	4	4	4	4	4	4	4

图 3 - 10　空间实体的栅格数据表达

在数据无压缩的情况下,栅格数据按直接编码顺序进行存储,即将栅格数据看成一个数字矩阵,数据存储按矩阵编码方式存储。如果为了特定的目的,也可按图 3 - 11 的特殊编码顺序记录。

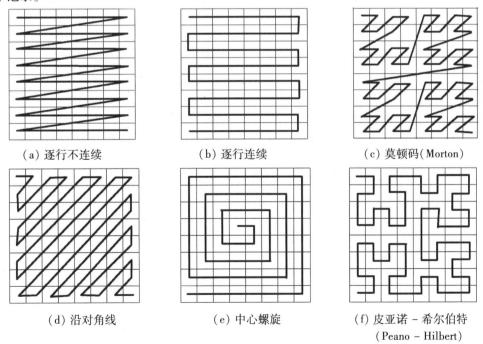

（a）逐行不连续　　　　（b）逐行连续　　　　（c）莫顿码（Morton）

（d）沿对角线　　　　（e）中心螺旋　　　　（f）皮亚诺 - 希尔伯特
（Peano - Hilbert）

图 3 - 11　栅格数据不同编码顺序

栅格二维矩阵表达是很方便的,这是因为在数学上能够很准确地定义,简化了包含的内容。对每个矩阵元素可以应用相同的运算,对于空间属性的分解与综合(再分类)、空间分析中的叠加和其他信息处理都是很容易的。对二维矩阵的循环运算与编程语言中的循环语句相应,所以可以实现快速运算。缺点是这种数据结构的每个栅格都要赋值,这样占据了大量的计算机储存单元,给复原处理带来了一定的困难。更大的问题是如何获得表达一定区域现实世界的二维栅格矩阵数据,尤其是具体的应用问题要求这种表达是具有较高精度的地面分辨率时。在地理信息系统中考虑到这些具体的约束条件,一般都设有使用遥感图像数据和把矢量数据转换成二维栅格矩阵的数据格式。有关这方面更多的内容将在下一章讨论。在实际应用中,常见的二维矩阵数据表达如图3-12所示。

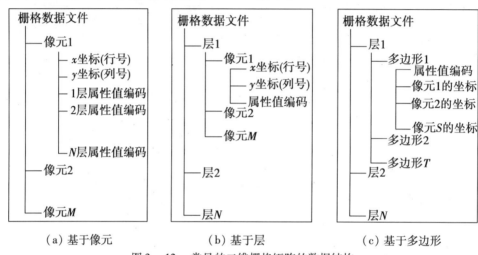

图3-12　常见的二维栅格矩阵的数据结构

(二) 链式编码

链式编码又称弗里曼编码(Freeman code)或边界编码,链式编码将线状地物或区域边界表示为由某一起始点和在某些基本方向上的单位矢量链组成的数据结物。单位矢量的长度为一个栅格单元,每个后续点可能位于其前继点的8个基本方向之一,方向代码见图3-13,线状地物每经过一个栅格赋予一个方向代码,从而实现对线状地物的编码。图3-14中等高线的链式编码结果见表3-7。

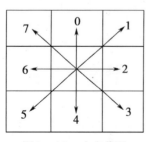

图3-13　方向代码

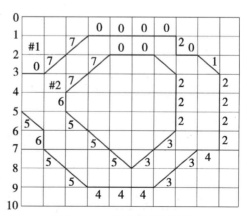

图3-14　等高线栅格数据

表 3 - 7 链式编码表

标号	高程/m	起止行列	链码
#1	100	3,0	0,7,7,0,0,0,0,2,0,1,2,2,2,2,4,3,3,4,4,4,5,5,6,5,6,6
#2	200	4,2	0,7,7,0,0,1,2,2,4,4,3,4,5

链式编码的特点是数据压缩率强、便于计算长度及面积、便于表示图形凹凸部分、易于储存。但难于实现叠置运算,不便于合并插入操作。适于对曲线和边界进行编码。

(三)游程编码

鉴于二维矩阵表达空间数据时储存空间过大的缺点,出现了游程编码的数据结构。游程编码是对面状地物进行栅格数据结压缩编码的一种方法。游程是指以行为单位,将栅格数据矩阵中属性相同的连续栅格视为一游程,对每一个游程进行编码。对于下面的栅格数据

0	7	7	8	8	8	8	5
0	0	0	8	8	2	2	2

第一行有 4 个游程,属性值分别为 0,7,8,5;第二行有 3 个游程,属性值分别为 0,8 和 2。

游程编码分为游程终止编码和游程长度编码。

编码方式:(g_k, l_k),式中,g_k 为栅格属性值,l_k 为游程终止列号或长度,$k = 1, 2, 3, 4, \cdots, m(m < n)$。

对图 3 - 15 所示的栅格数据进行游程长度和游程终止编码,编码结果如下。

0	4	4	7	7	7	7	7
4	4	4	4	4	7	7	7
4	4	4	4	8	8	7	7
0	0	4	8	8	8	7	7
0	0	8	8	8	8	7	8
0	0	0	8	8	8	8	8
0	0	0	0	8	8	8	8
0	0	0	0	0	8	8	8

图 3 - 15 二维栅格矩阵数据图

游程终止编码

$$(0,1),(4,3),(7,8)$$
$$(4,5),(7,8)$$
$$(4,4),(8,6),(7,8)$$
$$(0,2),(4,3),(8,6),(7,8)$$
$$(0,2),(8,6),(7,7),(8,8)$$

$$(0,3),(8,8)$$
$$(0,4),(8,8)$$
$$(0,5),(8,8)$$

游程长度编码

$$(0,1),(4,2),(7,5)$$
$$(4,5),(7,3)$$
$$(4,4),(8,2),(7,2)$$
$$(0,2),(4,1),(8,3),(7,2)$$
$$(0,2),(8,4),(7,1),(8,1)$$
$$(0,3),(8,5)$$
$$(0,4),(8,4)$$
$$(0,5),(8,3)$$

这种数据结构保持了二维矩阵的行结构,在每行中又把属性编码值相同且位置相邻的栅格合并成一个"游程"记录。优点是数据压缩率高,易于实现叠置、检索运算。缺点是只考虑水平分解元素之间的相关性,而未考虑垂直分解元素之间的相关性,又称一维游程编码。

(四)块状编码

以正方形区域为单元对块状地物的栅格数据进行编码,实质是把栅格阵列中同一属性方形区域各元素映射成一个元素系列,采用下述块状编码方式进行编码。在进行编码之前先把栅格阵列中同一属性方形区域各元素映射成一个元素系列(图 3 − 16),然后进行编码。

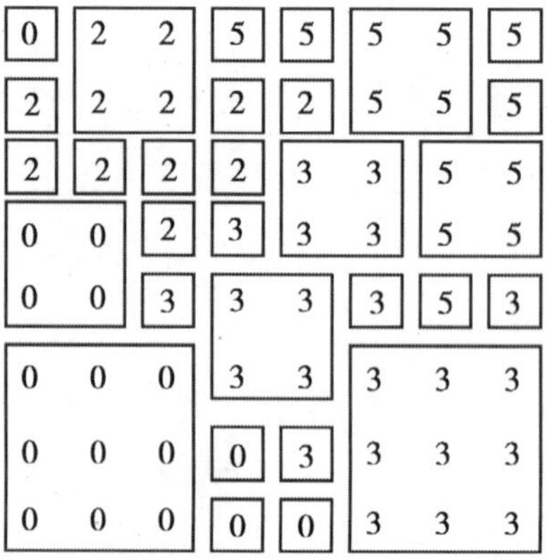

图 3 − 16　栅格数据

编码方式:(行号,列号,半径,代码)。

对图 3 − 16 所示的栅格数据进行块状编码的结果

$$(1,1,1,0),(1,2,2,2),(1,4,1,5),(1,5,1,5),(1,6,2,5)$$
$$(1,8,1,5),(2,1,1,2),(2,4,1,2),(2,5,1,2),(2,8,1,5)$$

(3,1,1,2),(3,2,1,2),(3,3,1,2),(3,4,1,2),(3,5,2,3)

(3,7,2,5),(4,1,2,0),(4,3,1,2),(4,4,1,3),(5,3,1,3)

(5,4,2,3),(5,6,1,3),(5,7,1,5),(5,8,1,3),(6,1,3,0)

(6,6,3,3),(7,4,1,0),(7,5,1,3),(8,4,1,0),(8,5,1,0)

块状编码的特点是面状地物所能包含的正方形越大,多边形边界越简单,块码编码效率越高;图形比较碎,对多边形边界复杂的图形,数据压缩率低;利于计算面积、合并插入等操作。

(五)四叉树编码

常规四叉树的基本思想是把一幅图或一幅栅格地图等分成 4 部分,逐块检查其栅格值,若每个子区域都含有相同的灰度或属性编码值,则该子区域不再往下分割,否则将该区域再分割为 4 个子区域,如此递归分割直到每个子块都含有相同的灰度或属性为止,得到最小格网单元(图 3 – 17)。这种有规则的循环分解造成四叉树分层结构,分解次数在分层结构中为层次,每个层次上的节点数为 2^{2N}。只在每个层次上储存终止分解的节点所载荷的属性和该节点的层次号及象限号。这种表达规则格网空间数据模型的方法称为四叉树区域编码。

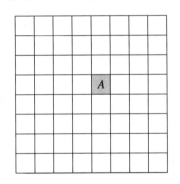
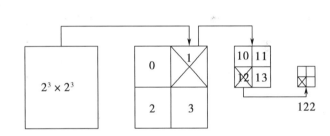

图 3 – 17　常规四叉树分割过程图

对一幅 $2^N \times 2^N$ 的栅格阵列,最大深度为 N,可能有的层次为 $0,1,2,\cdots,N$,那么,每层的栅格宽度为 2(最大深度 N – 当前层次)。它反映了所在叶结点表示的正方形集合的大小。不能再分的块构成树的叶结点,有值的叶结点为黑结点,没有值的叶结点为白结点。N 为树的高度(深度),图 3 – 17 中 $N=3$。四叉树的存储可按常规叶结点的顺序存储,称为常规四叉树。它的缺点是所占空间比较大,不仅要记录每个结点,还要记录一个前趋结点和四个后继结点,以及反映结点之间的联系。对栅格数据进行运算时,还要作遍历树结点的运算,增加操作复杂性。

按特定叶结点顺序存储的四叉树称为线性四叉树。线性四叉树仍以四叉树的方式组织数据,但不以四叉树的方式存储数据。它是通过编码四叉树的叶结点表示数据的层次和空间关系的。叶结点具有一个反映位置的关键字,亦称位置码。实质是把原来大小相等的栅格集合转换成大小不等的正方形集合,对不同尺寸和位置的正方形集合赋予一个位置码。对图3 - 18 所示的栅格数据进行四叉树编码,首先根据属性值进行合并得到图3 - 19,共包含 19 个叶结点,然后对每个叶结点进行编码。

0	0	0	0	0	0	0	0
0	0	0	0	0	0	0	0
1	1	0	0	0	0	0	0
1	1	1	1	0	0	0	0
1	1	1	1	1	0	0	0
1	1	1	1	0	0	0	0
0	0	0	0	0	0	0	0
0	0	0	0	0	0	0	0

图 3 - 18   栅格数据

(1) 0	(2) 0	(8) 0		
(3) 1	(4) (5) (6) (7)			
(9) 1	(10) 1	(13) (14) (15) (16)	(17) 0	
(11) 0	(12) 0	(18) 0	(19) 0	

图 3 - 19   栅格数据合并结果

1. 基于深度和层次码的线性四叉树编码

它通过记录叶结点的深度码和层次码来描述叶结点的位置,2N 为层次码。如图3 - 19 中叶结点(7) 的编码为 0011110011(表 3 - 8),此位置对应的十进制值为 243。

表 3 - 8   7 号叶结点编码

层次码			深度码
第一层	第二层	第三层	
0 0	1 1	1 1	0 0 1 1

对栅格数据中的所有叶结点进行编码,结果见表 3 - 9。

表 3 - 9　基于深度和层次码的线性四叉树编码表

叶结点号	二进制码值										十进制码值	属性值
1	0	0	0	0	0	0	0	0	1	0	2	0
2	0	0	0	1	0	0	0	0	1	0	66	0
3	0	0	1	0	0	0	0	0	1	0	130	1
4	0	0	1	1	0	0	0	0	1	1	195	0
5	0	0	1	1	0	1	0	0	1	1	211	0
6	0	0	1	1	1	0	0	0	1	1	227	1
7	0	0	1	1	1	1	0	0	1	1	243	1
8	1	0	0	0	0	0	0	0	0	1	257	0
9	1	0	0	0	0	0	0	0	1	0	514	1
10	1	0	0	1	0	0	0	0	1	0	578	1
11	1	0	1	0	0	0	0	0	1	0	642	0
12	1	0	1	1	0	0	0	0	1	0	706	0
13	1	1	0	0	0	0	0	0	1	1	771	1
14	1	1	0	0	0	1	0	0	1	1	787	1
15	1	1	0	0	1	0	0	0	1	1	803	1
16	1	1	0	0	1	1	0	0	1	1	819	0
17	1	1	0	1	0	0	0	0	1	0	834	0
18	1	1	1	0	0	0	0	0	1	0	898	0
19	1	1	1	1	0	0	0	0	1	0	962	0

2. 基于四进制的线性四叉树编码

　　首先将栅格阵列的行、列值分别转换成二进制码，得到二进制行号 I_{xb} 和列号 J_{yb}，然后求出四进制四叉树码 $m\Phi = 2I_{xb} + J_{yb}$。对每个栅格进行编码得图 3 - 20(a)。检查相邻 4 个码的属性值，若相同则进行合并，除去最低值。经过一次检测后，再检测上层相邻四个块编码的属性值，若相同则再合并，除去最低位。循环到没有能合并的子块为止，得图 3 - 20(b)。对合并后的图进行编码，得到四进制的线性四叉树编码(表 3 - 10)。每个叶结点编码的数字个数代表了该叶结点所处的深度层次，而编码的每个具体数值代表其所在层次的具体位置。

　　四进制线性四叉树编码的优点是便于实现行、列值及其编码之间的转换，缺点是所需存储空间大，且一般软件都不支持四进制。

	000	001	010	011	100	101	110	111
000	000	001	010	011	100	101	110	111
001	002	003	012	013	102	103	112	113
010	020	021	030	031	120	121	130	131
011	022	023	032	033	122	123	132	133
100	200	201	210	211	300	301	310	311
101	202	203	212	213	302	303	312	313
110	220	221	230	231	320	321	330	331
111	222	223	232	233	322	323	332	333

（a）

00	01	1	
02	030 031 / 032 033		
20	21	300 301 / 302 303	31
220	23	32	33

（b）

图 3 - 20　栅格数据合并结果

表 3 - 10　四进制线性四叉树编码

叶结点号	四进制码	属性值	叶结点号	四进制码	属性值
1	00	0	11	22	0
2	01	0	12	23	0
3	02	1	13	300	1
4	030	0	14	301	0
5	031	0	15	302	0
6	032	1	16	303	0
7	033	1	17	31	0
8	1	0	18	32	0
9	20	1	19	33	0
10	21	1			

3. 基于十进制的线性四叉树编码

将二进制的行、列号按位交错排列，可得到四叉树叶结点的二进制地址码，进而将二进制码转成十进制码，得到四叉树编码（图3－21(a)），经自下而上归并，依次检查图3－21(a)中四个相邻叶结点的属性代码是否相同。若相同，则归并成一个父结点，记下最小地址及代码，否则不予归并。然后再归并更高一层的父结点，如此循环，直到不能归并为止，得到图3－21(b)。对图3－21(b)中的每个叶结点进行编码得到十进制四叉树编码表3－11，对十进制编码进一步进行游程编码得到表3－12。

例如，对图3－21(a)中的第3(011)行，第2(010)列所对应的二进制码为001110，其中第1,3,5位为行号，第2,4,6位为列号，将其转换为十进制MD码值为14。同理，根据MD码值，也可得到相应的二进制编码，从而确定该栅格单元在图像中的位置。

四叉树的十进制编码比四进制编码更节省存储空间，而且，前后两个MD码值之差代表了前一个叶结点的大小，同时还可以进一步利用游程编码对数据进行压缩（表3－12）。

	000	001	010	011	100	101	110	111
000	0	1	4	5	16	17	20	21
001	2	3	6	7	18	19	22	23
010	8	9	12	13	24	25	28	29
011	10	11	14	15	26	27	30	31
100	32	33	36	37	48	49	52	53
101	34	35	38	39	50	51	54	55
110	40	41	44	45	56	57	60	61
111	42	43	46	47	58	58	62	63

(a)

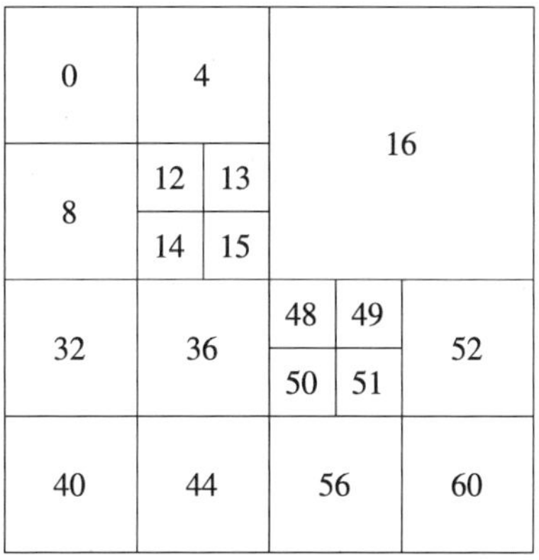

(b)

图3－21　栅格数据合并结果

表 3 – 11　十进制四叉树编码表

MD 码值	属性值	MD 码值	属性值
0	0	40	0
4	0	44	0
8	1	48	1
12	0	49	0
13	0	50	0
14	1	51	0
15	1	52	0
16	0	56	0
32	1	60	0
36	1		

表 3 – 12　十进制四叉树游程编码

MD 码值	属性值
0	0
8	1
12	0
14	1
16	0
32	1
40	0
48	1
49	0

　　四叉树编码总结:四叉树编码有许多优点,首先,它具有可变分辨率,它能够按图形特征、自动调整分割尺寸和层次,既能精确表示图形的细节部分,又可以根据图形结构除去不必要的存储量,所以这样编码效率高;其次,四叉树编码具有区域性质,适合于图形图像的分析运算;最后,四叉树编码便于对岛的分析,便于同栅格矩阵之间进行转换。因此越来越受到地理信息系统工作人员的关注。

二、矢量数据结构

　　因为面向实体的空间数据模型是以基本空间单元为基础的,所以最适合用二维向量来表达它们的空间位置。地理实体可以被归结为点、线和面三种类型。其中,表达面实体的数据结构最为复杂。

对于面实体地图可做如下的描述和定义：

（1）从图论空间来看，一个地图 $G=(a,p)$ 被看成是由顶点集（p）被边集（a）所连接的网，可称为多边形网。

（2）每个面实体（称为多边形）是由一组点子集或线子集所定义。

（3）每个多边形是在一定的约束条件下由某些线实体所构成的回路。

（4）线与线实体呈连接关系而又无交叉关系。

（5）面实体之间有邻接和叠合包含关系。

（6）叠合包含关系可分为半岛式及岛屿式。

（7）邻接多边形之间至少必有一个公共边（弧）。

（8）一条弧是由若干个点所组成，首、尾端点称为首结点和尾结点。

（9）在一般情况下，一个结点至少联结三个以上的弧。

（10）岛屿多边形与半岛多边形首尾结点重合，它们本身只有一条弧，但联结半岛多边形的结点除了引出半岛多边形的弧之外，还至少引出另外两条以上的弧。

（11）一幅地图上的多边形类型除了一般多边形、岛屿多边形、半岛多边形之外，还必有一个图幅边界多边形。

（12）在由一般多边形和边界多边形构成的地图情况下（假设没有岛屿多边形及半岛多边形）在该幅地图上多边形、结点与弧的关系可由下式所定义

$$NPL = NA + 2 - ND$$

式中，NPL 为多边形的个数，NA 为弧数，ND 为结点数。

（一）面实体的非拓扑结构表达方法及相应的数据结构

1. 面实体地图简单矢量表达方法

逐一的对每个多边形进行表达，也就是把每个多边形表达成一组边（弧）上的 X 坐标与 Y 坐标，也称为面条数据结构（spaghetti）。图 3-22（a）是一幅简单的面实体地图 M，它由三个邻接的多边形 A,B 和 C 组成。简单的矢量表达是分别对多边形 A,B 和 C 进行数字化，获得其相应的坐标，并予以储存，如图 3-22（b）。

这种方法及其表达的数据结构最简单，一个多边形是一个闭合的曲线，不被分解成弧段，也用不着考虑岛屿和半岛多边形的问题，但是也存在着非常大的缺点，即相邻两多边形之间的界线必须被数字化和储存两次，这样一来就导致一系列误差，因为沿公共边界线两次数字化的数据不可能完全相同，必然会出现一些窄缝和空隙；此外，这种表达方法不能产生

邻域信息及其组成多边形的点、线和面之间的拓扑信息,这些对于地图数据的修改,特别是对于进行空间数据的分析和查询都会带来很大的困难。

2. 面实体地图索引矢量表达方法

对上述最简单的矢量表达多边形方法略加改进,就会产生很有实用价值的非完全拓扑的矢量表达面实体地图的方法和相应的数据结构,这种方法可被称为带有索引的多边形矢量表达方法。在图3-22(a)中,一幅面实体地图可以分解成若干个多边形,一个多边形可以按边界相交的结点分解成若干弧段3-22(c)。一个面实体是一组用 X,Y 坐标定义的闭合线段,邻接多边形的公共边界线只被数字化和储存一次。与此同时,单独记录地图、多边形和边(弧)之间关系的信息。可以构造一种数据结构,把各条弧的坐标及地图要素之间的关系分开储存。这就要对所有点的坐标按顺序建立坐标文件,再建立点与边(线)、线与多边形的索引文件(表3-13,表3-14,表3-15)。

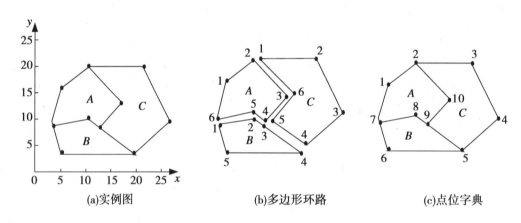

(a)实例图　　　　　　(b)多边形环路　　　　　　(c)点位字典

图3-22　面实体非拓扑结构表达

表3-13　点文件

点号	坐标
1	x_1,y_1
2	x_2,y_2
…	…

表3-14　弧段文件

弧段号	起点	终点	点号
1	7	2	1
2	5	7	6
…	…	…	…

表3-15　多边形文件

多边形号	弧段号
A	A,B,C
B	D,E,F
…	…

这种带有索引的面实体矢量表达方法,在目前商品化的地理信息系统中应用的一个典型例子是美国环境系统研究所公司的 ArcGIS 产品系列中的面条数据格式。面条数据格式是美国环境系统研究所公司以矢量数据表达和储存地图要素的数据文件格式,每个图形文件包括带有下列扩展名的数据文件:

(1).shp 文件。它是面条数据格式的主体文件,用来储存地图要素坐标数据及几何数据。

(2).shx 文件。它是用来储存地图要素之间隶属关系的索引文件的。

(3).dbf 文件。它是以 dBASE 关系数据文件的方式储存各地图要素的属性的。

(二) 基于面向空间实体数据模型的拓扑向量数据结构

实现空间实体数据模型的数据结构有很多种,但在地理信息系统中采用拓扑向量的数据结构表达地图数据有很大的优点。对于点实体的拓扑关系比较简单,只用点的坐标就可以表达点与点之间的空间关系;对于线实体和面实体之间的关系就比较复杂。

通过上述对面实体型地图特性的分析可实现表达拓扑向量数据结构的策略:

(1) 以弧为基本单元进行数字化,记录其坐标值,形成坐标数据。

(2) 由坐标数据提取弧和结点数据。

(3) 由结点、弧及坐标数据产生表达面实体拓扑关系的数据。

下面用数字化仪输入法来讨论建立表达面实体的拓扑数据结构的方法:

1. 由坐标数据提取弧和结点信息

坐标数据是使用数字化(仪)方式对地图中每条弧(边)采录的坐标值。一个点作为一个记录,包括三个数据项:X,Y,F 值。F 值是采录坐标时选择数字化鼠标器的按钮而设置的,为了把各弧分开,对每条弧上各采录点取相同的 F 值,相邻的两条弧取不同的 F 值。表3-16列出的就是对采录点进行数字化产生的坐标数据。

表 3 – 16　对应的坐标数据文件

采录点序号	X	Y	F	采录点序号	X	Y	F
1	0.0	13.5	2	27	60.0	0.0	2
2	3.2	14.5	2	28	60.1	39.8	2
3	7.2	16.5	2	29	52.0	40.0	2
4	10.5	19.2	2	30	52.0	40.0	1
5	13.8	24.0	2	31	51.0	36.0	1
6	13.7	24.1	1	32	47.5	28.0	1
7	15.5	23.5	1	33	45.1	24.2	1
8	17.5	21.5	1	34	32.8	19.4	1
9	20.0	35.2	1	35	28.2	14.8	1
10	23.3	37.0	1	36	52.1	39.8	2
11	26.1	39.8	1	37	26.1	39.9	2
12	13.9	24.1	2	38	28.1	15.1	1
13	14.0	23.5	2	39	27.6	22.0	1
14	22.2	21.0	2	40	30.6	28.0	1
15	28.0	15.0	2	41	36.3	26.2	1
16	28.1	14.9	1	42	38.4	26.0	1
17	34.2	10.0	1	43	37.5	24.0	1
18	35.8	0.5	1	44	33.0	23.0	1
19	38.0	0.1	1	45	30.0	20.8	1
20	0.1	13.6	2	46	28.1	14.9	1
21	0.0	39.9	2	47	43.0	16.1	2
22	26.0	40.0	2	48	46.5	18.0	2
23	0.0	13.6	1	49	51.5	11.5	2
24	0.0	0.1	1	50	44.0	12.0	2
25	38.1	0.1	1	51	43.0	16.0	2
26	38.0	0.0	2				

在坐标数据中隐含着弧、结点及它们之间关系的信息,要从坐标数据中提取以下三方面信息:

(1) 分离每条弧,并对各条弧赋予内编号。

(2) 确定每条弧上首尾端点在坐标数据中的地址。

(3) 确定联结弧的结点,并对其进行统一编号。

对于前两种信息很容易从坐标数据中提取出来。如表 3 - 16 所示,第一条弧是由点 1 ~ 5 组成,首端点 X 坐标为 0.0,Y 坐标为 13.5,地址为 1,尾端点 X 坐标为 13.8,Y 坐标为 24.0,地址为 5;第二条弧是由点 6 ~ 11 组成,首端点 X 坐标为 13.7,Y 坐标为 24.1,地址为 6,尾端点 X 坐标为 26.1,Y 坐标为 39.8,……。由此可提取输入的所有弧段,并按次序给予内编号。

确定联结弧的结点并进行统一编号是稍复杂的任务,因为每个结点都联结几条弧,每个结点对于它所联结的弧是唯一的公共点,且要求只能有唯一的编号。可是每条弧都是独立数字化的,所以每条弧都有一个端点对应这个真正的联结点。从理论上讲,这些端点本应该是一个点,所以 X,Y 坐标都应该分别相等,根据坐标值是能够把它们找出来的,并直接归并编号的。可是实际数字化时,在联结点上由于两次数字化的误差,这些端点的相应坐标值很难相等。这给计算机用坐标值去识别公共端点带来了一定的模糊度。为此需要设置一个给定的公差值,如果几条弧端点之间的距离小于所给定的公差值,那么可以认为它们是一个联结弧的结点。对于上述两种情况,可以应用距离聚类分析的算法进行归并结点和进行统一编号。把一幅地图上所有弧的首尾端点作为集群逐一进行比较,比较的次数为 $n(n-1)/2$,n 是参加比较的首尾端点的数量,等于 2 倍的弧数。显然,如果地图上的要素较为复杂时,那么 n 的值较大,比较起来很费时,所以要根据问题的特点寻找出一个较优的聚类算法,这里就不详细讨论它了。在这里根据坐标数据提取的弧和结点信息列在表 3 - 17 和表 3 - 18 中。

利用这种公差进行聚合结点的方法,在一般情况下是适合的,但需要有后续的检查和编辑过程,这是因为公差的大小是按数字化的精度要求和经验人为确定的。如果在数字化的过程中某些个别弧的端点的偏差超出给定的公差,那么通过上述聚合结点过程就不能把这些个别的端点归并到应有的联结点上,结果产生错误的弧与结点的关系,出现"病态弧"(图 3 - 23)。"病态弧"包括三种类型:"悬挂弧""一结点两弧"和"伪弧"。后续检查和编辑过程就是搜索出可能存在的"病态弧"。判断"病态弧"的条件是:

如果一条弧上首、尾结点编号不等,且它们其中一个只联结该弧而不联结其他弧,那么该弧为"悬挂弧"。

如果一个结点只联结两条弧,那么为"一结点两弧"。

如果一条弧的首结点编号等于伪结点编号,且该弧只由两个点(首、尾端点)组成,那么该弧为"伪弧"。

只有由坐标数据提取的弧与结点信息是正确无误的情况下,才能产生正确的多边形要素拓扑关系。

表 3 – 17　弧索引数据文件

弧的内编号	联结结点编号		在坐标数据文件中的地址	
	首结点	尾结点	首结点	尾结点
1	1	2	1	5
2	2	3	6	11
3	2	4	12	15
4	4	5	16	19
5	1	3	20	22
6	1	5	23	25
7	5	6	26	29
8	6	4	30	35
9	3	6	36	37
10	4	4	38	46
11	7	7	47	51

表 3 – 18　结点数据文件

结点内编号	联结在该结点的弧数	各弧的内编号
1	3	1,5,6
2	3	1,2,3
3	3	2,5,9
4	4	3,4,8,10
5	3	4,6,7
6	3	7,8,9
7	1	11

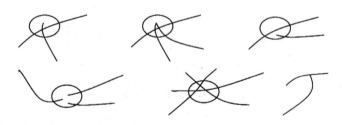

图 3 – 23　病态弧

2. 多边形拓扑关系的产生

多边形拓扑关系的生成就是从结点、弧和坐标数据中搜索出地图上多边形与弧之间关系的过程,找出每个多边形是由哪些弧所组成的。由上述地图特性分析中可知,在一幅面实体类型的地图上可能存在着两种类型的多边形。一种是邻接多边形,它包括一般多边形和边界多边形,多边形之间必有公共边(弧)所邻接,这种多边形是构成实体型地图的基本多边形;另一种是叠合多边形,包括岛屿多边形和半岛多边形,它们寓于在某一个或某些邻接多边形之中,这种类型虽然不是构成面实体地图的主要多边形,但它们可能经常个别地存在于地图之中。在确定多边形与弧关系时把这两种多边形分开考虑是必要的。确定组成岛屿和半岛多边形的边(弧)是很容易的,因为每一个这类多边形都是仅由一个结点和一条弧组成的。为此搜索弧数据表,如果一条弧的首结点内编号与尾结点的内编号相同,那么这条弧一定围成一个叠合多边形。如果这条弧的首、尾结点只联结这条弧而无其他弧,那么这个叠合多边形属于岛屿多边形;如果结点还联结着其他的弧,那么这个叠合多边形属于半岛多边形。例如表 3 – 17 中的第 11 号弧所围成的多边形为岛屿多边形;第 10 号弧所围成的多边形为半岛多边形。

搜索出每个邻接多边形所包括的弧这一过程较为复杂。由地图拓扑特性分析可知,邻接多边形彼此邻接,各条弧相互联结。每个多边形是由一组在一定条件约束下形成回路的弧所组成。在面实体型的地图上(假如只有邻接多边形),如果从一个结点引出一条弧,由这条弧可进入另一个结点,从另一结点沿另一条弧可以进入第三个结点,……,那么我们把从一个结点向外引出的弧称为“引出弧”,进入结点的弧称为“进入弧”。因为邻接多边形的每一个结点至少有三条以上的弧,所以在搜索某一多边形回路时,一旦进入某一结点,那么究竟选择这个结点上的哪条弧作为“引出弧”才能正确地构成回路呢?为此需要制定一约束条件。观察和分析由邻接多边形组成的地图,当一条“引入弧”进入一个结点时,其余的弧都与“引入弧”形成一个夹角,可以选择与“引入弧”构成的最大顺时针夹角所相应的弧作为“引出弧”。以此为约束条件,从某一结点起引出第一条弧后,搜索而后的弧进行连通,必然构成一条回路,形成一个多边形。按搜索顺序,对形成的多边形赋予一个内编号。如果在弧的联结过程中,某一条弧是从首结点到尾结点的,那么确定这个多边形是在这条弧的右边;如果是从尾结点到首结点的,那么确定这个多边形是在这条弧的左边。

为了搜索一幅地图上所有的多边形的回路和确定相应的组成弧,还要考虑第二个约束条件。为了不对已完成的多边形重复搜索,必须约定在一个结点上每条弧只有一次作为“引出弧”的机会。

为了建立第一个约束条件,必须对每个结点上的弧计算它们的方位角;为了建立第二个约束条件,必须对每个结点上的弧建立指针,记录它是否做过“引出弧”。

通过上述分析可形成建立多边形拓扑关系的方法和过程:

(1)调入坐标、弧和结点数据。

(2)建立弧的方位角(图3 – 24)。所谓方位角是指某一条弧与竖直方向(Y坐标轴)的顺时针夹角。为了确定每一个结点各联结弧的方位角,先从结点数据(表3 – 18)中查出每个结点上所联结的弧的内编号,再根据弧的内编号在弧数据表(表3 – 17)中查询该弧的首结点或尾结点在坐标数据表(表3-16)中的地址。然后从坐标数据表中调出该结点的坐标值(X, Y)及该弧内与该结点相邻数字化点的坐标值,按图3-24所示的原理计算出该弧的方位角。

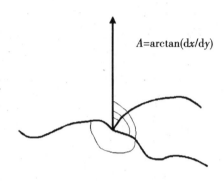

图3-24　结点上各条弧的方位角

(3)构造"引出弧"指针表。设一个二维变量,如$P(i,j)$,表示第i个结点上,第j个联结弧的指针值。在进行搜索多边形之前,除构造叠合多边形的弧之外,所有弧的指针皆定义为零值。

(4)回路搜索,生成多边形拓扑关系。根据结点数据(表3-18),把第一个结点上第一个弧作为"引出弧"开始进行回路搜索,其过程如下:

①赋予这个"引出弧"的指针值$P(i,j)=1$,并把该弧作为正在搜索的这个多边形的一条边。

②据该弧的内编号从弧数据表中查出该弧的另一端的结点。

③检查这个结点是否是该多边形搜索的起始结点。如果是开始点,那么便完成了对一个多边形的搜索,开始对另一个多边形的搜索,跳到步骤⑤执行。

④如果通过步骤③的检查,这个结点不是正在搜索的多边形的起始结点,那么到结点数据表中找出该结点的所有弧,再根据"引出弧"指针挑出$P(i,j)=0$的弧,计算它们与"引入弧"的顺时针夹角

$$B(K) = E(I) - A(I,K)$$

式中,$E(I)$为进入结点I"引入弧"的方位角;$A(I,K)$为在结点I上第K个指针值等于零相应弧的方位角;$B(K)$为"引入弧"与该结点第K个指针值等于零相应弧的夹角,$K=1,2,\cdots,N$。如果$B(K)<0$,那么$B(K)=B(K)+360°$。

在N个$B(K)$值中挑出最大的$B(K)$值所对应的弧作为"引出弧",并返回步骤①继续进行。

⑤如果完成了一个多边形的回路搜索,那么开始下一个多边形的回路搜索。新多边形的起始"引出弧"是从刚刚结束多边形的起始点上挑选指针值等于零的相应弧中的一个,作为新多边形的第一个"引出弧";如果该结点上所有弧的指针值$P \neq 0$,那么依次到下一个结点按该原则选出新多边形的第一个"引出弧",然后返回步骤①继续进行;如果所有结点都完成了上述工作,那么该幅地图上所有邻接多边形的拓扑关系全部就都建立起来了。最后再根

据本节前面叙述的方法检索叠合多边形(岛屿及半岛多边形)和相应的弧。表3－19和表3－20列出的是作为例子的拓扑关系变换结果。

表3－19　多边形数据文件

多边形的内编号	弧数	弧的内编号	多边形类型
1	4	1,3,4,6	邻接
2	3	5,2,1	邻接
3	4	6,7,9,5	邻接
4	4	2,9,8,3	邻接
5	3	8,7,4	邻接
6	1	10	叠合
7	1	11	叠合

表3－20　左右多边形数据文件

弧的内编号	左多边形	右多边形	弧的内编号	左多边形	右多边形
1	2	1	7	5	3
2	2	4	8	5	4
3	4	1	9	3	4
4	5	1	10	－	－
5	3	2	11	－	－
6	1	3			

在确定组成多边形的弧同时,也确定了每条弧与它联结的多边形的方位。如果在组成一个多边形时,一条弧是从首结点到尾结点的,那么定义该多边形在这条弧的右边;反之,如果这条弧是从尾结点到首结点的,那么定义该多边形在这条弧的左边。表3－20列出的是上面例子中弧与多边形方位关系数据表。

一个实验地理信息系统,根据上述的面状实体要素之间的拓扑关系组织成的数据文件包括(图3－25)多边形要素属性数据文件(.dbf)、坐标数据文件(.cor)、弧索引数据文件(.idx)、结点数据文件(.alt)、多边形数据文件(.pat)、弧的左右多边形数据文件(.lrp)、图幅边界点数据文件(.bnd)、注记点数据文件(.lab)。

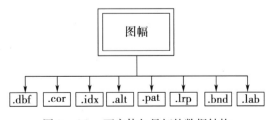

图3－25　面实体矢量拓扑数据结构

（三）线实体拓扑数据结构

在现实世界和地理信息系统的实际应用中,线状实体及其复合体占有很大的份额,在传统的空间数据表达中,河流、道路、共用线路等都被表示为线形实体。对于复合线状实体,如道路网,人们经常提出这样的问题:

（1）在起点和目标点之间是否有道路联结?有几条道路?走哪条路是最佳路线（从成本和时间上来看）?

（2）在一定区域内,以道路为空间联结工具,在什么地方建立一个服务中心是最佳选择?

前者是寻径问题,后者是定址问题。作为一个地理信息系统,在进行表达和储存线状及其复合体时,应该对这些实际应用问题给予足够的考虑,选择拓扑数据结构来表达线状及其复合体具有一定的优越性。

线实体的一些拓扑特性:

① 结点集被边集所联结。

② 完全连通的结点和边集构成子图,若干个子图构成图。

③ 互不相同的结点连通构成一条路。

④ 端结点重合的路为回路,或称"圈"。

⑤ 一些连通的无圈的路生成一棵"树"。

根据图论,所谓"图"被定义为由一些结点和弧所组成,其中有些结点是被弧联结,完全连通的结点和弧构成子图,图3－26(a) 中的"图"由两个子图构成。对于该图,可以把其中的结点作为一个要素集,把弧作为一个要素集。通过检查两个点之间是否有一条弧联结,可以得出结点之间的邻接关系（表3－21）,连通性是表达线状及复合体要素的基本拓扑特性。图论中定义具有互不相同结点的、彼此连通的一些弧为一条"路"。一条"路"有始结点和终结点。一条"路"可用一个结点子集和一个弧子集来表达

$$V(P) = \{X(0),X(1),X(2),\cdots,X(m-1),X(m)\}$$
$$E(A) = \{X(1)X(2),X(2)X(3),\cdots,X(m-1)X(m)\}$$

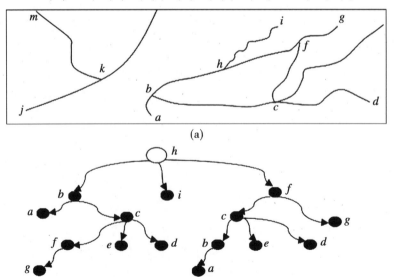

(a)

(b)

图3－26　线状复合体的结构与其生成树

表 3 – 21　　线状复合体结点关联表

结点	邻接结点
a	b
b	h
b	c
h	i
h	f
f	g
f	c
c	e
c	d
j	k
k	m
k	l

始结点和终结点重合的"路"为"回路"或称为"圈"。一些无"圈"的"路"构成一个"树"。在一个连通的"图"中,由任一结点为始结点都能生成一个"树"。假定在上面所举的例子中,取点 h 为始结点可生成如图 3 – 26(b) 所表示的"树"。

在把现实世界中的线状及复合体的地理实体抽象成空间数据模型及表达的数据结构时,从实际应用的角度来考虑,结点、弧和它们之间的关系是构成这种空间数据结构的三个核心部分。为此可以采用在表达面状实体拓扑数据结构相同或类似的数据结构来表达线状实体的拓扑数据结构。所以把这样的数据结构组织成文件的形式可以是:坐标文件(. cor)、弧索引数据文件(. idx)、结点数据文件(. alt)、图幅边界点数据文件(. bnd)、线状实体要素属性数据文件(. dbf)。

上面以一个实验地理信息系统的数据结构及数据文件组织形式说明了表达矢量拓扑数据结构的方法。在实际应用的商业化地理信息系统中,以拓扑数据结构来表达矢量的空间数据已得到广泛的承认和应用。ArcGIS 中的 Coverage 数据格式可以作为一个代表,作为一个商业化系统,这些具体的数据结构可能更完善、更严谨,但它们的基本原理和方法与上述实验系统的例子是一致的。

第四节　　地理空间信息元数据

一、地理空间信息元数据概述

目前已有海量的地理空间数据,而这些数据往往产生方式不同、执行标准不同、数据信

息内容不同、数据产品质量也不同。对于一个地理空间数据的用户,如何知道哪里有自己需要的空间数据?如何判断数据的内容能否满足自己的需要?如何确定数据的质量是否达到应用的指标?当空间数据的使用出现纠纷时,如何界定责任,等等。这些问题都涉及地理空间信息元数据。

(一)地理空间信息元数据的定义

元数据(metadata)最简短的定义是关于数据的数据(data about data)。换句话说,元数据是关于数据和相关信息资源的描述性信息。传统的图书馆的图书卡片、出版图书的版权说明、磁盘的标签等的内容都属于元数据的内容。例如,图书馆的图书卡片记录了每本书的编号、题目、作者、关键字和出版日期等元数据信息。

地理空间信息元数据(geospatial metadata)可以定义为关于地理空间数据和相关信息资源的描述性信息。更具体地说,地理空间信息元数据是关于地理空间数据的空间、属性和时间特征的外部形式(如数据格式、存储位置、获取方法等)和内部形式(如图形表达形式、属性数据标准、数据精度等),以及数据获取、处理、使用的描述信息。

地理空间信息元数据与其他领域的元数据的区别在于,其内容包含大量与空间位置有关的信息。实际上,地理空间信息元数据的应用早已存在。例如,纸质地图的元数据主要表现为地图类型、地图图例、空间参照系、图廓坐标、地图内容说明、地图比例尺、编制出版单位及地图制作日期等。随着地理信息技术的发展,元数据的重要性也越来越突出。

(二)地理信息元数据的作用

地理空间信息资源具有海量性、分布性和异构性等特点,为了使地理空间数据生产者能有效地管理数据,并能提供快捷、安全、有效、全面的服务,以及数据用户能够从海量的数据资源中快速准确地发现、访问、获取、集成和使用所需的地理空间数据,因此必须使用地理空间信息元数据。

地理空间信息元数据通过对地理空间数据的内容、质量、条件和其他特征进行描述与说明,以便人们有效地定位、评价、比较、获取和使用地理空间数据。地理空间信息元数据的主要作用如下:

(1)建立地理空间数据档案,对地理空间数据集进行全面描述,帮助数据生产单位有效组织、管理和维护地理空间数据集,实现对数据集的持续维护和更新。

(2)数据生产者可以整合不同种类、来源、标准和格式的地理空间数据,地理空间信息元数据可以标准地描述这些数据源的信息,为用户提供有关数据存储、数据内容和数据质量等方面的整体描述信息。

(3)地理空间信息元数据具有目录索引的作用,可以用最核心、最少量的信息来有效地、清晰地描述海量的地理空间数据,以便用户的检索和使用。

(4)地理空间信息元数据能够描述数据的网络查询方法或途径等与数据传输有关的辅助信息,可以使分布于不同位置的地理空间数据得到更好的利用。

(5)便于用户了解数据,帮助用户确定地理空间数据的可用性,以便用户获得满足应用需要的地理空间数据。

（6）通过制定和使用地理空间信息元数据标准可以实现元数据的数据交换，以有效地促进地理空间数据的管理、使用和共享。

二、地理空间信息元数据的主要内容

元数据也是一种数据，在形式上与其他数据没有区别，可以以数据存在的任何一种形式存在。为了能够在不同数据管理软件间交换元数据，必须要有元数据标准。元数据标准能够使数据生产者和用户一起处理元数据交换、共享和管理等问题。地理空间信息元数据的主要内容包括标识信息、数据质量信息、数据组织信息、空间参照系信息、数据内容信息、数据分发信息和元数据参考信息。

（1）标识信息。标识信息是关于地理空间数据集的基本信息，主要包括引用信息、描述信息、状态信息、空间范围、关键词、访问限制、使用限制等。通过标识信息，数据集生产者可以对数据集的基本信息进行详细的描述，用户可以根据这些内容对数据集有总体的了解。

（2）数据质量信息。数据质量信息是对数据集质量进行总体评价的信息，主要包括属性精度信息、逻辑可靠性报告、数据完整性报告、位置精度信息、数据源继承信息等。通过数据质量信息的内容，用户可以了解数据集的属性精度、逻辑一致性、完备性、位置精度、数据源继承等。数据质量信息是用户确定数据集是否满足需求的主要依据。

（3）数据组织信息。数据组织信息是数据集中组织地理空间数据方式等方面的信息，主要由数据类型、矢量数据组织信息、栅格数据组织信息、影像数据组织信息及 DEM 数据组织信息等内容组成。通过数据组织信息，用户可以了解地理空间数据集的数据类型、数据格式等内容，以便进行数据转换、数据处理和数据应用。

（4）空间参照系信息。空间参照系信息是数据集使用的空间参照系的说明，主要是数据集中坐标参考框架及编码方式的描述，反映了现实世界与地理数字世界之间的关系。通过空间参照系信息，用户可以获得数据集的水平坐标系统、垂直坐标系统及地球参考模型等空间基准信息。

（5）数据内容信息。数据内容信息是数据集中地理实体的类型和属性等的描述信息，是数据集内容的细节信息的描述。通过数据内容信息，用户可以了解数据集中地理实体的种类名称、标识码及相应属性数据的编码、名称、含义和来源等信息。

（6）数据分发信息。数据分发信息是描述数据集发行者和数据发行方法等方面的信息，包括发行部门、数据资源描述、发行部门责任、订购程序、用户订购过程和数据集使用要求等内容。通过发行信息，用户可以了解数据集在何处、怎样获取、获取介质及获取费用等信息。

（7）元数据参考信息。元数据参考信息是描述元数据当前现状及负责单位的信息。元数据参考信息包括元数据日期、联系地址、执行标准、限制条件、安全信息及元数据扩展信息等内容。通过元数据参考信息，用户便可以了解数据集元数据所使用的描述方法。

第四章　　地理信息系统数据库的组织

空间数据是地理信息系统的重要组成部分。地理空间数据是地理信息系统的血液,整个地理信息系统都是围绕空间数据的采集、加工、存储和分析进行的,空间数据的质量直接影响地理信息系统应用的效率。空间数据库是地理信息系统的基础,组织地理信息系统的空间数据库除了需要数据模型和数据结构的支持外,其本身也有一定的方法、技术和过程。本章讨论有关如何建立一个地理信息系统数据库的某些基本问题。任何一个地理信息系统项目都能在一定区域范围内解决一定的空间问题。因此,根据项目的目的和所在区域的特点,首先需要确定组织空间数据库所需的各种数据,按一定的区域框架和图层结构,在预处理的基础上,用一定的数字化方法将所收集的数据输入计算机。

第一节　　空间区域框架与图层结构

一、空间区域框架

常规地图在按区域储存和表达空间信息方面有着一套完整的规则,这套规则称为空间区域框架方法,常被地理信息系统在组织空间数据建立数据库时所借鉴。任何地图都会提供一个空间区域框架,概括起来可以分为自然区域框架、行政区域框架、自然－行政综合区域框架和地理网格区域框架。

自然区域框架是以自然地理地貌为依据进行划分的,如长白山植被分布图是以长白山的自然地貌为区域框架得到的植被分布图。行政区域框架是以行政区划为依据进行划分的,如黑龙江省数字化高程模型是黑龙江省行政区划内的数字化高程模型。自然－行政综合区域框架则是综合了行政区划和自然地理地貌二者的信息,如黑龙江大兴安岭植被分布图,综合了黑龙江省行政区和大兴安岭自然地理地貌的特征。由于地理网格区域框架规定要有相应的投影方式和坐标系统,以及固定的地理坐标范围为基本区域框架和相应的命名方式,所以已出版的基础地图(地形图)都是以地理网格区域框架作为储存和表达空间数据的基础。

而一般的专题地图,或是以所研究的自然区域,或行政区域,或以自然 – 行政综合区域为区域框架,它们属于非固定(非标准)的区域框架。

组织地理信息系统数据库时,为了使地图数据方便储存,以及系统对地理数据复原、处理、提取和分析查询的需要,都要选择一定的区域框架作为组织数据库的基础。由于在诸多地形图中,地形图具有基本图和法定的性质,而且在国际上对地形图区域框架的划分有着统一的规定(国际分幅法规),所以了解地形图区域框架的划分原则,对于组织地理信息系统数据库有着普遍的指导意义。

就地形图而言,国际标准图幅是以1∶100万的地图图幅为基础来进行划分的。全球以纬度4°差,从赤道向南北各自分成22个环行带,冠以英文字母A,B,C,…,V表示带名,从西(东)经180°起,以经度6°差,由西向东分成60个纵向带,冠以阿拉伯数字1,2,3,…,60表示带名。纵横交错形成地理网格,每个网格作为1∶100万地图的空间区域框架,用横、纵带名双编码表示,如L – 52表示纬度为44°～48°,东经126°～132°所包括的地理区域范围。在1∶100万地形图下,可分为1∶50万,1∶25万,1∶10万,1∶5万等地形图。

由于各种地形图系列的分幅都是固定的地理区域框架(有着固定的经纬度范围),所以具有包容性。例如,1∶20万地形图分幅包含16个特定的1∶5万地形图分幅。只要所使用的两种地图系列使用了相同的投影方式,就可把1∶5万地形图定位在1∶20万地形图上。这一点在设计地理信息系统数据库使用不同比例尺地形图数据时是十分重要的。

在建立研究区域空间数据库时,首先要确定其空间区域框架。在旧区划图上查出研究区域的最小及最大经纬度,然后按选择的比例尺构造出不同层次的研究区域的空间区域框架。

二、图层结构

作为常规的地形图是要在纸基介质上表达出多种空间信息。对于不同专业领域的需要,绘制出了许多专题地形图。所以在具体的地理信息系统应用中,在同一区域框架上可能需要载荷各种各样的地理空间要素和属性信息。自然资源的研究与管理需要综合这些信息,例如,海拔、坡度、坡向、道路、水系、行政区划、地类、森林类型、土壤类型等。一个有效的地理信息系统数据库要按一定区域框架来储存所需要的地理空间与属性信息。与此同时,计算机内二维阵列中的每个单元仅能容纳一个数值,所以表达不同意义的地图数据必须被分离成不同的二维阵列来储存。每个储存层及储存的数据被称为图层,由此形成了地形图数据的图层结构(图 4 - 1)。

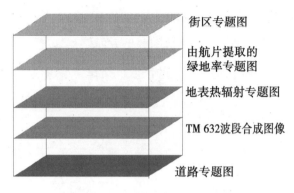

街区专题图

由航片提取的
绿地率专题图

地表热辐射专题图

TM 632波段合成图像

道路专题图

图 4 - 1   区域框架下的图层结构

第二节   空间数据库的总体结构

一、概述

(一) 数据库的概念

从一般意义来说,一个数据库就是有关事物及它们彼此之间关系的信息集合,这些信息的集合按一定的数据模型和逻辑结构储存在一个或多个适合于计算机的数据文件之中。一个数据库系统是由一组被很好定义的功能程序来对这些数据集(数据文件)进行储存、使用和管理的。数据库是一门发展快速、应用广泛的计算机数据管理技术,广泛地应用于各个领域。

(二) 计算机对数据的管理发展

计算机对数据的管理大致经历了三个阶段,即程序管理阶段、文件管理阶段和数据库管理阶段。

1. 程序管理阶段

早期计算机对数据的管理是直接将数据写进程序中,数据是程序的一部分。这种管理方式的特点是简便,但是如果数据量较大就会导致程序较大。如果修改数据就要修改程序,给应用带来不便。如下程序中就包括了数据

10   Read x, y, z

20   a = x + y

......

100　data 3,7,8,3,4,10

2. 文件管理阶段

在数据库发展过程中,数据从应用程序中分离出来形成数据文件,需要对数据文件进行一定管理,这样初期就产生了文件管理方式,包括以下几种。

(1) 顺序文件。顺序文件是按记录进入文件的先后顺序存放的,它的逻辑顺序和物理顺序是一致的。优点是结构简单,连续存取速度快,即当存取完文件中第 i 个记录后可以很快存取第 $i+1$ 个记录;它的缺点是不便于插入、删除和修改,不便于查找某一特定记录。为了避免从头到尾查找记录,提高查找效率,通常用分块查找和折半查找。

分块查找是将整个顺序文件分成若干块,每块包含一定数目的记录,并建立一个查找表,查找某个主关键字时,首先判断它在哪个块中,然后进一步查找。

折半查找是将顺序文件的记录分成两半,在查找时,先确定所找的记录在文件的前一半还是后一半,这样不断折半,直到找到该记录。

(2) 随机文件。这种文件采用关键字变地址方法组织文件。通过建立一个 Hash 函数 $i = H(k)$ (k 为关键字,i 为地址),把关键字转换成地址,然后把记录存储到相应的地址中。查找记录时经同样转换方法,直接求得所查找记录的地址,再进行存取。

直接存取文件的核心是如何构建 Hash 函数。构建 Hash 函数的原则是,应尽量减少关键字转换成地址时出现的冲突。所谓冲突是指不同关键字经 Hash 函数转换后得到了相同的地址。直接存取文件的优点是文件随机存放,插入删除方便,查找速度快,节省空间。

(3) 索引文件。索引文件是指带有索引表的文件。在索引表中存放记录的关键字和记录在文件中的位置。索引表通常按主关键字有序排列,而主文件本身可按主关键字有序或无序排列,前者称索引顺序文件,后者称索引非顺序文件。索引文件在存储器上分为两个区,即索引区和数据区。索引区存放索引表,数据区存放主文件。

建立索引表的目的是为了提高查询速度。查询分两步进行,首先查索引表,然后按索引表所指地址查主文件记录。在地理信息系统中,空间数据量大,使用索引文件可以提高系统运行速度。

(4) 倒排文件。在多关键字文件中,建立一系列次关键字的索引表。这种次关键字的索引表称作倒排文件。次关键字的索引表中每个索引项应包含次关键字及具有同一次关键字的多个记录的主关键字或物理记录号。

倒排文件的优点是对复杂得多的关键字查询时,可在倒排表中先完成查询的"交""并"

等逻辑运算,然后将得到的结果再对主文件中的记录进行存取,即把对记录的操作转换成对地址集合的运算,提高了查询的速度。在地理信息系统中有着广泛的应用。

3. 数据库管理

数据库的数据结构、操作集合和完整性规则集合组成了数据库的数据模式。在数据库中,数据内容的描述以及数据之间的联系主要通过数据库的数据模型来实现。建立数据库要选择什么样的数据模型,取决于问题的性质和所要表达的实体之间联系的形式。

传统的数据模型主要有三种,即层次模型、网络模型和关系模型。从发展过程看,20世纪70年代广泛流行的是层次模型和网络模型。自20世纪80年代以来,占主导地位的是关系模型。目前,人们把层次数据库、网络数据库和关系数据库统称为传统数据库系统,它们的数据模型称为传统数据模型,与之相应的数据库技术称为传统数据库技术。

(1)层次模型。从数据结构的观点看,层次模型采用的是树数据结构。因此,它具有树数据结构的一系列特点,表达的数据关系是一对多的关系。模型的记录都处于一定的层次上。层次模型实现的方法之一是把层次模型中的记录按照先上后下,先左后右的次序排列,所得到的记录序列称为层次序列码。层次序列码指出层次路径,并按层次路径存储和查找记录。

层次模型的优点是结构清晰、易理解;缺点是冗余度大,不适于表示数据的拓扑关系。

(2)网络模型。从数据结构的观点看,图络模型采用图数据结构。因此,它具有图数据结构的一系列特点。它表达的数据关系是多对多的关系,且数据之间具有显式的连接关系,但没有明显的层次关系。

网络模型同层次模型相比,其优点是大大地压缩了数据量,便于表达复杂的拓扑关系;缺点是数据之间的联系要通过指针表示,指针数据项的存在使数据量大大增加。同时在修改数据库中的数据时,必须要同时修改指针,因此网络数据库模型中指针的建立与维护十分重要。

(3)关系模型。从数据结构的角度看,关系模型采用线性表数据结构。它把数据的逻辑结构归结为满足一定条件的二维表,这种表称为关系。一个实体由若干个关系组成,而关系表的集合就构成了关系模型。

关系模型的优点是数据结构简单、清晰,能够直接处理多对多的关系,可用布尔(Boole)逻辑和数学运算规则对数据进行查询,数据独立性强,便于数据集成,便于对数据进行操作,所以是当前数据库中最常用的数据模型。此外,关系数据库技术的出现,产生了对数据库查询的标准语言——结构化查询语言(Structured Query Language,SQL)。其主要缺点是当涉及的目标很多时,操作时间长、效率低。由于关系数据库缺乏处理抽象数据的能力,从而无法直接实现对空间数据的查询操作。关系数据库模型以记录组或数据表的形式组织数据,以便于利用各种地理实体与属性之间的关系进行存储和变换,不分层也无指针,是建立空间数据和属性数据之间关系的一种非常有效的数据组织方法。

利用标准数据库管理系统(Database Management System,DBMS)存储空间数据具有局限性。空间数据记录是变长的(如点数的可变性),而一般的数据库都只允许把记录的长度设为固定的;在存储和维护空间数据拓扑关系方面存在着严重缺陷;一般都难以实现对空间数据的关联、连通、包含及叠加等基本操作;不能支持复杂的图形功能;单个地理实体的表达需要多个文件、多条记录,一般的数据库管理系统也难以支持;难以保证具有高度内部联系的地理信息系统数据记录需要的复杂的安全维护。

二、地理信息系统空间数据库

在地理信息系统中,由于空间数据表达的是地理实体的空间位置及其所载荷的属性两方面数据,所以空间数据库如何储存和管理这两种数据的方式和结构将决定空间数据库的效率和空间分析及地理信息系统应用。在地理信息系统中,要把大量反映地理特征的空间数据和属性数据存储到计算机中,由于地理信息自身的特点,决定了地理信息系统数据库既要遵循和应用通用数据库的方法来解决问题,又要考虑自己的特点,采取特殊的技术和方法。

(一) 地理信息系统数据库的特点

1. 数据库的复杂性

地理数据库比常规数据库复杂得多,其复杂性首先反映在地理数据种类繁多。从数据类型看,不仅有空间位置数据(这些空间位置数据具有拓扑关系),还有属性数据,不同的数据差异大,表达方式各异,但又紧密联系;从数据结构看,既有矢量数据又有栅格数据,它们的描述方法又各不相同。地理数据库中数据的复杂性还表现在数据之间关系的复杂性上,即在地理数据中空间位置数据和属性数据之间既相对独立又密切相关,不可分割。例如,在以地块为单位的土地类型数据库中,要增加一地块,绝不是简单插入一个地块属性数据就可以了,它涉及边界位置数据的增加、拓扑关系的修改,以及几何数据如面积、周长的修改,甚至影响空间位置数据和属性数据之间连接关系的修改。

2. 数据库处理的多样性

常规关系数据库,其处理功能主要是查询检索和统计分析,处理结构的表示以及表格形式及部分统计图为主。而在地理信息系统中其查询检索必须同时涉及属性数据和空间位置数据。更主要的是当利用空间数据和属性数据进行查询、检索和统计时,常引入一些算法和模型。例如,用数学表达式在数据地面模型(Digital Terrain Model, DTM)上查询地面坡向因子时,需引入相应的坡向分析模型,这已超出了传统数据库查询的概念。

3. 数据量大

地理信息系统中所描述的各种地理要素,尤其是空间位置数据,数据量往往十分庞大。加上空间数据记录长度的多变性,为了获得高速数据储存和运算,必须选择合理的算法和数据结构及编码方法,以提高数据库的工作效率。

(二) 地理信息系统数据库及其管理

数据库的数据组织和管理是地理信息系统的核心问题之一,它直接影响其工作效率和用户的使用。在地理信息系统中,数据模型是描述数据内容和数据之间联系的工具,也是数据库处理的基础。由于地理信息系统数据库涉及图形数据和属性数据的组织和管理,严格地说,单纯选择一种商品化数据模型,如关系型数据库很难理想地实现对空间数据的存储和操作。因其无法处理具有复杂目标的空间数据,因此选用通用商品化关系数据库系统作为地理信息系统的数据库管理系统,管理空间数据和属性数据并不理想。但由于一些通用数据库管理系统在数据定义、数据更新、数据运算及结构修改扩充方面效率较高,特别是通用性强,所以在很多地理信息系统中仍以通用关系型数据库管理系统作为技术支持。目前在地理信息系统中大多采用的是混合式结构,并正向一体化数据库结构发展。

1. 混合式数据结构

混合式数据库是对地图数据与属性数据采用不同的数据模型分别储存、管理,对属性数据采用数据库管理系统的管理方式,对地图数据采用文件处理方式,图形数据与属性数据的连接是根据属性表中的唯一公共标识来连接的(图4-2)。这两种数据管理方式对数据库访问及应用有很大的不同。

在使用混合结构的空间数据库的情况下,应用者通过数据库管理系统来访问属性数据库,应用者无须知道数据是如何储存的;对图形库进行访问时,由于采用的是数据文件处理的管理方式,应用程序必须直接访问它们要使用的每个数据文件,所以必须知道每个数据文件的数据结构(物理储存结构)。通常是采用一个标准的商品化的数据库管理系统,如dBASE、FoxBASE、Oracle、INFO 系统等,来储存和管理它们。无论使用哪一种数据库管理系统来储存与管理属性数据,对于把属性数据与空间位置数据连接的机制基本是相同的,都以属性表中的唯一识别符为基础。

在采用混合结构的空间数据库的情况下,对于空间位置数据采用文件管理方式,应用程序可以直接访问操作系统的文件储存,能够快速输入和输出。为了辅助对空间数据的管理,设置一些独立于应用程序的、具有对空间数据管理的功能模块,例如,地图数据输入模块(地图数字化、坐标变换、空间数据编辑、拓扑变换、注记等)、空间数据管理和维护(图库管理、数据格式变换、数据编码变换、地图投影变换、地形数据管理、空间数据组合与分解等)及标准查询模型等空间数据管理软件。混合式空间数据库系统可以实现对矢量数据和栅格数据的储存和管理。

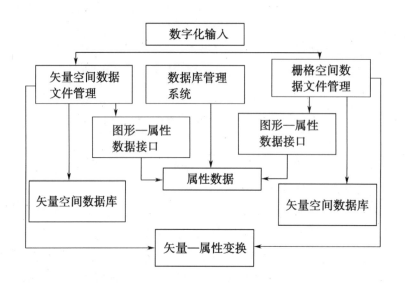

图4-2 在混合式结构下空间数据库的总体结构

对于混合式空间数据库结构的一个最简单的例子就是桌面 ArcView 系统。ArcView 系统虽然支持多种空间数据类型,但该系统本身的矢量数据格式为 shapefiles,栅格数据格式为".grid",属性数据为".dbf"数据类型,这些数据存放在项目所设置的目录内。在系统内设有专门的管理程序对它们进行专门的管理,一部分是靠 Windows 数据文件管理的方式对它们进行管理,如复制、删除及移动等;一部分是靠 ArcView 系统内部的操作来对空间数据进行管理,如坐标变换、栅格与矢量数据变换、属性表的连接及新专题图的生成等,这些都体现了混合数据库结构对图形数据的数据文件处理方式的管理。对于属性数据,ArcView 系统的核心模块专门设置了 Tables 来管理属性数据,可以直接读取 INFO 系统、.dbf 文件及 ASCII 数据文件,并可以通过 SQL Connect 和 Orode、Sybase、INFORMIX、ingres 以及支持 ODBC 的数据库相连。在 ArcView 系统的操作中产生的任意一个矢量专题以及离散型的栅格数据专题都自动地产生一个相应的属性表,并且可以对这个属性表进行关系表的编辑操作,也可以进行关系表的连接。

2. 一体化数据结构

目前地理信息系统的一个发展方向是建立一体化储存结构的空间数据库。一体化储存结构是把空间坐标、拓扑关系及属性数据都构造在相同或分离的关系表中(图 4－3)。在这种储存结构中,空间与属性之间的关系被清晰地定义。关键字用来把属性和空间位置信息连接起来,拓扑用来使所有的空间要素彼此连接。但是,空间数据记录是可变长度记录,这些记录需要储存不同数量的坐标点,而现存的关系数据库管理系统(Relation Database Management System,RDBMS)设计为处理固定的长度记录;空间数据所需要的处理操作,现存的关系数据库管理系统查询语言是难以完成的;空间数据需要完善绘图功能,现存的关系数据库管理系统是不支持的。总之,一体化的储存结构要求必须对现有的商品化的关系数据库管理系统进行一定的扩展。

ArcGIS 的空间数据引擎(Spatial Database Engine,SDE)的集成方式体现了使用一体化的空间数据库的结构。空间数据引擎扩展了传统的关系数据库只存储和管理属性数据的模式,允许把空间数据加入到关系数据库中,以提供地理要素的空间位置和几何形状等信息。

空间数据引擎存储和组织数据库中的空间要素的方法是将空间数据类型加到关系数据库中,不改变、不影响现有的数据库或应用。它只是在现有的数据表中加入图形数据项,供软件管理和访问与其关联的空间数据。空间数据引擎将地理数据和空间索引放在不同的数据表中,通过关键项将其相连。将图形数据项加到一个商业数据库表中后,该表即可以称为空间可用的。空间数据引擎通过将信息存入层表来管理空间可用表,层表帮助管理商业表和空间数据之间的连接。对空间可用表,可像通常那样对表中数据进行查询、合并,也可以进行图到属性或属性到图的查询。

空间数据引擎中的地理要素由属性和几何形状(点、线或面)组成。空间数据引擎用 X,Y 坐标存放图形,单一坐标记录(X,Y)表示点,有序的一组(X,Y)坐标记录表示线,一组起始结点和终止结点相同的线段对应的(X,Y)坐标记录表示面。空间数据引擎还允许在 X,Y 坐标上加 Z 值,用来表示点(X,Y)处对应的高度或深度,因此,空间数据引擎的图形还可以是二维或三维的。空间数据引擎对每种类型的图形都有一组合理性检查规则,用以在将该图形存入关系数据库管理系统之前检验其几何正确性。

为了更进一步理解混合式空间数据库和一体化空间数据库的功能结构,以 ArcGIS 系列的地理信息系统工具为例,来看一下它们是怎样实现空间数据的组织和管理的。ArcGIS 支持混合式空间数据库和一体化空间数据库两种结构方式,在空间数据引擎的集成方式下使用的是一体化的空间数据库结构模式,在非空间数据引擎集成方式下使用的是混合式数据库结构。

ArcGIS 中的空间数据引擎集成方式体现了使用一体化的空间数据库的结构。空间数据库引擎是美国环境系统研究所公司为适应地理信息系统网络化发展趋势,利用客户机／服务器计算机模式和关系数据库管理的特点推出的一款产品,空间数据引擎融入关系数据库管理系统后,扩展了传统的关系数据库只存储和管理属性数据的模式,允许把空间数据加入到关系数据库中,提供地理要素的空间位置、几何形状等信息。这样就使地理信息系统数据库具有如图 4 - 3 所示那样的结构,因此空间数据引擎所构造的空间数据库属于一体化的结构范畴。空间数据引擎存储和组织数据库中空间要素的方法是将空间数据类型加到关系数据库中,空间数据引擎并不改变和影响现有的关系数据库及其应用,只是将在现有的数据表中加入图形数据项供软件管理和访问与其关联的空间数据。

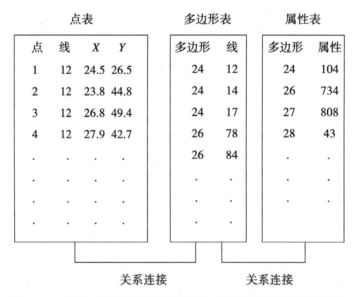

图 4 - 3 采用一体化储存结构时图形与属性数据被构造的关系表

第三节 空间数据的获取

一、地理空间数据获取概述

地理信息系统是对地理空间数据进行输入、处理、管理、查询、分析、可视化和输出等一系列加工处理的技术系统。它处理和加工的对象是地理空间数据,因此,地理空间数据的获取是构建地理信息系统的基础工作。地理空间数据是将现实世界装入计算机的"媒介"。在"比特世界"里,地理信息系统依托计算机软硬件支撑,对现实世界建模,通过对地理空间信息的组织、关联、分析和表达,寻求对现实世界空间相关问题的解答。随着地理信息系统对地理空间数据处理能力的增强和应用的深化,要求地理空间数据对世界的记录更加全面、精准和翔实。空间数据的获取是为构建地理空间数据库或形成地理空间数据集而采集、接收、转换、处理与空间位置有关的各种数据的方法和工作。

地理空间数据具有空间、时间、属性和关系等基本特征,并通过这些特征信息来抽象描述现实世界。现实世界是不断变化的,因此,随着时间的变化,地理空间数据中的空间位置、属性特征、关系信息等都会发生变化。所以,地理空间数据获取不是一劳永逸的,需要根据实际情况,实时或以一定的时间长度进行数据更新。只有进行持续的地理空间数据获取,才能保持地理信息系统与现实世界的一致和有效联动,才能实现地理空间数据库的不断更新,才能发挥地理信息系统的应用效能。

地理空间数据的获取具有广泛存在性。地理空间数据获取的内容最早是指地图数据。为建立地理信息系统空间数据库,需要将纸质地图数字化,即将纸质地图数字化为由点、线、面及其属性构成的矢量地图数据和以规则格网方式描述的数据。

随着地理信息技术的发展,地理空间数据种类越来越多,地理空间数据获取的内容随之扩展,遥感影像数据、野外测量数据、导航定位数据以及各种多媒体专题数据等成为地理空间数据获取的主要来源。近年来,基于互联网和物联网的空间数据获取手段不断发展,地理空间数据的获取也随之进行了扩展,如兴趣点数据、建筑信息模型数据、移动目标轨迹数据和传感器实时数据等。

目前,地理空间数据的获取呈现出一些新的特征和趋势,例如,从微观到宏观的全尺度特征,从静态切片到全生命周期的全动态特征,综合了位置、形态、关系、语义、行为和认知等的全属性特征,全面关注时间、地点、人物、事物、场景、事件、现象和过程的全部内容特征等。空间数据获取越来越明显地体现出了其广泛的存在性。从空间分布来看,空间数据广泛存在于陆、海、空、天等各个角落,包括水下、地下和室内;从尺度和粒度来看,空间数据尺度从宏观跨越到微观,大到星系,小到设备上精密的零部件;从时间跨度来看,空间数据既包括历史数据,又包括当前数据和实时数据,从数据内容来看,扩展到了与空间位置直接或间接相关的各种数据,并更加关注数据之间的时空关联,更加重视实时数据和流式数据的获取;从数据来源看,手机信号数据、社交媒体数据、公交打卡数据及导航轨迹数据等社交消费类数据已成为地理信息系统的重要数据来源。

在大数据思维的启发和大数据技术的引领下,地理空间数据的获取进入了"专业"与"非专业"相结合、实际量测与互联网数据获取相结合、"小数据"与"大数据"相结合的广泛存在获取阶段。空间数据的获取方法和手段更加灵活多样,所获取的空间数据规模更加庞大、种类更加丰富。

二、地理空间数据获取的分类

地理空间数据是具有地理空间位置的自然、社会、人文和经济等方面的数据,可以是图形、图像、文本、表格、数字和视频等多种形式,来源非常广泛,种类繁多,格式多样。目前地理空间数据的获取还没有统一的分类标准,为便于理解和掌握,可从地理空间数据的获取方法及获取途径等角度,大致进行地理空间数据获取的分类。

1. 按数据获取方法分类

地理空间数据种类繁多,数据获取方法多种多样。综合考虑地理空间数据获取的类型,可以把地理空间数据获取分为地图数据获取、遥感影像数据获取、野外测量数据获取、导航定位数据获取、地理空间数据接入、属性数据获取、物联网空间数据获取、互联网空间数据获取及志愿者地理信息获取等。

(1)地图数据获取。是指基于纸质地图进行矢量地图数据采集,并形成矢量地图数据和数字高程模型数据的过程。地图是地理空间信息的主要表现形式,包含丰富的地理空间信息,不仅含有地理实体类别等自发性特征信息,还含有地理实体空间位置和地理实体空间关系信息,所有的地理信息系统都需要地图数据。在使用地图数据时,要考虑地图投影引起的变形。地图数据可以通过对纸质地图的扫描进行数字化采集,或通过地理信息相关测绘机构进行申领或购买,或通过访问其他信息系统的地图数据库获取,也可通过互联网进行下载或购买。

(2)遥感数据获取。是指接收航天、航空等各种遥感探测手段获得的影像数据,并处理为地理空间数据库中标准遥感影像数据的过程。遥感数据是地理空间数据的重要组成部分,是地理信息系统最常用的数据种类之一。遥感数据含有丰富的资源与环境信息,在地理信息系统支持下,可以与地质、地球物理、地球化学生物及军事应用等方面的信息进行整合和综合分析。在地理信息系统中,遥感数据的作用包括可以作为背景力偶显示区域综合环境信息;采集或更新地理信息系统数据库;通过影像处理制成遥感专题地图;与矢量数据叠加处理生成影像地图。

(3)野外测量数据获取。是指以直接或间接的手段,将野外测量设备采集的测量数据处理并转入地理空间数据库的过程。这些数据可以通过手工方式、数据文件传输方式、网络传输方式等直接进入地理信息系统,用于空间数据处理分析。传统的测量工具,如三脚架、标尺、罗盘、平板仪、坡度仪及皮尺等,其测量结果需要记录在纸上。以全球定位仪、激光测距仪和全站仪等为代表的现代测量工具可直接与数据记录仪连接,将所测得的位置、距离和方位数据存储在电脑中。传感器数据是指传感器所采集的温度、湿度、加速度、气压、流量、图像、声音及视频等数据,是地理信息系统时空分析的重要数据源。地理信息系统可以通过连接传感器或传感器网,实时或近实时地获取传感器的空间位置及其所采集到的属性信息。

(4)导航定位数据获取。是指通过卫星导航、移动通信基站或无线通信技术(Wi-Fi)等途径获取定位信息,并转换为地理空间数据的过程。地理信息系统可以利用导航定位数据确定用户的位置,开展基于位置的各种信息服务,如实时路径导航、附近商店查询等。定位数据主要通过全球定位系统、北斗卫星导航系统、室内定位技术、手机基站定位技术等获得。

(5)多媒体数据获取。多媒体数据(包括声音、图像、录像等)可以通过通信接口、数据文件、数据访问等方式传入地理信息系统中,是属性数据的重要组成部分。通过多媒体数据与空间数据的关联,可以辅助地理信息系统实现空间数据的采集、查询和分析。例如,将公路的路况、临时建筑、桥涵、平交道口、广告牌、路政业务、养护数据、修建历史等图片和录像信息同步在电子地图上进行显示,可用于日常公路养护与管理工作。综合利用地理信息系统、数字图像处理/数字图像识别等技术,可以在地理信息系统中实现基于视频图像的目标识别和跟踪,实现电子地图与视频图像的匹配与同步交互,实现基于视频图像的空间定位和空间量算等。

(6)兴趣点数据获取。兴趣点泛指一切可以抽象为点的地理对象,尤其是一些与人们生活密切相关的地理实体,如学校、银行、餐馆、加油站、医院、超市等。兴趣点的主要用途是对事物或事件的地址进行描述,以增强对事物或事件位置的描述能力和查询能力。一个兴趣点应该至少包含三方面的信息:名称、类别和地理坐标。兴趣点数据的准确性和实时性对于基于位置服务的可用性至关重要。由于城市建设快速发展,兴趣点也随着地形地貌、业务单位规划的变更而相应发生变化,这就要求兴趣点数据能进行持续的丰富和更新。如利用手机电子地图的周边位置服务功能,可以获取手机位置周边的景点信息,并提供相应的服务。

(7)属性数据和文本数据获取。通过读取专题数据库或数据文件、使用设备(如照相机、摄像机等)直接采集、人机交互输入等手段,获得地理空间实体属性特征数据。文本数据是指各行业、各部门有关的法律文档、行业规范、技术标准、条文条例等,如边界条约、宗地划分文件等。地理信息系统通过将文本数据的关键词与空间数据进行关联,可以实现空间位置与文本资料间的相互查询。

(8)统计数据获取。各种专业机构和业务部门都拥有不同领域(如人口、经济、土地资源、水资源及基础设施等)大量的统计数据,这些都是地理信息系统重要的专题数据。统计数据主要有两种来源:一是来源于直接的调查和试验,称为第一手或直接的统计数据;二是来源于别人调查或试验的数据,称为第二手或间接的统计数据。根据统计数据存储的方式,可以分为纸质统计数据与电子统计数据。纸质统计数据一般指出版的统计资料数据,如统计年鉴;电子统计数据指统计表格、统计数据库等。统计数据描述了某一区域中自然、经济等要素的特征、规模、结构、水平等指标,是地理信息系统定位、定性和定量分析的基础数据,在地理信息系统空间分析中发挥着重要的作用。统计数据在地理信息系统中通常以统计图表和统计地图等方式进行显示。

(9)物联网空间数据获取。是指通过连接二维码识读设备、射频识别装置、红外感应器及光扫描器等信息传感设备,获取设备空间位置及其所采集信息的过程。

(10)互联网空间数据获取。是指通过购买、免费下载、数据获取软件、网络爬虫及数据挖掘等手段,获得互联网上的各类地理空间数据的过程。

（11）志愿者地理信息获取。是指通过用户自发贡献地理空间数据（如矢量地图数据，实体空间位置，具有文字信息的文字、图片、音频和视频记录，运动轨迹数据等）的形式，形成地理空间数据库或地理空间数据集的数据获取过程。

随着信息技术的发展和地理信息系统应用的深入，一些新的数据类型，如街景数据、三维激光云数据、倾斜摄影测量数据、位姿传感器数据、建筑信息模型数据、带有空间位置的实时流式数据等，已经成为地理信息系统功能扩展的重要数据支撑。随着地理信息系统应用需求的增长和技术的进步，还会有越来越多的数据类型扩充到地理信息系统中。

2. 按数据获取途径分类

按照数据获取途径，地理空间数据获取可以分为：申请或购买、实测、数据接入和互联网数据获取等。

（1）申请或购买。向专业机构申请使用符合规定的地理空间数据（免费或支付一定费用），或向地理空间数据提供商直接订购所需的地理空间数据。

（2）实测。利用各类仪器、传感器等对现实世界中感兴趣的事物或现象进行实际测量采集，记录空间位置相关信息，经过加工处理，形成地理空间数据集。

（3）数据接入。通过直接接收地理空间数据源的信息，实时或近实时地获取地理空间数据的技术方法，包括测量数据接入及传感器数据接入、卫星定位数据接入及已有数据库数据接入等。

（4）互联网数据获取。利用互联网数据源提供的数据服务接口、应用程序编程接口或网络爬虫技术等从互联网上在线下载或抽取地理空间数据。

基本地理空间数据包括矢量数据、影像数据、地形数据、属性数据和关系数据，每种类型的数据都可以有多种数据来源和获取方法。来源不同的数据需要经过一定的处理才能进行到地理信息系统数据库中。

第四节　空间数据的数字化及地理编码

对于组织空间数据的方式而言，可分为两种。一种方式是地理信息系统应用者自行对所收集的空间数据进行数字化及地理编码；另一种方式是向数据商（或空间数据专业部门）购买或委托制作适合应用者地理信息系统需要格式的地理数据。用于地理信息系统组织数据库的空间数据源是多种多样的，但归结起来可分为三大类：地图类、图像类和文件类。由于这些数据源本身的特点和数据结构的差异，因此在组织数据进行数字化及地理编码的方法和过程也都各不相同。地图类可以直接通过使用数字化工具的方法完成数字化；而图像类主要是遥感、航摄图像的产品形式，有两种方法把它们组织到地理信息系统中去：一种方法是通过遥感成像的方法把它们进行数字化处理后进入地理信息系统；另一种方法是通过扫描的方式被地理信息系统所接受，在地理信息系统中进行一些图像处理、判读，通过地理编码对它们完成数字化过程。

一、地图数字化处理过程的框架

从各种不同类型的地图产生清晰的、有效的数据文件是一个复杂的任务。在建立空间数据库的过程中，对地图数字化的处理工作需要投入大量的经费和时间，而且数字化的结果对数据库的有效性和实用性、对空间数据的分析和处理都有着直接的影响。为了使地图数字化处理过程规范化和标准化，一个有效的方法是要对数字化过程进行框架设计，用来作为数字化处理过程的准则。

1. 地图数字化过程的总体框架

为了获得有效的、合乎精度要求的空间数据，尤其是为了完成一个较大的项目或精度要求很高的大型数据库的任务时，进行地图数字化时必须要遵循一定的、合理的、系统的技术过程，否则很难得到满意的结果。经过很多的实践，研究者们认为比较好的地图数字化的过程应该包括地图数字化过程的系统分析、地图预处理、地图数字化操作、地图数据的编辑操作(图 4 - 4)。在这样的总体框架下，制订各过程的任务、方法和流程。

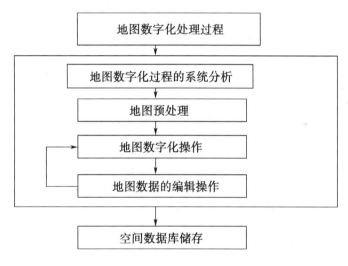

图 4 - 4　地图数字化过程的总体框架

2. 系统分析过程

系统分析过程是根据任务的具体情况出发，全面地分析目标、经费、时间、现有条件等之间的关系，平衡目标和约束条件之间的矛盾，制订地图数字化过程的方案和对各个技术环节的具体要求。如图 4 - 5 所示，首先根据任务的目标和对成果的要求，提出所需要的数据和精度要求。根据这些要求对现有的或可能获得的空间数据文件进行评估，哪些可以直接使用，哪些需要购置，哪些需要测定和编修，确定整体工作量。分析要完成整体工作量所需要的时间，需要多少数字化的操作员，以及什么水平的操作员，对工作环境的要求，形成一个初步的概括方案。然后再从任务的经费和时间要求，以及可能的软硬件条件等约束条件去评价和分析上述方案。如果二者之间有矛盾，那么需要调节和平衡，或者为了满足方案要求增加任务经费或延长完成时间，或者保持任务现有的经费和时间要求修改任务对成果的要求或任务的目标。一直达到平衡，制定出最后的方案。

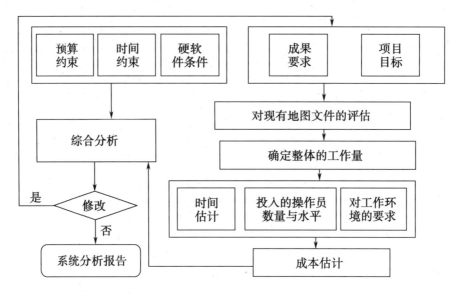

图 4 – 5　地图数字化系统分析

3. 地图文件的预处理和编修过程

所收集的空间数据可能是各种各样的,它们可以是地图,也可以是航空摄影图片或遥感图像等。这些数据的成图(像)年代、投影类型、比例尺及精度可能不一致,其属性的分类及度量单位也不会完全一致。这样就需要对收集的空间数据进行评价,首先对它们进行分类处理。对地图文件要做如图 4 – 6 所示的过程,检查是否进行对现有的地图文件进行补充和修改,如果需要就进行补充修改。完成这一环节之后,要对地图文件进行预处理,对拟使用的地图数据的图形要素和属性数据进行一体化处理。通过对地图文件进行编修和预处理,地图数据数字化工作做好一切必要的准备工作。

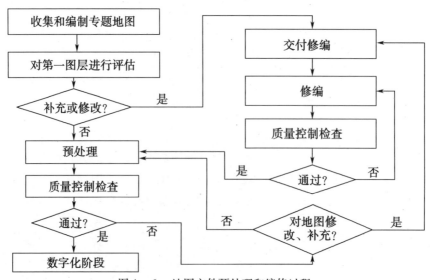

图 4 – 6　地图文件预处理和编修过程

4. 地图数字化过程

对空间数据进行数字化有很多种方法,这里仅讨论使用数字化仪和屏幕数字化时要遵守的一般过程。对于矢量数据通常采用数字化仪或屏幕数字化的方法；而栅格数据早期通常采用手工方法，目前一般采用在地理信息系统平台上从矢量转换栅格的方法。矢量数据通常分为有拓扑结构的矢量数据和非拓扑结构的矢量数据，对于前者通常采用数字化仪的地图输入方法，而对于后者既可以采用数字化仪的方法也可以采用屏幕数字化的方法。在对地图进行数字化的同时，还要对输入的地图要素进行注记，以便和属性数据连接，形成相应的属性表。数字化过程是一个较为复杂的工作，尤其是要求对输入的空间数据形成具有拓扑数据结构的情况下更是如此，在商品化的地理信息系统中都有相应的功能模块，要求操作者按照严格的步骤进行(图4-7)。

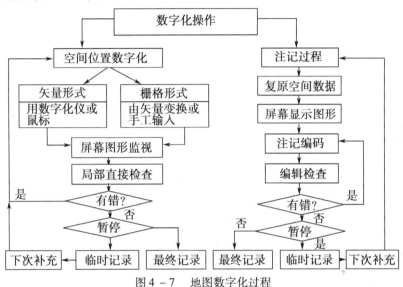

图4-7　地图数字化过程

5. 数字化结果的检查与编辑

在完成地图数据数字化操作之后要进行严格的检查。要检查输入的地图要素是否有遗漏和重复，注记是否有错误，相邻图幅的接边，如果要求是拓扑结构一定要检查是否形成了正确的拓扑关系。在地理信息系统工具中应该有相应的功能模块支持这种图形检查和进行地图数据的编辑工作(图4-8)。

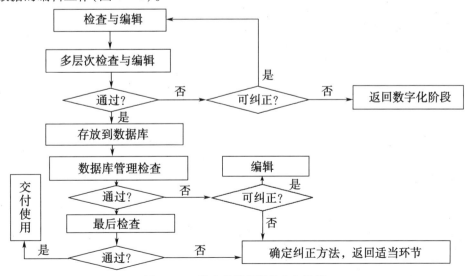

图4-8　数字化结果的检查与编辑

二、专题图的编纂方法

在为建立地理信息系统数据库准备地图数据时,可能会遇到缺少某些专题图,或是所能收集到的专题图在编图时间、比例尺、投影方式、精度等方面都不相同的情况,因此常常需要根据基本图,按着一定的比例尺和投影方式编纂出所需要的专题图。通常有四种方法可供选择:直接转绘法、遥感成图法、利用航片修订现存的专题图法和野外调查测量成图法。

1. 直接转绘法

直接转绘是一种间接编纂专题图的方法,它不要求重新进行遥感成图或野外测绘,而是根据现存的地图来"装配"。在比例尺准确一致的情况下,把地图数据直接转绘到基本图上,如果旧图比例尺与成图比例尺不一致,那么要在转绘之前归正比例尺。归正和转绘的方法除了用方格纯手工方法外,一般采用转绘仪或光学缩放仪等方法。

由于现存的专题图彼此之间,或专题图与基本图之间存在绘图技术和区域框架等方面的差异,在把这些专题图转绘到基本图上时,需要修正它们的位置边界,需要反复地把基本图和工作图配准,比较两张图上的公共实体,如水系、道路、建筑物、山脊线等。

由于转绘方法是利用现存的专题图来"装配"出新专题图的,所以在转绘过程中需要把原有的地图区划或是进行分类合并,或是将原有的区划分解。前者需要去掉一些非需要的边界线,而后者则需要补充一些边界线。

由于比例尺和单位分辨率的改变,某些原来描绘的区域边界和线性特征不可能或不适宜再保留,此时需要进行线性综合。在综合时需要用统一的绘图标准和图例,以确保地图表达的一致性。此外,在转绘过程中需要注意相邻图幅连接的边界一致和属性编码的一致。

2. 遥感成图法

当不能用现存的专题图获得某一图层所需要的地图数据时,首先可以用遥感(或航摄)图像来编修专题图。可使用的遥感图像有一般黑白片、彩色片、高空或低空彩色红外片,以及TM影像等航天遥感图像。应用遥感图像编修专题图包括两个过程:判读和成图。

遥感图像的判读就是根据图像确定(判定)地物,在不同程度上进行地物的分类和区划。对于航片,在实践中常使用目视判读技术,根据地物影像的大小、形状、色调(颜色)、阴影、影纹结构及相对位置等因子,以及通过一定的像片量测技术,判读人员对地物特征给出定性和定量的解释。对于卫星图像,常是通过一定图像处理系统(如 ERDAS IMAGINE 软件等)进行几何校正、图像增强、密度分割、光谱合成,然后进行目视判读、分类区划,或计算机自动分类区划。

在完成图像判读之后,进行遥感成图,把图像判读区划结果定位到基本图上。因为航片是中心投影(卫片是多中心投影)并且没有地图坐标编码,所以必须通过投影变换来完成成图任务。在计算机技术发展之前,通常是用光学机械纠正转绘仪器对航片进行纠正转绘成图,用光学转绘仪对卫片进行纠正转绘成图;但目前已研制出较完善的以计算机为基础的电子(或电子 — 光学)遥感成图仪器和软件。

3. 野外调查测量成图法

大面积、纯地面测量的方法已很少使用，但在某些情况下还可能使用小面积的局部地面测量的方法来搜集空间信息。然而目前在自然资源管理中，特别是在森林调查中，常使用遥感和地面抽样调查结合的方法成图：使用遥感图像进行区划判读，确定各（森林）区划的空间位置，通过野外抽样调查方法获得各区划类型的属性数据。

三、专题图一体化预处理过程

当为地理信息系统数据库准备好所需要的专题图之后，下一个主要的技术处理过程就是要把它们进行必要的一体化预处理。一体化预处理过程就是把这些专题图定位在所选定的区域框架上，并统一各区划边界及分类单位。

可以按是在地图数据数字化前进行一体化，还是在数字化之后进行一体化，把这种一体化分为预处理和后处理两个阶段。预处理阶段主要是用手工方法对地图数据进行的一体化操作，后处理阶段主要是利用地理信息系统的地图数据编辑功能进行的地图数据编辑、配准及地理编码等操作。有人认为无须对地图数据进行系统的预处理，只要有以一体化后处理为基础的地图数据操作就可以了。这是不现实的，因为某些一体化的内容不可能，或不适合用计算机来处理，即使勉强用计算机处理，又费时、又须用相当复杂的程序、占很多内存，使处理变得无效率。至少对某些一体化内容，在目前尚未找到有效的计算机方法之前，手工的一体化预处理是不可缺少的方法，一般包括：

1. 统一专题图的区域框架，制作一体化底图

区域框架是建立地理信息系统空间数据库的基础，所以必须按照区域框架的原则，对地图进行数字化输入、储存、管理和操作。实际上，我们所收集和编制的专题图往往并不统一，有的是标准地理网格框架，有的是非标准的区域框架。与此同时，专题图有时跨两个6°带，不属于一个高斯坐标系。

2. 统一区划边界线

所准备的各专题图虽然所包含的地图数据不同，但各图层所表达的土地景观分类单位的边界和属性的数量彼此之间存在着相互关系。例如，森林区划分类单位，土地、土壤、地质等分类单位，坡度、坡向、高程等之间在位置上往往是彼此相关联的，某些边界应该是吻合的。然而，各种专题图常是独立编制的，它们的投影、成图精度、比例尺和成图时间可能都不一致，所以在载有这些同一区域框架上的不同图层在合成、叠加时会产生一些无意义的狭窄多边形的错误。同一区划边界，消除了狭窄多边形产生的可能。

3. 统一属性数据的分类系统

各专题地图都有相应的属性分类系统，其中某些内容相同，但彼此定义和分类标准并不统一。例如，坡度级、海拔高度级、坡向级等定义标准不统一，森林的蓄积、面积单位不一致，距离与角度单位不相同，等等。在地图预处理过程中都要把它们统一起来。

四、地图数据的数字化方式

可以有多种方式对地图进行数字化处理,为地理信息系统提供空间数据(图4-9)。这里仅对经常使用的几种方式做简要介绍。

1. 数字化仪的输入方式

数字化仪的输入方式是提供地理信息系统数据的一种主要方式,特别是在地理信息系统发展的早期对矢量数据的输入,各种地形图和专题图是数字化仪的主要输入对象。数字化仪是一种电子装置,它是由一个不同尺寸规格的数字化平板和鼠标控制器组成的,在计算机及其软件驱动下对地图文件进行数字化处理工作的。数字化平板一般分为电子-正交精密线栅格类型,或电子-波位类型。在数字化时把地图文件放到数字化平板上,用鼠标控制器点击地图要素,把它们在数字化仪坐标系中的坐标传送给计算机。数字化仪的鼠标控制器是由一个装在塑料制品中的线圈和一个有着十字瞄准线的定位窗口所组成,在这鼠标控制器上配有用阿拉伯数字及英文字母标记的控制扭,它们被用来补充程序对数字化操作的控制,用来加进对数字化的点、线等要素类型的识别符。数字化仪有自己的坐标系,它是通常把坐标原点设在左下角位置上的直角平面坐标系。数字化仪只是按一定的比例记录地图在数字化仪上坐标系中的坐标,地理信息系统必须要有一定程序模块来辅助进行地图定位、把数字化仪坐标系变换成地图坐标系,以及必要时进行拓扑关系变换等过程。用数字化仪进行数字化时,其精度除了和仪器本身精度有关外,还取决于操作时的精细程度。

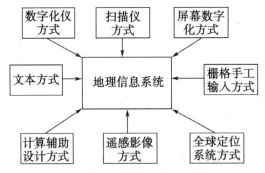

图4-9 为地理信息系统提供空间数据的数字化方式

2. 扫描仪数字化输入方式

由于用数字化仪方式进行数字化在很大程度上还是依靠手工描迹工作,难以大幅度提高数字化效率,所以在地图数字化的技术研究和实践中,曾把注意力放到对扫描图像矢量化的方法上。这种方法首先使用扫描仪对地图文件或图像进行扫描,然后利用计算机软件对扫描图像进行处理,自动提取所需要的点、线、面数据,这种方法可以免去手工描迹之劳。扫描仪是一种光电数字成像装置,配有光源、承图面板和具有较高分辨率镜头的摄像机。摄像机配有专门的传感器,大多数扫描仪上的扫描器安装在能够移动的轨道上,可以向前、向后遍及整个承图面板。还有一种扫描仪的扫描器安装在仅能按一个方向运动,另一方向的运动是由一个转鼓来完成的,地图文件就安放在这个转鼓上,靠两个方向运动的组合来完成整个扫描任务。扫描的精度取决于摄像机镜头的分辨率。地理信息系统使用扫描仪的初衷是为了对扫描数据进行矢量化的地图要素,这就需要一个很大的图像处理程序来支持,而且有着相当工作量的后期编辑操作,加大了数字化的成本,而其结果并不能令人满意。

虽然上述利用扫描图像提取矢量化数据的方法,由于各种原因并没有得到广泛的应用,但是目前在地理信息系统应用中却普遍地直接使用地形图、航空像片和遥感图像的扫描图像数据作为地理信息系统的专题图层,把它们作为一个背景图像和其他专题图进行视觉上的叠加,对地理信息系统地图显示和空间分析有着很好的效果。

3. 计算机屏幕数字化方式

随着地理信息系统软件的发展,很多商品化地理信息系统都提供了一种称为屏幕数字化的地图数据输入方式。这种方法是以航空像片、卫星图像,或者是现有的地图文件上的空间信息为基础,把这些图像、图形经过扫描仪扫描成数字化位图数据。地理信息系统工具把这些数字化的图像数据作为一个图像专题加载到地理信息系统内。在地理信息系统功能模块支持下,把这些专题显示在屏幕上,以这些图像为底图,进行目视轮廓判读、地物与边界的识别等来获得所需要的地理信息,然后利用地理信息系统工具的绘图功能,绘出点、线、面等不同地图要素的专题图数据。上述的屏幕数字化方法,其实质相当于把数字化仪的操作搬到计算机屏幕上,最终还是以手工描迹地图要素的方法来完成地图数据的数字化输入工作。在本书第六章中介绍的美国一个基于 ArcView 系统的城市生态环境评价专题的地理信息系统——City Green,其中的局域分析完全是利用这种屏幕数字化的方法来进行数字化产生专题数据的。另外,还可以这样认为,任何一个现有的地理信息系统的绘图功能操作,产生的点、线、面要素专题,以及通过空间数据处理或空间分析产生的矢量或栅格数据的专题,都和屏幕数字化方式在方法上有着一定的相似性。

4. 遥感数据源输入地理信息系统方式

遥感数据按其类型可分为航天遥感与航空遥感,它们给地理信息系统带来了实时的、丰富的、地面的空间信息。对于航天遥感数据通常是指陆地资源卫星图像的数据,虽然随着航天遥感事业的发展,其数据来源会有所增加,但目前还是以美国的 Landsat 卫星的 TM 影像和法国的 SPOT 卫星数据为主要数据源。Landsat 5 的 TM 影像数据每 16 天覆盖全球一次,图像像素地面分辨率为 30 m,每景包括 7 个光谱感应波段的图像(蓝光、绿光、红光、近红外、中红外 1、远红外、中红外 2),即每景包括 7 幅不同波段的地面图像。SPOT 卫星图像数据每 26 天覆盖全球一次,它有两种工作模式,一种工作模式是对 3 个光谱波段扫描(绿光、红光和近红外光),像素地面分辨率为 20 m;另一种工作模式是对可见光进行全色扫描,每个像素地面分辨率为 10 m。对于这些航天遥感数据,目前已有相应的商品化的数据处理系统对其处理和分析,如 ERDAS IMAGINE、EARMAP、PCI 遥感图像处理软件等,均可用来对它们进行几何纠正、图像处理、光谱合成、图像识别和自动分类等,并有一定的遥感数据输出格式。另外,大多数商品化的地理信息系统工具也都有支持这些数据格式和利用它们的功能,可以直接以图像(属于一种特殊的栅格数据格式)专题加载到地理信息系统中。在地理信息系统平台上进行地理位置匹配,可以形成和其他专题图数据一体化的坐标系,进行显示和空间数据分析。

航空遥感通常指航空摄影相片及相应的摄影测量技术。在航天遥感出现以前，它是人们主要的从空中获得地面信息的技术手段和编制传统地图的技术方法。由于它有很高的地面分辨率，更重要的是航空摄影相片有一定重叠度，在摄影测量仪器的帮助下可以建立地面的立体模型，对于获得地面空间信息有着更大的优越性，所以目前航空像片仍然有广泛的使用前景，与航天遥感技术相配合形成不同高度的空对地的信息采集系统。航空像片属于中心投影，其影像具有投影差和像点位移。为了成图需要相对定向和大地定向、进行影像纠正及坐标的非共面变换等一系列的摄影测量技术过程，生成具有正射投影性质的像片平面图或数字化的地图数据。在20世纪80年代以前，摄影测量的仪器主要是光学模拟仪器，目前是以光学－电子机械为主，如美国生产的AP190立体摄影测量绘图仪，它可以从航空像片上获得数字化的地面信息。

5. 计算机辅助设计数据、栅格数据手工输入和文本等空间数据输入方式

计算机辅助设计系统出现的时间早于地理信息系统，这种非一体化的空间信息系统虽然在数据结构上不以空间分析为前提，但它具有很强的绘图和设计功能，在应用上和在现存的数字化地图数据方面有很大的市场份额。所以在地理信息系统的发展和应用方面很注意和计算机辅助设计系统的数据交融，现有的许多商品化地理信息系统软件都支持计算机辅助设计系统的交换数据格式.dxf数据文件，这种数据格式属于文本数据格式，进出地理信息系统都很方便，可以直接加载到诸如ARC/INFOR、ArcView、MapObjects、GeoMedia等系统中，作为地理信息系统中的一个专题数据层。

地图栅格数据的手工输入方式由于其工作量之繁多，不被应用者所欢迎，并且由矢量转换成栅格数据的方法业已成熟并被广泛使用。但在很多情况下，所要使用的空间数据事先并不存在矢量数据，需要通过系统抽样的方式获得，这时往往采用手工输入栅格的方法。按行和列把栅格点的数据写成文本格式，则很容易进入地理信息系统。也可以通过用文本数据格式输入空间地理点的坐标方式进行对点的数字化。

第五节　空间数据管理

空间数据管理就是对数字化后的空间数据进行维护、进一步组织和一体化等处理。一般包括空间数据的坐标变换、数据格式变换、区域框架的组装、几何变换及配准等。

一、地图数据的坐标变换与图像的地理编码

在对地图文件进行数字化时存在三个直角坐标系及它们之间的坐标变换问题。第一个坐标系是使用的数字化仪的坐标系，由于这种仪器所采录并输入到计算机内的地图特征点坐标均是相对于数字化仪所定义的坐标（一般坐标原点为数字化仪的左下角）。第二个坐标系是图幅坐标系，在地理信息系统中通常通过建立整个地图区域框架的平面直角坐标系来

表达和储存数字化的地图数据,但为了输入方便一般以每个图幅左下角为原点的平面直角坐标系来记录地图特征点的坐标值。第三个是计算机显示屏幕的坐标系,它是以右上角第一个像素为坐标原点的平面直角坐标系。在地图输入过程中需要把采录的地图特征点的数字化仪坐标值变换成图幅坐标系的坐标值作为储存值,以便屏幕显示。同时也需要把图幅坐标系的坐标值变换成屏幕坐标系的坐标值以便地图的屏幕显示。这些变换体现了共面变换的三种情况,即平移、旋转和缩放(图4-10)。

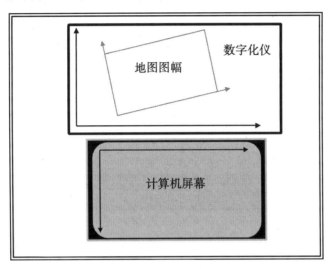

图4-10　地图数据输入与显示的坐标系

1. 数字化仪与图幅坐标系之间的变换

数字化仪与图幅坐标系之间的变换是通过平移和旋转来实现的(图4-11)

$$x_1 = (x - x_0)\cos A + (y - y_0)\sin A$$
$$y_1 = (y - y_0)\cos A - (x - x_0)\sin A$$

式中,x_1 与 y_1 为地图上任意一点在图幅坐标系中的坐标;x 与 y 为该点在数字化仪坐标系中的坐标;x_0 与 y_0 为图幅坐标系中的原点在数字化仪坐标系中的坐标值;A 为图幅坐标系的坐标轴与数字化仪坐标系的坐标轴逆时针的夹角。

从上述公式可知,欲实现坐标变换,首先要测定夹角 A 和获得 x_0,y_0 的值。为此,在数字化仪上先测得图幅四个角点 P_1,P_2,P_3,P_4 的 x 和 y 坐标,再计算角度

$$\Delta x = x(P_4) - x(P_1)$$
$$\Delta y = y(P_4) - y(P_1)$$
$$L = \sqrt{(\Delta x)^2 + (\Delta y)^2}$$
$$\sin A = \Delta y / L$$
$$\cos A = \Delta x / L$$

式中,$x(P_1)$ 与 $y(P_1)$ 为图幅左下角点在数字化仪上坐标值;$x(P_4)$ 与 $y(P_4)$ 为图幅右下角点在数字化仪上的坐标值。

因为图幅坐标系定义了输入图幅左下角为坐标原点,所以 $x(P_1)$ 与 $y(P_1)$ 的值即为 x_0 与 y_0 的值。

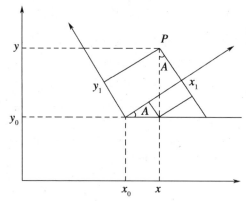

图 4 - 11　数字化仪与图幅坐标

2. 屏幕与图幅的坐标变换

用计算机显示屏幕监视地图输入时及复原显示地图数据时通常在屏幕开设显示窗口(图 4 - 12)。为此,要确定窗口与图幅的比例变换因子

$$K_x = S_x/M_x$$
$$K_y = S_y/M_y$$

式中,K_x 与 K_y 是在 x 与 y 方向上屏幕窗口与图幅比例的变换因子,S_x 与 S_y 是窗口在 x 与 y 方向上的长度

$$M_x = x_1(P_4) - x_1(P_1)$$
$$M_y = y_1(P_2) - y_1(P_1)$$
$$S_x = x_2(w_3) - x_2(w_2)$$
$$S_y = y_2(w_2) - y_2(w_1)$$

屏幕与图幅坐标可采用下式进行变换

$$x_2 = x_1 \cdot K_x + x_2(w_2)$$
$$y_2 = y_2(w_1) - y_1 \cdot K_y + y_2(w_2)$$

式中,x_1 与 y_1 是图幅内任意点的图幅坐标,x_2 与 y_2 是该点在屏幕上的屏幕坐标。

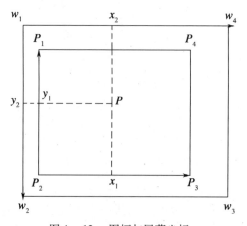

图 4 - 12　图幅与屏幕坐标

二、空间数据格式变换

空间数据格式变换是指栅格和向量数据格式之间的变换,也可能是栅格或向量数据结构本身的内部变换。在一般的地理信息系统的应用中一般都要求同时备有栅格数据和矢量数据,在数据输入时由于栅格数据的输入既费时又费事,往往采用从矢量数据变换成栅格地图数据的方式;在空间数据分析时或数据显示时也可能要求把栅格数据变换成向量数据。在以拓扑向量数据结构为基础的地理信息系统中,即使输入数据是向量格式的,也需要有一定的格式变换处理,从坐标数据产生或构造拓扑关系;在栅格数据管理中,也经常需要在二维矩阵、游程编码、区域编码数据结构之间进行变换,这些都已在第三章有所介绍。这里仅对空间数据的两种格式变换予以讨论,以便理解实际地理信息系统的相应功能。

(一) 两种数据格式变换的基础

向量和栅格是两种完全不同的表达空间位置数据的方法。在向量方法中,空间位置用它们在某一参照坐标系中的坐标来表达。"点"用单个的坐标值来描述,"线"用一组坐标值来描述,而"面"(也称"多边形")则用其封闭的边界线来表达。在栅格系统中,表达空间位置数据的基本单位是栅格单元(或称像素)。这些在第三章已有详细的叙述。如果将一个网格系统覆盖在笛卡儿坐标系上,那么可以生成一个网格坐标系统。将会发现在笛卡儿坐标所描述的向量地图上,有一些点恰好落在网格之间的交点上,而另一些则靠近某些网格点。可将未正好落在网格点上的向量点移到离它最近的网格点上。同理,向量地图上线和面的边界均可以用网格线近似地来表达(图4－13)。表达精度取决于网格的密度,当网格密度足够大时,这种表达精度是可以接受的。

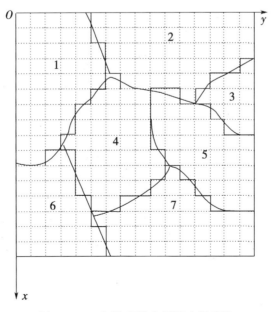

图4－13　向量、网格与网格坐标系统

假如把网格形状定义为大小相等的正方形,用每个网格的四个顶点之一(如左上角顶点)做参照坐标,那么每个网格都可以用网格坐标系统中的一个网格点坐标值来表达。另外,如果只用网格坐标系统中的网格点坐标来表达向量地图中的要素位置信息,那么每个向量坐标点均有一个网格坐标值相对应。这样,向量数据与栅格数据将被综合在网格坐标系统中统一起来。在栅格数据中,两个区域的边界线不能明显地表达出来,但在网格坐标系统中边界线则可以被隐含地表达(图4－14)。隐含表达与显示表达有许多相似之处,它们都表达相邻区域的公共边界线,它们都有相同的拓扑特征,在描述地理信息方面具有相同的作用。可以根据隐含边界线建立一种拓扑数据结构来表达地理信息。

在上面所叙述的网格坐标系统中,如果把向量所描述的区域用网格表达,那么区域的边界相交之点称为结点,两个结点之间的边界线称为链(弧)。每个链给一个独立编码。为能构成区域的完整边界线,需要记录每个链的左边和右边区域的标志值。

建立隐含边界拓扑数据结构所需要的拓扑数据是:(1) 链的数据。(2) 每条链的首结点和尾结点。(3) 每条链的左边区域和右边区域的标志值。

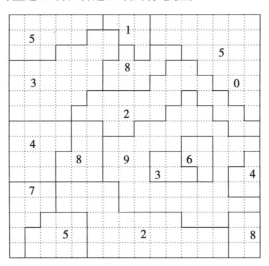

图4－14　栅格型数据对区域边界的隐含表达

链及其首、尾结点的位置数据可以用网格点的坐标来表达。实际应用时可将边界线的链码文件和拓扑文件中的指针联结起来,该指针指向每条链的起始地址(首结点地址)。图4－15 给出这两种文件的数据结构。

因为要将边界线的几何位置信息和拓扑信息分离开来,而拓扑信息对于向量型数据和栅格型数据又是相同的,所以很容易用关系数据库来储存拓扑信息。在需要的时候可以把拓扑信息和集合信息连接起来构成向量型和栅格型结构数据。

以链和结点方式表达向量型数据可以直接转换成隐含边界拓扑数据结构。这种转换就是将向量型数据的拓扑信息与几何位置信息分离储存。拓扑信息按拓扑数据结构储存。几何位置信息有两种储存方式,一种是按向量坐标储存,另一种是用链编码对网格点进行编码储存。

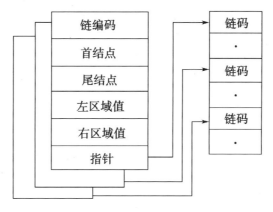

图 4 – 15　链编码和拓扑信息文件结构

(二) 由网格数据转换成拓扑向量数据的算法分析

在网格型数据中,区域间的界线是通过构成区域的网格位置和所载荷的专题属性值来表达的。相互邻接并具有相同专题属性值并不能用来作为区域的标志值,因为常有两个以上相互分开的区域具有相同的专题属性值。为了建立网格数据的拓扑关系,首先要赋给每个区域一个标志值,然后再把拓扑信息从网格数据中提取出来,并储存在拓扑文件中,然后对区域边界线用链码进行编码。下面是一种算法:

1. 对网格型数据所描述的区域赋给一个标志值

假设原给定的网格型数据是一个 $N \times N$ 阶矩阵,定义矩阵中同一行内相互邻接,且具有相同专题属性值的元素构成一个间隔段,分布在不同行,但相互邻接的间隔段组成一个区域(图 4 – 16)。根据这种结构可以对每一个区域给出一个标志值的算法。

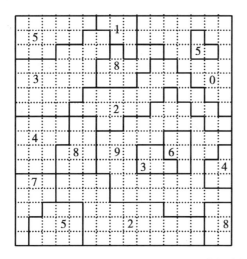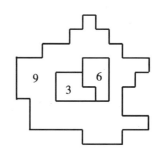

图 4 – 16　网格数据中间隔和区域

（1）对第一行的每一个间隔段按先后顺序给定一个标志值。

（2）从第二行开始到最后一行，如果某一间隔段的第一个元素的专题属性值等于上一行相邻的间隔段的专题属性值，那么该间隔的标志值采用上一行与其相邻间隔的标志值，否则赋给一个新的标志值（图4－17）。如果在一间隔段内第一个元素以外的其他元素与上一行相邻接的元素有着相同的专题属性值，而这两个元素所在的间隔段的标志值又不相同，那么这两个间隔段要建立一个关系（图4－17中箭头所示）。

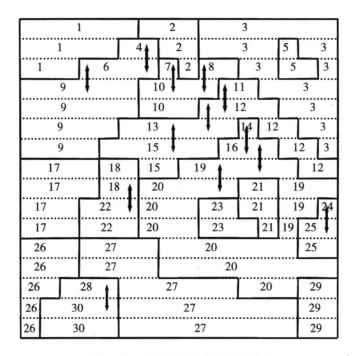

图4－17　间隔的标志值和间隔关系

（3）在所有的间隔段都赋给了一个间隔值后，就获得了一个包含相邻间隔段之间的关系表和关系子图（图4－18）。图中的结点表示间隔段，而链代表间隔段之间的关系。每个子图把属于同一区域的间隔段连接在一起。在每个子图中，把最小标志值的间隔段作为子图的根，其他标志值则转换成根的标志值。通过这种处理，同一区域的所有间隔段都被赋给了一个相同的唯一标志值（图4－19）。为了去掉区域标志编号中的断号现象，按从小到大的次序重新对区域标志编号，如图4－21所示。

（4）网格型数据中的专题属性值转换成标志值之后可形成二者的关系表，以便进行空间处理分析时应用。在提取每个区域间隔段的同时，将每个间隔段用R－L码进行编码（行列编码），编码值与区域标志值储存在一起，形成面向储存结构的网格数据结构。根据这种结构，区域可以被单独地显示和处理。

4	6
6	9
7	10
8	10
11	12
12	13
13	15
14	16
16	19
19	20
18	22
24	25
28	30

4	6	9	
7	8	10	
11	12	13	15
14	16	19	20
18	22		
24	25		
28	30		

(a)　　　　　　　　　　　　(b)

图 4-18　(a) 间隔段关系表;(b) 间隔段关系子图

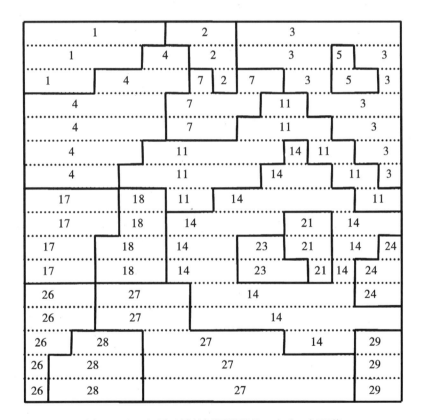

图 4-19　相同区域的间隔段赋给一个唯一标识值

2. 区域和邻域关系表

根据标志值图像,每个区域的邻域可以用下列方法获得。用开"窗口"方法(图 4-20)对区域的图像进行查寻,如果两个或三个元素的区域标志值在"窗口"中不同,那么表明这些标志值所代表的区域具有邻域关系。通过这种查寻可以获得区域与邻域关系表(表 4-

1）。它在处理不同区域的关系时是非常有用的信息。

在第三章已提到，在地图数据的空间拓扑表达中，区域有时呈现"洞"（"岛屿"）的形式。所谓"洞"的意思是被定义成某一区域被另一单一区域所包围，表4－1的例子中区域5就是一个"洞"。通过区域与邻域的关系表很容易找出"洞"，因为它只有一个邻域。

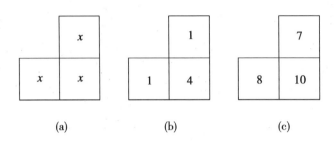

图4－20　查询区域的邻域关系开设的窗口

表4－1　区域与邻域的关系表（＊ 表示该区域为洞）

区域	邻域			
1	2	4		
2	1	3	4	6
3	2	5	6	7
4	1	2	6	7
5＊	1			
7	2	3	4	11
…	…			

3. 提取边界线，并用链码编码

为了确定区域边界相交的结点和提取边界线，需要开设2×2的窗口进行游动搜索，如果窗口的四个标志值中有三个以上标致值不同，那么窗口的中心就是一个结点位置（图4－21）。由于"洞"与其邻域不能形成相交的结点，则可以确定"洞"边界上任意一点作为结点。

在所有的结点被探测出来并被编码之后，从第一个结点开始提取隐含的边界线。通过矢量拓扑数据结构分析（见第三章），每个结点至少联结3条以上的弧，这里除四个图幅点外，从每个结点上要提取3条以上隐含的边界线。提取时可按左、下、右、上的顺序进行。一个结点可能是一条链的首结点，也可能是另一条链的尾结点，每一条链只能被提取一次。

在提取边界线时，每条链的首结点和尾结点坐标以及该链的左区域和右区域的标志值均被存储在同一个拓扑文件中，而把组成隐含边界线的链编码存储在另一文件中。在每条链的拓扑记录中，有一个指针指向链编码文件中该链首结点的物理地址（图4－15）。

1	1	1	1	1	1	2	2	2	3	3	3	3	3	3	3	3
1	1	1	1	1	4	4	2	2	3	3	3	3	5	3	3
1	1	1	4	4	4	6	2	6	6	3	3	5	5	3

图 4 – 21　通过开窗口搜索结点

在设计由栅格数据向拓扑向量数据格式变换的程序时,一般都应该有一个对提取的边界线进行平滑的程序予以处理的过程,对变换结构更理想一些。这种变换在一定程度上都会损失一些信息,其精度在很大程度上取决于栅格数据的分辨率。

(三) 由拓扑向量数据结构向网格数据结构变换

矢量数据向栅格数据转换时,首先必须确定栅格元素的大小,即根据原矢量图的大小、精度要求及所研究问题的性质确定栅格的分辨率。如在把某一地区的矢量数据结构的地形图进行栅格数据转换时,必须考虑地形的起伏变化,当该地区的地形起伏变化很大时(如黄土丘陵沟壑区),必须选用高分辨率,否则无法反映地形变化的真实情况。又如当你把矢量数据向栅格数据转换后,希望同 TM 卫星图像匹配时,应尽量考虑同卫星图像的分辨率相同,以进行各种处理。

此外,须了解矢量数据和栅格数据的坐标表示。通常情况下,矢量数据的基本坐标是直角坐标,原点为图的左下方;而栅格数据的坐标是行、列坐标,原点在图的左上方。在进行两种坐标数据转换时,通常使直角坐标的 x、y 轴分别同栅格数据的行、列平行。矢量数据和栅格数据的坐标转换关系如图 4 – 22 所示,栅格分辨率的转换公式为

$$\Delta x = (x_{max} - x_{min})/J$$
$$\Delta y = (y_{max} - y_{min})/I$$

式中,x_{max},x_{min},y_{max},y_{min} 表示矢量坐标中 x,y 的最大值,最小值;I,J 表示栅格的行数和列数;Δx,Δy 表示每个栅格单元的边长。

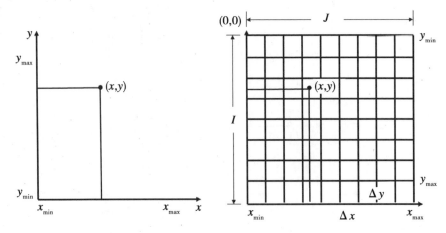

图 4 - 22　矢量数据和栅格数据的坐标转换

1. 点的转换

点的转换实质是将点的矢量坐标转换成栅格数据中的行列值 I 和 J，从而得到点所在栅格元素的位置

$$行\quad I = 1 + \text{Integer}[(y_{max} - y)/\Delta y]$$

$$列\quad J = 1 + \text{Integer}[(x - x_{min})/\Delta x]$$

式中，Integer 表示对运算值取整；I,J 为所求点在栅格坐标系中的行列值；x,y 为所求点在矢量坐标系中的坐标值。

2. 线的转换

任何曲线都可用折线来表示，当在折线上取足够多的点时，折线在视觉上就会成为曲线。因此，线转换实质是完成相邻两点间直线的转换。若已知一直线 AB 端点坐标分别为 $A(x_1,y_1),B(x_2,y_2)$，则其转换过程需要把 A,B 两点的矢量坐标转换成栅格数据，同时还要求出直线 AB 经过的中间栅格数据（图 4 - 23）。过程如下：

（1）利用点转换法，将 A,B 两点分别转换成栅格数据，求出相应栅格的行列值。

（2）由上述行列值求出直线所在的行列范围。

（3）确定直线经过的中间栅格点。

求出直线经过的起始行号为 I_1，终止行号为 I_m，则中间行号为 $I_2,I_3,\cdots,I_{m-1}$，现在要求相应行号相交于直线的列号，步骤如下：

求出相应第 I 行中心处同直线相交的 y 值

$$y = y_{max} - \Delta y(I - 1/2)$$

用直线方程求 y 值对应的 x 值

$$x = (x_2 - x_1)(y - y_1)/(y_2 - y_1) + x_1$$

由 x 值求相应第 I 行的列值 J

$$J = 1 + \text{Integer}\big[(x - x_{\min})/\Delta x\big]$$

如此不断地求直线经过的各行的列值,直到完成直线的转换。

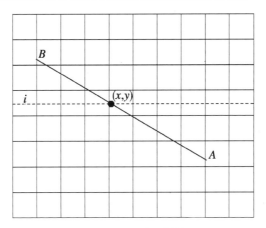

图 4 – 23　线的转换

例　已知某矢量坐标系,坐标原点为 $O(0,0)$, x 坐标的最大值为 150, y 坐标的最大值为 300,其中有两点 P_1 和 P_2,坐标分别为 $P_1(51,100)$, $P_2(53,103)$,试将点 P_1 和点 P_2 所连成的直线转为栅格坐标,栅格坐标系的分辨率为 300×150(图 4 – 24)。

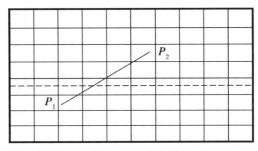

图 4 – 24　直线图

解
$$\Delta x = (x_{\max} - x_{\min})/J = (150 - 0)/150 = 1$$
$$\Delta y = (y_{\max} - y_{\min})/I = (300 - 0)/300 = 1$$

点 P_1 的行列值

$I = 1 + \text{Integer}(300 - 100)/1 = 201, J = 1 + \text{Integer}(51 - 0)/1 = 52$

点 P_2 的行列值

$I = 1 + \text{Integer}(300 - 103)/1 = 198, J = 1 + \text{Integer}(53 - 0)/1 = 54$

直线经过的行范围:198 行 ～ 201 行。

第 200 行中心处同直线相交的 y 值
$$y = 300 - 200 \times 1 + 1/2 = 100.5$$

该行 y 值对应的 x 值
$$x = (53 - 51)(100.5 - 100)/(103 - 100) + 51 \approx 51.3$$

x 坐标对应的栅格列值为

$$j = 1 + \text{Integer}(51.3 - 0)/1 = 52$$

第 199 行中心处同直线相交的 y 值

$$y = 300 - 199 \times 1 + 1/2 = 101.5$$

该行 y 值对应的 x 值

$$x = (53 - 51)(101.5 - 100)/(103 - 100) + 51 = 52$$

x 坐标对应的栅格列值为

$$j = 1 + \text{Integer}(52 - 0)/1 = 53$$

点 P_1 和点 P_2 所连成的直线的栅格坐标为 $(201,52),(200,52),(199,53),(198,54)$。

3. 区域填充

区域矢量数据转换成栅格数据是通过矢量边界轮廓的转换实现的。矢量边界线段转换成栅格数据后,还要进行面域的填充。

(1) 射线法。判断疑问点 $P(x,y)$ 是否在多边形内,要从该点向左引水平扫描线(射线),与区域边界相交次数为 c,若 c 为奇数,则认为疑问点在多边形内,若 c 为偶数,则认为疑问点在多边形外(图 4-25(a))。

也可作一系列水平扫描线,求出扫描线和区域边界的交点,将交点按 x 值大小进行排序,其相邻坐标点之间的扫描线在区域内。如图 4-25(b),扫描线 I_1 中 $x_1 x_2$ 之间,扫描线 I_2 中 $x_1' x_2'$,$x_3' x_4'$ 之间的区域均在区域内。但有时会出现一些例外情况,称为奇异性。如图 4-25(b) 中,扫描线 I_3 遇到了极值点,可能出现判断失误。对于这种情况,应采用邻点分析法区分极值点。

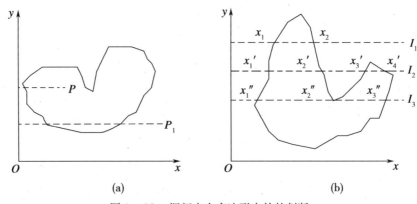

图 4-25 疑问点在多边形内外的判断

采用邻点分析法区分极值点。将极值点看作 2 个同值交点,将非极值点看作一个斜交点,从而解决奇异性。判断极值点时,极值点为两直线的交点,若两直线在扫描线的同一侧,则为极值点,否则为非极值点(图 4-26)。

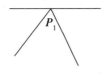 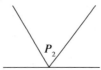

图 4-26 判断极值点

还有一种方法是简化方法，它对组成多边形的每条直线的高端点 y 坐标值进行负修正，避开了奇异性。又称'上闭下开'法。即在二直线的交点处扫描线上面的边与扫描线交点有效，扫描线下面的边与该扫描线的交点无效，扫描线与多边形重合时不作求交运算（图 4 - 27）。

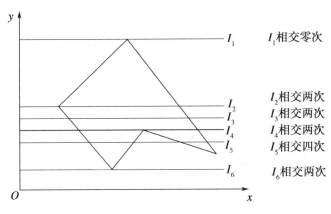

图 4 - 27　高端坐标点的负修正

（2）边界点跟踪法。从边界上某一点栅格单元开始按顺时针方向跟踪边界上各栅格，对多边形中的岛则按逆时针方向跟踪，将跟踪的每个栅格分别赋予 R, L, N（图 4 - 28）。

R 表示该栅格同相邻元素的行数不同，且行数增加的单元。

L 表示该栅格同相邻元素的行数不同，且行数减少的单元。

N 表示该栅格值单元同相邻单元行数相同。

最后，逐行扫描，根据填充字符值，填充 $L \sim R$ 之间的栅格。

图 4 - 28　边界点跟踪法

（3）边界代数法。矢量数据向栅格数据转换的关键是对矢量表示的多边形边界内的所有栅格赋予多边形编码,形成栅格数据阵列。为此需要逐点判断与边界的关系,边界代数法不必逐点判断同边界的关系即可完成矢量数据向栅格数据的转换。这时,面的填充是根据边界的拓扑信息,通过简单的加减运算,将边界位置信息动态地赋予各栅格的。实现边界代数法填充的前提是已知组成多边形边界（弧段）的拓扑关系,即沿边界前进方向的左右多边形号。

图4－30为边界代数法的填充过程。这里假定沿边界前进方向 y 值下降时称下行,y 值上升时称上行。填充值基于积分求多边形面积的思想,上行时填充值为左多边形号减右多边形号,下行时填充值为右多边形号减左多边形号,将每次计算的结果同该处的原始值作代数和运算,填充到弧段左侧。对于图4－29中的矢量区域,每次针对一条弧进行运算,直到所有弧都用完为止,最终得到图4－30。

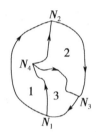

图 4 - 29　　矢量图

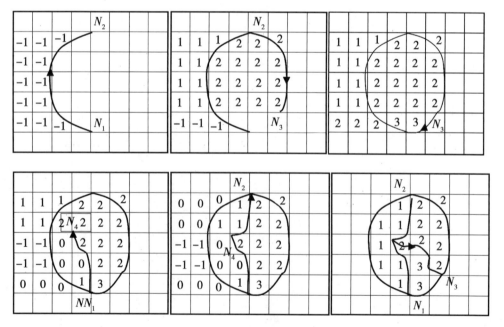

图 4 - 30　　边界代数法

（4）种子法（内部点扩散法）。由多边形的一个内部点开始,向其他八个方向的邻点扩散,判断每个新加入的点是否在多边形的边界上,如果是边界点,那么新加入的点不作为种子点。如果不是边界点,那么把新加入的点作为种子点与原有种子点一起进行扩散运算,并将该种子点赋予多边形的编号。重复上述过程，直到所有种子点填满该多边形并遇到边界为止。

在目前商业化的地理信息系统软件中都有着与上述方法相类似的过程为基础的相应功能程序。

三、空间数据配准

尽管在地图数字化前要求对空间数据进行一体化预处理，但是由于各种条件限制，不可能使空间数据完全一体化。例如，如果在空间数据源中同时有卫星图像与其他专题地图数据，或者来自不同坐标系及不同比例尺的专题地图时，使得同一地图要素在空间位置上不能保证在一定精度要求下的融合。由于这些原因，在空间数据数字化后，还需要有一个在空间数据管理时进行空间数据配准等一体化的后处理过程。在地理信息系统发展过程的早期，地图数据一体化的预处理过程显得非常重要，在一体化处理工作中占很大比例。随着地理信息系统技术的发展及功能的不断完善，一体化的后处理过程所能解决的问题越来越多，很多原先需要在预处理阶段解决的问题现在也可以在地理信息系统平台上完成。

空间数据配准的实质是对空间数据进行几何变换，把地面坐标分配给地图数据进行地理编码，或在空间数据层（图层结构）之间进行空间位置的精确配准，以便使它们能够在空间分析时进行叠加操作。空间数据的配准过程就是把不同的数据层配准到一个共同的坐标系统中，或配准到用来作为标准的数据层中。这种空间数据的配准，其实质还是属于地图数据坐标变换问题，通常可分为共面变换和非共面变换。共面变换一般是解决在平面直角坐标系下的坐标变换问题，包括位移、旋转及缩放，相对简单一些；非共面变换属于曲面坐标变换，如地图投影变换、航空像片的中心投影变换等。在现行的地理信息系统软件中，属于共面变换以及属于非共面变换的地图投影变换都有着相应的功能模块。对于像航空像片中心投影一类的坐标变换还没有成为通用的功能在地理信息系统工具中出现。

下面简要地讨论一下有关空间数据配准的方法及应用。

（一）绝对位置配准

绝对位置配准是把每一个图幅的空间数据及每一个数据层的空间数据先后分别独立地与同一地理坐标系配准，然后再把它们彼此配准。例如，在建立森林专题图数据库时往往利用前一期森林经理调查时生成的林相图生成林场的边界和林班界线，以及其他不发生变化的地图要素。一种可行的方法是把旧林相图使用扫描的方法进行数字化，进入地理信息应用系统，这种扫描图像是一种位图形式，没有进行地理编码。与此同时，进入该地理信息应用系统的其他数据源可以是具有不同比例尺和不同数据形式的平面直角坐标系的数据。为了使这些数据源的空间数据一体化，可以按高斯－克吕格分带投影的平面直角坐标系对这些数据进行绝对位置的配准。现以应用 ArcView 系统功能的实际例子说明这一过程。在 ArcView 系统中对于地理坐标的匹配方法是使用一个文本格式的坐标变换参数数据文件，把它放在拟进行匹配的图像文件或.dxf 文件相同的目录（文件夹）中。匹配参数文件的根名与拟匹配的数据文件相同，扩展名为.jgw（对.jpg 格式的图像文件），或.wld（对计算机辅助制图软件的. dxf 格式的文件）。当 ArcView 系统加载该图像或. dxf 文件的同时，匹配参数文件也被读进，ArcView 系统设有专门进行坐标变换的程序，将根据这些参数自动地对拟匹配的空间数据进行坐标变换。

（1）对于扫描图像的匹配参数文件（. jgw 数据文件）所要求的数据及数据文件结构如下

$$[\text{像素在 }X\text{ 方向的地面分辨率（地图单位／像素）}]$$

$$[\text{行方向的旋转值，目前 ArcView 系统暂时设为零值}]$$

$$[\text{列方向的旋转值，目前 ArcView 系统暂时设为零值}]$$

$$[\text{像素在 }Y\text{ 方向的地面分辨率（地图单位／像素），取其负值}]$$

$$[\text{位图图像左上角点 }X\text{ 方向的大地坐标值}]$$

$$[\text{位图图像左上角点 }Y\text{ 方向的大地坐标值}]$$

坐标变换和建立参数文件的方法及过程如下：

在对图像进行地理坐标匹配时，为了获得上述坐标变换参数必须要在拟进行变换的图像上确定两个控制点，同时必须要知道它们在统一的坐标系中的坐标值。在这里我们使用的林相图通常都绘有高斯公里网格坐标，可以选择公里网格交点作为控制点，把控制点最好选择在图像的左上方和右下方区域内。然后在 ArcView 系统中的相应专题图上读取图像上这两个控制点在 ArcView 系统的坐标，建立控制点的高斯坐标和 ArcView 系统坐标的关系表（表4-2）。

表4-2　空间数据绝对定位的控制点数据

控制点	控制点的高斯坐标		控制点图像坐标	
	GX	GY	AX	AY
1	21 432.99	5 875.38	495.57	1 714.70
2	21 779.85	5 659.76	2 339.93	508.81

计算扫描图像的分辨率

$$PX = (21\ 779.85 - 21\ 432.99)/(2\ 339.93 - 495.57) \approx 0.188\ 065\ 24$$

$$PY = (5\ 875.38 - 5\ 659.76)/(1\ 714.70 - 508.81) \approx 0.178\ 805\ 70$$

查出位图图像左上角点在 ArcView 系统中的坐标。在 ArcView 系统该图像专题特征（properties）中查出位图左上角 TOP = 1 979.5。

计算出位图左上角 X 方向的大地坐标（高斯坐标）

$$GX(\text{top}) = 21\ 432.99 - (495.57 \times 0.188\ 065\ 24) \approx 21\ 339.790\ 509\ 01$$

$$GY(\text{top}) = 5\ 875.38 + (1\ 979.5 - 1\ 714.70) \times 0.178\ 805\ 7 = 5\ 922.727\ 749\ 36$$

形成坐标变换参数数据文件

$$0.188\ 065\ 24$$

$$0.000\ 000\ 00$$

$$0.000\ 000\ 00$$

$$-0.178\ 805\ 70$$

$$21\ 339.790\ 509\ 01$$

$$5\ 922.727\ 749\ 36$$

该参数文件随林相图扫描图像加载到 ArcView 系统后将使图像置于高斯 - 克吕格坐标系。

（2）对于计算机辅助设计软件的.dxf矢量数据专题坐标匹配的参数文件,可以取一个控制点,也可以取两个控制点进行坐标变换,坐标匹配参数文件的数据格式及内容为

$$[控制点在 ArcView 系统上的 X 坐标],$$
$$[控制点在高斯坐标系中的 X 坐标][空格]$$
$$[控制点在 ArcView 系统上的 Y 坐标],$$
$$[控制点在高斯坐标系中的 Y 坐标]$$

如果是两个控制点,那么按上述格式写出两个控制点的相应数据。显然取一个控制点的变换参数只能起到坐标位移变换作用;取两个控制点可以起到位移、缩放、旋转变换的作用。在具体应用时要根据拟变换的图层情况决定选择控制点的数量来形成匹配的参数文件。

（二）相对位置的配准

相对位置的配准是把从属层与主数据层（基本图）的数据配准,这种配准一般用在所有收集的空间数据中可以确定一个精度高的图层,并且在数据使用时不强调一定是高斯坐标或其他的大地坐标,而是以基本图层在 ArcView 系统中的现有坐标为基准坐标。选择控制点和形成匹配参数文件的过程和方式与上述绝对位置匹配都是一样的,只是控制点要在基本图层和拟匹配的图层分别去取。这样对控制点的选取比较严格,必须在两个图层上都是同一的、明显的地物点（如道路、两条河流汇合处或一个小岛等）。

（三）局部位置配准

在组织空间数据时,各数据层不但投影和比例尺要进行一体化匹配,而且还要考虑某些地物局部位置的一体化。例如,很多图层可能都绘有同一边界线,或者虽然不是同一边界线,但可能某一图层上的边界线和另一图层上的河流或道路是吻合的。由于这些数据不是来源于同一数据源,就可能出现位置上的偏差,这时就需要进行局部位置上的配准。在进行局部位置配准时,要以基本图层的地图要素为准,如果问题不涉及基本图地图要素,那么选择一个重要图层或精度高的图层作为标准进行匹配其他图层。在不同的地理信息系统中对这一问题都从不同的途径给予了不同的解决方法,在 ArcView 系统中可以通过修改编辑绘图要素的方法来进行匹配。但是进行局部位置配准要格外注意,特别是对于具有拓扑数据结构的空间数据层,不能对结点随意修改,否则可能破坏数据结构,而使整个图幅产生错误。

（四）图幅之间的地图要素配准

地图数据是分幅输入和储存的,同一地图要素（道路、河流或边界线等）可能被分割在相邻的图幅中。这些要素在输入时或有着一定的输入误差,或因地图图纸收缩变形等原因,就可能造成它们之间有位移而没有连接。在形成空间数据库的最后阶段要对相邻图幅进行接边检查和修正编辑,消除或使它们限定在一定的公差范围之内。其方法和上面提到的局部位置匹配是一样的,只是按图幅调入相邻图幅逐边检查与编辑。通常把这种局部和接图时对

线要素进行修正所采用的算法称为"橡皮筋"算法。这种算法把被修正的线拉长或压缩到基本图所要求的位置(图4-31)。

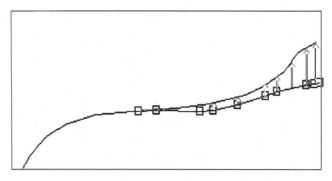

图4-31　矢量要素局部修正

四、空间数据的组装

在建立大区域空间数据库时,因为空间数据是按区域框架和图层结构输入和储存的,在应用时需要把不同输入单元(图幅,ARC/Infor 的 coverages,等)连接起来。空间数据管理必须具有按区域框架组装不同的空间实体和对象的功能。例如,在建立森林管理局区域范围的森林地理空间数据库,进行空间数据分析和查询时,不可能把整个森林管理局、整个区域的空间数据都复原,经常是按地理行政或专业区划为对象,诸如要求在总体区域框架内组装出不同林业局或林场的空间数据。为此需要建立起区域框架和空间实体对象间的倒排索引文件,例如,每个林业局在区域框架上分布在几个图幅(二级框架),每个图幅的地理坐标。根据倒排索引文件可以复原该图幅的不同专题图。表4-3是漠河林业局所含1:10万地形图幅索引表。按表4-3的索引文件数据可以对漠河林业局边界区划专题和地形专题的组装。空间数据的组装可分为拓扑数据组装和非拓扑数据组装,前者多用于空间分析,后者多用于显示和输出。用于空间分析时的数据组装要注意不同图幅地图要素属性值的统一和综合,用于显示和输出的数据组装要特别注意地图要素的图例编辑的一致性,特别是表达分类单位颜色的一致性。从数据格式上可分为矢量数据的组装和栅格数据的组装,前者要考虑拓扑和非拓扑两种情况,后者没有拓扑约束,既可分析又可输出。

表4-3　漠河林业局所含1:10万地形图图幅的索引

图幅名称	编码	最小X	最小Y	最大X	最大Y	最小经度	最小纬度	最大经度	最大纬度
N-51-87	A087	21 366	5 912	21 402	5 952	121°00′	53°20′	121°30′	53°40′
N-51-88	A088	21 400	5 912	21 434	5 950	121°30′	53°20′	122°00′	53°40′
N-51-89	A089	21 432	5 910	21 468	5 950	122°00′	53°20′	122°30′	53°40′
N-51-90	A090	21 466	5 910	21 500	5 950	122°30′	53°20′	123°00′	53°40′
N-51-91	A091	21 500	5 910	21 534	5 950	123°00′	53°20′	123°30′	53°40′

第六节 空间数据的不确定性与质量控制

一、空间数据的不确定性

（一）空间数据不确定性概述

对于数据的不确定性,在 20 世纪 70 年代初的一些相关文献中就已经出现了,但由于现实世界的复杂性和模糊性,再加上人类表达能力的局限性,所以有关空间数据的不确定性始终没有明确的和统一的定义。随着现代测量技术的迅速发展和空间数据来源的多样化,人们对于测量数据误差的考虑也有了很大程度的扩展,其中就包含了大地测量、测绘与制图、地理信息系统、遥感、卫星定位系统、地球信息科学、数据库及其在管理中的应用等。时至今日,人们对数据不确定性的研究趋向于数据"真实值"不能被肯定的程度,它一般表现为随机性和模糊性,也就是既包含了人们可以度量的误差,也包含人们不可以度量的误差。另外还有文献将空间数据的不确定性的研究分为四个内容,即误差、模糊、歧义和不一致。从研究的具体形式来讲,它包括位置数据不确定性、属性数据不确定性、时域不确定性、数据完整性、逻辑一致性、不确定性的传播、不确定性的可视化表示等。

（二）空间数据不确定性的来源

形成空间数据的不确定性的原因是多源的,有的是客观世界引起的,有的是人为因素造成的。广泛来讲,由于人们认知过程的复杂性,科技的进步及人们认识新技术的滞后性,运算过程的不确定性和人们操作引起的不确定性等都会引起空间数据的不确定性。同时,也由于空间数据大多为近似值,人类地理知识的不完备,地理数据分类属性定义不明确、概念不清楚,地理数据大多为衍生数据等原因,构成了客观世界引起的空间数据的不确定性。

1. 随机不确定性来源

空间数据采集过程中也会产生不确定性(源误差)。源误差与数据获取方法和手段有关,主要包括地面测量原始数据的误差、地图数字化数据的误差和航测遥感数据误差。地面测量原始数据的误差来源于地面控制测量和碎部测量过程中产生的误差。地图数字化数据的误差包括原图的固有误差和人们在数字化过程中产生的误差。航测遥感数据的误差可分为数据获取误差、数据预处理误差、数据分析误差、数据转换误差和人工判读误差等。

空间数据处理及操作过程中产生的不确定性。空间数据在处理操作过程中引入的误差主要包括由计算机字长引起的误差和空间数据处理过程中产生的误差。其中在空间数据处理过程中,容易产生误差的操作主要有几何改正、几何数据的编辑、属性数据的编辑、投影变换、坐标变换和比例变换、空间分析、图形简化、数据集成处理、数据抽象、数据格式转换、空间内插、计算机裁切误差、数据的可视化表达以及空间数据在处理过程中多类误差的传递和扩散等。

空间数据在使用过程中产生的不确定性。使用误差是用户在对空间数据的使用过程中所引起的误差，主要表现在数据终端用户对信息理解错误造成的误差，由于缺少对数据的说明或者相关的文字表格附件，导致用户不能正确地使用信息，从而造成数据的随意使用，导致误差扩散。

选择不同操作平台及软件引起的不确定性。对于空间数据来讲，同一问题如果选用不同的地理信息系统软件作为平台，那么数据计算和处理的结果也会有一定的差别。

2. 模糊不确定性来源

人为判断过程中引起的模糊不确定性。在空间数据的获取过程中，由人为判断得到的空间数据主要包括对边界目标点的判断、对影像目标边界的判别、对专题属性定义不明确和影像数据获取的误差、对特征点的属性测量误差、内插误差和属性的分类误差等。

人的认识具有的模糊不确定性。对于一些新型的技术和产业，人类本身还正处于认知阶段，例如对全球定位系统测量中，人类对电离层的认识仍然存在部分模糊性，因此，在处理和分析结果的过程中，只能先做一些假设，这就造成了数据结果中的模糊不确定性。

由模糊概念产生的模糊不确定性。在对实际数据操作的过程中，一些模糊信息是客观存在的，若不能经过比较合适的模糊化处理，在转变成有关的空间数据时，也必然含有模糊性。例如，在对地类图斑、土壤单元进行划分的过程中，常常会因为操作人员的不同而得出不同的划分结果。

由空间关系描述的模糊性产生的模糊不确定性。空间关系描述的模糊性主要表现为在对地理实物进行描述的过程中，普遍存在不精确的表示术语，例如村子的"附近"，这片区域"适合"发展畜牧业等，这些模糊的表述语言在一定程度上会使空间数据在最后的输出结果中含有模糊不确定性。

空间区域过渡带的模糊性。例如在林业部门的专题项目中，在划分不同等级的自然区域带时，其中有部分区域会同时具有两个区域的特征，这就呈现出了模糊的特点。

元数据描述过程中的模糊性导致地理信息系统的模糊不确定性。元数据作为空间信息的数据字典，由于客观实物在一定程度上，其本身就存在模糊性，因而元数据的描述也必然存在模糊性。

关于空间数据质量元素的划分，国家相关部门做了一定的研究，并且制定了相应的规范标准，将空间数据质量元素分为定量元素和非定量元素，而每一种质量元素又可分为一级质量元素和二级质量元素。其中，数据质量定量元素是数据质量的定量组成部分，说明数据集对产品规范规定的符合程度，并提供定量的质量信息。

二、空间数据质量控制

质量检查是通过对数据采集全过程的监控、提供技术参数、保证产品质量,是数据质量控制的重要环节,也是进行数据质量控制的重要手段。因此,在任何一个数据生产作业中,都应该建立内部质量审核制度,编写相关的检查报告,其过程检查、最终检查和质量评定,都必须按有关规定和技术设计书执行,才能保证最终所提供的数据准确可靠。

(一) 质量控制的主要内容

空间数据质量控制,主要从空间数据质量的基本特征以及项目最终验收以及入库数据的具体要求出发,分三个阶段进行,包括原始资料的质量控制、作业过程的质量控制和最终产品的质量检查。

1. 前期资料的质量控制内容

在原始资料的质量控制中,数据源的质量控制是最重要的,它是解决产品质量的关键因素。以数字栅格地图(Digital Raster Graphic,DRG)产品为例,其控制内容主要包括图纸应保持图面清晰、平整无折痕、无局部变形等,如果图纸采用了分块扫描,那么拼接处不能错位;扫描分辨率应满足作业要求,要保证图像清晰,图廓点和格网点的影像必须完整;定向与纠正后的图廓点和格网点坐标与理论值的偏差应满足要求。

2. 作业过程中矢量数据的检查内容

位置精度:位置精度即坐标精度,在一定的坐标系统下,用坐标方式来反映和表达各种要素与地面实际实物相吻合的程度,其中就包括位置描述的数学基础,格网点、图廓点、控制点精度,高程精度,平面位置精度以及图幅接边精度等。另外还要考虑空间实体的坐标位置与实体真实位置的接近程度,即所谓的地理精度,主要包括各类地图要素的正确性,各类地理要素的表达是否协调一致,符号和注记的表示是否符合图式规范要求,综合取舍是否恰当合理,图面整饰是否美观、清晰,图廓是否正确、完整等。

属性精度:属性精度主要是指反映属性数据的正确性。它涉及的范围广泛,主要包括属性的分类、规定的代码、属性值以及名称注记的正确性等。属性精度主要检查的内容包括点、线、面不同文件的属性代码及属性值是否具有正确性和唯一性,名称注记是否正确,数据分层是否正确等。在这个过程中,要逐层分别检查属性是否有多余的,逐层检查各属性表中的属性项项名、长度、类型、顺序等是否正确,是否有遗漏或多项。检查各不同要素的分层、属性值、代码是否正确或遗漏。

逻辑一致性:指空间数据定义的统一性与描述空间数据集之间固有的逻辑关系的正确性。逻辑一致性检查主要包括属性一致性、分层一致性、格式一致性、拓扑关系的正确性和多边形是否闭合等,同时还要检查各不同分层是否有重复的要素,检查各要素之间的关系是否合理,有无明显的地理适应性矛盾,是否能正确反映各地理要素的分布特点和密度特征等。

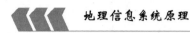

时间精度（现势性）：数据的现势性是指本次使用的数据库中的数据与当前的实际情况的符合程度，是数据本身所代表的时间数据信息的正确性。

数据完整性：完整性是数据在内容、范围及结构等各不同方面满足所有规范要求的完整程度。数据的完整性检查包括数据分层的完整性、数据不同分层内部文件的完整性、表达要素的完整性、属性的完整性等

3. 空间数据入库的检查内容

入库数据文件是否齐全、完备。包括空间数据、非空间数据和元数据三大类，空间数据库包括基础地理信息、基础地质信息，非空间数据库包括规划文档和规划表格，元数据库包括元数据信息采集表，在数据库中即可建立元数据属性表。同时考虑空间数据的参考坐标系统是否正确，是否满足整个数据库入库规范规定的基本要求。以及对数据格式检查，不同软件数据格式及之间相互转换的可行性。

（二）空间数据质量检查的方法

1. 对图形数据进行检查的方法

在屏幕上进行目视检查，将数据显示在屏幕上，对照原图检查数据的错误，如点、线、面目标的丢失，相互关系错误等；利用软件进行检查，主要指应用建库软件本身的功能，检查数据拓扑关系的一致性，或者开发一些检查程序，检查数据的逻辑一致性和完整性，同时将发现的错误显示或打印出来；绘制检查用图进行检查，利用数据生成绘图文件，绘制分要素或全要素的检查用图，与原图套合进行检查。这些方法，往往交替使用，以便能够对图形数据进行认真、全面地检查。

2. 属性数据的检查与方法

属性数据的检查主要包括要素分类与代码的正确性、要素属性值的正确性、空间数据连接关系的正确性等。检查时可以通过"库查图方式"逐级逐类检查其面状闭合性，线状地物的连续性或一致性。在屏幕上逐一显示要素，依据地图要素分类代码表抽样检查要素分类属性、代码的正确性，也可按属性取值调出图形元素，检查各属性值的正确性以及与图形元素关系的正确性。

3. 空间数据之间关系正确性的检查方法

空间数据之间关系正确性的检查（也称逻辑一致性和完整性）主要包括多边形闭合状况、结点匹配精度、拓扑关系的正确性等。检查时可填充颜色以检查其面状闭合性，或采用屏幕漫游目视检查以及计算机程序检查面状要素是否封闭、线状要素是否连续、同一地物在不同图幅的分类、分层属性是否一致，以保证空间数据之间关系的正确性。

第五章　　数字化高程模型

第一节　　地貌的表达 —— 数字化地形模型

地面是一个连续变化的表面,它由高程、坡度、坡向等地貌特征构成。常规的地图是用图解模式 —— 等高线来表示地形信息,而计算机空间信息系统要求建立数字化地形模型(Digital Terrain Model,DTM)来表述地形信息。所谓的数字化地形模型,就是对连续变化的地形起伏进行数字化表达。建立数字化地形模型所要求的数据模型及相应的数据结构,就其实质也可归结为向量和格网两种方式,但作为地形数据源的地形图和一般平面图需要在表达上有一定的差异,这种差异反映在数据输入、储存和信息提取方面具有不同的要求,形成单独的数据模型和管理方法。

地理信息系统把数字化地形模型引入自己的体系中作为一个重要的部分,在数据模型、数据结构、可视化表达及空间分析方面的研究也日渐深入和完善。几乎所有商品化的地理信息系统都有自己的数字化地形模型及相应的空间分析功能。

第二节　　数字化高程模型的表达方法

数字化地形模型包括数字化高程、坡度、坡向及其他地貌特征模型,其中数字化高程模型(Digital Elevation Model,DEM)是生成其他数字化地形模型的基础。数字化高程模型是对地球表面的海拔高度的数字化表达,经常使用的有以下几种。

一、高程矩阵模型

高程矩阵模型是数字化地形模型中的一种最基本的模型,它与前面介绍的表达平面图的规则网格数据模型相似。假定把一个有规则的格点网铺放在地面上,除了记录平面位置外,还记录高程数据。由此可产生一个用来描述地形变化的多高程矩阵。矩阵元素反映了各抽样点的高程,而平面位置暗含于各元素的位置中。既然高程数据模型和表达平面图的规则网格数据模型相似,那么就可以用相同的数据结构来表示它们。

可以用现存的地形图进行数字化操作,或在航空像片上用摄影测量的方法来获取每个阵列点的高程数据。首先要设计适当大小的栅格网铺放在地形图上,按所有的位于或紧挨着等高线的栅格单元被赋给的等高线的高程值的方法取高程值,如果栅格点落在两条等高线之间,那么根据该点在这两条等高线的垂直方向按十分法确定它的高程值。这种直接的按每个点取高程值建立高程矩阵模型的方法是相当费时费事的工作,目前大多通过内插的方法来建立高程矩阵模型(见后面章节)。

高程矩阵数字化模型的优点是它的机械布点、取点容易,并且也容易通过该模型提取坡度、坡向、地形结构信息及建立三维透视图等。它的缺点是:

(1)在均匀平缓的地形情况下会有大量的重复数据。

(2)对于复杂的地形,整体网格的布设密度又可能显得太粗了,不能很好地表达山脊线、谷地线等地貌特征。

(3)栅格式高程矩阵只着重沿两轴方向做各种数据处理,然而地形变化并不总适合两轴方向的数据处理。

二、平行剖面线模型

如果在地形图上获得数字化高程时,按一定方向平行地做剖面线,相当于网格线的纵线或横线,那么可按这些线与等高线相交的交点设模型点。这种方式与高程矩阵相比,只保留了一维的向量方向,但在该方向上可以随地貌变化,其抽样点自然会加密或稀疏其布点。在某种程度上可以弥补高程矩阵模型的不足。平行剖面线模型可以使用与表达平面的规则网格数据模型中的游程编码数据结构相类似的方法,此时以行或列为基础,以与等高线的交点数为游程数,对每个游程记录步长和高程值(等高线的高程值)。如果等高线事先已数字式化,那么可以通过对两条线段相交的代数方程求根的算法进行编程,来获取每个游程的高程值。

三、等高线数字模型

等高线数字模型的布点不遵守行、列规则点,而是按等高线的弯曲布设,对每条等高线进行数字化。可以用与表达平面的矢量非拓扑线状实体相类似的数据结构表达等高线数字模型,每条等高线作为一个记录,记录这条等高线的高程值、抽样点数和每个抽样点的 X 及 Y 的坐标值。这种方法易于等高线的输入和复原。

四、不规则三角网络模型

不规则三角网络模型(Triangulated Irregular Network,TIN)是用一系列各自具有相同坡面的三角形平面来拟合地形表面的模型。任何三个非共线的点可组成"斜平面片断",许多相邻的斜平面片断可构成地表的一定区域。每个三角形的选取要代表某一斜平面的临界点。在地形图上等高线的间距表示坡度的变化,等高线的走向能够表示坡向变化,所以根据等高线可以人为直接或按着一定规定确定这些"斜平面片断",进而建立不规则三角网络模型。不规则三角网络模型不受事先规定布点方式的限制,能够较好地表达地形特点。

从数字化表达的角度上,不规则三角网络模型应当属于矢量数据模型,为了建立相应的数据结构,需要研究不规则三角形网络模型要素的拓扑关系。与前面讨论的面状实体构成的多边形网络相比,除了它不用考虑岛屿多边形"洞"的情况之外,不规则三角形网络模型的基本单元是三角形,而不是一般意义上的多边形,结点之间联结的是直线段,而不是一般意义上的弧。这些特点决定不规则三角网络模型要素间的拓扑关系。因为在每一个三角形中两个顶点(结点)就决定了"边"的位置,所以"边"就可以不作为一个显性的要素而存在,因此也就用不着用一个坐标文件来获得"边"的信息。相邻的三个结点构成一个网络三角形,三角形之间只有彼此邻接关系,而没有叠合关系。每个结点都是三角形的一个顶点,且一个结点可以是多个三角形的共用顶点。只用两个数据文件就可以表达出所需要的拓扑关系。另一个是结点文件,一个是三角形文件。结点文件要记录每个结点的内编号、X 及 Y 坐标、高程值、与该结点邻接的结点数量、邻接结点的内编号。三角形文件只记录三角形内编号和按导向顺序记录构成该三角形的三个结点的内编号。在建立不规则三角网络模型时,如果事先在地形图上根据等高线的间隔和走向,手工绘出了不规则三角网,那么通过数字化仪或屏幕数字化方法很容易建立表达不规则三角网络模型的结点数据文件和三角形数据文件。如果事先已建立了数字化等高线模型,那么通过一个计算机编程过程就可以建立这种数据结构。

对图 5 - 1 所示的不规则三角网络模型进行拓扑表达,多边形文件见表 5 - 1,结点文件见表 5 - 2。

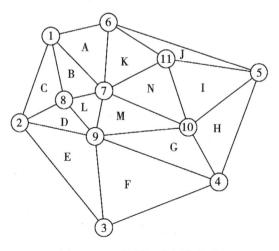

图 5 - 1   不规则三角网络模型

表 5-1　不规则三角网络模型多边形文件

多边形	邻接多边形	结点
A	B,K	1,6,7
B	A,C,L	1,7,8
C	B,D	1,2,8
D	C,E,L	2,8,9
E	D,F	2,3,9
F	E,G	3,4,9
G	F,H,M	4,9,10
H	G,I	4,5,10
I	H,J,N	5,10,11
J	I,K	5,6,11
K	A,J,N	6,7,11
L	B,D,M	7,8,9
M	G,L,N	7,9,10
N	I,K,M	7,10,11

表 5-2　不规则三角网络模型结点文件

结点号	坐标	Z 值
1	x_1, y_1	z_1
2	x_2, y_2	z_2
3	x_3, y_3	z_3
4	x_4, y_4	z_4
5	x_5, y_5	z_5
6	x_6, y_6	z_6
7	x_7, y_7	z_7
8	x_8, y_8	z_8
9	x_9, y_9	z_9
10	x_{10}, y_{10}	z_{10}
11	x_{11}, y_{11}	z_{11}

第三节　地形结构的数学模拟

通过对地形区域性变动理论的研究，麦特朗（Materan）等人提出一种假设，认为任何地理空间变动都可以用三个重要成分来表示（图 5-2）：

（1）地形的结构成分,它与固定平均数或固定的趋势有关。

（2）与空间位置有关的随机成分。

（3）一个随机的噪音成分或称残差项。

如果令 x 为一、二或三维空间的一个位置,那么在 x 位置上的高程值为

$$z(x) = m(x) + \varepsilon'(x) + \varepsilon''(x)$$

式中,$m(x)$ 为决定性函数,来描述 z 在点 x 上的结构成分,$\varepsilon'(x)$ 为来自 $m(x)$ 的非独立性残差随机量,$\varepsilon''(x)$ 为独立的高斯噪音项,期望值为 0。

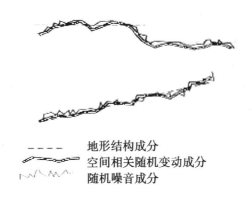

－－－－　地形结构成分
　　　　空间相关随机变动成分
　　　　随机噪音成分

图 5 - 2　地形结构的三个组成部分

就地形结构来看,基本可以分为以下几种典型情况:

（1）平面。在一定的区域或方向上属于一个平面,在该平面上的高程变化的数学期望值等于零,即 $E[z(x) - z(x + h)] = 0$,其中 h 为区域向量半径变量。

（2）斜面。在区域内,高程特征值 z 沿着切面单调地增加或减少,称为线性关系

$$z = b_0 + b_1 \cdot x$$

$$z = b_0 + b_1 \cdot x + b_2 \cdot y$$

（3）非线性曲面。在很多情况下,区域内地形显现为更为复杂的曲面,可用二次多项式或高阶多项式来表达

$$f(x,y) = \sum_{r+s \leq p} (b_{rs} \cdot x^r \cdot y^s)$$

式中,p 是曲面方程的次数。

如果 $r = 0, s = 0$,那么 $z = b_0$ 为平面。

如果 $r = 1, s = 1$,那么 $z = b_0 + b_1 \cdot x + b_2 \cdot y$ 为斜面。

如果 $r \geq 2, s \geq 2$,那么 $z = b_0 + b_1 \cdot x + b_2 \cdot y + b_3 \cdot x^2 + b_4 \cdot xy + b_5 \cdot y^2 + \cdots$ 为非线性曲面。

第四节　地理空间数据的内插方法

在建立数字化地形模型时可能存在三个问题：第一，是每种模型要求一定的结构，而在取样时不可能完全按要求取全。若利用现存的地形图来建立数字化高程矩阵模型，则是按一定密度的方格网取样，有很多栅格单元会落在等高线之间而不能直接获得高程数据。第二，虽然在数字化时满足了数据结构形式上的要求，但取样网格的密度尚不能满足数字化地形模型的地面分辨率的要求。第三，上述四种数字化地形模型，在为建立模型采集数据时只有等高线模型适合使用数字化仪，所以某些地理信息系统采用数字化地形图等高线的方法采集基本数据，然后通过数据变换产生高程矩阵模型或其他模型。

总之，在建立和使用数字化地形模型时，往往需要利用现存点的测定值来估计某些未抽样点的特征值，这种方法称作地理空间数据的内插技术，在应用数学的计算方法中称为插值法。

插值可定义成根据一组已知的数据点构造一个函数，使已知的数据点全部通过该函数，并用该函数求出其他位置的数据点值，这种方法称为插值法，所构造的函数称为插值函数。逼近与插值的概念相近，即根据一组已知的数据点构造一个函数，使已知的数据点整体上接近该函数，但不必全部满足该函数，只要函数值与已知数据点之间的误差在某种意义上最小。通常将插值和逼近统称为拟合。

根据前面地形结构数学模拟中叙述的区域变动理论，进行内插的任务就是根据已知数据点的趋势构造一个结构函数 $m(x)$，用来估计 $Z(x)$，使其产生的残差最小。插值法解决实际问题的方法虽然很多，但在数学上有着共同的特性，最基本的插值问题就是按函数进行代数插值。

在图 5-3 中，设 $z = f(x)$ 代表描述区间 $[a,b]$ 上的连续函数。已知它在 $[a,b]$ 上 $n+1$ 个互不相同的点 $x_0, x_1, x_2, x_3, \cdots, x_n$ 取值为 $z_0, z_1, z_2, z_3, \cdots, z_n$。若代数多项式 $P(x)$ 在点 x_j 满足 $P(x_j) = z_j (j = 0, 1, 2, \cdots, n)$，则称 $P(x)$ 是 $z = f(x)$ 的插值多项式，$x_0, x_1, x_2, x_3, \cdots, x_n$ 为插值点。$z = f(x)$ 称为被插值函数，它通常是列表函数。插值法就是要求满足上述条件的多项式 $P(x)$。在区间 $[a,b]$ 上用 $P(x)$ 近似估计 $f(x)$。其几何意义就是通过鉴定 $n+1$ 个点 $(x_0, z_0), (x_1, z_1), (x_2, z_2), \cdots, (x_n, z_n)$ 作为代数曲线 $z = P(x)$ 在 $[a,b]$ 上的近似曲线 $z = f(x)$，当 $n = 1$ 时，$z = P(x)$ 就是通过两点 (x_0, z_0) 和 (x_1, z_1) 的直线；当 $n = 2$ 时，$z = P(x)$ 就是通过三点 $(x_0, z_0), (x_1, z_1)$ 和 (x_2, z_2) 的抛物线。

根据以上叙述，在区间 $[a,b]$ 上用 $z = P(x)$ 近似于 $z = f(x)$，除了在插值点 x_j 的值 $f(x_j)$，在区间 $[a,b]$ 上其他点都有误差。

令 $R(x) = f(x) - P(x)$，$R(x)$ 称为插值多项式的余项，它表示用 $P(x)$ 近似 $f(x)$ 的截断误差的大小。一般说来 $|R(x)|$ 越小，插值就越近似。上述内容仅从函数角度来说明插值

原理。实际上,正如区域变动理论所描述的那样,地理空间变量是随机的,因此要采用数理统计的方法来进行插值处理。

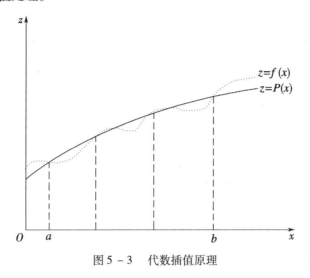

图 5 - 3 代数插值原理

在地理信息系统中经常使用的内插方法有如下几种。

一、基本剖面的线性插值方法

二维矩阵中的相邻四个点组成的矩形单元或不规则三角网络模型中一个三角形构成了一个基本斜面或地形起伏不大的基本地形片段。如在三角形或网格单元中(图 5 - 4),在这些模型中进行内插可采用基本剖面线性插值的方法。

(1)一维方向。如果考虑经过 X 一个方向,如图所示,任意两点都可以建立直线方程

$$Z = Z_0 + \left[\frac{Z_1 - Z_0}{X_1 - X_0} \cdot (X - X_0) \right]$$

式中,Z 为欲内插点的高程值;X 为相应的 X 方向坐标;Z_1 及 Z_0 为任意两顶点的已知高程值;X_1 及 X_0 为相应的 X 方向的坐标值(也可以取 Y 坐标)。

(2)二维方向。如果考虑 X,Y 两个方向对内插的影响,那么可以有

$$Z = Z_0 + \frac{\sqrt{(X - X_0)^2 + (Y - Y_0)^2}}{\sqrt{(X_1 - X_0)^2 + (Y_1 - Y_0)^2}} \cdot (Z_1 - Z_0)$$

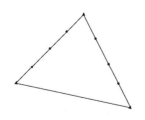 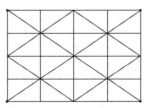 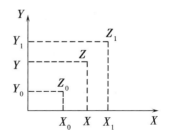

图 5 - 4 基本剖面的线性插值

二、距离倒数加权内插函数

距离倒数加权内插函数假定每个输入点都有着局部影响,这种影响随着距离的增加而减弱。离正在处理的点(内插点)越近,其权越大。可以指定一定数量的点,或者某一半径内的所有点来决定每个位置上的输出值(内插值)。使用这种方法假定正在被处理的变量随着距已知抽样点的距离的增加而受其影响减弱。

图 5 - 5 表示的是根据 8 个最近已知点的距离应用倒数加权插值图式。假定已知被插值点的坐标、插值点的坐标及海拔高程,根据被插值点和任一插值点的坐标可以求得它们之间的距离,则可以写出距离倒数加权内插函数

$$\hat{Z}(x,y) = \sum_{i=1}^{n} W_i \cdot Z(x_i, y_i)$$

$$W_i = (1/D_i^r) / \sum_{i=1}^{n} (1/D_i^r)$$

式中,$\hat{Z}(x,y)$ 为要求的坐标为 (x,y) 的被插值点的高程值;$Z(x_i,y_i)$ 为第 i 个已知点的高程值,这里 $i = 1,2,3,\cdots,8$;D_i 为第 i 个已知点与被插值点的距离;W_i 为第 i 个已知点与被插值点距离倒数权重;r 为距离的秩,一般取为 2。

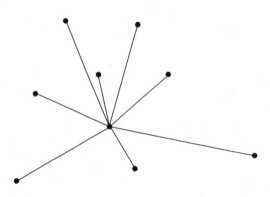

图 5 - 5   距离倒数加权内插

三、移动区域及样条内插方法

这是一种简单的区域逐点内插方法。它是通过输入点的数据拟合出一个变形最小的趋势面。该函数过程就好像弯动一张具有可塑的橡胶薄片,使其通过已知点,并要求使表面总体变形最小。它是用一数学函数拟合指定数量的最近输入点,并使曲面通过这些抽样点。这种方法最适合内插一般的各种趋势面。但是在很短的水平距离内趋势面有很大的落差情况下,这种方法是不适宜的,因为他可能产生较大的误差。插值范围是区域,区域的大小要根据建立的插值函数来决定。若使用二次曲面内插函数,则插值区域至少要包含 6 个已知高程点。若多于限定的点数,则可以应用最小二乘法原理进行计算。二次曲面函数为

$$z = b_0 + b_1 x_i + b_2 y_i + b_3 x_i^2 + b_4 x_i y_i + b_5 y_i^2, i = 1, 2, \cdots, n; n \geqslant 6$$

将方程组写成矩阵形式

$$Z = XB$$

$$Z = \begin{bmatrix} z_1 \\ z_2 \\ \vdots \\ z_n \end{bmatrix}, X = \begin{bmatrix} 1 & x_1 & y_1 & x_1^2 & x_1 y_1 & y_1^2 \\ 1 & x_2 & y_2 & x_2^2 & x_2 y_2 & y_2^2 \\ \vdots & \vdots & \vdots & \vdots & \vdots & \vdots \\ 1 & x_n & y_n & x_n^2 & x_n y_n & y_n^2 \end{bmatrix}, B = \begin{bmatrix} b_0 \\ b_1 \\ b_2 \\ b_3 \\ b_4 \\ b_5 \end{bmatrix}$$

正规方程组为:$X^{\mathrm{T}} X B = X^{\mathrm{T}} Z, B = (X^{\mathrm{T}} X)^{-1} X^{\mathrm{T}} Z$。

求解出的矩阵 B 的元素便是插值函数参数的估计值。把欲插点的坐标带进所建立的插值多项式,便可以获得该点的高程值。如果插值范围不是区域,而是沿着一维的特定方向,如前面所述的平行坡面线,那么这种方法称为移动线条插值法,也称样条插值法,插值函数为二次多项式。样条内插的其他过程与移动曲面内插过程类似。

四、趋势内插函数

趋势内插函数是使用一个指定秩的多项式去拟合所有的输入点,该内插函数使用最小二乘法回归拟合,使所得的趋势面与输入点的方差最小,即对于所有的已知点来讲,实际值与估计值之间的离差尽可能小。所获得的趋势面很少通过已知输入点。该方法理论基础严谨,但大量实验结果表明,它未必能在数字化高程模型内插中取得良好效果,原因在于,应用最小二乘法的前提条件是处理对象必须属于遍历性平衡随机过程,但实际地形表面变化复杂,不一定满足这一条件,而且地形之间的自相关性不仅与距离有关,也与方向有关,即地形具有各向异性。另外最小二乘法的解算是一个循环迭代的过程,计算量较大。

五、克里金内插函数

前面介绍的几种插值方法对影响插值效果的一些敏感性问题仍没有得到很好的解决,例如,趋势面分析的控制参数对结果影响很大,需要计算平均值数据点的数目,搜索数据点的邻域大小、方向和形状如何确定,是否有比计算简单距离函数更好的估计权重系数的方法,与插值有关的误差问题。为解决上述问题,南非地质学家克里金(Krige)于 1951 年提出克里金法,后经法国著名数学家马瑟伦(Matheron)发展深化。克里金插值法又称空间自协方差最佳插值法。克里金插值法与确定性插值法最大的区别在于,克里金插值法引入了概率模型,考虑到统计模型不可能完全精确地给出预测值,所以在进行预测时,应该给出预测值的误差,即预测值在一定概率内合理。克里金法与反距离加权法一样,也是一种局部估计的加权平均,但各实测点的权重是通过半方差分析获取的,从而使内插函数处于最佳状态。根据统计学无偏和最优的要求,利用拉格朗日(Lagrange)极小化原理来推导权重值与半方差值之间的公式。

克里金法实质上是利用区域化变量的原始数据和变异函数的结构特点,对未采样点的区域化变量的取值进行线性无偏最优估计的一种方法,从数学角度上讲就是一种对空间分布的数据求线性最优无偏内插估计量的方法。它用一个数学函数拟合指定数量的点,或者指定范围内的所有点,来决定插值点的输出值。使用克里金内插方法包括几个步骤:调查数据的统计分析,构造不同的数学函数模型,产生趋势面,分析所产生的具有不同方差的趋势面。如果已知数据中有关距离和方向的位移,那么这种内插函数是最适宜的。

克里金插值法包括普通克里金方法(对点估计的点克里金法和对块估计的块段克里格法)、泛克里金法、协同克里金法、对数正态克里金法、指示克里金法、析取克里金法等。随着克里金法与其他学科的渗透,形成了一些边缘学科,发展了一些新的克里金方法。如与分形的结合,发展了分形克里金法;与三角函数的结合,发展了三角克里金法;与模糊理论的结合,发展了模糊克里金法等。克里金插值的变异函数有球形模型、指数模型、高斯模型、块金模型、幂函数模型等。

应用克里金法首先要明确三个重要的概念。一是区域化变量,二是协方差函数,三是变异函数。

1. 区域化变量

当一个变量呈空间分布时,就称之为区域化变量。这种变量反映了空间某种属性的分布特征。矿产、地质、海洋、土壤、气象、水文、生态、温度、浓度等领域中的变量都具有某种空间属性。区域化变量具有双重性,在观测前区域化变量 $Z(x)$ 是一个随机场,观测后是一个确定的空间点函数值。

区域化变量具有两个重要的特征。一是区域化变量 $Z(x)$ 是一个随机函数,它具有局部的、随机的、异常的特征;二是区域化变量具有一般的或平均的结构性质,即变量在点 x 与偏离空间距离为 h 的点 $x+h$ 处的随机量 $Z(x)$ 与 $Z(x+h)$ 具有某种程度的自相关,而且这种自相关性依赖于两点间的距离 h 与变量特征。在某种意义上说这就是区域化变量的结构性特征。

2. 协方差函数

协方差又称半方差,是用来描述区域化随机变量之间的差异的参数。在概率理论中,随机变量 X 与 Y 的协方差被定义为

$$\text{Cov}(X, Y) = E\{[X - E(X)][Y - E(Y)]\}$$

区域化变量 $Z(x) = Z(x_u, x_v, x_w)$ 在空间点 x 和 $x+h$ 处的两个随机变量 $Z(x)$ 和 $Z(x+h)$ 的二阶混合中心矩定义为 $Z(x)$ 的自协方差函数,即

$$\text{Cov}[Z(x), Z(x+h)] = E[Z(x)Z(x+h)] - E[Z(x)]E[Z(x+h)]$$

区域化变量 $Z(x)$ 的自协方差函数也简称为协方差函数。一般来说,它是一个依赖于空

间点 x 和距离 h 的函数。

设 $Z(x)$ 为区域化随机变量,并满足二阶平稳假设,即随机函数 $Z(x)$ 的空间分布规律不因位移而改变,h 为两样本点空间分隔距离或距离滞后,$Z(x_i)$ 为 $Z(x)$ 在空间位置 x_i 处的实测值,$Z(x_i + h)$ 是 $Z(x)$ 在 x_i 处距离偏离 h 的实测值($i = 1, 2, \cdots, N(h)$),根据协方差函数的定义,可得协方差函数的计算公式为

$$\overset{\cdot}{c}(h) = \frac{1}{N(h)} \sum_{i=1}^{N(k)} \left[Z(x_i) - \overline{Z}(x_i) \right] \left[Z(x_i + h) - \overline{Z}(x_i + h) \right]$$

在上面的公式中,$N(h)$ 是分隔距离为 h 时的样本点对的总数,$\overline{Z}(x_i)$ 和 $\overline{Z}(x_i + h)$ 分别为 $Z(x_i)$ 和 $Z(x_i + h)$ 的样本平均数,即

$$\overline{Z}(x_i) = \frac{1}{N} \sum_{i=0}^{\infty} Z(x_i)$$

$$\overline{Z}(x_i + h) = \frac{1}{N} \sum_{i=0}^{\infty} Z(x_i + h)$$

在公式中 N 为样本单元数。一般情况下 $\overline{Z}(x_i) \neq \overline{Z}(x_i + h)$(特殊情况下可以认为近似相等)。若 $\overline{Z}(x_i) = \overline{Z}(x_i + h) = m$(常数),则协方差函数可改写如下

$$\overset{\cdot}{c}(h) = \frac{1}{N(h)} \sum_{i=1}^{N(k)} \left[Z(x_i) \overline{Z}(x_i + h) - m^2 \right]$$

式中,m 为样本平均数,可由一般算术平均数公式求得,即

$$m = \frac{1}{N} \sum_{i=1}^{n} Z(x_i)$$

3. 变异函数

变异函数又称变差函数、变异矩,是地统计分析所特有的基本工具。在一维条件下,变异函数定义为,当空间点 x 在一维 x 轴上变化时,区域化变量 $Z(x)$ 在点 x 和 $x + h$ 处的值 $Z(x)$ 与 $Z(x + h)$ 差的方差的一半为区域化变量 $Z(x)$ 在 x 轴方向上的变异函数,记为 $\gamma(h)$,即

$$\gamma(x, h) = \frac{1}{2} \mathrm{Var}\left[Z(x) - Z(x + h) \right]$$

$$= \frac{1}{2} E\left[Z(x) - Z(x + h) \right]^2 - \frac{1}{2} \left\{ E[Z(x)] - E[Z(x + h)] \right\}^2$$

在二阶平稳假设条件下,对任意的 h 有 $E[Z(x + h)] = E[Z(x)]$。

因此上式可以改写为

$$\gamma(x, h) = \frac{1}{2} E\left[Z(x) - Z(x + h) \right]^2$$

从上式可知,变异函数依赖于两个自变量 x 和 h,当变异函数 $\gamma(x, h)$ 仅仅依赖于距离 h 而与位置 x 无关时,可改写成 $\gamma(h)$,即

$$\gamma(h) = \frac{1}{2} E\left[Z(x) - Z(x + h) \right]^2$$

设 $Z(x)$ 是系统某属性 Z 在空间位置 x 处的值,$Z(x)$ 为一区域化随机变量,并满足二阶

平稳假设，h 为两样本点空间分隔距离，$Z(x_i)$ 和 $Z(x_i + h)$ 分别是区域化变量在空间位置 x_i 和 $x_i + h$ 处的实测值 $(i = 1, 2, \cdots, N(h))$，那么根据上式的定义，变异函数 $\gamma(h)$ 的离散公式为

$$\dot\gamma(h) = \frac{1}{2N(h)} \sum_{i=1}^{N(k)} \left[Z(x_i) - Z(x_i + h) \right]^2$$

变异函数揭示了在整个尺度上的空间变异格局，而且变异函数只有在最大间隔距离 $1/2$ 处才有意义。

4. 克里金估计量

假设 x 是所研究区域内任一点，$Z(x)$ 是该点的测量值，在所研究的区域内总共有 n 个实测点，即 $x_1, x_2, \cdots, x_n$，那么对于任意待估点或待估块段 V 的实测值 $Z_V(x)$，其估计值 $Z_V^*(x)$ 是通过该待估点或待估块段影响范围内的 n 个有效样本值 $Z_V(x_i)(i = 1, 2, \cdots, n)$ 的线性组合来表示的，即

$$Z_V^*(x) = \sum_{i=1}^{n} \lambda_i Z(x_i)$$

式中，λ_i 为权重系数，是各已知样本 $Z(x_i)$ 在估计 $Z_V^*(x)$ 时影响大小的系数，而估计 $Z_V^*(x)$ 的好坏，主要取决于怎样计算或选择权重系数 λ_i。

在求取权重系数时必须满足两个条件，一是使 $Z_V^*(x)$ 的估计是无偏的，即偏差的数学期望为零；二是最优的，即使估计值 $Z_V^*(x)$ 和实际值 $Z_V(x)$ 之差的平方和最小，在数学上，这两个条件可表示为

$$E\left[Z_V^*(x) - Z_V(x) \right] = 0$$
$$\mathrm{Var}\left[Z_V^*(x) - Z_V(x) \right] = E\left[Z_V^*(x) - Z_V(x) \right]^2 \to \min$$

5. 普通克里金分析方法

设 $Z(x)$ 为区域化变量，满足二阶平稳和本征假设，其数学期望为 m，协方差函数 $c(h)$ 及变异函数 $\lambda(h)$ 存在，即

$$E\left[Z(x) \right] = m$$
$$c(h) = E\left[Z(x)Z(x + h) \right] - m^2$$
$$\gamma(h) = \frac{1}{2} E\left[Z(x) - Z(x + h) \right]^2$$

对于中心位于 x_0 的块段为 V，其平均值为 $Z_V(x_0)$ 的估计值，以 $\gamma(h) = \frac{1}{2} E[Z(x) - Z(x + h)]^2$ 进行估计。

在待估区段 V 的邻域内，有一组 n 个已知样本 $v(x_i)(i = 1, 2, \cdots, n)$，其实测值为 $Z(x_i)(i = 1, 2, \cdots, n)$。克里金方法的目标是求一组权重系数 $\lambda_i(i = 1, 2, \cdots, n)$，使得加权平均值

$$Z_V^* = \sum_{i=1}^{n} \lambda_i Z(x_i)$$

成为待估块段 V 的平均值 $Z_V(x_0)$ 的线性、无偏最优估计量,即克里金估计量。为此,要满足以下两个条件:

(1) 无偏性。要使 $Z_V^*(x)$ 成为 $Z_V(x)$ 的无偏估计量,即 $E(Z_V^*) = E(Z_V)$,当 $E(Z_V^*) = m$ 时,也就是当 $E\left[\sum_{i=1}^n \lambda_i Z(x_i)\right] = \sum_{i=1}^n \lambda_i E[Z(x_i)] = m$ 时,有 $\sum_{i=1}^n \lambda_i = 1$。

这时,Z_V^* 是 Z_V 的无偏估计量。

(2) 最优性。在满足无偏性条件下,估计方差 δ_E^2 为

$$\delta_E^2 = E(Z_V - Z_V^*)^2 = E\left[Z_V - \sum_{i=1}^n \lambda_i Z(x_i)\right]^2$$

由方差估计可知

$$\delta_E^2 = \bar{c}(V, V) + \sum_{i=1}^n \sum_{j=1}^n \lambda_i \lambda_j \bar{c}(v_i, v_j) - 2\sum_{i=1}^n \lambda_i \bar{c}(v_i, V)$$

为使估计方差 δ_E^2 最小,根据拉格朗日乘数原理,令估计方差的公式为

$$F = \delta_E^2 - 2\mu\left(\sum_{i=1}^n \lambda_i - 1\right)$$

求以上公式对和的偏导数,并令其为 0,得克里金方程组

$$\begin{cases} \dfrac{\partial F}{\partial \lambda_i} = 2\sum_{j=1}^n \lambda_i \bar{c}(v_i, v_j) - 2\bar{c}(v_i, V) - 2\mu = 0 \\ \dfrac{\partial F}{\partial \mu} = -2\left(\sum_{i=1}^n \lambda_i - 1\right) = 0 \end{cases}$$

整理后得

$$\begin{cases} \sum_{j=1}^n \lambda_j \bar{c}(v_i, v_j) - \mu = \bar{c}(v_i, V) \\ \sum_{i=1}^n \lambda_i = 1 \end{cases}$$

解上述 $n + 1$ 阶线性方程组,求出权重系数 λ_i 和拉格朗日乘数 μ,并带入公式,经过计算可得克里金估计方差 δ_E^2,即

$$\delta_E^2 = \bar{c}(V, V) - \sum_{i=1}^n \lambda_i \bar{c}(v_i, V) + \mu$$

以上三个公式都是用协方差函数表示的普通克里金方程组和普通克里金方差。

克里金法的特点是线性、无偏、方差小、适用于空间分析,所以它很适合地质学、气象学、地理学、制图学等。相对于其他插值方法,主要的缺点是由于它要依次考虑(这也是克里金插值的一般顺序)计算影响范围,考虑各向是否异性、选择变异函数模型、计算变异函数值、求解权重系数矩阵、拟合待估计点值,所以计算速度较慢。而趋势面法、样条函数法等,虽然计算速度较快,但是逼近程度和适用范围都大受限制。

六、区域内插法

有些采样数据不是均匀变化的,有些数据经专业处理后表示在各个不同分区中同质或线性变化,这就导致区域之间值的变化在相邻边界处不连续。这种情况有时既不符合现实情况,也不满足连续光滑的假设条件。因此,需要对这些数据进行区域内插,使得数据在边界连续。区域内插包括点在区域内的内插和面在区域内的内插两种类型。

(一)叠置法

叠置法的前提是认为在源区和目标区内数据是均匀分布的。求解时,将目标区叠合到源区上,求出源区和目标区之间的交集。利用图5-6(a)目标源分区数据来推求图5-6(b)分区的数据,源区属性值见表5-3,目标区和源区面积的比见表5-4。将目标区叠合到源区上,利用下述公式计算目标分区的属性值,得到表5-5。

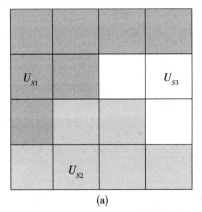 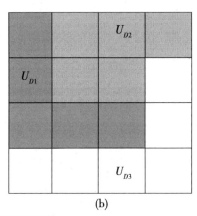

(a)　　　　　　　　　　　　　　　(b)

图5-6　叠置法区域插值

$$U_{Di} = \sum_{j=1}^{n} U_{Sj} \cdot \alpha_{Dj}$$

式中,U_{Di} 为目标区第 i 分区的值($i = 1, 2, \cdots, m$);U_{Sj} 为源区第 j 个分区的值($j = 1, 2, \cdots, n$);α_{Dj} 为第 i 个目标分区含有第 j 个源区的面积比。

表5-3　源区属性值

	人口/万人	面积/km²
U_{S1}	35	700
U_{S2}	30	600
U_{S3}	10	300

表5-4　目标区和源区面积比

	U_{S1}	U_{S2}	U_{S3}
α_{D1}	3/7	2/6	0
α_{D2}	4/7	0	1/3
α_{D3}	0	4/6	2/3

将表 5 – 3 和表 5 – 4 的数据按下述公式进行计算,得到表 5 – 5

$$U_{D1} = 35 \times \frac{3}{7} + 30 \times \frac{2}{6} = 25$$

$$U_{D2} = 35 \times \frac{4}{7} + 10 \times \frac{1}{3} \approx 23.3$$

$$U_{D1} = 30 \times \frac{4}{6} + 10 \times \frac{2}{3} \approx 26.6$$

表 5 – 5　目标分区的属性值

	人口 / 万人	面积 / km²
U_{D1}	25	500
U_{D2}	23.3	500
U_{D3}	26.3	600

(二) 比重法

比重法是根据平滑密度函数原理,将源区的统计数据从同质性改变成非同质性,然后进行区域插值,更符合实际。如通常用一个县气象站的气象数据代表该县范围内的气象情况,邻县气象站的气象数据代表邻县范围内的气象情况。事实上,两县交界处的气象情况比较复杂,应具有两县气象站的气象数据的综合特征。再如在处理地质调查数据时,通常用某一位置的调查数据代表某区域的平均指标,而形成某种区内均匀、区间不连续的分区报告。事实上,在区域的交界处,地质调查参数往往是连续渐变的(断层影响除外)。

比重法的计算过程如下:

(1) 采用某种栅格尺寸将原图栅格化,栅格尺寸的大小应保证满足内插精度要求图5 – 7(a)。

(2) 将源区中各分区内的各栅格赋予平均值,并计算全图的统计数据总和 U。

(3) 以四邻域法或八邻域法求出各区栅格点的值

$$Z_{ij=} (Z_{i,j-1} + Z_{i,j+1} + Z_{i-1,j} + Z_{i+1,j})/4$$

(4) 计算所有栅格刷新后全图的统计数据总和 U'。

(5) 计算系数 $p = U/U'$,将刷新后全图的每一栅格均乘以该系数,得到又一次刷新的新图。

(6) 重复第(3) ~ (5)步,依次进行下去,直到 p 值趋近于 1 为止(图5 – 7(b)(c)(d))。

(7) 重新计算目标分区的数据(图 5 – 7(d))。

1.25	1.25	1.25	1.25	1.25	1.25	1.25	1,25
1.25	1.25	1.25	1.25	1.25	1.25	1.25	1,25
1.25	1.25	1.25	1.25	0.83	0.83	0.83	0.83
1.25	1.25	1.25	1.25	0.83	0.83	0.83	0.83
1.25	1.25	1.25	1.25	1.25	1.25	0.83	0.83
1.25	1.25	1.25	1.25	1.25	1.25	0.83	0.83
1.25	1.25	1.25	1.25	1.25	1.25	1.25	1,25
1.25	1.25	1.25	1.25	1.25	1.25	1.25	1,25

(a)

1.25	1.25	1.25	1.25	1.25	1.25	1.25	1.25
1.25	1.25	1.25	1.20	1.15	1.09	1.09	1.08
1.25	1.25	1.25	1.15	1.09	0.99	0.99	1.00
1.25	1.25	1.25	1.15	1.09	0.94	0.88	0.83
1.25	1.25	1.25	1.20	1.15	0.99	0.94	0.83
1.25	1.25	1.25	1.25	1.25	1.15	1.09	1.00
1.25	1.25	1.25	1.25	1.25	1.20	1.15	1.08
1.25	1.25	1.25	1.25	1.25	1.25	1.25	1.25

(b)

1.29	1.29	1.29	1.29	1.29	1.29	1.29	1.29
1.29	1.29	1.29	1.24	1.18	1.12	1.12	1.11
1.29	1.29	1.29	1.18	0.94	0.85	0.85	0.86
1.29	1.29	1.29	1.18	0.94	0.81	0.75	0.71
1.29	1.29	1.29	1.24	1.18	1.02	0.81	0.71
1.29	1.29	1.29	1.29	1.29	1.18	0.94	0.96
1.29	1.29	1.29	1.29	1.29	1.24	1.18	1.11
1.29	1.29	1.29	1.29	1.29	1.29	1.29	1.29

(c)

	23.28
25.26	
26.8	

(d)

图 5 - 7　比重法插值

第五节　由数字化高程模型提取区域地形信息

一、坡度信息

坡度是指某点在曲面上的法线方向与垂直方向的夹角,是地面特定点高度变化比率的度量,也可定义为过某点的切平面与水平地面的夹角。

地面坡度实际是一个微分概念,地面每一点都有坡度,所以坡度是一个点上的概念,而不是一个面上的概念。地面上某点的坡度是该点高程值变化的一个量,因此它既有大小也有方向,即坡度是一个矢量,其模等于地表曲面函数在该点的切平面与水平面的夹角的正切值,其方向等于在该平面上沿最大倾斜方向的某一矢量在水平面上的投影方向(方位角),即坡向。

下面说明一种由高程矩阵模型提取坡度的方法和原理。对任意给定的数字高程模型做切面,可以获得两个数据:一是斜率,即高度的最大变化率;二是最大变化率的区域方向。通常定义坡度表示高度变化率,定义坡向表示区域方向。坡度和坡面是高度表面或等高线的一次导数。高程矩阵上每个单元的一次导数都可以通过由最相邻的 3×3 阶矩阵的元素组成的"移动窗口"来计算(图 5 - 8)。

$i-1,j-1$	$i-1,j$	$i-1,j+1$
$i,j-1$	i,j	$i,j+1$
$i+1,j-1$	$i+1,j$	$i+1,j+1$

图 5 - 8　移动窗口

8 邻域法:设 3×3 窗口,中心点 (i,j) 的 8 个邻域高程分别为 $h_m(m = 1,2,\cdots,8)$,则每个邻域方向上的坡度角 $\alpha_{i,j}^m$ 为

$$\alpha_{i,j}^m = \arctan \frac{h_{i,j} - h_m}{L_m}$$

每个栅格有 8 个邻域,可以得到 8 个坡度,因此可以进一步获得平均坡度、最大坡度。

根据坡度定义,还可以得到

$$\tan \alpha = \frac{h}{d}$$

其中,h 为高程差;d 为相应的水平距离。

二、坡向信息

坡向是法线的正方向在平面上的投影与正北方向的夹角,也就是法线方向水平投影向量的方位角。取值范围从零方向(正北方向)顺时针旋转 $360°$(回到正北方向)。坡向可从拟合平面 $z = ax + by + c$ 的法线在水平面上的投影方位角确定。按图 5 - 9 将坡位归纳为阴坡、半阴坡、阳坡和半阳坡,也可归纳为东坡、西坡、南坡和北坡。

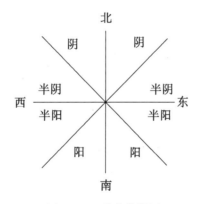

图 5 - 9　坡位分类图

坡向对于山地生态有着较大的影响。山地的方位对日照时数和太阳辐射强度有影响。辐射收入南坡最多,其次为东南坡和西南坡,再次为东坡与西坡及东北坡和西北坡,最少为北坡。向光坡(阳坡或南坡)和背光坡(阴坡或北坡)之间温度或植被的差异常常是很大的。南坡或西南坡最暖和,而北坡或东北坡最寒冷,同一高度的极端温差竟达 3 ～ 4℃。在南坡森林上界比北坡高 100 ～ 200 m。永久雪线的下限因地而异,在南坡可抬高 150 ～ 500 m。东坡与西坡的温度差异在南坡与北坡之间。

坡向对降水的影响也很明显。由于一山之隔,降水量可相差几倍。如来自西南的暖湿气流在南北或偏南北走向山脉的西坡和西南坡形成大量降水,东南暖湿气流在东坡和东南坡形成丰富的降水。

三、坡形

坡形是指地表坡面的形态。地面实际上是由各种不同的坡面所组成的,如山坡、岸坡、谷坡等。在三维空间中坡形是曲面,在二维空间中坡形是曲线。为了研究方便,通常在二维空间中研究坡形,坡形分为直线性坡形和曲线性坡形两类,曲线性坡形又分凸形、凹形和 S 形等。坡形变化复杂的可称为复合形坡。凸形坡表示坡面呈一上凸的曲线,表明山体浑圆,坡上部平缓,下部较陡;凹形坡表示坡面呈一下凹的曲线,表明山体较陡,尤其是上部更为陡峭。所谓复合形坡表示坡形有时呈拉长了的"S"形,即坡上部浑圆而上凸,下部陡而下凹等(图 5 – 10)。

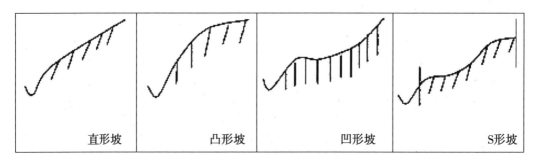

| 直形坡 | 凸形坡 | 凹形坡 | S形坡 |

图 5 – 10　坡形类型

四、地形起伏度

地形起伏度是指在所指定的区域内,最高点海拔高度与最低点海拔高度的差值,它是描述一个区域地形的宏观性指标

$$R_{Fi} = H_{\max} - H_{\min}$$

其中,R_{Fi} 为分析区域内的地形起伏度;$H_{\max}$ 为分析窗口内的最大高程值;$H_{\min}$ 为分析窗口内的最小高程值。

在区域性研究中,利用数字高程模型数据提取地形起伏度能够直观地反映地形的大小起伏特征。在水土流失情况的研究中,地形起伏度指标能够反映水土流失类型区的土壤侵蚀特征,是比较适合区域水土流失评价的地形指标。

图 5 – 11 展示的是如何利用高程矩阵模型来计算深色栅格的地形起伏度。在一定的范围内,确定最大高程和最小高程的栅格单元,二者之差即为该栅格的地形起伏度。

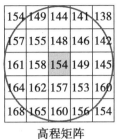
高程矩阵

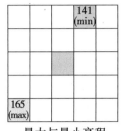
最大与最小高程

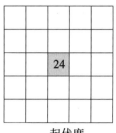
起伏度

图 5 – 11　利用高程矩阵模型计算地形起伏度

地形起伏度在土地利用评价、土壤侵蚀敏感性评价、生态环境评价、人居环境适宜性评价、地貌制图、地质环境评价等领域有广泛应用。使用不同尺度的地形起伏度会影响相关研究的基本结论。地形起伏度可作为划分地貌形态的重要参考指标。

五、地面粗糙度

地面粗糙度是指在一个特定的区域内,地球表面积与其投影面积之比。它是反映地表形态的一个宏观指标,可用下述公式表示

$$R = S_{曲面}/S_{平面}$$

式中,R 为地面粗糙度;$S_{曲面}$ 为地表面积;$S_{平面}$ 为投影面积。

在栅格数据中,可以求每个栅格单元的表面积与其投影面积之比,如图 5 – 12,假如 $\triangle ABC$ 是一个栅格单元的纵剖面图,α 为此栅格单元的坡度,则 AB 面的面积为此栅格的表面积,AC 面的面积为此栅格的投影面积,那么 $\cos \alpha = AC/AB$。

此栅格单元的地面粗糙度为

$$M = AB \text{ 面的面积} /AC \text{ 栅格单元的面积} = (AC \times AB)/(AC \times AC) = 1/\cos \alpha$$

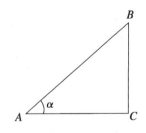

图 5 – 12　栅格单元的纵剖面图

六、地表切割深度

地表切割深度是指地面某点的邻域的平均高程与该邻域范围内的最小高程的差值。计算公式如下

$$D_i = H_{mean} - H_{min}$$

式中,D_i 为地表切割深度;H_{mean} 为平均高程;H_{min} 为最小高程。

图 5－13 展示了如何利用高程矩阵模型来计算深色栅格的地表切割深度。在一定的范围内,确定平均高程和最小高程的栅格单元,二者之差即为该栅格的地形起伏度。

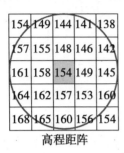

高程距阵

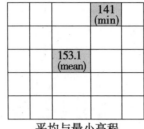

平均与最小高程

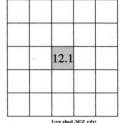

切割深度

图 5 － 13　利用高程矩阵模型计算地表切割深度

第六节　数字化地形模型的可视性表达

在实际应用中,对数字化地形模型的可视性表达无论对现实世界的宏观认识或规划都有很重要的意义,一直被人们所关注。

从维数上分类,数字化地形模型的可视性表达通常可分为一维表达、二维表达和三维表达。

一、地形一维可视化表达

一般是指地形断面(纵断面、横断面),即通过图示的方式反映地形在给定方向上的起伏状况(图 5 － 14)。

(1) 在等高线图(格网数字高程模型或不规则三角网络模型)上画一条线,指定一个端点为起点 —— 剖面线。

(2) 标记等高线与剖面线的交叉点,记录其高程。

(3) 以高程为纵轴,交叉点沿剖面线到起点的距离为横轴,作剖面图。

一般情况下,距离变化比高程变化大得多,为反映地形起伏,常常要放大高程比例。

将相邻一定间距的地形剖面相互连接,还可生成地形表面的立体模型。

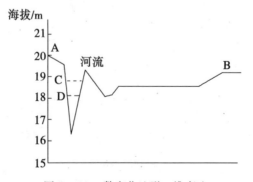

图 5 － 14　数字化地形一维表达

二、地形二维可视化表达

地形二维可视化是将三维地形表面投影到二维平面,并用约定的符号进行表达。根据所采用的方式,二维可视化表达主要包括等高线法、明暗等高线法、分层设色法、半色调符号表达等。

(一)等高线法

等高线是高程相等的相邻点的连线。等高线地形图是通过成组的具有一定间隔的(等高距)等高线族来表达地面的起伏形态。等高线能反映地面高程、山体、坡度、坡形、山脉走向等基本的地貌形态及其变化。缺点是无法描绘微小的地貌形态,所表示的地形起伏缺乏明暗变化。

(二)明暗等高线法

又称为波乌林法,由波乌林(Pauling)于1895年提出,基本理论为根据斜坡所对的光线方向确定等高线的明暗程度(阴坡面和阳坡面),将受光部分的等高线饰为白色,背光部分的等高线饰为黑色,地图的底色为灰色。这种等高线地图利用受光面和背光面的白黑明暗对比,产生阶梯状的三维视觉效果。

地理信息系统软件实现明暗等高线地图的技术路线:

首先生成研究区域的数字高程模型,从数字高程模型中按给定的等高距提取等高线,将生成的矢量等高线栅格化,从数字高程模型提取坡向,获得研究区的坡向图。根据入射光方向将坡向图划分为背光面和受光面两个部分,例如,假定光源位于地面西北方向,则可将坡向为0°～45°、225°～360°的部分划为受光面,坡向为45°～225°的部分划为背光面。将栅格化等高线图与划分背光受光的二值坡向图进行融合,实现栅格化等高线二值分布,得到明暗等高线地图。

关于明暗等高线表达的两个关键问题:

(1)利用明暗等高线法表示地貌,坡向是决定明暗变化的唯一因素。由于坡向的变化,使地面产生亮暗的反差,进而形成了立体感。明暗等高线地图中根据坡向仅划分为阳坡面与阴坡面,不受侧面的影响。同时,明暗等高线法表示地貌时用色不涉及坡度变化的影响。但在实际绘图中,由于地表坡度陡缓的变化,使得相同面积区域内等高线密集程度发生变化,从而形成了在阳坡面地面越陡白色等高线越集中,在阴坡面地面越陡黑色等高线越集中的表现结果。由此造成阳坡面上随坡度变陡而渐趋明亮,阴坡面上随坡度变陡而渐趋阴暗的视觉效果,使得整体效果增强。

（2）明暗等高线地图以灰色为底色，以黑、白二色为等高线的着色。黑、白、灰三色仅有明度特征，因而明暗等高线地图基本是同种色之间的明度对比。黑、白二色属无彩色系，均为不含饱和度特性的色，因此明暗等高线地图以高明度色彩为主，明度差较大的对比。给人的视觉感受是光感强、体积感强，形象清晰、明朗、锐利。因此在实际应用中，等高线设色明度差不宜过大，以免造成生硬、空洞、简单化之感。灰色作为起衬托作用的底色，宜选择较为浅淡的颜色，一方面不会给观图者造成刺目的感觉，另一方面对图上其他要素的干扰较小。

（三）分层设色法

分为基于高程的分带设色和基于高程的灰度影像。

1. 分带设色

根据等高线划分出地形的高程带，逐层设置不同的颜色，用以表示地势起伏的一种方法。高程带的选择主要是根据用途及制图区域的地势起伏特征。分带设色的基本要求：各色层颜色既要有区别又要渐变过渡，以保证地势起伏的连续性；应用色彩的立体效应建立色层表，使设色具有立体感；具体选色应适当考虑地理景观色及人们的习惯，如蓝色表示海底地势、绿色表示平原、白色表示雪山、冰川等。分层设色法常与等高线、晕渲等配和使用。优点是醒目，并有立体感；缺点是不能量测，地貌表示欠精细。

2. 基于高程数据的灰度影像

当地形以数字高程模型表达时，可以对不同的高程数据赋予不同的灰度，从而通过不同的色调差异实现二维平面上的三维地形表达（图5－15）。该方法的关键是将高程数据转换为灰度域（0－255）中的灰度值（线性内插或非线性内插 —— 取决于地形变化情况）。该方法实现简单，但显示层次固定（最大256个），如果研究区域的高差范围较大，那么显示的细节层次就很少。

图5－15　数字化地形的灰度影像表达

三、地形三维可视化表达

对于二维表达比较容易,例如生成二维的高程图、坡度图、坡向图等,可直接复原数据文件并借助颜色作为图例进行编辑就可以实现。数字化地形模型的三维可视性表达相对复杂一些,这种三维表达不同于航空摄影照片的立体模型,它只是人们的视觉上的一种感觉,对所产生的立体模型没有可量测性。在对数字化地形模型的三维可视性表达的研究和应用中,目前流行两种类型的方法分别是透视表达法和阴影表达法。

(一) 透视表达法

早期的透视表达方法主要利用二维矩阵的数字化高程模型数据,根据栅格点高程进行透视变换,使用纵横的透视网格线产生人们的立体视觉。计算机显示器是二维设备,不能直接用来显示三维图形,必须将空间直角坐标系中的图形投影到显示屏幕上,做透视投影变换,如图5－16所示。

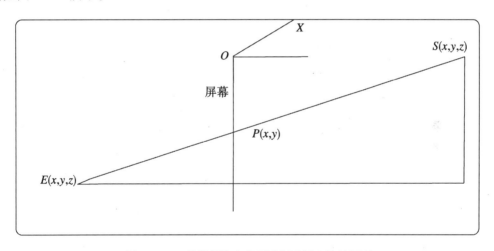

图5－16　根据栅格点高程进行透视变换的原理

设 E 为观察点,将空间直角坐标系中任意一点 $S(x, y, z)$ 投影到显示屏幕上,产生透视投影点 $P(x, y)$。

在 YOZ 平面上,因为 $\triangle EPQ$ 相似于 $\triangle EST$,所以

$$\frac{0 - E(z)}{S(z) - E(z)} = \frac{P(y) - E(y)}{S(y) - E(y)}$$

$$P(y) = E(y) + E(z) \frac{E(y) - S(y)}{S(z) - E(z)}$$

同理有

$$P(x) = E(x) + E(z) \frac{E(x) - S(x)}{S(z) - E(z)}$$

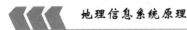

按上述透视投影变换可形成计算机算法及编写相应的过程,绘出可视性地形透视模型。图5-17是使用这种方法对黑龙江丰林国家级自然保护区南北和东西两个方向的地形地貌的三维透视表达。

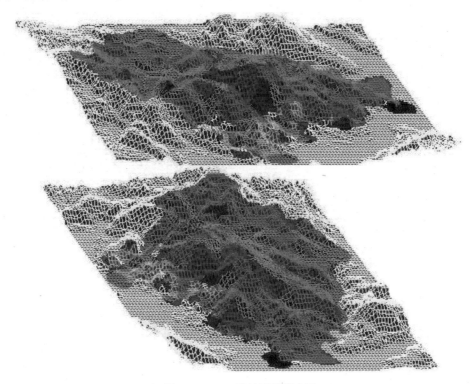

图5-17 三维地形透视表达

(二) 阴影表达法

使用数字化高程模型产生地形起伏阴影的方法已被许多绘图人员所研究,作为改进地图可视性质量的一种重要技术。这种表达方法主要以人的视觉的生理本能为前提。

人对物体阴阳面反差的视觉感应会产生立体的视觉映射。为了产生这种效果,要研制出太阳照射地形起伏的阴影模型,来模拟地表在一定的地面坡向、坡位、太阳方位及具体的时间和季节条件下所表现的视觉观察亮度。1975年,Pong提出了一种计算机绘图的照度模型,在该模型中地表照度是由地表的镜面反射、漫反射及环境空间综合影响所决定的,地表某一点的照度是这三个因子的线性组合。在研究地球表面由地形起伏引起的照度差异的情况时,镜面反射对二维绘图实际影响最小,环境空间的影响是一个常数项,所以Pong的模型可以被简化成只考虑地表漫反射的影响。在考虑地表漫反射模型时通常使用兰勃特法则:反射光的强度取决于照射角。根据这一理论,与入射光线成垂直方向的地表要比与入射光线成一夹角的地表显得亮一些,随着夹角的增加该地表的入射光线减少。假设一地表是一个具有很好漫反射的起伏地表,而且只被直射的太阳光所照明,兰伯特法则认为反射光强度与光线入射角 θ 成正比

$$I = I_0 \cdot K \cdot \cos \theta \quad (0 \leqslant \theta \leqslant 90°)$$

式中，I_0 是光源的强度；K 是常数，表示漫反射率的近似值，取决于物体的特性和入射光的波长。

由图 5 - 18 看出，$\cos \theta$ 可以从两个组合向量的点积计算出

$$\cos \theta = \boldsymbol{N} \cdot \boldsymbol{L}$$

式中，$\boldsymbol{N}$ 是表示地表特征的组合向量

$$\boldsymbol{N} = \left(\frac{-\delta z}{c \cdot \delta x}, \frac{-\delta z}{c \cdot \delta y}, \frac{1}{c} \right)$$

$$c = \sqrt{1 + \left(\frac{\delta z}{\delta x} \right)^2 + \left(\frac{\delta z}{\delta y} \right)^2}$$

式中，$\frac{\delta z}{\delta x}$ 是 X 方向的坡度，$\frac{\delta z}{\delta y}$ 是 Y 方向的坡度，两个方向坡度的向量组合反映了坡向信息；$\boldsymbol{L}$ 是表示太阳光源方向的组合向量。$\boldsymbol{L}$ 取决于具体的时间和地理定位的太阳位置

$$\boldsymbol{L} = (\sin \alpha \cdot \cos \varphi, \cos \alpha \cdot \cos \varphi, \sin \varphi)$$

式中，α 和 φ 为太阳方位角和太阳高度角。

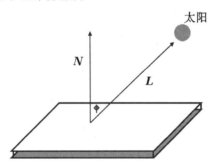

图 5 - 18　地形起伏的照度模型

把两个组合向量代入反射强度公式，则有

$$I = \frac{I_0 \cdot K}{c} \left(\sin \varphi - \frac{\delta z}{\delta x} \cdot \sin \alpha \cdot \cos \varphi - \frac{\delta z}{\delta y} \cdot \cos \alpha \cdot \cos \varphi \right)$$

若假定所有的入射光全被反射，则 $K = 1$，且假定 I 为相对值，则 $I_0 = 1$，此时有

$$I = \frac{100}{c} \left(\sin \varphi - \frac{\delta z}{\delta x} \cdot \sin \alpha \cdot \cos \varphi - \frac{\delta z}{\delta y} \cdot \cos \alpha \cdot \cos \varphi \right)$$

上述的地表反射强度模型的计算机算法可以叙述为：

（1）确定太阳高度角和方位角。若只是为了宏观地表达地形起伏效果，则可以根据一般的经验给出一特定值，若为了较精确地模拟研究区域的环境条件，需要准确地给出太阳高度角和方位角时，则可以根据研究区域的经纬度、日期、时间，通过查天文年历获得其值。

（2）调入数字化高程模型数据（二维矩阵数据）。

（3）设置 3×3 的游动"窗口"，窗口内的中间栅格点为求值点，其他 8 个点为邻域辅助点。

（4）利用高程提取坡度的方法，计算出窗口内求值点在南北和东西两个方向上的坡度（$\delta z/\delta y$ 和 $\delta z/\delta x$）。

（5）按上述反射光强度模型计算各求值点的反射光强度的相对值。

（6）把各点的反射光强度值转换成灰度值，进行计算机绘图。

在现在流行的地理信息系统中，对数字化地形模型的可视性表达都有着相应的功能，其基本原理和方法与上面的论述是一致的。以 ArcGIS 方式为例，设置 hillshade 函数，它是属于上面所叙述的使用数字化高程模型产生地形起伏阴影的方法，图 5 - 19 是使用这一函数功能生成的地形起伏阴影图，在使用 hillshade 函数时可选择太阳方位角（0°～360°）和高度角（0°～90°）。第二种方法是应用数字化高程模型产生地形起伏阴影方法的一种简化，是把数字化高程图和坡向图叠加组合显示，利用坡向数据决定显示的亮度，利用海拔高程数据决定不同海拔高度的显示颜色，这样的显示也具有地形起伏的立体效果（图 5 - 20）。两种方法的不同之处就是，第一种方法可以定义不同的太阳高度角和不同的方位角，模拟不同时间的地形起伏所产生的阴影格局；而第二种方法亮度只受地形的坡向因素影响。

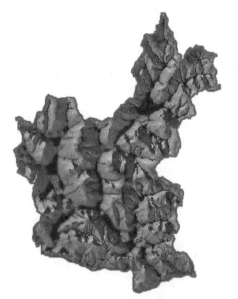

图 5 - 19　阴影表达法

图 5 - 20　高程与坡向叠加

第六章　　空间数据处理、分析的基本方法及应用模型

空间数据处理分析是地理信息系统的重要功能,也是它与其他数字制图软件的主要区别,空间分析功能是评价地理信息系统软件的重要指标。学习和应用地理信息系统可以概括为两大方面:其一是建立地理信息系统;其二是进行空间分析,构建空间分析应用模型。如果组织地理信息系统空间数据库是基础,那么空间分析就是核心,它体现了应用地理信息系统的水平。地理信息系统是现实原型的模型,因此,应用地理信息系统时应首先研究所要解决的问题是否具有地理分布的空间特征,从而确定能否用地理信息系统来模拟空间分析过程和空间决策过程。空间分析应用模型的构建可从逆向进行分析,即从最终的分析结果开始,反向一步步分析为得到最终结果需要哪些数据,这些所需数据是原始的还是派生的,如所需数据是派生数据,应明确如何派生,重复这一过程,直到找出所有必备的数据为止。这样,即能保证建立空间数据库的完备性,同时也明确了构建空间分析模型的流程。地理信息系统中空间数据的处理分析方法涉及空间图形数据和属性数据,图形数据又包括矢量数据与栅格数据。空间数据处理分析的目的就是解决用户所涉及的地理空间决策等实际问题。

第一节　　地理信息系统空间查询的概念

空间数据库本身就是对现实世界中一定地理空间及其内涵的模拟模型,表达某些地理实体及其之间的关系。但空间数据库仅仅是有选择地模拟真实地理空间的某些方面,而不是全部信息,某些信息是以直接形式储存的,某些信息是间接隐含于直接信息当中的。并且,某些信息在一定条件下的组合又能产生新的信息。

建立专题空间数据库的目的就是依靠数据库所储存的空间与属性信息来回答现实世界中的一些应用问题,信息系统的这一过程为查询过程。对于某些选择位置的决策问题,都可以通过空间数据查询的方式得到解决。例如(1)要为一家新开设的银行选址。要求新银行满足远离目前存在的银行,附近有大量的人口,交通便利等条件,并将结果以矢量数据的文件形式输出。(2)某公司制订销售计划,拟定建立一个商品展销馆,用地理信息系统方法选择馆址。展销馆满足的条件包括:馆址坐落的城市人口超过 80 000 人,该城市距该公司地区仓储中心距离为卡车一天路程,展销馆应设在该公司去年商品销售量较低的地方。对于以上类似的选址问题,只需要针对要求,收集相关的数据,建立空间数据库,并对数据库进行查询,不需要复杂的空间分析功能,就可以实现满足用户需求的功能。

根据数据库所储存的空间信息的特点,可把查询过程分为三种类型:

(1)可以直接复原数据再加上库中的数据及所含信息,来回答人们提出的一些比较"简单"的问题。

(2)通过一些逻辑运算完成一定约束条件的限定查询。

(3)根据数据库中现有的数据模型,进行有机地组合,构造出复合模型,模拟现实世界的一些系统和现象的结构及功能,来回答一些更为"复杂"的问题,预测一些事物的发生、发展的动态趋势。

地理信息系统以空间数据库为基础,为实现上述类型的查询必须具备一定的查询功能的软硬件,通常称为查询处理器。一个地理信息系统为满足空间查询的要求,应具有三大功能:

(1)空间数据处理的功能。查询处理器针对一定的数据模型和实际应用问题,必须设计一些程序模块和过程,对空间数据进行基本运算。这些基本运算和操作,除了常规的算数、统计及逻辑运算外,还应具有空间搜索、再分类、叠加、邻域、网络连通等空间数据的分析操作。

(2)空间数据处理的控制功能。这种控制是对计算机指令进行具体的空间数据运算。空间查询处理器的这种控制规范是以一种高级语言的形式来表达的,称为查询语言,过去表现为按一定的词法和句法进行人机交互,现在表现为过程、控件和菜单等形式。

(3)构造应用模型的能力。为了面向专业领域的应用,地理信息系统的查询处理器必须提供一种开发语言和接口,使其具有使用和组合空间数据的基本操作,构造应用模型的能力。

第二节　空间数据处理、分析方法

一、空间数据变量的特点及基本算子

空间数据处理以空间变量为对象。由于空间数据本身包括两个部分,即空间位置和在该位置上所载荷的属性数据,所以空间数据处理可能涉及四种情况:属性数据、空间位置数据、一定空间位置上的属性数据和一定属性的空间位置数据。

空间数据的储存是在一定区域框架基础上按图层结构储存的,这意味着在一定的空间单元中含有多种属性,所以在数据处理操作时可能存在两种情况:一是可能对一个图层上的空间位置与属性数据的处理;二是对两个以上图层的空间位置与属性数据的处理操作。

空间数据变量所对应的空间数据单元的面积可能是相等的(如基于规则网格数据模型的栅格数据),也可能是不等的(如面向对象的矢量数据模型的数据单元)。

在上述情况下决定的空间数据处理分析操作运算一般包括以下类型：

（1）算数运算，包括加、减、乘、除、幂函数、三角函数、开方等运算。

（2）布尔运算，OR，AND，NOT 等运算。

（3）统计运算，包括总计、平均数、方差、频数分布、分布检验等。

（4）多元统计运算，一般包括聚类、判别、主成分分析、回归等。

（5）矩阵运算，矩阵加、减、乘、逆、转置、特征根、特征向量运算等。

（6）平面几何运算，一般包括距离、面积、形状等运算。

（7）拓扑几何运算，如点、线等元素在多边形里、外等查询运算。

运用这些数学运算方法对上述各种类型的空间数据变量进行处理，将形成的计算机的函数运算过程作为地理信息系统的空间数据的基本操作函数控件。根据空间数据处理函数的内容及处理形式等方面的特点，可以把地理信息系统的空间基本操作分为复原与查询检索、再分类、叠加与相交、区域分析、邻域分析、测量及属性数据的统计分析等。

二、空间分析与过程的基本操作

空间分析起源于20世纪50年代定量地理学和地统计学的发展。空间分析最初是以把统计方法应用于空间数据为基础的，后来扩展到包括数学模型和运筹学的研究方法。有人认为，所谓的空间分析是"把地学中的定量分析用来深入研究某些种类地图所描述的由二维、三维坐标定义的地图点、线、域、表面的空间模式""以统计为主的定量方法与技术在定位工作中的应用""空间分析是地图上四种类型数据（点、线、域、表面）的分布结构。空间分析技术可以是描述单张地图上的这种分布结构，也可以比较两幅以上的地图来识别它们的空间关系"。这些分析方法主要应用于空间模式的描述和空间关系的分析（单变量与多变量），为决策支持和空间规划进行分析。

（一）空间变换与再分类操作

在本书中，为使概念清晰，把空间变换与再分类限定为是对单个图层进行的，对多图层的操作归结为叠加分析。空间变换与再分类一般情况下是空间分析或构建空间分析应用模型的中间结果，当然也可能是地理信息系统的最终分析目的。空间变换是将一个图层从一个专题变换为另一个专题，操作可以是逻辑操作，也可以是代数和函数操作。由于空间变换包括空间目标的地理位置和属性的转换，所以栅格结构容易实现，而矢量结构不可能对地理位置和属性同时进行变换，且变换后新的界线不容易确定，变换过程十分烦琐。基于栅格结构的空间变换可分为三种：

（1）单点变换。类似于遥感数据处理，单点变换是对每个栅格进行的，不考虑邻域点的影响，变换后得到新的图层。

（2）邻域变换。是指新图层上的栅格值是通过原始图层相应栅格的值及其邻域栅格的值经综合计算得到的。邻域可以是 4 邻域,也可以是 8 邻域。

（3）区域变换。是指在计算新图层的属性值时,要考虑整个区域的属性值,通过一个函数对一个区域的所有值进行综合计算,得到新的属性值。

再分类是相对于原始数据而言的,地理信息系统存储的数据具有原始性质,可以根据不同的需要对数据进行再次分类和提取。为满足空间分析的需要,再分类是在一个图层上的最通常、最基本的一种空间数据运算和操作。每一种再分类都依靠把一些专题值分配给某一现存的空间数据层所对应的空间位置,借此产生一幅新图。原图上的空间单元的属性值、空间位置值、空间的邻接性、大小及形状等都可以决定再分类值,产生一种新的属性值。各种再分类运算都是对某一图层进行重新装配,并不导致产生新的边界轮廓。可以把这些操作视为"重新着色",再分类后相邻的地物或地理单元如果属于同一新的属性,那么颜色相同,在视觉上也反映出地物边界的变化。

对地图数据进行再分类的方法很多,在地理信息系统中常使用的再分类方法有:

（1）重新赋值（Renumber）。按某种规定把空间变量值（一般是对属性值）重新赋值,产生新的空间数据分类值。例如,在一幅地被类型图上包含三种类型的地被 —— 森林、草地和湖泊,每种类型的地图要素都赋有一属性代码值,可以根据要求按二元数值 0,1 分为植被和非植被。

（2）等级分割（Slice）。等级分割是把一个连续的空间数据分类值分割成离散的值,如把地形中的海拔高程值分解成具有一定间隔的离散值 —— 等高线间隔值 200,220,240,…。对森林评价中的郁闭度级、龄级、蓄积量级等都是对连续的属性值进行的等级分割。

（3）运算（Compute）。对原图层上的各属性值进行某一种算数运算（加、减、乘、除、逻辑运算、指数、对数、开方等）,产生新的属性值。

（4）组合（Clump）。把具有相同属性的,而位置又相邻的一个以上的栅格点同化成单个"块",这种操作常被称为"打包"。这种操作经常是通过把栅格转化为矢量的形式来完成的。

（5）按地理实体"大小"（Size）。可以根据地图要素（点、线、面）的大小进行再分类。例如,点的数量、线的长度、面积的大小等。

（6）按地理实体的几何形状。地理实体的形态特征也常用来作为再分类的特征值。与线状实体相联系的形状特征表达了许多线段构成的格局,如枝状溪流、网状溪流等;面状实体的周长形状,如边界的凸度指数表示边界轮廓特征。面状实体的完整性,如在一个区域内包含具有某种特征的"洞"（碎片）等。

（二）叠加分析

地理信息系统的空间数据库是按专题分图层存储的,这有利于进行空间分析。将多个图层进行综合运算,得到一个新的图层的操作称为叠加分析。参加运算的图层可以是地理信息系统的原始图层,也可以是通过空间变换或再分类派生出来的图层。图层之间的运算分为矢量结构和栅格结构两种,对于矢量结构,主要是拓扑叠加运算;对于栅格结构,图层之间的运算称为地图代数,参加运算的图层称为地图变量,运算的类型多种多样(如数量化模型、各专业的理论或经验模型、主成分分析、层次分析、聚类分析、判别分析等),由此构造的空间分析模型我们称为"地图分析模型"或"地理信息模型"。之所以这样定义,是因为它与遥感信息模型相类似,二者的不同之处在于遥感信息模型是把像元的光谱值转化为专题值,而地理信息模型是从专题值变换为具有新的意义的专题值。本书将以大量实例说明这种模型的应用过程。地理信息系统的叠加分析大致分为以下几类:

1. 视觉叠加

视觉叠加是将不同含义的图层经空间配准后叠加显示在屏幕或图件上,研究者通过目视获取更多的空间信息。如:

(1) 点、线、面状专题图之间的叠加显示。

(2) 数字高程模型与专题图叠加显示立体专题图。

(3) 数字高程模型与遥感图像的叠加,遥感影像与专题图之间的叠加。

视觉叠加不产生新的图层,只是将多层信息复合显示。

2. 矢量图层叠加

矢量图层之间的叠加生成新的图层,总体上分为两步,即图层叠加后图形求交、拓扑生成和属性信息的处理。

(1) 点与多边形叠加。通过坐标计算点层中的矢量点与面层中的多边形的包含关系,从而能确定每个多边形内有多少个点。同时将多边形的属性连接到点上(图6-1,表6-1)。如黑龙江省行政区划图层(多边形)和全省的矿产分布图(点),二者经叠加分析后,可以查询指定的地区或县有多少种矿产,产量有多少;也可以查询指定类型的矿产在哪些县有分布等信息。

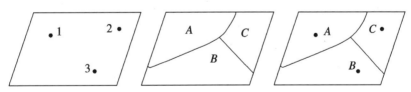

图6-1　点与多边形叠加

表6-1　点与多边形叠加属性

点	a_1	a_2	多边形	b_1
1			A	
2			C	
3			B	

(2) 线与多边形叠加。线与多边形的叠加,是通过计算比较线上坐标与多边形弧段坐标

的关系判断线是否落在多边形内的操作。计算过程通常是计算线与多边形的交点,只要相交则产生一个结点,将原线分成两条弧段;并将原线和多边形的属性信息一起赋给新弧段(图6-2,表6-2)。叠加的结果是产生了一个新的图层——每条线被它穿过的多边形分成新弧段的图层。例如,在林区计算道路网密度时,可用道路线状图层与行政或专题区划的多边形图层进行叠加,叠加的结果可以得到每个多边形内的道路长度,计算出道路网的密度。

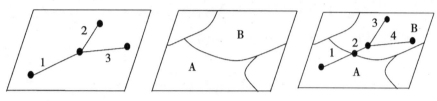

图6-2　线与多边形叠加

表6-2　线与多边形叠加属性

线 ID	原线 ID	多边形
1	1	A
2	1	B
3	2	B
4	3	B

(3)多边形的叠加。多边形叠加是将两个或多个面状图层进行叠加产生一个新多边形图层的操作。先对不同图层多边形的弧段进行求交,然后拓扑生成新的多边形图层,新图层综合了原来两层或多层的属性。对新生成的拓扑多边形图层的每个对象赋予一个多边形唯一识别码(ID),同时生成一个与新多边形对象一一对应的属性表。

多边形叠加后如图6-3所示,属性变化如表6-3至表6-5。

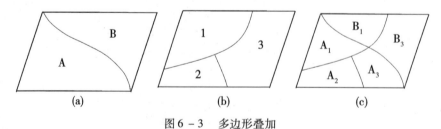

图6-3　多边形叠加

表6-3　图6-3(a)属性表

坡向 ID	坡向
A	阳坡
B	阴坡

表6-4 图6-3(b) 属性表

地类 ID	地类
1	林地
2	农田
3	草地

表6-5 图6-3(c) 属性表

ID	坡向 ID	坡向	地类 ID	属性
A_1	A	阳坡	1	林地
A_2	A	阳坡	2	农田
A_3	A	阳坡	3	草地
B_1	B	阴坡	1	林地
B_3	B	阴坡	3	草地

根据多边形拓扑叠加后空间特征的取舍,地理信息系统软件(如 ARC/INFO) 提供了三种类型的多边形叠加操作,如图6-4 所示。

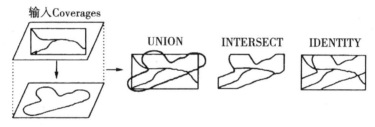

图6-4 多边形叠加

3. 栅格图层叠加

栅格图层叠加操作是地理信息系统中应用最广的一种空间数据处理方法,广义的叠加操作可以理解为是由两个以上现存图相应位置上独立值的函数运算过程

$$输出数据层 = f(两个或多个数据层)(图6-5)$$

在地理信息系统中常用的叠加操作类型有:

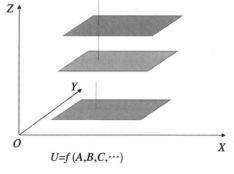

$U = f(A,B,C,\cdots)$

图6-5 叠加操作的一般方法

（1）"点对点"的叠加运算。在栅格地图数据简单的叠加中,分配到新图各点上的值是与现存图层相应的"点对点"数学运算,包括算数运算、布尔运算、统计运算等。例如,在森林生长动态分析中,已知某林区2001年和1991年森林经理调查的森林蓄积分布图,通过两个图层"点对点"属性值的相减,便可以获得森林蓄积动态分布新图层的属性值。在点对点的叠加运算中,也可以采用统计运算以及回归方法。但这些运算对参与叠加的各图层必须是存在数学意义时才能进行数学运算。

（2）"掩膜"（Cover）叠加操作。在叠加图层中,必须要求有一个图层只起决定叠加运算的范围和边界的作用,要不参与空间变量的函数运算,而由其他叠加图层的空间变量进行运算来作为新图层的值。通常把这种叠加操作称为"掩膜"叠加。例如,在两个叠加图层中,其中有一个是某林业区划的二元值的图层,另一个图层是表达区域的数字化高程模型,叠加后可以获得该林业区划范围内的高程数据。

（3）"相交"（Intersection）叠加操作。参与叠加的各图层均有自己的分类属性,参与叠加图层的分类属性彼此"相交"组合,形成新的分类属性,其结果是产生新的图层。例如,一个图层为森林类型组,假定分为原始林、次生林和过伐林三种类型;另一个图层是海拔高度级,假定分为海拔400 m以下、400～700 m、700 m以上。这两个图层"相交"叠加产生9个分类属性。

例如,已知某地区的降雨量分布图及土壤厚度栅格图（图6－6）,试做叠置分析。

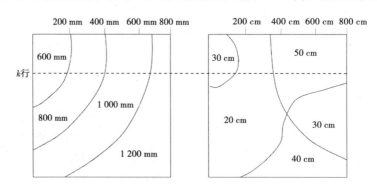

图6－6　降雨量与土壤厚度栅格图

进行栅格数据叠加分析时,对每行进行叠加,最终完成全部栅格数据的叠加。以第k行为例说明叠置方法,设U为降雨量图中第k行栅格数据,V为土壤分布图中第k行栅格数据,A_i、A_j分别为降雨量图及土壤厚度图的游程属性;P_i、P_j分别为降雨量图及土壤厚度图的游程的最右列号（表6－6,表6－7）;m、n分别为降雨量图及土壤厚度图中的游程数;$i=1,2,\cdots,m$;$j=1,2,\cdots,n$。则

$$U = (A_i, P_i) \quad (i = 1, 2, \cdots, m)$$

$$V = (A_j, P_j) \quad (j = 1, 2, \cdots, n)$$

对第k行的降雨量和土壤厚度数据叠加分析后,得到表6－8的结果。

表 6 – 6　第 k 行降雨量图游程编码

游程号 i	游程属性 A_i	游程最右列 P_i
1	600 mm	200
2	800 mm	400
3	1 000 mm	680
4	1 200 mm	800

表 6 – 7　第 k 行土壤厚度游程编码

游程号 i	游程属性 A_i	游程最右列 P_i
1	30 cm	170
2	20 cm	360
3	50 cm	800

表 6 – 8　第 k 行全叠置后游程编码

游程号 k	游程属性 A_k	游程最右列 P_k
1	600 mm　30 cm	170
2	600 mm　20 cm	200
3	800 mm　20 cm	360
4	800 mm　50 cm	400
5	1 000 mm　50 cm	680
6	1 200 mm　50 cm	800

对第 k 行按条件 $\{E = （降雨量 = 1\,000\;mm）\cap（土壤厚度 = 50\;cm）\}$ 进行查询，得到满足查询条件的结果，如表 6 – 9 所示。同理，按照对第 k 行进行查询的方式，可以得到所有条件的栅格区域。

表 6 – 9　第 k 行条件叠置后游程编码

游程号	游程属性	游程最右列
1	0	400
2	100 mm,50 cm	680
3	0	800

（三）邻域分析

邻域分析操作是对目标点规定的邻域范围内的变量建立函数进行特征化来表达目标的特征或某范围内的属性，对该范围内的目标进行统计，以其统计的总数、平均数中值、标准差或方差等作为该范围的属性值。邻域分析也是对一个图层进行空间数据的分析处理，通常包括空间插值、地形提取（从数字高程模型中提取坡度、坡向）、空间搜索、缓冲区分析、泰森多边形（Thiessen Palygon）等空间操作。对于栅格结构的缓冲区分析又称蔓延分析。

　　邻域分析的前提必须是对目标地图要素确定邻域范围。在地形（坡度、坡向）提取过程中，常采用开设"游动窗口"的方法确定邻域范围，对每个栅格单元（目标点）确定相邻的八个栅格单元作为它的邻域范围。在空间插值操作（例如，距离倒数权重内插方法）时，选取被插值点（目标点）周围最近的给定数量（8个）的已知点作为插值点及函数值，内插出目标点的值。在空间搜索操作时，按着搜索要求确定邻域范围，例如在火灾发生点给定的周围（如5 km内）有多少消火栓，空间搜索的邻域可以是圆形，也可以是不规则的多边形，邻域面积可以是固定的，也可以是不固定的。邻域操作是对任意分布的若干地理实体确定它们各自的邻域范围（或者称"影响"范围），这种邻域范围的确定取决于每个地理实体的属性和它们的坐标。

　　1. 泰森多边形分析

　　泰森多边形定义：设平面有 n 个互不重叠的离散数据点，则其中任意一个离散数据点 P_i 都有一个临近范围 B_i，在 B_i 中的任一点同点 P_i 间的距离都小于它们同其他离散数据点间的距离，其中 B_i 是一个不规则多边形，称为泰森多边形。泰森多边形最初是气象学家用来从离散分布的气象站的降雨量数据计算平均降雨量的，它生成的方法是将某个离散点分别同周围的离散点相连，然后分别作连线的垂直平分线，这些垂直平分线相交，组成的多边形即为 P_i 的邻近范围 —— 泰森多边形（图6-7）。泰森多边形也可用于其他地方，它也是空间插值的一种方法，可以利用泰森多边形建立不规则三角网络模型，用于数字化地形的表达（图6-8）。

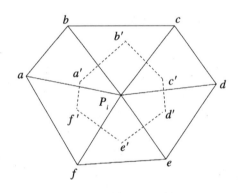

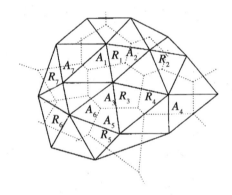

图6-7　泰森多边形及生成方法　　　　　图6-8　不规则三角网格模型

泰森多边形的特点主要包括以下几个方面：

（1）每个多边形内仅包含一个离散数据点。

（2）多边形内任一点 $K(x,y)$ 同 P_i 间的距离总小于它同其他离散点 $P_j(x_j, y_j)$ 之间距离，即
$$[(x - x_i)^2 + (y - y_i)^2]^{1/2} < [(x - x_j)^2 + (y - y_j)^2]^{1/2}$$

（3）泰森多边形的任一顶点必有三条边与它联结，这些边是相邻三个泰森多边形两两拼接的公共边。

（4）泰森多边形的任意一个顶点周围存在三个离散点，将其连成三角形后，其外接圆的圆心即为该顶点，该三角形称为泰森三角形。

泰森多边形在地学分析中有广泛的应用。

在某地降水量的气候变化分析中，或气象部门发布降水量趋势预报时，一般都使用气象站的单站降水量统计值。显然，单站降水量不能完全代表该区域某时期的降水量，而应用面

雨量的统计值进行分析,才能代表该区域某时期的降水量。同样,流域的流量、江河的抗洪能力以及水库的蓄洪规模都与流域的平均降雨量(即面雨量)密切相关。降雨量的测量可以在那些指定的地方放置雨量记录仪来进行测量。在使用自记雨量计来进行测量单个点的雨量之后,真正要进行计算的是某个面的降雨量,这才是有真正用途的一个项目,而面雨量可以使用泰森多边形法来进行计算。泰森多边形法又叫垂直平分法或加权平均法,该法首先要求得各雨量站的面积权重系数,然后用各站点雨量与该站所占面积权重相乘后累加得到平均降雨量。

例 某一地区有7个气象站,测得降雨量分别为$R_1,R_2,R_3,R_4,R_5,R_6,R_7$,求该地区平均降雨量。

解 根据该区域图及7个离散点,求出7个泰森多边形的面积分别为$A_1,A_2,A_3,A_4,A_5,A_6,A_7$,平均降雨量为

$$\overline{R} = \sum_{i=1}^{7} A_i R_i / \sum_{i=1}^{7} A_i$$

2. 缓冲区分析

缓冲区分析是指基于点、线、面等地理空间目标,按指定条件,在其周围建立一定空间区域作为分析对象的分析方法,该区域称为缓冲区。

缓冲区分析是地理信息系统的重要空间分析功能之一,它在交通、林业、资源管理、城市规划中有着广泛的应用。例如,湖泊和河流周围的保护区的定界、汽车服务区的选择、民宅区远离街道网络的缓冲区的建立等。可以利用缓冲区分析来确定禽流感疫情发生所影响的范围、因道路拓宽而需要拆除的建筑物和搬迁的居民、动物的活动区域等。其实质就是确定地理空间目标(可以是点、线或面)的一种影响或服务范围。缓冲区分析方法是在给定空间目标后,确定邻域半径R的方法。可以分别针对点、线和面对象建立单重或多重缓冲区。

点的缓冲区是以点对象为圆心,以给定的缓冲距离为半径生成的圆形区域。当缓冲距离足够大时,两个或多个点对象的缓冲区可能有重叠。选择合并缓冲时,重叠部分将被合并,最终得到的缓冲区是一个复杂面对象。如在污染点源周围建立一定范围的区域,不能有饮用水经过,如图6−9所示。

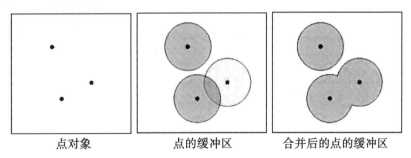

点对象　　　　　　点的缓冲区　　　　合并后的点的缓冲区

图6−9 点的缓冲区

线的缓冲区是沿线对象的法线方向,分别向线对象的两侧平移一定的距离得到两条线,并与在线端点处形成的光滑曲线(或平头)接合形成的封闭区域。同样,当缓冲距离足够大时,两个或多个线对象的缓冲区可能有重叠。合并缓冲区的效果与点的合并缓冲区相同。如河流两岸的护岸林属于禁伐区,根据有关规定确定缓冲区邻域半径为50 m,确定的缓冲多边

形如图 6 – 10 所示。

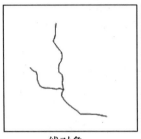
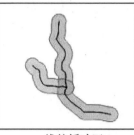
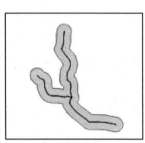

线对象　　　　　　　线的缓冲区　　　　　　合并后的线的缓冲区

图 6 – 10　线的缓冲区(1)

当线数据的缓冲类型设置为平头缓冲时,线对象两侧的缓冲宽度可以不一致,从而生成左右不等缓冲区;也可以只在线对象的一侧创建单边缓冲区,如图 6 – 11 所示。

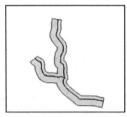
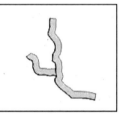

线的左右不等缓冲区　　　　　线的单边缓冲区

图 6 – 11　线的缓冲区(2)

面的缓冲区的生成方式与线的缓冲区类似,区别是面的缓冲区仅在面边界的一侧延展或收缩。当缓冲半径为正值时,缓冲区向面对象边界的外侧扩展;为负值时,向边界内收缩。同样,当缓冲距离足够大时,两个或多个线对象的缓冲区可能有重叠。也可以选择合并缓冲区,其效果与点的合并缓冲区相同,如图 6 – 12 所示。

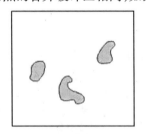
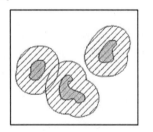

面对象　　　　　　　　　　　　　面的缓冲区

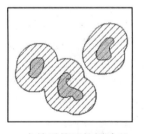
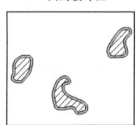

合并后的面的缓冲区　　　　　缓冲半径为负时的面的缓冲区

图 6 – 12　面的缓冲区

多重缓冲区是指在几何对象的周围,根据给定的若干缓冲区半径,建立相应数据量的缓冲区。对于线对象,还可以建立单边多重缓冲区,如图6-13所示。

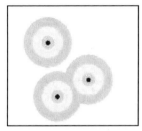
点的多重缓冲区

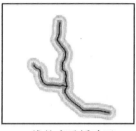
线的多重缓冲区

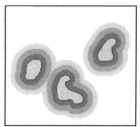
面的多重缓冲区

图6-13　多重缓冲区

缓冲区的半径可根据专业模型确定,所得到的缓冲区多边形同一般多边形一样可用于其他空间分析,案例如下。

在实践中,为了找出某种农作物适宜的耕种区域,该农作物的种植条件为(1)道路沿线300 m范围内不能种植。(2)河流沿线500 m范围内不能种植。(3)海拔高度高于3 000 m不能种植。解决这类决策问题的思路是先根据该农作物的种植条件,准备数据,包括道路分布图、河流分布图、数字化高程模型和整体的森林分布图。然后进行空间分析,作道路300 m的缓冲区,河流500 m的缓冲区,查询高程高于3 000 m的区域,对以上得到的三个区域进行叠加求和分析,求出不能种植该农作物的区域。最后再利用叠加分析、求差分析,在整体的研究区域内将不能种植的区域去除,即可得到该农作物适宜的耕种区域。在这个决策分析的案例中,采用了空间数据查询、邻域分析和叠加分析,实现了确定适宜耕种区域的功能。

(四) 网络分析

地理信息系统中网络是由一组线状要素(一系列联结的弧段)相互联结组成的,是物质、信息流通的通道,非计算机网络。网络分析就是依据网络拓扑关系(线性实体之间、线性实体与节点之间、节点与节点之间的连通和联结关系),通过考察网络元素的空间数据和属性数据,对网络的性能特征进行多方面的分析计算,从而为制定系统的优化途径和方案提供科学决策的依据,最终达到使系统支持最优的目标。网络基本要素包括以下几个方面:

(1) 结点:网络中任意两条线段的交点。

(2) 链:连通路线,联结两点的段要素。

(3) 转弯:从一条链上经结点转向另一条链。

(4) 停靠点(站点):网络中资源的上、下结点。

(5) 中心:收发资源的结点处的设施。

(6) 障碍:资源不能通过的结点。

网络分析的主要功能包括路径分析、定位与资源分配分析、连通分析(爆管分析)、流分析等。

路径分析的含义为在网络中从起点经一系列特定的结点至终点的资源移的最佳路线,即阻力最小的路径。路径分析的内容主要有以下四个方面:

（1）静态求最佳路径：在给定每条链的属性后，求两点间的最佳路径。

（2）N 条最佳路径分析：确定起点或终点，求代价最小的 N 条路径，以供选择。

（3）最短路径或最低耗费路径：确定起点、终点和要经过的中间点、中间连线，求最短路径或最低耗费路径。

（4）动态最佳路径分析：网络中每条链上的属性是动态变化的，而且可能出现一些临时障碍点，需要动态求最佳路径。

1. 最短路径分析

关于最短路径的算法，在数学和计算机领域网络都被抽象为图，再利用图论的方法计算最短路径。目前提出的基于图论的最短路径算法有很多种。迪杰斯特拉（Dijkstra）算法是经典的最短路径算法，目前多数系统解决最短路径问题时都采用了迪杰斯特拉算法作为理论基础，只是不同系统对迪杰斯特拉算法采用了不同的实现方法

迪杰斯特拉算法的基本思路是将顶点分成两个集合 S 和 T，已求出最短路径的点置于集合 S 中，其他点置于集合 T 中。开始时集合 S 中仅含起点 V_S，其他点全在集合 T 中，随着求最短路径迭代工作的进行，集合 S 中的点逐渐增多，当终点 V_T 也被纳入集合 S 中时，迭代结束。为了便于计算和区分各顶点是否已进入集合 S，给已求出到起点最短路径的点 K 赋以标号。这个标号由两部分组成，记为 $(d(V_S, V_K), i)$，其中 i 为 V_K 到起点最短路上的前点 $d(V_S, V_K)$ 为从起点 V_S 到 V_K 的最短路长。因每个标号含有两部分，故称为双标号法。针对有 5 个结点的图 6 – 14，最短路径算法的基本过程如下。

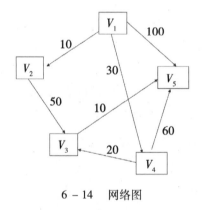

6 – 14　网络图

首先求有向图的邻接矩阵 cost，如下，其中 $\text{cost}[i, j]$ 表示有向边 (V_i, V_j) 的权重值，不存在则取 ∞

$$\text{cost} = \begin{bmatrix} 0 & 10 & \infty & 30 & 100 \\ \infty & 0 & 50 & \infty & \infty \\ \infty & \infty & 0 & \infty & 10 \\ \infty & \infty & 20 & 0 & 60 \\ \infty & \infty & \infty & \infty & 0 \end{bmatrix}$$

设 dist$[i]$ 表示当前找到从始点 V 到每个终点 V_i 的最短路径的长度;S 为已求得的最短路径的终点的集合。

（1）求从 V 出发到图上各顶点 V_i 可能达到的最短路径长度的初值 dist$[i]$。

（2）选择 V_j，使得

$$\text{dist}[j] = \min\{\text{dist}[i] \mid V_i \notin S, V_i \in V\}$$

V_j 为当前的一条从 V 出发的最短路径的终点。

（3）修改 V 出发到集合 $V-S$ 上的所有顶点 V_k 可能达到的最短路径长度。若

$$\text{dist}[j] + \cos t[j,k] < \text{dist}[k]$$

则修改 dist$[k]$ 为

$$\text{dist}[k] = \text{dist}[j] + \cos t[j,k]$$

（4）重复（2）与（3）步，直到求得 V 到图上的各个顶点的最短路径长度递增序列为止。

执行过程见图 6 – 15。

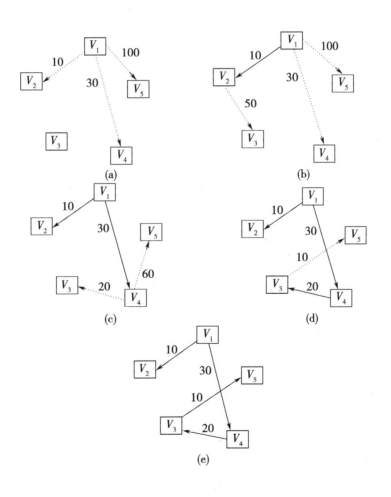

图 6 – 15　迪杰斯特拉算法

也可以用表 6 – 10 来展示迪杰斯特拉算法的执行过程。从点 V_1 到其余各顶点的最短路径以及运算过程中,dist 向量的变化情况如下:

从点 V_1 开始由图 6 – 15(a)可得最短路径 V_1V_2,长度为 10。

从点 V_1 开始由图 6 – 15(b)可得次短路径 V_1V_4,长度为 30。

从点 V_1 开始由图 6 – 15(c)可得更次短路径 $V_1V_4V_3$,长度为 50。

从点 V_1 开始由图 6 – 15(d)可得最次短路径 $V_1V_4V_3V_5$,长度为 60。

图 6 – 15(e)为所得最短路径全貌图。

上述最短路径分析是从某源点出发,求到其他各点的最短路径。若要求每对顶点之间的最短路径,实际是每次以一个顶点为源,重复执行上述算法。

表 6 – 10　迪杰斯特拉算法的执行过程

终点	点 V_1 到各终点的值及最短路径			
V_1	0			
V_2	(V_1,V_2),10			
V_3		(V_1,V_2,V_3),60	(V_1,V_4,V_3),50	
V_4	(V_1,V_4),30	(V_1,V_4),30		
V_5	(V_1,V_5),100	(V_1,V_5),100	(V_1,V_4,V_5),90	(V_1,V_4,V_3,V_5)
V_j	V_2,10	V_4,30	V_3,50	V_5,60

2. 定位与资源分配

网络分析可以用于选择最佳位置和确定最佳服务范围,即可以通过网络模拟资源的供需分配问题,如规划重要的公共设施,包括普通设施、医院、教育、养老院等;应急设施,包括消防队、急救站等。此类问题可以表述为设一定数量的需求点(消费点),求一定数量的供给点(公共设施)以及供给点的需求分配,用来完成某个规划目的。解决定位与分配的常用模型包括以下几种:

(1)最小距离法(P – 中值定位模型):要求所有需求点到服务点的总距离最小,如图书馆、食物配送、健康设施、垃圾站设置等。

(2)最大覆盖模型:要求指定时间或距离到达需求的覆盖面最大,如紧急救护、消防服务。

(3)最大最小距离:要求保证行程最小的情况下确保需求点在指定的最大距离范围内。

(4)等分配模型:要求服务点的服务在数量上相等。

(5)阀值限制模型:要求服务对象尽可能超过指定的量。

(6)容量限制模型:满足最大容量情况下的最大服务范围。

定位是选择最佳位置,最佳选址考虑了在给定多个设施的情况下定位最佳位置的需求。例如,它可以根据现有医院和可用需求,帮助决定在哪里建立新医院。也可帮助企业主找到新建商店的最佳位置,它还可以与竞争商店进行比较,以确定目标市场份额。

资源分配可以帮助用户确定资源设施的最佳服务范围。例如,哪些房屋距离消防站的距离在5分钟、10分钟和15分钟的行程以内？这种类型的网络分析还可以了解企业覆盖的范围以及是否有任何差距。在一定时间内可达的服务区域不同于缓冲区，因为它考虑了街道网络，即可达性。而缓冲区分析仅考虑距离，甚至可以穿过水体，但行驶时间区域只能在有桥的情况下穿过水体。

3. 连通分析

（1）爆管分析。当管网中某一点出现故障后，分析应关闭的阀门和影响的管段、用户区域等。水、油、气等物质网络上管道或点设备（阀门、仪表等）发生故障的分析问题。目的是对该点进行断流，即检索出全部与该点直接相连的各种断流设备，因此也可看成连通性分析。如图6－16，事故发生后，就将检测出与事故段相连的阀门关闭，应关闭阀门（1），（2），（4），（5），（8），（9），（10），（13），（14）和（15）。

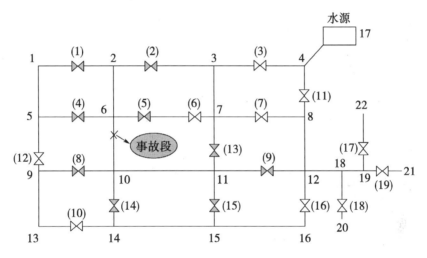

图6－16　爆管分析

（2）最佳游历方案求解。弧段最佳游历方案求解（中国邮递员问题）：给定一个边的集合和一个结点，使之由指定结点出发至少经过每条边一次而回到起始结点。

结点最佳游历方案求解（旅行推销员问题）：给定一个起始结点、一个终止结点和若干中间结点，求解最佳路径，使之由起点出发遍历（不重复）全部中间结点而到达终点。

以上问题在数学上称为一笔画问题，在设计最短邮路、送货路线、洒水车线路等问题中都有实际应用。

（五）可视性分析

可视性分析又称通视分析，属于对地形进行最优化处理的范畴，即从一个或多个位置所能看到的范围或可见程度。其实，更为一般的情况是不仅是视线可达，还包括非视线可达。主要应用如设置雷达站、电视台的发射站、道路选择、航海导航等，军事上如布设阵地、设置观察哨、铺架通信线路等。有时还可能对不可见区域进行分析，如低空侦察飞机在飞行时要尽可能避免敌方雷达的捕捉，飞机应选择雷达盲区飞行。因此可视性分析对军事活动、微波通信网和旅游娱乐点的规划开发都有重要应用价值。

1. 通视分析

通视分析是指以某一点为观察点,研究某一区域通视情况的地形分析。利用通视分析,可以判断某点相对于另外一点而言是否可见。建立空间位置之间相互可见性的过程,可在等高线作一剖面图(图6-17)。

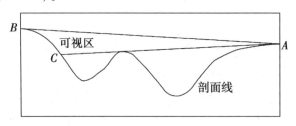

图6-17 通视分析

通视分析方法:

(1)以点 O 为观察点,对格网数字高程模型或三角网数字高程模型上的每个点判断通视与否,通视赋值为1,不通视赋值为0。

(2)以观察点 O 为轴,以一定的方位角间隔算出0°~360°的所有方位线上的通视情况。

2. 可视域分析方法

可视域分析是指对于给定的观察点所覆盖的某区域的计算(图6-18)。主要用途如下:

(1)可视查询:从某个观察点观察,区域可视还是部分可视。

(2)地形可视结构计算(即可视域计算):计算对于给定点的通视区域及不通视区域。

(3)水平可视计算:指对于地形环境给定的边界范围,确定围绕观察点所有射线方向上距离观察点最远的可视点。

观察点　　　　　　　　　　　　　　通视　　不通视

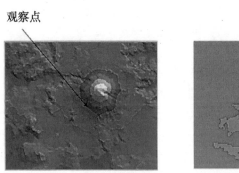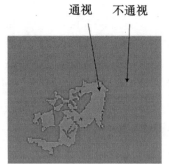

图6-18 可视域分析

(六)水文分析

地形表面决定了水流怎样流经某一地区,空间分析中水文分析的 Hydrologic Functions 可以用来研究与地表水流有关的地表的物理特性。水文分析是数字高程模型数据应用的一个重要方面。利用数字高程模型生成的集水流域和水流网络,成为大多数地表水文分析模型的主要输入数据。表面水文分析模型研究与地表水流有关的各种自然现象,例如洪水水位及泛滥情况、划定受污染源影响的地区、预测当某一地区的地貌改变时对整个地区将造成的影响等。

基于数字高程模型地表水文分析的主要应用是利用水文分析工具提取地表水流径流模型的水流方向、汇流累积量、水流长度、河流网络（包括河流网络的分级等）以及对研究区域的流域进行分割等。通过对这些基本水文因子的提取和分析可再现水流的流动过程，最终完成水文分析过程。

1. 填充洼地

洼地是指一个栅格或空间上相互联系的栅格的集合，在水流方向栅格主题中，其值不能用8个方向值来表示，当周围栅格都高于中心栅格或者两个栅格互相流入形成循环时会发生这种情况。洼地产生的原因可能是数字高程模型生成过程中的数据错误，也可能是真实的地形，如采石场或岩洞。

被较高高程区围绕的洼地是进行水文分析的一大障碍，必须进行洼地填充。无洼地存在，自然流水可以畅通无阻地流到区域地形的边缘，可以计算流向和流水积累量。

2. 水流方向计算

水流方向计算是指水流离开每一个栅格单元时的指向。ArcGIS中对栅格 x 的8个邻域方向进行编码，水流方向以其中某一值来确定（图6-19）。水流方向是通过计算中心栅格与邻域的最大距离权落差来确定的。栅格间距离为1或2开平方根。

32	64	128
16	x	1
8	4	2

图6-19　水流方向编码

水流方向赋值步骤：

（1）对所有数字高程模型（图6-20）边缘的格网，赋以指向边缘的方向值。假定计算区域是另一更大数据区域的一部分。

78	72	69	71	58	49
74	67	56	49	46	50
69	53	44	37	38	48
64	58	55	22	31	24
68	61	47	21	16	19
74	53	34	12	11	12

图6-20　高程矩阵模型

（2）对所有在第一步中未赋方向值的格网,计算其对 8 个邻域格网的距离权落差值。

（3）确定具有最大落差值的格网,执行以下步骤:

① 如果最大落差值小于 0,那么赋以负值,表明此格网方向未定(洼地填充后不会出现)。

② 如果最大落差值大于或等于 0,且最大值只有一个,那么将对应此最大值的方向值作为中心格网处的方向值。

③ 如果最大落差值大于 0,且有一个以上的最大值,那么在逻辑上以查表方式确定水流方向。即如果中心格网在一条边上的三个邻域点有相同的落差,那么中间的格网方向将作为中心格网的水流方向;如果中心格网的相对边上有两个邻域格网落差相同,那么任选一格网方向作为水流方向。

④ 如果最大落差等于 0,且有一个以上的 0 值,那么以这些 0 值所对应的方向值相加。极端情况下,8 个邻域高程值都与中心格网高程值相同,则中心格网方向值赋以 255。

（4）对没有赋以负值,即赋以 1,2,4,…,128 的每一格网,检查对中心格网有最大落差值的邻域格网。如果邻域格网的水流方向值为 1,2,4,…,128,且此方向没有指向中心格网,那么以此格网的方向值作为中心格网的方向值。

（5）重复第(4)步,直到没有任何格网能被赋予方向值,对方向值不为 1,2,4,…,128 的格网赋以负值(洼地填充后不会出现这种情况)(图 6 - 21)。

2	2	2	2	4	8
2	2	2	4	4	8
1	1	2	4	8	4
128	128	1	2	4	8
2	2	2	4	4	4
1	1	1	1	4	16

图 6 - 21　水流方向图

3. 流水累积量

区域流水量积累矩阵(图 6 - 22)表示区域地形每点的流水累积量,它可以用区域地形曲面的流水模拟方法获得。基本思想是以规则格网表示的数字地面高程模型,其上每点处均有一个单位的水量,按照自然水流从高到低的自然规律,根据区域地形的水流方向,利用数字矩阵计算每点处所流过的水量数值,便可得到该区域水流累积数字矩阵。它表示在一次降雨中的平均降雨量,可用来计算一个流域内流走的水量的多少。假定所有的降雨量没有被地表水截留、蒸发或损失,用输出的流水累积量矩阵表示流经每个栅格的水量。

0	0	0	0	0	0
0	1	1	1	3	0
0	3	7	4	5	0
0	0	0	20	0	1
0	0	0	1	24	0
0	2	4	8	36	1

图 6 - 22　流水累积量

具有不确定流向的栅格将不会接受流水量,也不会对下游的水流有贡献值。在水流方向矩阵中,值不是1,2,4,…,128的栅格被认为具有不明确的流向。流水累积量值取决于流入每个栅格的所有栅格的数目,正在被处理的栅格不包含在累积量的计算中。流水累积量值为0的区域是地形上的最高点,可用来确定山脊线。

4. 河网提取

河网密度根据地表的水流方向数字矩阵确定河流的最小长度,显示了区域内水系分布的密集程度。给定河流的长度值越小,水系分布越密集。提取地表水流网络是数字高程模型水文分析的主要应用之一。

首先在无洼地数字高程模型上利用最大坡降法计算每一个栅格的水流方向;然后依据自然水流由高处流向低处的自然规律,计算每一个栅格在水流方向上累积的栅格数,即汇流累积量。假设每一个栅格携带一份水流,那么栅格的汇流累积量就代表着该栅格的水流量。当汇流量达到一定值的时候,就会产生地表水流,所有汇流量大于临界值的栅格就是潜在的水流路径,由这些水流路径构成的网络就是河网。步骤如下:

(1)计算汇流累积栅格数据。

(2)设定阈值。不同级别的沟谷对应不同的阈值,不同区域相同级别的沟谷对应的阈值也是不同的。设定阈值时,应通过不断地试验和利用现有地形图等其他资料辅助检验的方法来确定。

(3)栅格河网的形成。根据所设定的阈值对整个区域进行判断,其中汇流量大于阈值的栅格,其属性值赋为1,而小于或等于阈值的栅格设置为无数据。

(4)栅格河网矢量化。

5. 流域分析

流域又称集水区,是指流经其中的水流和其他物质从一个公共的出水口排出而形成的一个集中的排水区域。出水口是流域内水流的出口,是整个流域的最低处。流域间的分界线即为分水岭。分水岭包围的区域称为一条河流或水系的流域,流域分水岭所包围的区域面积就是流域面积。

集水区的生成方法是先确定出水点,即该集水区的最低点,然后结合水流方向,分析搜

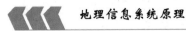

索该出水口的栅格,一直搜索到流域的边界,即分水岭的位置为止。

(七) 空间统计分析

空间数据之间存在着许多相关性和内在联系,为了找出空间数据之间的主要特征和关系,需要对空间数据进行分类和评价,即进行空间统计分析。空间统计分析是现代计量地理学中一个快速发展的方向和领域。空间统计分析方法不仅仅限于常规统计方法,还包括利用空间位置的空间自相关分析。数据的空间统计分析是直接从空间物体的空间位置、联系等方面出发,研究既具有随机性,又具有结构性或具有空间相关性和依赖性的自然现象。其核心就是认识与地理位置相关的数据间的空间依赖、空间关联或空间自相关,通过空间位置建立数据间的统计关系。空间统计分析的任务就是运用有关的统计分析方法,建立空间统计模型,从凌乱的数据中挖掘空间自相关和空间变异规律。

数据的空间统计分析与经典统计分析方法的共同点是,二者都是在大量采样的基础上,通过对样本的属性值的频率分布、均值、方差等关系及其相应规则进行分析,确定其空间分布格局与相关关系。数据的空间统计分析既考虑样本的大小,又重视样本空间位置及样本间的距离。空间数据具有空间依赖性(空间自相关)和空间异质性,扭曲了经典统计分析的假设条件,使得经典统计分析会对空间数据的分析产生虚假的解释。经典统计分析模型是在假设观测结果相互独立的基础上建立的,但实际上地理现象之间大都不具有独立性。数据的空间统计学分析研究的基础是空间对象间的相关性和异质性,它们与距离有关,并随距离的增加而变化。这些问题被经典统计学所忽视,却成为数据空间统计分析的核心。

在使用任何统计分析方法分析和空间位置有关的数据之前,我们都必须先推测和检验空间自相关的显著性。这是因为如果所研究的空间数据具有空间自相关性,那么观测样本可能包含相似的信息,从而导致有效样本容量的减小。相似或者自相关的观测单位会使变量间的关系重复或被夸大。

1. 空间相关性

地球表面的事物或现象之间存在着某种联系,并以相似或差异的方式表现出来。托布勒(Tobler)"地理学第一定律"描述了这样的性质:所有的事物或现象在空间上都是有联系的,但相距近的事物或现象之间的联系一般较相距远的事物或现象间的联系要紧密。在空间统计学中,相似事物或现象在空间上集聚(集中)的性质称为空间自相关。空间上的相关性或关联性是自然界存在秩序与格局的原因之一。

在地理学中,每一个空间位置上的事物(现象)都具有区别于其他位置上的事物(现象)的特点,这种差异性称为空间异质性。与地理学第一定律所描述的空间依赖性相对应,古德柴尔德(Goodchild)将空间异质性总结为"地理学第二定律"。

(1) 全局空间自相关。主要描述整个研究区域上空间对象之间的关联程度,以表明空间对象之间是否存在显著的空间分布模式。全局空间自相关分析主要采用全局空间自相关统计量,如莫兰指数(Moran's I)、吉尔里 C 数(Geary's C)、General G,进行度量。

① 莫兰指数统计量。莫兰指数统计量是一种应用非常广泛的空间自相关统计量,它的具

体形式为

$$I = \frac{n}{S_0} \cdot \frac{\sum\limits_{i=1}^{n} \sum\limits_{j=1}^{n} w_{ij}(x_i - \bar{x})(x_j - \bar{x})}{\sum\limits_{i=1}^{n}(x_i - \bar{x})^2}$$

式中，x_i 表示第 i 个空间位置的观测值；w_{ij} 是空间权重矩阵 $\boldsymbol{W}(n \times n)$ 的元素，表示空间单元之间的拓扑关系；S_0 是空间权重矩阵 $\boldsymbol{W}$ 的所有元素之和，反映的是空间邻接或空间邻近的区域单元属性值的相似程度。

用矩阵形式表示如下

$$I = \frac{n}{S_0} \cdot \frac{\boldsymbol{X}^\mathrm{T} \boldsymbol{W} \boldsymbol{X}}{\boldsymbol{X}^\mathrm{T} \boldsymbol{X}}$$

式中，$\boldsymbol{X}$ 是 x_i 与其均值的离差向量（$n \times 1$ 阶）；$\boldsymbol{W}$ 是（$n \times n$ 阶）的空间权重矩阵；S_0 含义同上。

莫兰指数的检验：对观测值在空间不存在空间自相关（或独立、随机分布）这一原假设进行检验时，一般根据标准化以后的莫兰指数值或 z 值，即

$$z_I = \frac{I - E(I)}{\sqrt{\mathrm{Var}(I)}}$$

在统计推断的过程中，通常需要对变量 x 的分布给出假设。

一般分两种情况：一是假设变量 x 服从正态分布；二是在分布未知的情况下，用随机化方法得到 x 的近似分布。通过在正态或随机两种分布假设下得到 I 的期望值和方差来分别进行假设检验。

在正态分布假设下，莫兰指数的期望和方差分别为

$$E_n(I) = -\frac{1}{n-1}$$

$$\mathrm{Var}_n(I) = \frac{n^2 S_1 - n S_2 + 3 S_0^2}{S_0^2(n^2 - 1)} - E_n^2(I)$$

式中 $S_0 = \sum\limits_{i=1}^{n} \sum\limits_{j=1}^{n} w_{ij}$，$S_1 = \frac{1}{2} \sum\limits_{i=1}^{n} \sum\limits_{j=1}^{n}(w_{ij} + w_{ji})^2$，$S_2 = \sum\limits_{i=1}^{n}(w_{i\cdot} + w_{\cdot i})^2$，$w_{i\cdot} = \sum\limits_{j=1}^{n} w_{ij}$ 和 $w_{\cdot i} = \sum\limits_{j=1}^{n} w_{ji}$ 分别是空间权重矩阵 $\boldsymbol{W}$ 的第 i 行和第 i 列元素之和.

在随机分布假设下，莫兰指数的期望和方差分别表示为

$$E_R(I) = -\frac{1}{n-1}$$

$$\mathrm{Var}_R(I) = \frac{n[(n^2 - 3n + 3)S_1 - n S_2 + 3 S_0^2] - b_2[(n^2 - n)S_1 - 2n S_2 + 6 S_0^2]}{S_0^2(n-1)(n-2)(n-3)} - E_R^2(I)$$

$$b_2 = \frac{n \sum\limits_{i=1}^{n}(x_i - \bar{x})^4}{\left[\sum\limits_{i=1}^{n}(x_i - \bar{x})^2\right]^2}$$

通常将莫兰指数解释为一个相关系数,取值范围从 -1 到 $+1$。$0 < I < 1$ 表示正的空间自相关,$I = 0$ 表示不存在空间自相关,$-1 < I < 0$ 表示负的空间自相关。

当莫兰指数显著为正时,存在显著的正相关,相似的观测值(高值或低值)趋于空间集聚。

当莫兰指数为显著的负值时,存在显著的负相关,相似的观测值趋于分散分布。

当莫兰指数接近期望值($-1/(n - 1)$,随着样本数量的增大,该值趋于 0)时,表明不存在空间自相关,观测值在空间随机排列,满足经典统计分析所要求的独立、随机分布假设。

②吉尔里 C 数统计量。吉尔里 C 数统计量也是一种较常用的空间自相关统计量,其结果解释类似于莫兰指数,其形式为

$$C = \frac{n - 1}{2S_0} \cdot \frac{\sum\limits_{i=1}^{n} \sum\limits_{j=1}^{n} w_{ij} (x_i - x_j)^2}{\sum\limits_{i=1}^{n} (x_i - \bar{x})^2}$$

在正态分布假设下,吉尔里 C 数的期望和方差分别为

$$E_N(C) = 1$$

$$\mathrm{Var}_N(C) = \frac{1}{2(n + 1)S_0^2} \cdot [(2S_1 + S_2)(n - 1) - 4S_0^2]$$

在随机分布假设下,吉尔里 C 数的期望和方差分别表示如下

$$E_R(C) = 1$$

$$\mathrm{Var}_R(C) = \frac{1}{n(n - 2)(n - 3)S_0^2} \cdot \{(n - 1)S_1[n^2 - 3n + 3 - (n - 1)b_2] -$$

$$\frac{1}{4}(n - 1)S_2[n^2 + 3n - 6 - (n^2 - n + 2)b_2] + S_0^2[n^2 - 3 - (n - 1)^2 b_2]\}$$

吉尔里 C 数总是正值,取值范围一般为 0 到 2,且服从渐近正态分布。当吉尔里 C 数小于 1 时,表明存在正的空间自相关。当吉尔里 C 数大于 1 时,表明存在负的空间自相关。当吉尔里 C 数值为 1 时,表明不存在空间自相关,即观测值在空间随机排列。

③General G 统计量。莫兰指数和吉尔里 C 数统计量均可以用来表明属性值之间的相似程度以及在空间上的分布模式,但它们并不能区分是高值的空间集聚(高值簇或热点)还是低值的空间集聚(低值簇或冷点),有可能掩盖不同的空间集聚类型,高／低聚类(Getis - Ord General G)统计量则可以识别这两种不同情形的空间集聚,其形式如下

$$G(d) = \frac{\sum \sum w_{ij}(d) x_i x_j}{\sum \sum x_i x_j}$$

式中,$w_{ij}(d)$ 是根据距离规则定义的空间权重;x_i 和 x_j 含义同上。对 General G 的统计检验采用下式

$$z = \frac{G - E(G)}{\sqrt{\mathrm{Var}(G)}}$$

在空间不集聚的原假设下，General G 统计量的期望和方差分别是

$$E(G) = \frac{\sum \sum w_{ij}(d)}{n(n-1)}$$

$$\mathrm{Var}(G) = \frac{B_0(\sum x_i^2)^2 + B_1(\sum x_i^4) + B_2(\sum x_i)^2 \sum x_i^2 + B_3 \sum x_i \sum x_i^3 + B_4(\sum x_i)^4}{[(\sum x_i)^2 - \sum x_i^2]^2 N(N-1)(N-2)(N-3)} -$$

$$\{E[G(d)]\}^2$$

其中

$$B_0 = (N^2 - 3N + 3)S_1 - NS_2 + 3[\sum \sum w_{ij}(d)]^2$$

$$B_1 = -\{(N^2 - N)S_1 - 2NS_2 + 6[\sum \sum w_{ij}(d)]^2\}$$

$$B_3 = 4(N-1)S_1 - 2(N+1)S_2 + 8[\sum \sum w_{ij}(d)]^2$$

$$B_4 = S_1 - S_2 + [\sum \sum w_{ij}(d)]^2$$

$$S_1 = \frac{1}{2}\sum_{i=1}^{n}\sum_{j=1}^{n}(w_{ij} + w_{ji})^2$$

$$S_2 = \sum_{i=1}^{n}(w_{i\cdot} + w_{\cdot i})^2$$

当 General G 值高于 $E(G)$，且 z 值显著时，观测值之间呈现高值集聚。当 General G 值低于 $E(G)$，且 z 值显著时，观测值之间呈现低值集聚。当 General G 值趋近于 $E(G)$ 时，观测值在空间随机分布。

（2）局部空间自相关。全局空间自相关统计量建立在空间平稳性这一假设的基础之上，即所有位置的观测值的期望和方差均是常数。然而，空间过程很可能是不平稳的，特别是当数据量非常庞大时，空间平稳性的假设就变得非常不现实。局部空间自相关统计量可以用来识别不同空间位置可能存在的不同空间关联模式（或空间集聚模式），从而允许我们观察不同空间位置的局部不平稳性，发现数据之间的空间异质性，为分类或区划提供依据。

在实际研究工作中，空间自相关的分布是不均匀的，个别局域对象的属性取值对全局分析对象的影响非常显著。因此，有必要进行局域空间自相关指数的计算，分析某一空间对象取值的邻近空间聚类关系、空间不稳定性及空间结构框架。特别是，当全局自相关分析不能够检测区域内部的空间分布模式时，局域空间自相关分析能够有效检测由空间自相关引起的空间差异，判断空间对象属性取值的空间热点区域或高发区域等，弥补全局空间自相关分析的不足。

① 局部莫兰指数。

每一个观测值 i 的局部莫兰指数统计量的定义如下

$$I_i = \sum w_{ij}z_iz_j$$

其中，z_i 和 z_j 是观测值的均值标准化，式中空间权重矩阵元素 w_{ij} 采用行标准化形式，即

$$\sum_{i=1}^{n} \sum_{j \neq i}^{n} w_{ij} = n$$

I_i 表示位置 i 的观测值与周围邻居观测平均值的乘积。这样，全局莫兰指数和局部莫兰指数统计量之间的关系是

$$I = \frac{\sum_{i=1}^{n} \sum_{j \neq i}^{n} w_{ij} z_i z_j}{S^2 \sum_{i=1}^{n} \sum_{j \neq i}^{n} w_{ij}} = \frac{1}{n} \sum_{i=1}^{n} \left(z_i \sum_{j \neq i}^{n} w_{ij} z_j \right) = \frac{1}{n} \sum_{i=1}^{n} I_i$$

局部莫兰指数统计量的精确分布形式一般未知，对其检验通常采用条件随机化或随机排列方法。条件随机化是指将位置 i 的观测值固定，其他观测值在整个空间位置随机排列。这样可以得到 I_i 的经验分布函数，为观测到的 I_i 的显著性检验提供依据。

局部莫兰指数统计量的解释类似于 G 统计量。若伪显著性水平 p 值非常小（如 $p < 0.05$），则表明位置 i 周围邻居的观测值相对较高。若 p 值较大（如 $p > 0.95$），则表明位置 i 周围的观测值相对较低。

② 局部吉尔里 C 数。空间位置 i 的局部吉尔里 C 数统计量定义如下

$$C_i = \sum_{j \neq i}^{n} w_{ij} (z_i - z_j)^2$$

式中，z_i 和 z_j 是观测值的标准化形式，空间权重矩阵中的元素 w_{ij} 采用行标准化。

全局吉尔里 C 数和局部吉尔里 C 数统计量之间的关系是

$$C = \frac{(n-1) \sum_{i=1}^{n} \sum_{j=1}^{n} w_{ij} (z_i - z_j)^2}{2nS^2 \sum_{i=1}^{n} \sum_{j=1}^{n} w_{ij}} = \frac{(n-1) \sum_{i=1}^{n} \sum_{j=1}^{n} w_{ij} (z_i - z_j)^2}{2n^2} = \frac{(n-1)}{2n^2} \sum_{i=1}^{n} C_i$$

局部吉尔里 C 数统计量的伪显著水平 p 值的计算与局部莫兰指数统计量类似。若 p 值较大（如 $p > 0.95$），则表明 C_i 值异常小，说明位置 i 的观测值与周围邻居的观测值之间是正的空间联系（即相似）；若 p 值较小（如 $p < 0.05$），则表明 C_i 值异常大，说明位置 i 的观测值与周围邻居的观测值之间是负的空间联系（即不相似或差异大）。

2. 聚类分析

（1）聚类分析定义。聚类分析是一组将研究对象分为相对同质的群组的统计分析技术，也叫分类分析或数值分类，它是研究样本分类问题的一种多元统计方法，所谓类，就是指相似元素的集合。聚类是将数据分到不同的类或者簇这样的一个过程，所以同一簇中的对象有很大的相似性，而不同簇间的对象有很大的相异性。相似或不相似的定义是基于属性变量的取值决定的，一般用各对象间的距离来表示。一个聚类就是由彼此相似的一组对象所构成的集合，同组的对象常常被当作一个对象对待。从统计学的角度看，聚类分析是通过数据建模简化数据的一种方法。传统的统计聚类分析方法包括系统聚类法、分解法、加入法、动态聚类法、有序样品聚类、有重叠聚类和模糊聚类等。

聚类分析是一种探索性的分析，在分类的过程中，不必事先给出一个分类的标准，聚类

分析能够从样本数据出发,自动进行分类。聚类分析所使用的方法不同,常常会得到不同的结论。不同研究者对于同一组数据进行聚类分析,所得到的结论未必一致。从实际应用的角度看,聚类分析是数据挖掘的主要任务之一。而且聚类能够作为一个独立的工具获得数据的分布状况,观察每一簇数据的特征,集中对特定的聚簇集合作进一步的分析。聚类分析还可以作为其他算法(如分类和定性归纳算法)的预处理步骤。与聚类分析有关的变量包括定类变量和定量(离散和连续)变量。

(2)聚类分析分类。聚类分析的功能是建立一种分类方法,它将一批样本或变量,按照它们在性质上的亲疏、相似程度进行分类。聚类分析的内容十分丰富,按其聚类的方法可分为以下几种:

① 系统聚类法:聚类开始时每个对象自成一类,然后每次将最相似的两类合并,合并后重新计算新类与其他类的距离或相近性测度,这一过程一直继续,直到所有对象归为一类为止,并类的过程可用一张谱系聚类图描述。

② 调优法(动态聚类法):首先对 n 个对象初步分类,然后根据分类的损失函数尽可能小的原则对其进行调整,直到分类合理为止。

③ 最优分割法(有序样本聚类法):开始将所有样品看成一类,然后根据某种最优准则将它们分割为二类、三类,一直分割到所需的 k 类为止,这种方法适用于有序样品的分类问题,也称为有序样品的聚类法。

④ 模糊聚类法:利用模糊集理论来处理分类问题,它对经济领域中具有模糊特征的两态数据或多态数据具有明显的分类效果。

⑤ 图论聚类法:利用图论中最小支撑树的概念来处理分类问题,创造了独具风格的方法。

⑥ 聚类预报法:利用聚类方法处理预报问题。在多元统计分析中,可用来预报的方法很多,如回归分析和判别分析。但对一些异常数据,如气象中的灾害性天气的预报,使用回归分析或判别分析处理的效果都不好,而聚类分析预报弥补了这一不足,是一个有价值的方法。

(3)统计量。为了将样本进行分类,就需要研究样品之间关系。目前用得最多的方法有两个:一种方法是相似系数;另一种方法是距离。

聚类分析可以分为 Q 型聚类和 R 型聚类两种,Q 型聚类是指对样本进行分类,R 型聚类是指对变量进行分类。通常在 Q 型聚类采用距离统计量,R 型聚类采用相似系数统计量。

① 距离。设有 n 个样本,每个样本观测 p 个变量,数据结构为

$$\begin{pmatrix} x_{11} & x_{12} & \cdots & x_{1p} \\ x_{21} & x_{22} & \cdots & x_{2p} \\ \vdots & \vdots & & \vdots \\ x_{n1} & x_{n2} & \cdots & x_{np} \end{pmatrix}$$

式中, x_{ij} 是第 i 个样本第 j 个指标的观测值。因为每个样本点有 p 个变量,我们可以将每个样

本点看作 p 维空间中的一个点,那么各样本点间的接近程度可以用距离来度量。以 d_{ij} 为第 i 个样本点与第 j 个样本点间的距离长度,距离越短表明两样本点的相似程度越高。最常见的距离指标有:

绝对距离

$$d_{ij} = \sum |x_{ik} - x_{jk}|$$

欧几里得(Euclid)距离(欧氏距离)

$$d_{ij} = \sqrt{\sum_{k=1}^{p} (x_{ik} - x_{jk})^2}$$

切比雪夫(Chebyshev)距离

$$d_{ij} = \max_{1 \leqslant k \leqslant p} |x_{ik} - x_{jk}|$$

马哈拉诺比斯(Mahalanobis)距离(马氏距离)

$d_{ij} = \left[(\boldsymbol{X}_i - \boldsymbol{X}_j)' \boldsymbol{S}^{-1} (\boldsymbol{X}_i - \boldsymbol{X}_j) \right]^{\frac{1}{2}}$,其中 $\boldsymbol{X}_i = (x_{i1}, x_{i2}, \cdots, x_{ip})$, $i = 1, 2, \cdots, n$

② 相似系数。对于 p 维总体,由于它是由 p 个变量构成的,而且变量之间一般都存在内在联系,因此往往可用相似系数来度量各变量间的相似程度。相似系数介于 -1 至 1 之间,绝对值越接近 1,表明变量间的相似程度越高。常见的相似系数有:

夹角余弦

$$\cos \theta_{ij} = \frac{\sum_{k=1}^{n} x_{ki} x_{kj}}{\sqrt{\sum_{k=1}^{N} x_{ki}^2 \sum_{k=1}^{N} x_{kj}^2}}, i, j = 1, 2, \cdots, p$$

相关系数

$$T_{ij} = \frac{\sum_{k=1}^{n} (x_{ki} - \bar{x}_i)(x_{kj} - \bar{x}_j)}{\sqrt{\sum_{k=1}^{N} (x_{ki} - \bar{x}_i)^2 \sum_{k=1}^{N} (x_{kj} - \bar{x}_j)^2}}, i, j = 1, 2, \cdots, p$$

聚类分析是建立一种将一批样本或变量按照它们在性质上的相似、疏远程度进行科学分类的方法。

(4)系统聚类法。系统聚类分析是聚类分析中应用最广泛的一种方法,凡是具有数值特征的变量和样本都可以采用系统聚类分析法。选择适当的距离和聚类方法,可以获得满意的聚类结果。

① 分类的形成。先将所有的样本各自算作一类,将最近的两个样本点先聚类,再将这个类和其他类中最靠近的结合,这样继续合并,直到所有的样本合并为一类为止。若在聚类过程中,距离的最小值不唯一,则将相关的类同时进行合并。

② 类与类间的距离。系统聚类方法的不同取决于类与类间距离的选择,由于类与类间距离的定义有许多种,例如定义类与类间距离为最近距离、最远距离或两类的重心之间的距离

等,所以不同的选择就会产生不同的聚类方法。常见的有:最短距离法、最长距离法、中间距离法、可变距离法、重心法、类平均法、可变类平均法、Ward 最小方差法及离差平方和法等(图 6 - 23 至图 6 - 26)。

设两个类 G_l,G_m,分别含有 n_1 和 n_2 个样本点。

① 最短距离法:$d_{lm} = \min\{d_{ij},X_i \in G_l,X_j \in G_m\}$。

图 6 - 23　最短距离法

② 最长距离法:$d_{lm} = \max\{d_{ij},X_i \in G_l,X_j \in G_m\}$。

图 6 - 24　最长距离法

③ 重心法:两类的重心分别为 $\bar{x}_l$,$\bar{x}_m$,则 $d_{lm} = d_{\bar{x}_l\bar{x}_m}$。

图 6 - 25　重心距离法

④ 类平均法:$d_{lm} = \dfrac{1}{n_1 n_2}\sum\limits_{X_i \in G_i}\sum\limits_{X_j \in G_j}d_{ij}$。

图 6 - 26　类平均距离法

⑤ 离差平方和法:首先将所有的样本自成为一类,然后每次缩小一类,每缩小一类离差平方和就要增大,选择使整个类内离差平方和增加最小的两类合并,直到所有的样本归为一类为止。

通常通过定义在特征空间的距离度量来评估不同对象的相异性,特征类型和特征标度的多样性决定了距离度量必须谨慎且经常依赖于应用,如欧氏距离,经常被用作反映不同数据间的相异性。

划分方法和层次方法是聚类分析的两个主要方法,划分方法聚类是基于某个标准产生一个嵌套的划分系列,它可以度量不同类之间的相似性或一个类的可分离性,用来合并和分裂类,一般从初始划分和最优化一个聚类标准开始。Crisp Clustering(它的每一个数据都属于单独的类)和 Fuzzy Clustering(它的每个数据可能在任何一个类中)是划分方法的两个主要技术,其他的聚类方法还包括基于密度的聚类、基于模型的聚类和基于网格的聚类。

3. 判别分析

判别分析是判别样本所属类型的一种统计方法,其应用之广可与回归分析媲美。

在生产、科研和日常生活中经常需要根据观测到的数据资料,对所研究的对象进行分类。例如在经济学中,根据人均国民收入、人均工农业产值、人均消费水平等多种指标来判定一个国家的经济发展程度所属类型;在地质勘探中,根据岩石标本的多种特性来判别地层的地质年代,由采样分析出的多种成分来判别此地是有矿或无矿,是铜矿或铁矿等;在油田开发中,根据钻井的电测或化验数据,判别是否遇到油层、水层、干层或油水混合层;在农林害虫预报中,根据以往的虫情、多种气象因子来判别一个月后的虫情是大发生、中发生或正常。总之,在实际生活中需要判别的问题几乎随处可见。

判别分析与聚类分析不同。判别分析是在已知研究对象分成若干类型(或组别)并已取得各种类型的一批已知样品的观测数据,在此基础上根据某些准则建立判别式,然后对未知类型的样品进行判别分类。而对于聚类分析来说,一批给定样品要划分的类型事先并不知道,正需要通过聚类分析来确定类型。判别分析和聚类分析往往联合起来使用,例如判别分析是要求先知道各类总体情况才能判断新样品的归类,当总体分类不清楚时,可先用聚类分析对原来的一批样品进行分类,然后再用判别分析建立判别式以对新样品进行判别。

判别分析内容很丰富,方法很多。判别分析按判别的组数来区分,有两组判别分析和多组判别分析;按区分不同总体所用的数学模型来分,有线性判别和非线性判别;按判别时所处理变量的方法不同,有逐步判别和序贯判别等。判别分析可以从不同的角度提出问题,因此有不同的判别准则,如马氏距离最小准则、Fisher 准则、平均损失最小准则、最小平方准则、最大似然准则、最大概率准则等,按判别准则的不同又提出了多种判别方法。

距离判别法的基本思想是先根据已知分类的数据,分别计算各类的重心,即分组(类)的均值,判别准则是对任给的一次观测,若它与第 i 类的重心距离最近,就认为它来自第 i 类。距离判别法对各类(或总体)的分布并无特定的要求。

设有两个总体(或称两类)G_1, G_2,从第一个总体中抽取 n_1 个样本,从第二个总体中抽取 n_2 个样本,每个样本测量 p 个指标,如表 6 – 11。任取一个样本,实测指标值为 $\boldsymbol{X} = (x_1, \cdots, x_p)^{\mathrm{T}}$,问 $\boldsymbol{X}$ 应判归为哪一类?

首先计算 $\boldsymbol{X}$ 到 G_1, G_2 总体的距离,分别记为 $D(\boldsymbol{X}, G_1)$ 和 $D(\boldsymbol{X}, G_2)$,按距离最近准则判别归类,则可写成

$$
\begin{cases}
\boldsymbol{X} \in G_1, \text{当} D(\boldsymbol{X}, G_1) < D(\boldsymbol{X}, G_2) \\
\boldsymbol{X} \in G_2, \text{当} D(\boldsymbol{X}, G_1) > D(\boldsymbol{X}, G_2) \\
\text{待判,当} D(\boldsymbol{X}, G_1) = D(\boldsymbol{X}, G_2)
\end{cases}
$$

表 6 - 11

变量	G_1 总体				变量	G_2 总体			
样品	x_1	x_2	$\cdots$	x_p	样品	x_1	x_2	$\cdots$	x_p
$x_1^{(1)}$	$x_{11}^{(1)}$	$x_{12}^{(1)}$	$\cdots$	$x_{1p}^{(1)}$	$x_1^{(2)}$	$x_{11}^{(2)}$	$x_{12}^{(2)}$	$\cdots$	$x_{1p}^{(2)}$
$x_2^{(1)}$	$x_{21}^{(1)}$	$x_{22}^{(1)}$	$\cdots$	$x_{2p}^{(1)}$	$x_2^{(2)}$	$x_{21}^{(2)}$	$x_{22}^{(2)}$	$\cdots$	$x_{2p}^{(2)}$
$\vdots$	$\vdots$	$\vdots$		$\vdots$	$\vdots$	$\vdots$	$\vdots$		$\vdots$
$x_{n1}^{(2)}$	$x_{n1 1}^{(1)}$	$x_{n1 2}^{(1)}$	$\cdots$	$x_{n1 p}^{(1)}$	$x_{n2}^{(2)}$	$x_{n2 1}^{(2)}$	$x_{n2 2}^{(2)}$	$\cdots$	$x_{n2 p}^{(2)}$
均值	$\bar{x}_1^{(1)}$	$\bar{x}_2^{(1)}$	$\cdots$	$\bar{x}_p^{(1)}$	均值	$\bar{x}_1^{(2)}$	$\bar{x}_2^{(2)}$	$\cdots$	$\bar{x}_p^{(2)}$

记 $\overline{\boldsymbol{X}}^{(i)} = \left(\bar{x}_1^{(i)}, \cdots, \bar{x}_p^{(i)}\right)^{\mathrm{T}}, i = 1,2$。

若距离定义采用欧氏距离,则可计算出

$$D(\boldsymbol{X}, G_1) = \sqrt{(\boldsymbol{X} - \overline{\boldsymbol{X}}^{(1)})^{\mathrm{T}}(\boldsymbol{X} - \overline{\boldsymbol{X}}^{(1)})} = \sqrt{\sum_{a=1}^{p}(x_a - \bar{x}_a^{(1)})^2}$$

$$D(\boldsymbol{X}, G_2) = \sqrt{(\boldsymbol{X} - \overline{\boldsymbol{X}}^{(2)})^{\mathrm{T}}(\boldsymbol{X} - \overline{\boldsymbol{X}}^{(2)})} = \sqrt{\sum_{a=1}^{p}(x_a - \bar{x}_a^{(2)})^2}$$

然后比较 $D(\boldsymbol{X}, G_1)$ 和 $D(\boldsymbol{X}, G_2)$ 的大小,按距离最近准则判别归类。

由于马氏距离在多元统计分析中经常用到,这里针对马氏距离对上述准则做较详细的讨论。

设 $\boldsymbol{\mu}^{(1)}, \boldsymbol{\mu}^{(2)}, \boldsymbol{\Sigma}^{(1)}, \boldsymbol{\Sigma}^{(2)}$ 分别为 G_1, G_2 的均值向量和协方差矩阵。如果距离定义采用马氏距离,即

$$D^2(\boldsymbol{X}, G_i) = (\boldsymbol{X} - \boldsymbol{\mu}^{(i)})^{\mathrm{T}}(\boldsymbol{\Sigma}^{(i)})^{-1}(\boldsymbol{X} - \boldsymbol{\mu}^{(i)}), i = 1,2$$

这时判别准则可分以下两种情况。

(1) 当 $\boldsymbol{\Sigma}^{(1)} = \boldsymbol{\Sigma}^{(2)} = \boldsymbol{\Sigma}$ 时,考察 $D^2(\boldsymbol{X}, G_2)$ 及 $D^2(\boldsymbol{X}, G_1)$ 的差,就有

$$\begin{aligned}
D^2(\boldsymbol{X}, G_2) - D^2(\boldsymbol{X}, G_1) &= \boldsymbol{X}^{\mathrm{T}}\boldsymbol{\Sigma}^{-1}\boldsymbol{X} - 2\boldsymbol{X}^{\mathrm{T}}\boldsymbol{\Sigma}^{-1}\boldsymbol{X}\boldsymbol{\mu}^{(2)} + \boldsymbol{\mu}^{(2)\mathrm{T}}\boldsymbol{\Sigma}^{-1}\boldsymbol{\mu}^{(2)} - \\
&\quad \left[\boldsymbol{X}^{\mathrm{T}}\boldsymbol{\Sigma}^{-1}\boldsymbol{X} - 2\boldsymbol{X}^{\mathrm{T}}\boldsymbol{\Sigma}^{-1}\boldsymbol{\mu}^{(1)} + \boldsymbol{\mu}^{(1)\mathrm{T}}\boldsymbol{\Sigma}^{-1}\boldsymbol{\mu}^{(1)}\right] \\
&= 2\boldsymbol{X}^{\mathrm{T}}\boldsymbol{\Sigma}^{-1}\left[\boldsymbol{\mu}^{(1)} - \boldsymbol{\mu}^{(2)}\right] - \left[\boldsymbol{\mu}^{(1)} + \boldsymbol{\mu}^{(2)}\right]^{\mathrm{T}}\boldsymbol{\Sigma}^{-1}\left[\boldsymbol{\mu}^{(1)} - \boldsymbol{\mu}^{(2)}\right] \\
&= 2\left\{\boldsymbol{X} - \frac{1}{2}\left[\boldsymbol{\mu}^{(1)} + \boldsymbol{\mu}^{(2)}\right]\right\}^{\mathrm{T}}\boldsymbol{\Sigma}^{-1}\left[\boldsymbol{\mu}^{(1)} - \boldsymbol{\mu}^{(2)}\right]
\end{aligned}$$

令

$$\overline{\boldsymbol{\mu}} = \frac{1}{2}\left[\boldsymbol{\mu}^{(1)} + \boldsymbol{\mu}^{(2)}\right]$$

$$W(\boldsymbol{X}) = (\boldsymbol{X} - \overline{\boldsymbol{\mu}})^{\mathrm{T}}\boldsymbol{\Sigma}^{-1}\left[\boldsymbol{\mu}^{(1)} - \boldsymbol{\mu}^{(2)}\right]$$

则判别准则可写成

$$\begin{cases}
\boldsymbol{X} \in G_1, \text{当} W(\boldsymbol{X}) > 0, \text{即} D^2(\boldsymbol{X}, G_2) > D^2(\boldsymbol{X}, G_1) \\
\boldsymbol{X} \in G_2, \text{当} W(\boldsymbol{X}) < 0, \text{即} D^2(\boldsymbol{X}, G_2) < D^2(\boldsymbol{X}, G_1) \\
\text{待判}, \text{当} W(\boldsymbol{X}) = 0, \text{即} D^2(\boldsymbol{X}, G_2) = D^2(\boldsymbol{X}, G_1)
\end{cases}$$

当 $\boldsymbol{\Sigma},\boldsymbol{\mu}^{(1)},\boldsymbol{\mu}^{(2)}$ 已知时,令 $\boldsymbol{a} = \boldsymbol{\Sigma}^{-1}[\boldsymbol{\mu}^{(1)} - \boldsymbol{\mu}^{(2)}] \triangleq (a_1,\cdots,a_p)^{\mathrm{T}}$,则

$$W(\boldsymbol{X}) = (\boldsymbol{X} - \overline{\boldsymbol{\mu}})^{\mathrm{T}}\boldsymbol{a} = \boldsymbol{a}^{\mathrm{T}}(\boldsymbol{X} - \overline{\boldsymbol{\mu}}) = (a_1,\cdots,a_p)\begin{pmatrix} x_1 - \overline{\mu}_1 \\ \vdots \\ x_p - \overline{\mu}_p \end{pmatrix}$$

$$= a_1(x_1 - \overline{\mu}_1) + \cdots + a_p(x_p - \overline{\mu}_p)$$

显然,$W(\boldsymbol{X})$ 是 $x_1,\cdots,x_p$ 的线性函数,称 $W(\boldsymbol{X})$ 为线性判别函数,$\boldsymbol{a}$ 为判别系数。

当 $\boldsymbol{\Sigma},\boldsymbol{\mu}^{(1)},\boldsymbol{\mu}^{(2)}$ 未知时,可通过样本来估计。

设 $\boldsymbol{X}_1^{(i)},\boldsymbol{X}_2^{(i)},\cdots,\boldsymbol{X}_{n_i}^{(i)}$ 是来自 G_i 的样本,$i = 1,2$

$$\hat{\boldsymbol{\mu}}^{(1)} = \frac{1}{n_1}\sum_{i=1}^{n_1}\boldsymbol{X}_i^{(1)} = \overline{\boldsymbol{X}}^{(1)}$$

$$\hat{\boldsymbol{\mu}}^{(2)} = \frac{1}{n_2}\sum_{i=1}^{n_2}\boldsymbol{X}_i^{(2)} = \overline{\boldsymbol{X}}^{(2)}$$

$$\hat{\boldsymbol{\Sigma}} = \frac{1}{n_1 + n_2 - 2}(\boldsymbol{S}_1 + \boldsymbol{S}_2)$$

其中
$$\boldsymbol{S}_i = \sum_{t=1}^{n_i}[\boldsymbol{X}_t^{(i)} - \boldsymbol{X}^{(i)}][\boldsymbol{X}_t^{(i)} - \boldsymbol{X}^{(i)}]^{\mathrm{T}}$$

$$\overline{\boldsymbol{X}} = \frac{1}{2}[\overline{\boldsymbol{X}}^{(1)} + \overline{\boldsymbol{X}}^{(2)}]$$

线性判别函数为

$$W(\boldsymbol{X}) = (\boldsymbol{X} - \overline{\boldsymbol{X}})^{\mathrm{T}}\hat{\boldsymbol{\Sigma}}^{-1}[\overline{\boldsymbol{X}}^{(1)} - \overline{\boldsymbol{X}}^{(2)}]$$

当 $p = 1$ 时,若两个总体的分布分别为 $N(\mu_1,\sigma^2)$ 和 $N(\mu_2,\sigma^2)$,则判别函数

$$W(\boldsymbol{X}) = \left[X - \left(\frac{\mu_1 + \mu_2}{2}\right)\right]\frac{1}{\sigma^2}[\mu_1 - \mu_2]$$

不妨设 $\mu_1 < \mu_2$,这时 $W(\boldsymbol{X})$ 的符号取决于 $\boldsymbol{X} > \overline{\boldsymbol{\mu}}$ 或 $\boldsymbol{X} < \overline{\boldsymbol{\mu}}$。当 $\boldsymbol{X} < \overline{\boldsymbol{\mu}}$ 时,判 $\boldsymbol{X} \in G_1$;当 $\boldsymbol{X} > \overline{\boldsymbol{\mu}}$ 时,判 $\boldsymbol{X} \in G_2$。我们看到用距离判别所得到的准则是颇为合理的。但从图 6 - 27 又可以看出,用这个判别法有时也会得出错判。如 $\boldsymbol{X}$ 来自 G_1,但却落入 D_2,被判为属 G_2,错判的概率为图中阴影的面积,记为 $P(2/1)$,类似有 $P(1/2)$,显然 $P(2/1) = P(1/2) = 1 - \Phi\left(\dfrac{\mu_1 - \mu_2}{2\sigma}\right)$。

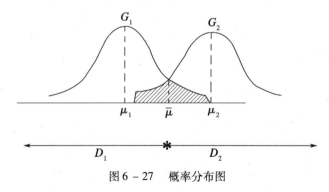

图 6 - 27　概率分布图

当两总体靠得很近时(即 $|\mu_1 - \mu_2|$ 很小),则无论用何种办法,错判概率都很大,这时作判别分析是没有意义的。因此只有当两个总体的均值有显著差异时,作判别分析才有意义。

(2) 当 $\boldsymbol{\Sigma}^{(1)} \neq \boldsymbol{\Sigma}^{(2)}$ 时,按距离最近准则,类似地有

$$\begin{cases} \boldsymbol{X} \in G_1, \text{当 } D(\boldsymbol{X}, G_1) < D(\boldsymbol{X}, G_2) \\ \boldsymbol{X} \in G_2, \text{当 } D(\boldsymbol{X}, G_1) > D(\boldsymbol{X}, G_2) \\ \text{待判, 当 } D(\boldsymbol{X}, G_1) = D(\boldsymbol{X}, G_2) \end{cases}$$

仍然用

$$\begin{aligned} W(\boldsymbol{X}) &= D^2(\boldsymbol{X}, G_2) - D^2(\boldsymbol{X}, G_1) \\ &= [\boldsymbol{X} - \boldsymbol{\mu}^{(2)}]^{\mathrm{T}} [\boldsymbol{\Sigma}^{(2)}]^{-1} [\boldsymbol{X} - \boldsymbol{\mu}^{(2)}] - \\ &\quad [\boldsymbol{X} - \boldsymbol{\mu}^{(1)}]^{\mathrm{T}} [\boldsymbol{\Sigma}^{(1)}]^{-1} [\boldsymbol{X} - \boldsymbol{\mu}^{(1)}] \end{aligned}$$

作为判别函数,它是 $\boldsymbol{X}$ 的二次函数。

也可以用如下的方法进行简单的判别,设评判对象的属性要素(变量)为 $x_i (i = 1, \cdots, m)$,各要素的评价权(综合反映属性要素的作用和贡献率)为 $p_i (i = 1, \cdots, m)$,则可以构造一个线性判别函数

$$Y = \sum_{i=1}^{m} p_i x_i$$

对所有样本按照判别因子 Y 的大小排到,则可以实现对评判对象集的简单分类。为使各分类之间的界限尽可能分明,且各分类对象之间尽可能接近,应设定一个分类临界值。

设有 A, B 两类,其中对象数目分别为 n_1 和 n_2,类中各对象的判别因子值分别为 $Y_i(A)$ $(i = 1, \cdots, n_1), Y_i(B)(i = 1, \cdots, n_2)$,两类的判别因子的平均值分别为 $\overline{Y}(A), \overline{Y}(B)$,应满足以下比值条件

$$I = \frac{[\overline{Y}(A) - \overline{Y}(B)]^2}{\sum_{i=1}^{n_1} [Y_i(A) - \overline{Y}(A)]^2 + \sum_{i=1}^{n_2} [Y_i(B) - \overline{Y}(B)]^2} = T$$

其中, T 为临界值。

根据上述判别函数和临界值的计算方法,将判别分析法的分类过程归纳如下:

① 构建判别函数,确定属性要素及其评价权重。

② 计算各对象的判别因子并排序,按排序结果进行简单的初始分类。

③ 检查比值是否大于分类临界值;若否,则调整初始分类后再检查;若是,则动态调整分类结果,直到满意为止。

④ 将未知点代入判别式,哪个值最大就属于哪一类。

4. 主成分分析

在处理实际问题时,经常会遇到研究多个变量的问题,多数情况下,多个变量之间常常存在一定的相关性,即这些变量反映的信息具有一定的重叠。由于变量个数较多,再加上变量之间的相关性,增加了分析问题的难度。如何从多个变量中综合为少数几个有代表性的变量,既能够代表原始变量的绝大多数信息,又互不相关,并且在新的综合变量基础上,可以进

一步进行统计分析,这就需要进行主成分分析了。

(1)主成分分析的基本原理。主成分分析的基本思想是设法将原来众多的具有一定相关性的指标(如 p 个变量)重新组合成一组较少个数的互不相关的综合指标来代替原来的指标,即采取一种数学降维的方法,找出几个综合变量来代替原来众多的变量。这种将多个变量化为少数几个互相无关的综合变量的统计分析方法就叫主成分分析或主分量分析。

通常,数学上的处理方法就是将原来的变量作线性组合,作为新的综合变量。但是这种组合若不加以限制,则可以有很多,那么应该如何选择呢?如果将选取的第一个线性组合,即第一个综合变量,记为 F_1,那么自然希望它尽可能多地反映原来变量的信息。这里"信息"用方差来测量,即希望 $\mathrm{Var}(F_1)$ 越大,表示 F_1 包含的信息越多。因此在所有的线性组合中,所选取的 F_1 应该是方差最大的,称 F_1 为第一主成分。如果第一主成分不足以代表原来 p 个变量的信息,再考虑选取 F_2,即第二个线性组合。为了有效地反映原来的信息,F_1 已有的信息就不需要再出现在 F_2 中,用数学语言表达就是要求 $\mathrm{Cov}(F_1,F_2)=0$,称 F_2 为第二主成分,依此类推,可以构造第三、四、…、第 p 主成分。

对于一个样本的 p 个观测变量 $x_1,x_2,\cdots,x_p$,构造 n 个样品的数据资料阵为

$$\boldsymbol{X} = \begin{pmatrix} x_{11} & x_{12} & \cdots & x_{1p} \\ x_{21} & x_{22} & \cdots & x_{2p} \\ \vdots & \vdots & & \vdots \\ x_{n1} & x_{n2} & \cdots & x_{np} \end{pmatrix} = (\boldsymbol{x}_1,\boldsymbol{x}_2,\cdots,\boldsymbol{x}_p)$$

式中

$$\boldsymbol{x}_j = \begin{pmatrix} x_{1j} \\ x_{2j} \\ \vdots \\ x_{nj} \end{pmatrix}, j = 1,2,\cdots,p$$

主成分分析就是将 p 个观测变量综合为 p 个新的变量(综合变量),即

$$\begin{cases} \boldsymbol{F}_1 = a_{11}\boldsymbol{x}_1 + a_{12}\boldsymbol{x}_2 + \cdots + a_{1p}\boldsymbol{x}_p \\ \boldsymbol{F}_2 = a_{21}\boldsymbol{x}_1 + a_{22}\boldsymbol{x}_2 + \cdots + a_{2p}\boldsymbol{x}_p \\ \qquad\qquad\cdots \\ \boldsymbol{F}_p = a_{p1}\boldsymbol{x}_1 + a_{p2}\boldsymbol{x}_2 + \cdots + a_{pp}\boldsymbol{x}_p \end{cases}$$

简写为

$$\boldsymbol{F}_j = a_{j1}\boldsymbol{x}_1 + a_{j2}\boldsymbol{x}_2 + \cdots + a_{jp}\boldsymbol{x}_p, j = 1,2,\cdots,p$$

要求模型满足以下条件:

①$\boldsymbol{F}_i,\boldsymbol{F}_j$ 互不相关($i \neq j, i,j = 1,2,\cdots,p$)。

②$\boldsymbol{F}_1$ 的方差大于 $\boldsymbol{F}_2$ 的方差大于 $\boldsymbol{F}_3$ 的方差,依次类推。

③$a_{k1}^2 + a_{k2}^2 + \cdots + a_{kp}^2 = 1, k = 1,2,\cdots,p$。

称 $\boldsymbol{F}_1$ 为第一主成分,$\boldsymbol{F}_2$ 为第二主成分,依此类推,共有 p 个主成分,主成分又叫主分量,a_{ij} 称为主成分系数。

上述模型可用矩阵表示为

$$F = AX$$

式中

$$F = \begin{pmatrix} F_1 \\ F_2 \\ \vdots \\ F_p \end{pmatrix}, X = \begin{pmatrix} x_1 \\ x_2 \\ \vdots \\ x_p \end{pmatrix}$$

$$A = \begin{pmatrix} a_{11} & a_{12} & \cdots & a_{1p} \\ a_{21} & a_{22} & \cdots & a_{2p} \\ \vdots & \vdots & & \vdots \\ a_{p1} & a_{p2} & \cdots & a_{pp} \end{pmatrix} = \begin{pmatrix} a_1 \\ a_2 \\ \vdots \\ a_p \end{pmatrix}$$

A 称为主成分系数矩阵。

（2）主成分分析的几何解释。假设有 n 个样本，每个样本有两个变量，即可在二维空间中讨论主成分的几何意义。设 n 个样本在二维空间中的分布大致为一个椭圆，如图6 - 28所示。

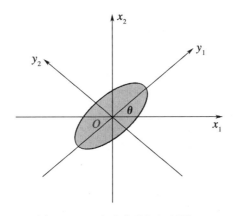

图 6 - 28　主成分几何解释图

将坐标系进行正交旋转，旋转角度为 θ，使其椭圆长轴方向取坐标 y_1，在椭圆短轴方向取坐标 y_2，旋转公式为

$$\begin{cases} y_{1j} = x_{1j}\cos\theta + x_{2j}\sin\theta \\ y_{2j} = x_{1j}(-\sin\theta) + x_{2j}\cos\theta \end{cases} \quad (j = 1, 2, \cdots, n)$$

写成矩阵形式为

$$Y = \begin{pmatrix} y_{11} & y_{12} & \cdots & y_{1n} \\ y_{21} & y_{22} & \cdots & y_{2n} \end{pmatrix}$$

$$= \begin{pmatrix} \cos\theta & \sin\theta \\ -\sin\theta & \cos\theta \end{pmatrix} \cdot \begin{pmatrix} x_{11} & x_{12} & \cdots & x_{1n} \\ x_{21} & x_{22} & \cdots & x_{2n} \end{pmatrix} = \boldsymbol{U} \cdot \boldsymbol{X}$$

其中 $\boldsymbol{U}$ 为坐标旋转变换矩阵,为正交矩阵,即有 $\boldsymbol{U}^{\mathrm{T}} = \boldsymbol{U}^{-1}, \boldsymbol{U}\boldsymbol{U}^{\mathrm{T}} = \boldsymbol{I}$. 即满足 $\sin^2\theta + \cos^2\theta = 1$。

经过旋转变换后,得到图 6 – 29 的新坐标系。

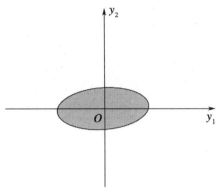

图 6 – 29　主成分几何解释图

新坐标 $y_1 - y_2$ 有如下性质:

① n 个点的坐标 y_1 和 y_2 的相关几乎为零。

② 二维平面上的 n 个点的方差大部分都归结在 y_1 轴上,而 y_2 轴上的方差较小。

y_1 和 y_2 称为原始变量 x_1 和 x_2 的综合变量。由于 n 个点在 y_1 轴上的方差较大,因而将二维空间的点用在 y_1 轴上的一维综合变量来代替,损失的信息量最小。由此称 y_1 轴为第一主成分, y_2 轴与 y_1 轴正交,有较小的方差,称它为第二主成分。

(3) 主成分分析法的推导。① 根据主成分数学模型的条件 ①,要求主成分之间互不相关,为此主成分之间的协差阵应该是一个对角阵,即

$$\boldsymbol{F} = \boldsymbol{A}\boldsymbol{X}$$

其协差阵应为

$$\mathrm{Var}(\boldsymbol{F}) = \mathrm{Var}(\boldsymbol{A}\boldsymbol{X}) = (\boldsymbol{A}\boldsymbol{X}) \cdot (\boldsymbol{A}\boldsymbol{X})^{\mathrm{T}} = \boldsymbol{A}\boldsymbol{X}\boldsymbol{X}^{\mathrm{T}}\boldsymbol{A}^{\mathrm{T}}$$

$$= \boldsymbol{\Lambda} = \begin{pmatrix} \lambda_1 & & & \\ & \lambda_2 & & \\ & & \ddots & \\ & & & \lambda_p \end{pmatrix}$$

② 设原始数据的协方差阵为 $\boldsymbol{V}$,如果对原始数据进行了标准化处理,那么协方差阵等于相关矩阵,即有

$$\boldsymbol{V} = \boldsymbol{R} = \boldsymbol{X}\boldsymbol{X}^{\mathrm{T}}$$

③ 再由主成分数学模型条件 ③ 和正交矩阵的性质. 若能够满足数学模型条件 ③,最好要求 $\boldsymbol{A}$ 为正交矩阵,则满足

$$\boldsymbol{A}\boldsymbol{A}^{\mathrm{T}} = \boldsymbol{I}$$

将原始数据的协方差代入主成分的协方差阵公式得

$$\mathrm{Var}(\boldsymbol{F}) = \boldsymbol{AXX}^{\mathrm{T}}\boldsymbol{A}^{\mathrm{T}} = \boldsymbol{ARA}^{\mathrm{T}} = \boldsymbol{\Lambda}$$

$$\boldsymbol{ARA}^{\mathrm{T}} = \boldsymbol{\Lambda}, \boldsymbol{RA}^{\mathrm{T}} = \boldsymbol{A}^{\mathrm{T}}\boldsymbol{\Lambda}$$

展开上式得

$$\begin{pmatrix} r_{11} & r_{12} & \cdots & r_{1p} \\ r_{21} & r_{22} & \cdots & r_{2p} \\ \vdots & \vdots & & \vdots \\ r_{p1} & r_{p2} & \cdots & r_{pp} \end{pmatrix} \cdot \begin{pmatrix} a_{11} & a_{21} & \cdots & a_{p1} \\ a_{12} & a_{22} & \cdots & a_{p2} \\ \vdots & \vdots & & \vdots \\ a_{1p} & a_{2p} & \cdots & a_{pp} \end{pmatrix}$$

$$= \begin{pmatrix} a_{11} & a_{21} & \cdots & a_{p1} \\ a_{12} & a_{22} & \cdots & a_{p2} \\ \vdots & \vdots & & \vdots \\ a_{1p} & a_{2p} & \cdots & a_{pp} \end{pmatrix} \cdot \begin{pmatrix} \lambda_1 & & & \\ & \lambda_2 & & \\ & & \ddots & \\ & & & \lambda_p \end{pmatrix}$$

展开等式两边,根据矩阵相等的性质,这里只根据第一列,得出方程组

$$\begin{cases} (r_{11} - \lambda_1)a_{11} + r_{12}a_{12} + \cdots + r_{1p}a_{1p} = 0 \\ r_{21}a_{11} + (r_{22} - \lambda_1)a_{12} + \cdots + r_{2p}a_{1p} = 0 \\ \qquad\qquad \cdots \\ r_{p1}a_{11} + r_{p2}a_{12} + \cdots + (r_{pp} - \lambda_1)a_{1p} = 0 \end{cases}$$

为了得到该齐次方程的解,要求其系数矩阵行列式为 0,即

$$\begin{vmatrix} r_{11} - \lambda_1 & r_{12} & \cdots & r_{1p} \\ r_{21} & r_{22} - \lambda_1 & \cdots & r_{2p} \\ \vdots & \vdots & & \vdots \\ r_{p1} & r_{p2} & \cdots & r_{pp} - \lambda_1 \end{vmatrix} = 0$$

$$|\boldsymbol{R} - \lambda_1 \boldsymbol{I}| = 0$$

显然,λ_1 是相关系数矩阵的特征值,$a_1 = (a_{11}, a_{12}, \cdots, a_{1p})$ 是相应的特征向量。

根据第二列、第三列等可以得到类似的方程,于是 λ_i 是下列方程的 p 个根,λ_i 为特征方程的特征根,a_j 是其特征向量的分量

$$|\boldsymbol{R} - \lambda\boldsymbol{I}| = 0$$

设相关系数矩阵 $\boldsymbol{R}$ 的 p 个特征根为 $\lambda_1 \geqslant \lambda_2 \geqslant \cdots \geqslant \lambda_p$,相应的特征向量为 a_j,则

$$\boldsymbol{A} = \begin{pmatrix} a_{11} & a_{12} & \cdots & a_{1p} \\ a_{21} & a_{22} & \cdots & a_{2p} \\ \vdots & \vdots & & \vdots \\ a_{p1} & a_{p2} & \cdots & a_{pp} \end{pmatrix} = \begin{pmatrix} \boldsymbol{a}_1 \\ \boldsymbol{a}_2 \\ \vdots \\ \boldsymbol{a}_p \end{pmatrix}$$

相对于 $\boldsymbol{F}_1$ 的方差为

$$\mathrm{Var}(\boldsymbol{F}_1) = \boldsymbol{a}_1 \boldsymbol{X} \boldsymbol{X}^\mathrm{T} \boldsymbol{a}_1^\mathrm{T} = \boldsymbol{a}_1 \boldsymbol{R} \boldsymbol{a}_1^\mathrm{T} = \lambda_1$$

同样有：$\mathrm{Var}(\boldsymbol{F}_i) = \lambda_i$，即主成分的方差依次递减。并且协方差为

$$\mathrm{Cov}(\boldsymbol{a}_i^\mathrm{T} \boldsymbol{X}^\mathrm{T}, \boldsymbol{a}_j \boldsymbol{X}) = \boldsymbol{a}_i^\mathrm{T} \boldsymbol{R} \boldsymbol{a}_j$$

$$= \boldsymbol{a}_i^\mathrm{T} \left(\sum_{\alpha=1}^{p} \lambda_\alpha \boldsymbol{a}_\alpha \boldsymbol{a}_\alpha' \right) \boldsymbol{a}_j$$

$$= \sum_{\alpha=1}^{p} \lambda_\alpha (\boldsymbol{a}_i^\mathrm{T} \boldsymbol{a}_\alpha)(\boldsymbol{a}_\alpha^\mathrm{T} \boldsymbol{a}_j) = 0, i \neq j$$

综上所述，主成分分析中的主成分协方差阵是对角矩阵，其对角线上的元素恰好是原始数据相关矩阵的特征值。主成分系数矩阵 $\boldsymbol{A}$ 的元素则是原始数据相关矩阵特征值相应的特征向量，矩阵 $\boldsymbol{A}$ 是一个正交矩阵。变量 $(\boldsymbol{x}_1, \boldsymbol{x}_2, \cdots, \boldsymbol{x}_p)$ 经过变换后得到新的如下综合变量

$$\begin{cases} \boldsymbol{F}_1 = a_{11}\boldsymbol{x}_1 + a_{12}\boldsymbol{x}_2 + \cdots + a_{1p}\boldsymbol{x}_p \\ \boldsymbol{F}_2 = a_{21}\boldsymbol{x}_1 + a_{22}\boldsymbol{x}_2 + \cdots + a_{2p}\boldsymbol{x}_p \\ \qquad\qquad \cdots \\ \boldsymbol{F}_p = a_{p1}\boldsymbol{x}_1 + a_{p2}\boldsymbol{x}_2 + \cdots + a_{pp}\boldsymbol{x}_p \end{cases}$$

新的随机变量彼此不相关，且方差依次递减。主成分分析可以得到 p 个主成分，但是由于各个主成分的方差是递减的，包含的信息量也是递减的，所以实际分析时，一般不是选取 p 个主成分，而是根据各个主成分累计贡献率的大小选取前 k 个主成分。这里的贡献率是指某个主成分的方差占全部方差的比重，实际也就是某个特征值占全部特征值合计的比重，即

$$\text{贡献率} = \frac{\lambda_i}{\displaystyle\sum_{i=1}^{p} \lambda_i}$$

贡献率越大，说明该主成分所包含的原始变量的信息越多。主成分个数 k 的选取，主要根据主成分的累积贡献率来决定，一般要求累计贡献率达到 85% 及以上，这样才能保证综合变量能包括原始变量的绝大多数信息。

另外在实际应用中，选择了重要的主成分后，还要注意主成分实际含义的解释。主成分分析中一个很关键的问题是如何给主成分赋予新的意义，给出合理的解释。一般而言，这个解释是根据主成分表达式的系数结合定性分析来进行的。主成分是原来变量的线性组合，在这个线性组合中各变量的系数有大有小、有正有负、有的大小相当，因而不能简单地认为这个主成分是某个原变量的属性的作用。线性组合中各变量的系数的绝对值大时，表明该主成分主要综合了绝对值大的变量；有几个变量系数大小相当时，应认为这一主成分是这几个变量的总和。这几个变量综合在一起应赋予怎样的实际意义，要结合具体实际问题和专业方向给出恰当的解释，进而才能达到深刻分析的目的。

主成分分析在地理空间数据建模中有着广泛的应用，如在利用主成分分析处理将遥感波段数据作为自变量的回归分析时，将输入的多波段数据变换到一个新的空间，即对原始空

间轴进行旋转而成的新的多元属性空间,这是在尽量不丢失信息的前提下的一种线性变换,主要用于数据压缩的信息增强。此方法生成的是波段数与指定的成分相同的多波段栅格。第一主成分将具有最大的方差,第二主成分将具有未通过第一主成分描述的第二大方差,依此类推。多数情况下,主成分工具生成的多波段栅格中的前三个或前四个波段将对95%以上的方差进行描述,可以将其余各栅格波段删除。

5. 地理加权回归

线性回归模型包括全局模型和局部模型。全局模型变量间的关系具有同质性,即假定在研究区域内回归系数不随空间位置的变化而变化,从而可以保持全局一致性,其中一元线性回归模型和多元线性回归模型是最常见的全局模型。局部模型假定在不同区域内,回归系数并不相同,而是随着空间位置的变化而变化。地理加权回归模型是典型的局部模型。地理加权回归模型认为回归系数随着空间位置的变化而变化,具有空间非平稳性。例如,在土壤和环境科学领域,数据资料上存在很大的空间非平稳性,除自相关的因素之外,很多变量都存在一定的差异,并且在空间上存在一定的不稳定性,客观上需要应用非平稳性的相关分析方法来予以应对。地理加权回归技术就是一种局部空间数据分析方法,非常适合在土壤和环境科学领域应用。

(1) 基本模型。在空间数据分析中,n 组观测数据通常是在 n 个不同地理位置上取的样本数据,全局空间回归模型就是假定回归参数与样本数据的地理位置无关,或者说在整个空间研究区域内保持稳定一致,那么在 n 个不同地理位置上获取的样本数据,就等同于在同一地理位置上获取的 n 个样本数据,采用最小二乘估计得到的回归参数既是该点的最优无偏估计,又是研究区域内所有点上的最优无偏估计。而在实际问题研究中我们经常发现回归参数在不同地理位置上往往表现不同,也就是说回归参数随地理位置变化而变化。这时如果仍然采用全局空间回归模型,那么得到的回归参数估计将是回归参数在整个研究区域内的平均值,不能反映回归参数的真实空间特征。

很多学者基于局部平滑的思想,提出了地理加权回归模型,将数据的空间位置嵌入回归参数中,利用局部加权最小二乘方法进行逐点参数估计,其中权是回归点所在的地理空间位置到其他各观测点的地理空间位置的距离函数。可以将地理加权回归模型看作是对普通线性回归模型的扩展。将样点数据的地理位置嵌入回归参数之中,即

$$y_i = \beta_0(u_i, v_i) + \sum_{k=1}^{p} \beta_k(u_i, v_i) x_{ik} + \varepsilon_i, i = 1, 2, \cdots, n$$

其中,(u_i, v_i) 是观测点的坐标;$\beta_k(u_i, v_i)$ 为第 i 个观测点处的第 k 个回归系数;ε_i 为第 i 个区域的随机误差项,满足零均值、同方差和相互独立等基本假设。

(2) 参数估计。因为地理加权回归模型中的回归参数在每个数据采样点都是不同的,所以其未知参数的个数为 $nx(p+1)$,远远大于观测点个数 n,这样就不能直接利用参数回归估

计方法估计其中的未知参数,而一些非参数光滑方法为拟合该模型提供了一个可行的思路。假设回归参数为一连续表面,位置邻近的回归参数非常相似,在估计采样点的回归参数时,以采样点及其邻域采样点上的观测值构成局部样本子集,对该子集建立全局线性回归模型,然后采用最小二乘方法得到回归参数估计。对于另一个采样点采用另一个相应的样本局部子集来估计,以此类推。在回归分析过程中,以其他采样点的观测值来估计点 i 上的回归参数,由此得到的点 i 上的参数估计不可避免地存在偏差,即参数估计为有偏估计。显然,参与回归估计的样本局部子集规模越大,参数估计的偏差就越大,参与回归估计的样本局部子集规模越小,参数估计的偏差就越小。从降低偏差这一角度考虑,应尽量减少样本局部子集的规模,但样本局部子集规模的减少必然导致回归参数估计值的方差增加。一般而言,接近兴趣区域 i 的观测值比那些离 i 位置远一些的观测值对因变量的估计有更强的影响。可以利用加权最小二乘方法来估计点 i 的回归系数。

(3)空间权函数。地理加权回归模型的核心是空间权重矩阵,它通过选取不同的空间权函数来表达对数据间空间关系的不同认识。空间回归模型中的空间权重矩阵表达的是任意两个空间单元之间的空间临近关系,可以基于邻接关系和距离关系进行构建,矩阵对角线上的元素值均为 0;而地理加权回归模型的空间权重矩阵则对每一个空间单元构建,反映该空间单元与其余 $n-1$ 个空间单元的空间关系,并将这种空间关系按照指定的核函数转换为权重值,且以对角矩阵的形式在参数估计过程中发挥作用,并不显式地呈现在回归模型中。因此,空间权函数的选择对于地理加权回归模型的参数估计非常重要。常见的空间权函数包括全局函数、距离阈值函数、指数函数、高斯函数、双重平方函数和三次立方函数等。

① 全局函数。全局函数针对每一数据点,将其他所有数据点计入参数估计的范围,体现了全局性,模型估计退化为普通线性回归模型,在实际中很少使用。

② 距离阈值函数。距离阈值函数是最简单的空间权函数,应用它的关键是选取一个合适的距离阈值 b,然后将数据点 j 与回归点 i 之间的距离 d_{ij} 与 b 进行比较,若大于该值则权重为 0,否则为 1。这种权重函数的实质就是一个移动窗口,计算虽然简单,但其缺点为函数不连续,参数估计会因为一个观测值移入和移出窗口而发生突变,因此在地理加权回归模型的参数估计中不宜采用。

③ 指数函数及高斯函数。这两种权函数的基本思想就是选取一个 w_{ij} 与 d_{ij} 之间的连续单调递减函数,用以克服上述空间权函数不连续的缺点。函数中用于描述权重与距离之间函数关系的非负衰减参数,称为带宽。带宽越大,权重随距离增加衰减得越慢;带宽越小,权重随距离增加衰减得越快。

④ 双重平方函数和三次立方函数。这两种权函数是截尾型权函数,为了提高运算效率,在实际应用中往往会将对回归参数估计几乎没有影响的数据点截掉,不予计算,并以有限高斯函数来代替高斯函数,最常用的有限高斯函数是双重平方函数,类似的还有三次立方

函数。

(4) 带宽选择优化。地理加权回归对于高斯权函数和双重平方函数的选择并不敏感,但是对于带宽的选择却很敏感,带宽过大会导致回归参数估计的偏差过大,而带宽过小又会导致回归参数估计的方差过大。因此带宽的选择十分重要,常用的带宽选择优化方法有以下几种。

① 交叉验证法。最小二乘平方和是常用的优化原则之一,但对于地理加权回归分析中的带宽选择却失去了作用,这是因为对离差平方和最小而言,带宽越小,参与回归分析的数据点的权重越小,预测值越接近实际观测值,从而使离差平方和近似等于 0,也就是说最优带是只包含一个样本点的狭小区域,为了克服这个问题,克利夫兰(Cleveland) 于 1979 年提出了用于局域回归分析的交叉验证方法,该方法的表达式为

$$CV = \sum_{i=1}^{n} \left[y_i - \hat{y}_{\neq i}(b) \right]^2$$

式中,$\hat{y}_{\neq i}(b)$ 表示回归参数估计不包括回归点本身,即只根据回归点周围的数据点进行回归计算,这样当 b 变得很小时,模型仅仅刻画点 i 附近的样本点,但没有包括点 i 本身。把不同的带宽 b 及其对应的 CV 值绘制成趋势线,就可以非常直观地找到最小的 CV 值所对应的最优带宽 b。

② 赤池信息量准则。赤池弘次(Akaike) 通过对极大似然原理的估计参数方法加以修正,提出了赤池信息量准则(Akaike information criterion,AIC),定义为

$$AIC = -2\ln L(\hat{\theta}_L, x) + 2q$$

式中,$\hat{\theta}_L$ 为 θ 的极大似然估计;q 为未知参数的个数。选择赤池信息量准则达到最小的模型是"最优"的模型。

③ 贝叶斯信息准则。施瓦兹(Schwarz) 提出贝叶斯信息准则(Bayesian information criterion,BIC),该准则可以使自回归模型的阶数适中,故常用来确定回归模型中的最优阶数。贝叶斯信息准则与赤池信息量准则非常相似,只是惩罚因子不同,其公式为

$$BIC = -2\ln L(\hat{\theta}_L, x) + q\ln n$$

式中,$\hat{\theta}_L$ 为 θ 的极大似然估计;q 为未知参数的个数;n 为样本个数;使贝叶斯信息准则最小的模型为"最优"模型。贝叶斯信息准则对于具有相同未知参数个数的模型,样本数越多,惩罚度越大,对于具有相同样本的情况,则趋于选择具有更少参数的模型为最优。与赤池信息量准则不同的是,贝叶斯信息准则要求模型为贝叶斯模型,即每个候选模型都必须具有相同的先验概率。

(5) 自适应权函数。上述最优带宽的选择比较适用于地理空间单元数据均匀分布的情况,如果数据在区域内分布不均匀,那么可能会出现有些回归点周围的数据点过少,导致回

归参数估计方差太大,精度降低。针对这种情况,可以根据数据疏密程度,在不同回归点上选取不同的带宽,即在数据密集的区域采用较小的带宽,而在数据稀疏的地方采用较大的带宽。通常数据密集区域比稀疏区域空间关系变化要剧烈,如果在空间关系变化剧烈的区域选取带宽过大,就会使过多数据点参与回归,从而导致参数估计偏差过大,反之亦然。这种在不同回归点上采用不同阈值或带宽的方式,就称为自适应权函数。通常采用的思路是取目标数据点周边最邻近的 k 个数据点参与估计,自适应权函数有高斯函数和双重平方函数。

(6)假设检验。① 回归模型的空间非平稳性检验。地理加权回归模型优于普通线性回归模型的显著性检验可采用拟合优度检验。拟合优度检验就是通过对方程与样本观测值之间的残差平方和 SSE 判断

$$SSE_S = y'(I - S)'(I - S)y$$

对于空间数据的回归建模,地理加权回归模型往往优于普通线性回归模型,由此可以建立拟合优度检验的原假设和备选假设分别为

$$H_0 : \hat{y}_S = S_y \text{ 的拟合优度与} \hat{y}_H = H_y \text{ 的拟合优度无明显差异}$$

$$H_1 : \hat{y}_S = S_y \text{ 的拟合优度优于} \hat{y}_H = H_y \text{ 的拟合优度}$$

为此构建检验统计量

$$F_1 = \frac{SSE_H}{SSE_S}$$

或

$$F_2 = \frac{SSE_H - SSE_S}{SSE_S}$$

如果原假设不为真,那么 F_1 和 F_2 的值均有偏大的趋势.

② 回归参数的空间非平稳性检验。通过拟合优度检验可以从整体上判断因变量与自变量之间存在明显的空间非平稳性,但不能断定每个参数都存在空间非平稳性,因此需要对每个回归参数 B 检验其在 n 个观测位置的变化是否显著,即

$$H_0 : \beta_{1k} = \beta_{2k} = \cdots = \beta_{nk}$$

$$H_1 : \text{至少存在} i \neq j, \text{使得} \beta_{ik} = \beta_{jk}$$

为了检验上述假设,可以将 β_{ik} 的样本方差 V_k^2 作为检验统计量

$$V_k^2 = \frac{1}{n} \sum_{i=1}^{n} \left(\hat{\beta}_{ik} - \frac{1}{n} \sum_{i=1}^{n} \hat{\beta}_{ik} \right)^2$$

通过回归参数空间非平稳性的显著性检验,可以确认哪些回归参数是不随地理位置变化而变化的,称为常参数,哪些回归参数是随地理位置变化而变化的,称为变参数。对于既包含常参数又包含变参数的回归模型,可以称为混合地理加权回归模型。

③ 回归模型的空间非平稳性赤池信息量准则比较。通过假设检验得到的模型是较为贴

近真实模型的一个解,但实际上真实的模型并不能完全知道,这就需要一个合适的标准来测度提出的模型与真实模型之间的接近程度,最接近的模型就是最好的模型。回归方程空间非平稳性的赤池信息量准则比较,就是将具有相同自变量和因变量形式的地理加权回归模型和普通线性回归模型分别根据前述的算法计算相应的赤池信息量准则的取值,若 $\text{AIC}_{\text{OLS}} - \text{AIC}_{\text{GWR}} > 3$,则判定因变量与自变量之间具有明显的空间非平稳性,反之则判定普通线性回归模型比地理加权模型更接近真实模型,即因变量与自变量之间不存在空间非平稳性。

6. 地理加权主成分分析

受空间依赖性和空间异质性的影响,地理单元并不孤立存在的,而是双向或者多向地相互作用、相互影响的。因此主成分分析对空间数据的变化解释呈现有偏的结构特征,不能反映地理单元综合评价的空间变化特征,而且忽略了地区特性的空间交互效应。地理加权回归分析技术的应用与推广,使得社会经济现象中空间异质性的解释得到极大提高,但地理加权回归分析不能处理多元变量的共线性。

地理加权主成分分析技术通过引入地理加权的一系列算法,将变量间地理位置的交互影响纳入到计算中,从而有效地解决了多元数据中的空间异质性问题,可以帮助了解地理变化的结构特征;识别空间变化主成分的最大因子载荷变量,并对主成分方差贡献率的局部空间分布特征进行可视化,优化地理加权回归变量选择,不仅可以弥补主成分分析的不足,而且增强了对地理分异规律的分析与解释。

对于一系列分析变量 x_i,在空间位置 i 的坐标为 (u,v)。地理加权成分认为变量 x_i 与位置 u 和 v 有关,地理加权主成分分析通过不同地点的地理加权均值 $\mu(u,v)$ 和地理加权方差 $\Sigma(u_i,v_j)$ 及地理加权协方差的计算,利用局部协方差矩阵的分解,得到局部特征值与局部特征向量,进而得到地理加权主成分分析的结果。

地理加权协方差矩阵的计算公式为

$$\Sigma(u_i,v_j) = X^{\text{T}}W(u_i,v_j)X$$

式中,X 为地理单元样本点变量的行列矩阵(n 为行样本数据,m 为列变量);$W(u_i,v_i)$ 为地理权重的对角矩阵,一般有高斯核函数和双重平方核函数两种计算方法。为了得到点 (u_i,v_i) 处的局部主成分,可以对协方差矩阵进行分解,得到局部特征向量矩阵 $L(u_i,v_i)$ 和局部特征值 $V(u_i,v_i)$ 的对角阵,则点 $L(u_i,v_i)$ 的地理加权主成分可以写为

$$L(u_i,v_i)V(u_i,v_i)L^{\text{T}}(u_i,v_i) = \Sigma(u_i,v_i)$$

局部主成分 $T(u_i,v_i)$ 可以由如下公式得到

$$T(u_i,v_i) = XL(u_i,v_i)$$

根据上述成果,可以进一步得到局部成分方差与载荷,并进一步对其进行空间可视化,从而可以帮助识别多元数据结构的空间变化特征。地理加权主成分分析可以评价主成分方差的空间解释情况和主因子载荷对主成分的局部影响。

7. 混合地理加权回归

混合地理加权模型是对地理加权回归模型的进一步扩展。普通线性回归模型假定回归参数在空间上是稳定不变的,而地理加权回归模型则认为回归参数在空间上是变化的,但在实际应用中,会经常发现并不是所有的回归参数都随着地理位置的改变而发生变化,有一些参数在不同的地理位置是保持不变的,或者其变化非常小,可以忽略不计。例如,对城市房价进行预测时,与房产建筑相关的因素(建筑结构、建筑材科等),或与其所在区位相关的因素(如周边基础设施及交通状况)的影响在空间上是变化的,而对房产价格产生影响的社会经济因素(如就业率)在整个研究区域的影响力基本是一致的。这种情况的一种解决方法就是让回归模型中的一部分回归参数随地理位置而变,称为变参数,而其余回归参数为常数,称为常参数,这种扩展的地理加权回归模型通常称为混合地理加权回归模型。将部分因子在整体范围内保持不变的量称为全局变量,而另一部分因子会随着空间地理的变化发生改变,称为局部变量。模型表达式为

$$y_i = \beta_0 + \sum_{k=1}^{p_a} \beta_k x_{ik} + \sum_{k=1}^{p_b} \beta_k x_{ik} + \varepsilon_i$$

式中,$\varepsilon_i \sim N(0, \sigma^2)$;$\mathrm{Cov}(\varepsilon_i, \varepsilon_j) = 0 (i \neq j)$;$y_i$ 与 $x_{i1}, x_{i2}, \cdots, x_{ip}$ 是 p 个自变量的 n 组观测值;i 表示观测点的地理位置,$i = 1, 2, \cdots, n$

$$\boldsymbol{y} = \begin{pmatrix} y_1 \\ y_2 \\ \vdots \\ y_n \end{pmatrix}, \boldsymbol{\beta}_a = \begin{pmatrix} \beta_{1a} \\ \beta_{2a} \\ \vdots \\ \beta_{pa} \end{pmatrix}, \boldsymbol{\beta}_b = \begin{pmatrix} \beta_{1b} \\ \beta_{2b} \\ \vdots \\ \beta_{pb} \end{pmatrix}, \boldsymbol{\varepsilon} = \begin{pmatrix} \varepsilon_1 \\ \varepsilon_2 \\ \vdots \\ \varepsilon_n \end{pmatrix}$$

$$\boldsymbol{X}_a = \begin{pmatrix} 1 & x_{11a} & \cdots & x_{1pa} \\ 1 & x_{21a} & \cdots & x_{2pa} \\ \vdots & \vdots & & \vdots \\ 1 & x_{n1a} & \cdots & x_{npa} \end{pmatrix}, \boldsymbol{X}_b = \begin{pmatrix} 1 & x_{11b} & \cdots & x_{1pb} \\ 1 & x_{21b} & \cdots & x_{2pb} \\ \vdots & \vdots & & \vdots \\ 1 & x_{n1b} & \cdots & x_{npb} \end{pmatrix}, \boldsymbol{m} = \begin{pmatrix} \sum_{l=1}^{pb} \beta_{1lb} x_{1lb} \\ \sum_{l=1}^{pb} \beta_{2lb} x_{2lb} \\ \vdots \\ \sum_{l=1}^{pb} \beta_{nlb} x_{nlb} \end{pmatrix}$$

模型也可以写成矩阵形式

$$\boldsymbol{y} = \boldsymbol{X}_a \boldsymbol{\beta}_a + \boldsymbol{m} + \boldsymbol{\varepsilon}$$

若保留 $\boldsymbol{X}_a \boldsymbol{\beta}_a$,将 $\boldsymbol{m}$ 去掉,则混合地理加权回归模型变为地理加权回归模型。由此可见,普通线性回归模型和地理加权回归模型都可以看成混合地理加权回归模型的特殊形式。

地理加权回归模型是对回归模型中的局部参数进行研究,而混合地理加权回归模型则是针对回归模型中的参数进行全局研究。因此,实际应用中对于参数的估计问题,地理加权回归模型参数估计并不适用于混合地理加权回归模型中的参数估计。

第三节　空间分析的模型方法

一、从符号模型到图形、图像模型

从某种意义上讲,管理科学是一门构造模型的科学。模型就是对实际对象或情景的表达、概括(抽象)。林业专题地图是林业工作者经常使用的模型。这种地图仅是森林本身所包括的总信息中的一小部分。这种地图对于为管理森林所进行的规划和决策来讲是一种非常有用的模型。

重要的是承认从研究模型所获得的结果需要根据模型对实际事物抽象的真假程度给予解释。为了简化模型,本来是某些重要的相互关系在模型中变成了次要的或缺省的,或因为缺少数据,或缺少了解,所以我们必须尽力去纠正这些可能性。例如模型飞机的风洞测试通常用于最初的导航设计工作。虽然测试使用了精确比例的模型,但这些模型没有使用与实际大小飞机相同的制作材料,作为结果在内在特性上有很大的差别。认识到这一点,航空工程师们已经想出了完善的方法,把这样测试的结果变换成了与实际飞机相应的推断。

有很多对模型分类的方法,可以用功能、专业、目的、维数、抽象程度等方法对模型进行分类。经常使用的方法是根据模型对真实事物抽象的方法把模型分成:模拟式、符号式、图像式等类型的模型。

(1)模拟式模型:这些模型是对真实事物或情景进行模拟,但不是物理上的类似。流程图表、组织结构图表、曲线图表等都是这种模型的例子。更复杂一点的,如使用电流来描绘交通模式,或水通过一个径流系统的流动。

(2)符号式模型:这些模型从抽象思维开始,然后使用符号记录,如化学反应式、数学公式、音乐乐谱等。在管理科学中最常使用的是数学模型,这种符号模型可以通过一组数学陈述来描绘一个组织或系统结构,进而描绘系统的结构特征、关系、功能和动态演替(趋势),是系统分析的强有力的工具。

(3)图像式模型:是对事物与情景的一种物理表达方式。包括以下两种模型。

二维图像(形)式模型:航空像片(航片)、设计图、地图、绘画等。

三维图像(形)式模型:地球仪、模型地图、航片立体观察模型等。

当所关注的事物与情景超越了三维表达方式,就不可能构造物理表达模型,我们必须使用模拟式模型或符号式模型表达。

二、地图分析模型方法

地图分析模型方法是一种分析和综合空间数据(地图数据)的方法,其目的是有助于对空间数据进行解释。对空间数据的解释是一个过程,在这个过程中原始数据文件所记录的潜

在有用的事件被变换成以具体信息形式的实际有用的记录事件。事实上,把空间数据变换成空间信息的这种能力是地理信息系统与其他信息系统相区别的主要特征。空间数据解释过程总体来说是把记录事件集合中所隐含的关系和含意提取出来,对它们以清晰的形式进行表达。地图分析模型方法中使用了所谓的地图代数方法,在这种方法中把单因子地图数据(图层数据)当作变量来处理,这样就能够使用较小的、但高度一体化的地图函数来运行,进行空间数据的处理与操作。地图分析模型方法要求地图数据结构、数据处理方法、过程控制要具有一定的规范和统一标准。

(一)地图数据规范

地图分析模型要求空间数据有一定的数据模型和数据结构,要求有一定的区域框架结构和图层结构。每个图层都是二维的图像。

(二)地图分析模型构造与数据处理规范

一个地图模型被定义为一个地理数据集,也可以包含一套指定的数据变换。每个数据层由它的标题来说明,每个函数由它的名称来表示。在面向地图分析模型方法的地图代数中,变量是地图数据层,实质是用地图运算(操作)的方法来处理。这些空间函数包含再分类、地图组合(叠加)、计算距离和方向、测定大小、鉴别形状、决定视线和模拟分布等。

每一种地图代数运算都能接受一种以上的现存地图作为输入层,并产生新的地图作为输出层。有一种运算所产生的输出地图层都可以作为其他的输入地图层。这些基本运算称为过程。通过若干个地图运算过程能够构造出表示复杂现象的模型,如适宜性评价、区域评价、土壤侵蚀及土地发展潜在能力等,详见本章有关地理信息系统在自然与环境的应用模型中的一些具体分析的例子。运用这些过程可以一步一步地构造和简化它的成分,甚至可以用一种清晰和固定的模式来表达非常复杂的模型。

(三)数据处理控制规范

数据处理控制是研究有关系统对数据处理运算进行指令的问题,识别出要使用的地图图层和陈述执行什么函数及执行的顺序。这可以使用典型化了的命令、图示、菜单或其他的通信形式来完成。

三、空间分析与空间建模

空间分析的应用与空间分析建模是密切相关的,空间分析建模是空间分析应用的基础。

(一)从空间分析到空间建模

从空间分析的任务来看,空间规划决策与调控是空间分析的高级阶段;从空间分析的类型来看,地理模型分析是对空间过程建模分析和空间现象发生机理的解释分析,空间分析为复杂的空间模型的建立提供基本的分析工具,应用模型是对空间分析的应用和发展。空间分析只有走向空间建模、解决各行业中与空间位置有关的问题,才能发挥其最大作用。但是这绝不是说要抛弃空间图形分析和空间数据分析,因为它们是空间建模和分析的基础。

严格地说,空间分析建模与空间建模的含义不尽相同,前者指运用地理信息系统空间分析方法建立数学模型的过程,后者的意义没有统一的定义,既可以理解为基于地理信息系统的空间问题分析和决策过程就是一个通过建立模型产生期望信息的过程,又可以理解为一切与空间位置相关的模型的建立。而空间模型的建立又要借助地理信息系统空间分析的原理、方法和技术来实现,二者有联系,很难区分。

（二）空间建模的方法

模型的类型根据所用的分类方法而不同,常用的分类方法有根据建模目的分类、根据使用方法分类、根据逻辑分类等。根据地理信息系统空间建模的目的,可分为以特征为主的描述模型和提供辅助决策信息和解决方案为目的的过程模型;根据使用的方法可分为随机模型和确定性模型;根据逻辑可分为归纳模型和演绎模型。

1. 描述模型

这是一类用描述方法研究区域中的实体类型、特征和相互之间的空间关系和实体属性特征的模型。一般用描述模型回答"是什么"这类简单的地理问题,或者描述某类现象存在的环境条件。描述模型不仅能够使用单一的地图图层数据,而且能够综合使用多个地图图层描述空间联系,表示不同条件下的空间关系或空间模式。因此描述模型的使用有助于识别空间关系及空间模式,增进我们理解地理过程的能力。有时描述模型指的就是地理信息系统的数据模型。

2. 过程模型

运用数学分析方法建立表达式,模拟地理现象的形成过程的模型称为过程模型,也叫处理模型。过程模型适合于回答"应当如何"之类的地理问题。显然过程模型根据描述模型所建立起来的对象间的关系,分析其相互作用并提供决策方案。需要运用多种分析方法进行空间运算,并从中产生描述模型所不包括的新的信息。

过程模型的类型很多,用于解决各种各样的实际问题。例如,适宜性建模:农业应用、城市化选址、道路选择等;水文建模:水的流向;表面建模:城镇某个地方的污染程度;距离建模:从出发点到目的地的最佳路径的选择等。

除了可以按照空间建模的概念化模式建模外,还可以采用图解建模。ArcGIS空间分析的模型就是在模型生成器(model builder)中建立的一种图解模型,它是ArcGIS提供的构造地理工作流和脚本的图形化建模工具,可以将数据和空间处理工具连接起来处理复杂的地理信息系统任务,并且可以使用多人共享方法和流程,多人可以使用相同的模型来处理相似的任务。在模型生成器中输入数据、输出数据和相应的空间处理工具都以直观的图形语言表示,它们按有序的步骤连接起来,使用户对模型的组成及执行过程的认识更加简单,并且对模型进行修改和纠错更加容易。

（三）建模的步骤

过程模型的建立过程如下:

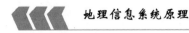

（1）明确问题：分析问题的实际背景，弄清建立模型的目的，掌握所分析对象的各种信息，即明确实际问题的实质，不仅要明确所要解决的问题是什么，要达到什么样的目标，还要明确实际问题的解决途径和所需要的数据。

（2）分解问题：找出与实际问题有关的因素，通过假设把所研究的问题进行分解、简化，明确模型中需要考虑的因素以及它们在研究过程中的作用，并准备有关的数据集。

（3）组建模型：运用数学知识和空间分析工具描述问题中变量间的关系。

（4）检验模型结果：运行所得到的模型、解释模型的结果或把运行结果与实际观测对比。如果模型结果的解释与实际状况符合或结果与实际观测基本一致，那么表明模型是符合实际问题的；反之，则表明模型与实际不相符，不能将它运用到实际问题中。如果图形要素、参数设置没有问题，就需要返回建模前的问题分解。检查对问题的分解、假设是否正确，参数的选择是否合适，是否忽略了必要的参数或保留了不该保留的参数，对假设做必要的修正，重复前面的建模过程，直到模型的运行结果满意为止。

（5）应用分析结果：在对模型满意的前提下，可以运用模型得到对结果的分析。

第四节　应用分析模型与地理信息系统工具的集成和地理信息应用系统的环境模式

一、应用分析模型与地理信息系统工具的镶嵌模式

地理信息系统的价值在于它能解决有关空间分析问题的能力，随着地理信息系统的理论和应用的发展，人们期待着地理信息系统拥有能够满足社会和区域可持续发展在空间分析、预测预报、决策支持等方面的特有的能力。但是在目前商品化的地理信息系统中，空间分析的能力还仅仅停留在较低的水平，大多数系统都是以数据采集、储存、管理和一般的空间查询为主，尽管所有的地理信息系统都能通过宏语言或内部函数提供一定的空间分析，然而对于复杂的应用分析模型还是有很大的局限性。

（一）源代码编程方式

利用地理信息系统本身所带有的二次开发语言，或根据拟使用的地理信息系统载体所限定的其他标准编程语言及数据结构，把应用问题所形成的空间分析模型编成程序，使其成为地理信息系统整体的一个组成部分。例如，在 ArcView 系统中设有 Script 窗口，可用 ArcView 本身带的 Avenue 二次开发语言编写空间分析函数。然后用图标加到界面功能菜单中，或作为一个功能插件，如美国的城市生态环境评价系统 City Green 就是用源代码编程方式把城市生态环境评价的应用分析模型集成到 ArcView 中的。

（二）可执行程序方式

事先把应用分析模型按一定的编程语言编成可执行的程序，这些可执行程序具有一定

的独立性,可外嵌于地理信息系统,也可以内嵌于地理信息系统。地理信息系统与应用模型的可执行程序之间可通过统一格式的中间数据文件作为数据交换的方式。

1. 外嵌式可执行程序方式

这种方式是利用现有的商品化的地理信息系统空间数据处理功能对应用问题所需要的空间数据进行初步的加工和分析,形成矢量及栅格格式的专题和相应的数据文件,然后在地理信息系统工具中通过 Export 把它们作为 ASCII 代码文件形式输出到指定的文件中(图6 – 30)。

例如,在 ArcView 系统中对.grid 格式的栅格数据输出,输出数据文件的数据头格式如下:

ncols	1000(行数)
nrows	963(列数)
xllcorner	92562.1025(左下角坐标)
yllcorner	3645.103(右下角坐标)
cellsize	400(每个栅格的地面分辨率)

在数据体中是每个栅格点的专题属性数据。

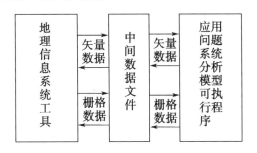

图6 – 30　外嵌式可执行程序方式集成

对于矢量数据,ArcView 系统可以把任何一个.shp 文件变换成.dxf 文件格式输出。图形交换文件(.dxf) 是具有专门格式的 ASCII 代码文件。它可以用文字编辑程序(如 edit 等)进行编辑、修改;也可以用显示文本程序进行显示。一个图形交换文件是由若干段组成的。利用图形交换文件实质就是用这种文件格式的数据可以不受限制地进出 ArcView 系统,并且.shp 文件和.dxf 文件可以互相变换,所以对于把应用问题的分析模型的可执行程序和 ArcView 系统进行集成来说,.dxf 文件是一个很合适的中间数据文件。

有了中间数据文件,剩下的问题就是应用问题系统分析模型的可执行程序以及如何使用它们来解决既定的应用领域的问题。

2. 内嵌式可执行程序方式

这种方式在本质上与外嵌式可执行程序是一致的,都要一个为解决应用问题构造分析模型的可执行的程序系统和进行交换数据的中间数据格式的文件集。所不同的是,为了克服外嵌式情形下的两个系统的不断切换,通过一个主控程序把它们放在一个操作环境里(图6 – 31)。

Jonkowski 等人（1996）采用这种内嵌式可执行程序方式把非点源污染应用问题的分析模型与 Arc/Info GIS 进行了集成。

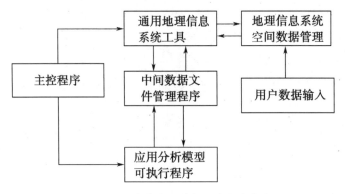

图 6 – 31   内嵌式可执行程序方式集成

（三）组件式应用模型的集成方式

这种集成方式是令应用问题的分析模型以组件式方式存在。所谓组件是指那些具有某种特定功能、但独立于应用程序，用对象连接与嵌入技术很容易把应用程序组装起来的、可以重复应用的"零件"。目前组件技术分为两大类，一是微软推出的 Active X，它是基于微软制定的组件对象模型（COM）规范的一种组件开发技术，是对象的连接与嵌入技术的扩展，它独立于语言，完全依赖于微软视窗操作系统（Micorsoft Windows）开发。Active X 组件（包括其前身 OLE 控件）已被广泛地应用于微软视窗操作系统应用程序开发。美国环境系统研究所公司的软件产品 MapObjects 就是基于 Active X 的、供应用开发人员使用的制图与地理信息系统组件，它包含35个可编程的 Active X 对象，MapObjects 可直接插入到许多标准开发环境中，如 Visual Basic，Delphi，Visual C + +，Microsoft Access，Visual Foxpro 等。另一类组件技术为 Javasoft 推出的 JavaBean，它是基于 Java 技术的，能够提供可以重用的对象，但没有管理这些对象之间的相互作用的规则标准；它依赖 Java 语言，但独立于平台，可运行在任何支持 Java 的平台上。

二、地理信息应用系统环境模式

地理信息系统的应用开发与构建过程必须建立在一定的系统环境中，随着计算机软硬件的发展，特别是互联网的出现，使地理信息系统的环境模式也得以发展和拓宽。从桌面系统到网络化系统的发展，使得地理信息系统的应用从单个项目到企业化和社会化，低、高档系统的共存，多层次的应用推动了整个地理信息系统科学研究和实际应用的发展。然而，这些新发展也给地理信息系统的实际应用与开发带来了新的问题。因为一个具体的应用项目，就其本身的性质、目标、所涉及的范围及精度要求等方面都存在着一定的新问题，同时牵扯项目投资的约束。如何优化项目的实施方案，合理利用系统资源应该是构建具体的地理信息应用系统时要首先考虑的问题。为此，必须对目前已有的地理信息应用系统的环境模式有一定的认识。

（一）桌面地理信息系统的应用模式

桌面地理信息系统是指在单机上实现,并用来解决实际应用问题或构建具体模型的应用系统,这种形式是地理信息系统早期发展起来的基本应用模式。桌面地理信息系统应用模式要求用户或项目所需要的所有数据都集中在该桌面的客户机上。数据库的结构是混合式的,即空间数据是按数据文件处理方式进行管理的。所有的空间数据处理、空间分析及结果输出都是由桌面客户机完成的。解决应用问题的地理信息系统功能是靠所选择或研制开发的地理信息系统软件来实现的。ArcView 桌面系统就是一个具体的实例,可以利用 ArcView 本身带有的核心模块及扩展模块解决实际应用问题,也可以利用 ArcView 所具有的 Avenue 语言进行开发,构建个性的应用系统,作为 ArcView 的一个插件;或者利用 MapObjects 建立应用系统。

图 6 – 32 是利用 ArcView 桌面系统模式构建的一个实际应用项目。在桌面系统上项目作为一个目录,空间数据、空间分析及应用程序都建立在该项目目录下的子目录中。

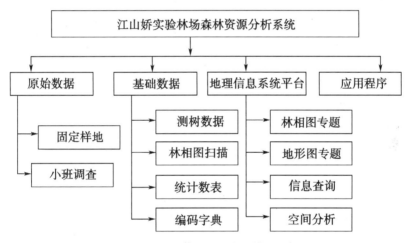

图 6 – 32　地理信息系统应用模式的例子

虽然桌面系统应用模式解决的问题和项目相对的小一些,但它具有灵活性大和成本低的优点。

（二）客户机／服务器(C/S) 地理信息系统应用模式

在一个企业内部已建立局域网或互联网的情况下,空间数据集中在服务器上统一管理和维护,桌面用户分散在各部门。基于客户端的网络地理信息系统允许地理信息系统的空间数据处理和分析在桌面客户机上完成。

在美国环境系统研究所公司的 ArcGIS 系列中,以空间数据引擎为中心的地理信息系统集成方案就属于客户端／服务器应用模式。空间数据引擎是以客户端／服务器的计算机模式设计的一种超级空间数据库管理器。在这种应用模式下,服务器端有空间数据引擎服务器、关系数据库管理系统(Relational Database Management System, RDBMS) 和具体的空间与属性数据;在客户端是执行地理信息系统功能的专业软件系统,可以是 ArcView、MapObjects 或 ARC/INFO 系统等,也可以是用户开发软件的系统。在客户端还设有空间数据引擎客户库,它是一个程序接口,用来处理客户端的应用请求(图 6 - 33)。

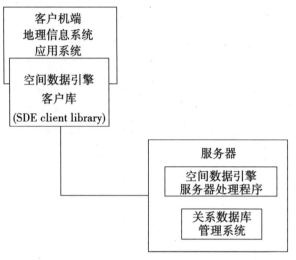

图 6 - 33　客户机／服务器应用模式

　　基于互联网的客户机／服务器模式,空间数据和地理信息系统处理工具存放和设置在服务器上。用户通过浏览器向服务器发出需要地理信息数据和地理信息系统工具的请求,服务器将它们传送给客户机端。此时客户机端根据实际应用问题的需要进行地理信息的操作或执行应用系统的运行,而服务器并不参与这一过程。属于客户端互联网地理信息系统的工作模式有 GIS Java Applet、ActiveX 控件等。基于 ActiveX 控件的网络地理信息系统的结构与工作原理如图 6 - 34 所示。

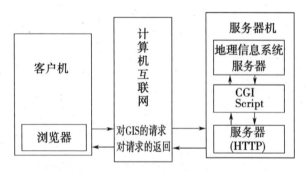

图 6 - 34　客户端互联网地理信息系统应用模式

(三) 基于服务器端的互联网地理信息系统应用模式

　　在这种模式下依靠服务器端的地理信息系统服务器管理地理信息系统数据和完成应用系统的空间分析,并产生输出,Web 浏览器的对用户接口。用户在客户机端 Web 浏览器上提出请求,通过互联网把请求送到服务器端,服务器根据请求进行处理,并把结果返回客户机端。服务器端的互联网地理信息系统是由 CGI 模式构成的(图 6 - 35)。客户端的所有地理信息系统操作和分析都是在地理信息系统服务器上完成的。

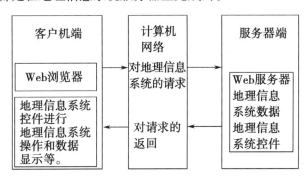

图 6 - 35   于服务器端的互联网地理信息系统应用模式

第五节   地理信息系统应用案例

地理信息系统包含两大部分:地理信息系统科学(GIS Science)和地理信息系统应用(GIS Art)。地理信息系统应用的中心问题是如何对应用领域中的应用问题建立空间分析模型,本节仅以自然资源和环境领域的一些现实问题为例,来讨论地理信息系统解决问题的切入点、构造地图分析模型的方法和过程。虽然在讨论的过程中可能对一些应用领域的知识有过多的叙述,但就其本意来讲不是讨论应用领域知识本身,而是讨论地理信息系统应用技术。希望读者能从这些例子中总结出一些通用的地理空间模型,如资源的空间配置与优化、环境评价、适应性评价、动态模拟等模型。由于自然资源和环境领域直接涉及空间信息,所以它成为地理信息系统应用最早的领域之一,积累了许多应用的经验,本节的例子不可能反映其全面性,仅以它们为例讨论一些地理信息系统应用的共性问题。

一、城市绿地生态系统

随着城市化进程的不断加快,城市环境受到破坏和威胁的趋势越来越明显,如市区面积不断扩大,自然景观逐渐消失,建筑物密度和高度也不断增加,污染源越来越多,二氧化碳、二氧化硫等有害气体排放量的增大严重影响了城市的空气质量,等等。所有的这一切都在提醒着人们,必须把环境保护和城市生态系统建设列入城市化进程,并将它作为不可分割的一个组成部分。以树木为主体的城市绿地系统是城市生态系统的重要组成部分,对改善城市生态环境、调节城市化进程带来的负面影响有着巨大的作用,如城市绿地系统能够降低空气污染、净化空气、进行能量转换、固定碳元素、缓解城市"热岛效应",等等。

(一) 应用地理信息系统和遥感技术提取城市绿地及热力场专题信息

城市热力景观是城市景观的热辐射能量表现形式,包括瞬时热场和热场的日变化、季变化,通常用热场图像来表达。对城市热力场及动态规律的研究已成为城市规划、城市环境保

护、城市环境质量及大气污染评价等方面的基础。

应用航天遥感图像提取城市绿地及热力场空间分布信息的技术方法,首先要选择遥感图像。多波段的美国陆地资源卫星 TM 图像是目前使用较多的数据,本节就来说明在地理信息系统平台上如何提取和分析城市热力场格局的方法。

1. 把卫星图像数据加载到 ArcView 系统

由于遥感数据是地理信息系统的重要的和非常有价值的空间数据源,所以几乎所有的商业化的地理信息系统都对卫星遥感数据开放,因此遥感数据可以作为图像式的栅格数据直接加载到地理信息系统。卫星遥感图像数据在应用前需要进行几何校正等工作,加载到地理信息系统的遥感图像数据一般应是经过图像处理后的.img 格式的图像数据。

2. 确定空间范围

由于一幅卫星图像地域范围很大,为了方便操作及分析,只需要显示和分析所研究城市的范围,ArcView 系统允许对图像定义显示范围。识别出城市市区周边的范围后,在坐标框中读出并记录该周边范围框架的 X, Y 坐标。然后在图层定义菜单中选择专题 Properties 项,单击对话框中 Definition 图标,在坐标框中改写坐标。此时该专题显示的图像缩小为所选择的区域框架范围。

3. 在地理信息系统中进行遥感图像的密度分割

单波段图像像素的光学密度值的范围为 0 ～ 255。密度分割是将所选择的单波段的卫星图像的光学密度分割成若干等级,并以不同颜色、色调表达形成伪彩色影像,根据地物光谱反射特性来识别地物。使用 ArcView 系统,选择单波段(Single – band)处理操作,产生TM 2, TM 3, TM 4, TM 5, TM 6, TM 7 单波段专题,这些单波段专题也可以通过图像编辑器进行彩色表达。

4. 地理配准

为了把卫星图像和其他有关矢量地图,如.dxf 格式的城市街区图,联合起来进行空间分析。为了进行空间分析,需要进行坐标变换。把矢量的街区专题和图像专题进行相对空间匹配,在 ArcView 平台上既可以用图像专题匹配,也可以用.dxf 格式的专题匹配图像专题。为此首先要选择控制点,然后进行坐标量测,建立空间配准的参数文件,即.wld 格式文件。

5. 遥感数据反演城市热力场基础信息

在完成建立密度分割及多光谱合成专题后,可通过遥感数据反演,来分析城市热力场及空间分布。陆地卫星(Landsat)TM 6 波长为 10.4 ～ 12.5μm,地面分辨率为120 m/px,由于这个波段的图像接受的是与地表温度高低相对应的强度不等的热红外辐射,因而可以通过 TM 6 通道获取地表热辐射的遥感数据,定量估算地表温度的高低与分布。由于热红外遥感数据实际包括地表温度、比辐射率等信息,用热红外遥感数据定量反演地表温度非常复杂。首先将图像亮度值 D 转换为辐射亮度 $L_b(\text{TM }6)$,其方程式为

$$L_b(\text{TM }6) = L_{\min}(\text{TM }6) + \left(\frac{L_{\max} - L_{\min}}{255}\right) \cdot D_n$$

其中，L_{max} 为传感器可探测的最大的辐射亮度；L_{min} 为传感器可探测的最小的辐射亮度。

对于 TM 6，$L_{max} = 1.560\,0$，$L_{min} = 0.123\,8$，如果不考虑大气影响，那么可通过辐射亮度 L_b 推算亮度温度 T_b

$$T_b = \frac{C_2\rho^{-1}}{\ln(C_1\rho^{-5}/L_\lambda + 1)} = \frac{k_1}{\ln(k_2/L_b + 1)}$$

式中，T_b 为地表温度（单位：K）；k_1 与 k_2 为校正系数，对于 TM 6 为已知常数，$k_1 = 1\,260.56$，$k_2 = 60.766$；ρ 为平均辐射亮度（$\rho = \varepsilon \cdot L_b$）；$\varepsilon$ 为地物的比辐射率。

这种在不考虑大气等各种影响因素，并假设地物为全辐射体的前提下，通过测定地表的辐射亮度求出的地表温度，称为亮度温度（或称辐射温度）。再通过大气及地表发射率等校正后，可求出地表真实温度（动温），其过程如下：

（1）加载 .img 格式的卫星遥感数据到 ArcView 系统，产生单波段 TM 6 图像的专题。

（2）把 .img 格式的 TM 6 图像专题转换为与该波段图像专题相应的栅格专题，因为只有栅格专题才能使用地图分析函数。TM 6 图像的栅格专题表达的是图像亮度，图像亮度值范围为 0 ~ 255。

（3）对该图像栅格专题进行空间数据处理。在 Analysis 菜单中选择 Map Calculate 运算，按辐射亮度公式，对该专题进行数据处理，产生栅格专题辐射亮度。

（4）按亮度温度公式推算辐射温度（亮温）专题。

通过上述过程可以获得城市市区的热力场空间分布图像。

6. 与街区专题图叠加进行空间分析与查询

为了进一步分析和获得城市绿地和热力场信息，将街区专题及 TM 2 密度分割专题（作为可视性导图专题）进行叠加。ArcView 地理信息系统提供了一种非常有用的专题图叠加分析方法，可以把一些叠加图层作为可视导图，进行显示而不激活，提供选择位置信息的功能；选择一个图层作为测定属性数据，把它激活，可以显示，也可以不显示。在这种叠加处理下，按着在可视导图中提供的信息来识别和选择位置，对被激活的专题进行查询属性信息的操作。街区专题图可以提供各分区位置、街区位置、主要道路位置等信息，可以查询市区内任意一点的地表辐射温度。在这种叠加环境下，可以对市区各行政区地表热辐射进行空间查询和抽样统计估计，对各种地类的热辐射进行空间查询和统计估计，对过热辐射斑块组合空间复合体的平均热辐射温度进行抽样统计估计，对各种绿地率和不同面积斑块的平均热辐射温度进行抽样统计估计和回归估计。

由 TM 6 图像处理生成的城市热力场专题图及其与城市街区专题图配准叠加分析可知，过热辐射地块在空间分布上形成了三种形式的复合体：热团、热环和碎片体。

热团：由面积分类等级中 20 hm² 以上的过热辐射斑块，及 20 hm² 以下的过热辐射斑块连续或集聚体构成。

热环：沿环状地物形成的连续和断续的过热辐射空间复合体。

碎片：由面积分类等级中 1 hm² 以下的过热辐射斑块组成的分散碎片复合体。

在 ArcView 系统平台上,还可以根据专题属性或地理实体进行再分类等空间分析。利用这一功能,对城市热力场空间分布专题的地表热辐射属性进行再分类,把连续的热辐射数据分成低、中、高三个等级的离散数据,也可以分成十个等级,进行统计分析。

ArcView 系统也提供了矢量专题和栅格专题的互相转换功能。利用这一功能,在再分类的基础上,把具有栅格数据格式的过热辐射分布专题(由热力场空间分布专题进行再分类分析产生的专题)转化成矢量专题,产生反映城市市区过热辐射斑块数据。对这些数据进行热力景观指标的统计分析,获得过热辐射斑块的总块数、平均面积、最大与最小斑块面积、形状指数和平均破碎度,并按斑块面积进行再分类,对各分类等级的斑块进行统计分析。根据上述的空间分析与查询,可以对城市热力场分布格局、影响因素及调节对策等进行研究。

通过上述研究表明,应用 TM 卫星遥感图像与 ArcView 系统集成可以形成较好的空间信息处理和分析平台。TM 图像能够提供多波段的地面信息,包括城市绿地和热辐射信息;ArcView 系统可以将遥感图像处理与空间分析集于一体,提取丰富的有关城市环境方面的信息,为环境保护及城市规划拓宽了信息源。

(二)应用地理信息系统从航空像片提取城市绿地系统专题信息的方法

本节以哈尔滨市为例,讨论在地理信息系统平台上应用航空摄影像片判读获得城市绿地系统结构信息的方法,如何把判读结果作为专题图加载到 ArcView 系统,把航空像片判读专题与该城市其他地理信息专题进行匹配,对城市绿地系统空间分布格局和绿地景观特征进行空间分析和查询等方法。航空摄影与地理信息系统整合的方法在城市绿地景观管理和城市规划领域有着非常广阔的应用前景。

由于航空遥感是相对低空摄影,分辨率较高,可以通过利用航片影像的形态信息对地物直接判读(辨认)来提取绿地信息。通过航空照片摄影测量的方法编制成航空像片正射影像地图,消除比例尺等各种测量误差,所以在研究城市绿地系统时可以直接获取和使用航片的正射影像地图。应用航空像片提取绿地信息可以有两种方法。第一种方法是首先在影像地图上区划不同层次的区域框架的地理网格,组织对绿地系统判读和数字化编码,然后把判读数据加载到 ArcView 系统中,与其他地理信息一起进行空间数据处理与分析,在对城市绿地系统区域评价过程中应用这种方法较为合适。第二种方法更适合小地块的局域分析,这种方法首先对研究的局域地块的航片图像进行扫描,然后把扫描图像的数据加载到 ArcView 系统中,与其他空间数据进行地理匹配,对航片专题进行绿地判读与区划,以及空间数据分析。

1. 从 1∶1 万比例尺的天然彩色航空摄影正射影像地图中提取城市绿地信息

(1)区域网格框架与栅格数字化模版。空间区域框架结构是指对所研究的地理区域进行定义,并分解成不同层次的区域结构。

一级框架:定义所研究的城市区域整体范围的最小包含矩形,但要求长与宽均是 50 cm 的倍数。

二级框架：在一级框架中区分出若干个 50 cm × 50 cm 方形区域作为二级框架，标记 A，B，C，…，如图 6 – 36 所示。二级框架是组织输入矢量地图和储存矢量数据文件的基本单元。

三级框架：在每个二级框架中区分 25 个 10 cm × 10 cm 方形区域作为三级框架（图 6 – 36），表记 1，2，3，…，25。三级框架是储存栅格数据文件的基本单元。

四级框架：在每个三级框架中区分出 400 个 5 mm × 5 mm 方形区域作为四级框架，标记为 1，2，3，…，400。四级框架是采集栅格数据的基本单元。

地理网格区域框架
A
B
C
D
E
F
G
H
I
J
K
L
M
N
O
P
1
2
3
4
5
21
25
二级框架(每个网格50 cm × 50 cm)
三级框架
(一个二级框架包括25个三级框架)

图 6 – 36　航空像片判读的区域框架

（2）确定绿地分类类型及其编码。绿地：定义为市区内各种形式的乔木、灌木和草地组成的实体集合的总称。绿地基本量纲有：面积、株数、绿色量。对城市绿地分类编码如下：

① 绿地类可分为单一型和混合型绿地单元分类如下：

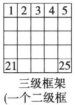

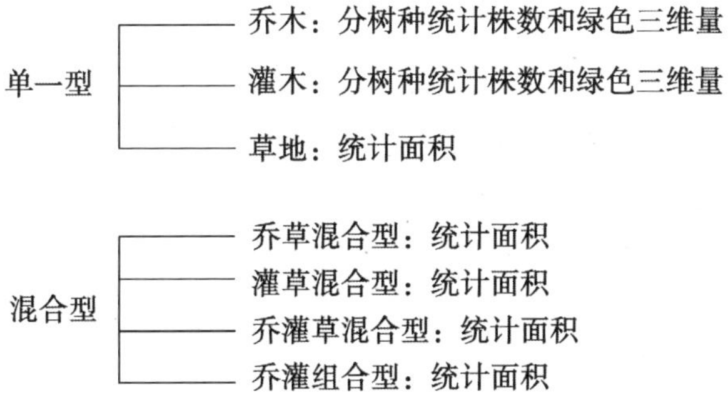

单一型
乔木：分树种统计株数和绿色三维量
灌木：分树种统计株数和绿色三维量
草地：统计面积
混合型
乔草混合型：统计面积
灌草混合型：统计面积
乔灌草混合型：统计面积
乔灌组合型：统计面积

② 地类编码：a. 非绿地类。b. 乔木类。c. 灌木类。d. 草地类。e. 乔灌组合类。f. 乔草混合类。g. 灌草混合类。h. 乔灌草混合类。i. 水。j. 农田。

③ 树种编码：a. 阔叶。b. 针叶。c. 灌木。

④ 绿地分类编码：a. 公共绿地。b. 生产绿地。c. 防护绿地。d. 专用绿地。e. 风景绿地。

（3）航片绿地判读及数字化。根据航空像片影像的形态信息：大小、形状、色调、阴影等判读因子，对四级网格地理实体进行判读，确定空间实体的地类、绿地比，如果空间实体含有

树木,那么判读出树种组(针、阔叶树)、株数、冠幅等数据,按表6-12所列格式记录。以三级
网格组织判读和储存数据文件(图6-37)。然后按二级框架及一级框架进行数据组装,形
成.txt格式的城市绿地专题的数据文件。

表6-12　绿地判读数据文件结构

行	列	地类	绿地比	树种	株数	冠幅
R	L	DL	LDB	Q	QN	QKF

图6-37　按区域框架对航空像片进行判读与编码

2. 航片判读绿地信息进入ArcView系统并与其他矢量地理数据相配准

在ArcView系统中加载该城市街区、行政区划、地理网格等矢量(图形)专题的"航片绿
地"项目,然后按下列过程生成航片绿地专题:

(1)量测网格坐标。在项目显示的地图(View)上,激活网格专题(Theme),在显示的网
格上量测已组装好了的航片数据相应位置所在网格左上角与右下角点的X,Y坐标。

(2)生成航片判读点的空间数据文件。为了使航片绿地判读数据进入ArcView系统,要
生成判读点的空间数据文件。空间数据文件包括判读点的相对位置X,Y坐标及相应的绿地
属性值。上述航片判读数据组装成一级框架的数据文件("绿地率.txt")只包括判读的属性
值数据,而没有判读点的空间位置坐标值。但根据航片判读的一级、二级、三级区域框架信息
可知,一级区域框架范围是20 km × 20 km,每个判读点间距为50 m,所形成的数据矩阵为
$X(400,400)$。根据"绿地率.txt"数据文件和上述信息可形成进入ArcView系统所需的数
据文件,该数据文件结构的数据头部分为:"X""Y""绿地率",数据体部分为160 000个记
录,每个记录为三个数字型的数据项X坐标,Y坐标和绿地率数据。

(3)把.txt格式的航片判读数据添加在ArcView系统的显示地图上。在航片绿地项目
中,选择属性表(Table)操作模式,加载.txt格式的航片判读的城市绿地数据。

激活当前的显示地图(View),在View菜单中选择"添加事件专题"(Add Event Theme)。

在Surface菜单中选择内插项(Interpolate),其目的是使用"航片绿地率"专题中的判读

点的数据,内插出区域地表数据,这一过程是把矢量点数据转换成栅格点数据。内插的结果是生成一新的栅格专题:Surface from"绿地率.txt"。通过对该专题启动图例编辑器,进行分类数和颜色的重新设置,使该专题显示如图6－38所示。

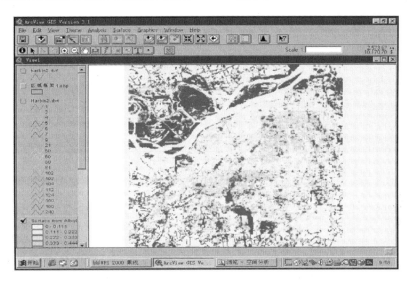

图6－38　把航片判读绿地率数据作为 ArcView 系统的一个专题

(4) 与显示地图中其他矢量专题配准。

为了和该显示地图中其他矢量专题进行一体化分析处理,需要把栅格数据与矢量数据配准,数据配准需要在两个数据图层上选择公共点及相应的坐标建立一个坐标匹配参数文件,即.wld格式文件。

3. 区域绿地结构分析。

激活航片绿地专题,使用 ArcView 系统中的空间分析功能,单击 Analysis 工具菜单,选择 Map Query,在对话框中输入查询表达式,在图层(Layers)数据项里选择"航片绿地 GRD"图层作为分析图层,分别查询:

——"绿地率"≥ 0.7 的空间分布,产生"MAP QUERY(≥ 0.7)"专题。

——"绿地率"≥ 0.4 和绿地率 < 0.7 的空间分布,产生"MAP QUERY(≥ 0.4 ~ 0.7)"专题。

——"绿地率" < 0.4 和"航片区域框架" = 1 的空间分布,产生"MAP QUERY"(< 0.4)专题。

——"绿地率" < 0.1 和"航片区域框架" = 1 的空间分布,产生"MAP QUERY"(< 0.1)专题。

产生的这四个专题可以分别显示,也可以合在一起同时显示观察查询结果,做出统计图表或进一步分析。也可以和查询任意点绿地率时一样,同时显示其他需要的矢量图层(如街区图等)作为导图,使研究者有目的地选择空间区域来直接查询或统计绿地率,或者根据绿地率综合再分类的区域来查询分析地理实体(如街区、企事业单位等),或分析地理实体的绿地率等级及阈值(图6-39)。

为了进一步对哈尔滨市绿地系统做景观特征分析,把上述用地图查询(Map Query)方法生成的四个绿地率图层,用栅格矢量化的过程(Convert Shape files)生成相应的绿地斑块专题。在这些专题图中,各种绿地率斑块被表达成黄色。这些专题图从可视性的角度反映各类斑块的空间分布。绿地斑块专题与市区区划及街区专题的叠加可以反映绿地斑块在各分区及街区的空间分布格局。

为了进一步分析绿地斑块的景观特征,在 ArcView 系统中使用"Calculate"工具计算各绿地斑块专题中的各斑块(多边形)的面积、周长及形状指数,记录在各绿地斑块专题的专题属性表中。把它们变换成文本数据格式,编写 Visual Basic 程序进行绿地系统景观空间特征分析,所获部分结果列在表6-13和表6-14。

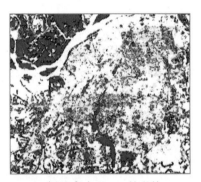
绿地率小于40%的斑块

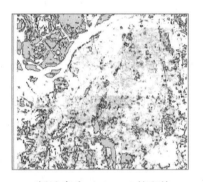
绿地率为40%~70%的斑块

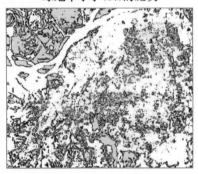
绿地率为70%~100%的斑块

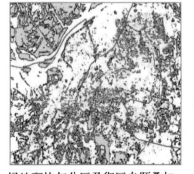
绿地斑块与分区及街区专题叠加

图6-39　用 ArcView 系统产生城市绿地斑块专题

应用这些属性数据可以进一步对城市绿地系统的空间结构进行分析和评价。

表 6-13　不同斑块类型的空间特征

	绿地率为 0 ~ 40% 的斑块	绿地率为 40% ~ 70% 的斑块	绿地率为 70% ~ 100% 的斑块
整体块数	1 235	9 862	4 947
专题斑块数	283	7 800	4 713
平均面积 /hm²	66.97	0.590 8	0.932 2
平均周长 /m	4 082	353	270
平均形状指数	1.380 6	1.473 8	1.364
破碎度	0.014 9	1.692 5	1.072 6
标准差	1 053.116 4	2.629	11.006 1
变动系数	15.723	4.450	11.808 5
最大斑块面积 /hm²	17 718.6	95.40	449.92
最小斑块面积 /hm²	0.798 83	0.04	0.043

表 6-14　按绿地率与斑块面积等级的统计数

斑块大小	绿地率为 0 ~ 40% 的斑块		绿地率为 40% ~ 70% 的斑块		绿地率为 70% ~ 100% 的斑块	
	块数 / 块	占比 /%	块数 / 块	占比 /%	块数 / 块	占比 /%
小于 1 hm²	121	42.75	6 938	88.94	4 292	91.07
1 hm² ~ 5 hm²	122	43.11	712	9.12	316	6.71
5 hm² ~ 10 hm²	19	6.71	96	1.23	47	1.00
10 hm² ~ 15 hm²	5	1.77	27	0.35	19	0.40
15 hm² ~ 20 hm²	5	1.77	10	0.14	13	0.28
大于 20 hm²	11	3.89	17	0.22	26	0.54

（三）City Green，一个基于地理信息系统的城市生态环境分析系统

1996 年，美国推出了 City Green 软件的第一个版本，它是基于微软视窗操作系统和 ArcView 系统的桌面地理信息系统在城市生态环境分析方面的应用。它可以使城市和保护组织来进行自己的局域生态效益研究。City Green 是一个为城市生态空间分析和效益评价的崭新工具。

这些效益包括减缓暴雨径流和空气污染、固碳、能量转换、为野生动物改善生存环境。软件的分析功能使用最新的科学研究成果计算树木和植被的经济价值，分析现存的条件并能对不同的发展和规划目标区域的影响构造模型。

City Green 提供两个单独的扩展模块 —— 局域分析扩展模块和区域分析扩展模块，加载在 ArcView 系统上。

1. 局域分析

City Green 的局域分析扩展模块(Loacal Analisis Extention)使用航空像片、地被信息和野外调查数据,计算树木在减弱暴雨径流量、能量转换固碳和减少空气污染方面所起的作用及产生的经济效益。为了估计一个城市、县或一个邻域范围内的生态系统总价值,把在一个研究地域上计算出的树木生态经济效益乘上具有相似土地使用和相似植被类型的总土地面积。

(1)局域分析过程。

① 获得具有一定比例尺的航空摄影像片,它们可以是数字化的计算机图像数据,或者是硬拷贝图片。如果是后者,把这些图片进行扫描,形成. tif 格式文件。

② 选择 10 ~ 15 个具有代表不同土地使用类型和地被物特性的样地。

③ 系统准备。启动 ArcView 系统,在文件菜单上选择加载扩展模块项 Extentions,加载 City Green – Local。

④ 使用 ArcView 系统界面,生成局域评价项目(project),在该项目下生成 Iventory View 窗口,在 Iventory View 窗口首先加载摄有局域范围的航空像片扫描图像(航片专题图)。在大比例尺的航空像片图像上辨认树木、建筑物、水体等地物是没有困难的,在判读技术上这一过程称为航空像片的目视轮廓判读。以航片专题图作为背景底图,以轮廓判读为基础,使用 City Green 的生成图层功能生成各种局域分析专题图:单株树木、树团、建筑物、不透水层地表、水体等基本专题图层和草地、空调、窗户、小块林地等辅助专题图层。经过编辑注记、树木编号等过程处理后,打印它们的地图以备外业调查使用。

⑤ 进行野外专业调查,记录每块样地各专题图层所规定的属性数据。包括树木树种、直径、高度级、健康状况、树木归属权,建筑物房顶颜色、反射率、层数、有无空调及数量、窗户及墙等,不透水地表的土地使用类型、不透水层的质地类型及颜色、草地、小块林地等调查数据。外业调查结束后,按规定把它们输入各专题图层的属性表中,City Green 设有属性数据输入的菜单与过程。

⑥ 进行 City Green 城市环境生态局域评价分析,估计该研究地点树木对提高空气质量、固碳、减缓暴雨径流量、能量转换与建立野生动物生境等方面的效益,最后把这些效益转换成以美元形式表达的经济效益。

(2)局域分析内容。

① 树木统计:City Green 统计出研究地内的树种组成、平均树高、平均直径、平均健康状况,以及遮护面积(覆盖面积)和树木归属权等。

② 树木储碳:City Green 估计出所定义的研究区内对碳的存储能力、树木的固碳率。

在估计城市储碳和固碳时,研究区面积(单位:英亩)、树冠覆盖率和树木直径分布要求为已知。

City Green 的储碳模型用来计量城市森林在消减大气中二氧化碳和储碳方面的作用。根据树木的树干直径,City Green 可估计在一个给定的区域内树木的年龄分布,并指定一个树木年龄分布类型。分布类型 1 代表相对幼龄树木的年龄分布;分布类型 2 代表相对老龄树木的年龄分布;分布类型 3 代表均衡的年龄分布。拥有老龄树木的区域(具有更多的生物量)被假定比幼龄树木储存更多的碳。每一个分布类型相当于一个因数(乘数),它是该面积内所有树木年龄和遮护覆盖的组合,可以用它去估计在一个给定面积的区域内有多少碳被固定储存。该程序可以估计出年固碳量或固碳率,以这种速率消减空气中的碳含量,估计出在现存的树木中碳的储量,单位为吨(表 6 - 15)。

表 6 - 15　按树木种群年龄分布类型确定的储碳因数

分布类型	储碳因数	固碳因数
类型 1(幼龄树木种群)	0.322 6	0.007 27
类型 2(栽植 10 ~ 20 年的老龄树木)	0.442 3	0.000 77
类型 3(所有龄级均衡分布)	0.539 3	0.001 53
平均(平均分布)	0.430 3	0.0033 5

City Green 使用上述的因数去估计碳储存能力和固碳率,计算公式如下

$$储碳能力 = 研究区面积 \times 树木覆盖率 \times 储碳因数$$

$$年固碳率 = 研究区面积 \times 树木覆盖率 \times 固碳因数$$

为了使城市树木的储碳和固碳效益最大,研究者建议在市区内应该栽植大的、寿命较长的树种。

③消除空气污染能力:City Green 估计出树木对在所定义的研究地内 NO_2,SO_2,O_3,CO,以及小于 $10\mu m$ 特殊物质产生空气污染的年消除率。对空气污染消减估计的模型如下:

消减空气污染的程序是根据某些研究者的有关研究结果,研制一种评价城市树木在消减空气污染,诸如 NO_2,SO_2,O_3,CO 和小于 $10\mu m$ 微粒超标量,等方面的能力

$$F = V_d \cdot C$$

式中,F 为空气污染消除率($g/cm^2 \cdot s^{-1}$);C 为污染浓度(g/cm^3);V_d 为下沉速度(cm/s)。

④能量转换:City Green 根据树木的位置、树木类型和树木高度赋给树木不同的能量参数。根据局域的气候和冷却成本,City Green 能估计出树木对建筑物直接遮阴效益的经济价值。City Green 的阴凉遮护分析也注意到了白色顶盖和绝热物质对夏季冷却成本的影响。

⑤对暴雨径流的减弱:City Green 能够评价地被物、土壤类型、坡度和降雨量如何对暴雨

径流、径流集中时间和洪峰的影响。计算出当植被被破坏、消除时需容纳的径流量,把该容纳量乘上地区建筑成本,可以计算出由于树木的遮护而节约的资金。City Green 的暴雨径流量分析可估计在大暴雨期间冲刷某一地域的暴雨量,以及集中的时间、洪峰,然后估计假定把该地块当前现有的全部树木去掉时,暴雨产生的径流量将会增加多少。该程序根据用户在 City Green 的局域分析中所进行的数字化各专题所获得的树木遮护百分数、灌木或草地百分数、不透水层百分数来确定径流量。该程序也考虑了用户输入的局域信息,诸如局域的降雨量、土壤类型及它们的特性。

⑥野生动物效应:City Green 能够得出研究区域内可以给城市野生动物提供取食、栖息、筑巢生境的树种和比率。

⑦树木生长模型及局域动态分析:City Green 在局域分析中还包括一个树木生长模型程序,该程序根据用户所选择的树种和生长年数,可以预测出城市树木的胸高直径、树高和树冠遮阴幅度。目前该生长模型程序支持 264 个树种。该模型确定树木生长量的方法是,首先把树木分成速生、中生和慢生树种类,确定树木平均胸径生长量和平均树高生长量。

慢生树种的胸径生长量为 0.1 cm,树高生长量为 1.0 m。

中生树种的胸径生长量为 0.25 cm,树高生长量为 1.5 m。

速生树种的胸径生长量为 0.5 cm,树高生长量为 3.0 m。

然后根据预测年数获得不同树木的胸径直径和树高估计值。

根据不同树种的树木胸径和树冠遮盖面积关系式(利用 13 000 株树木拟合而得),获得每株树木的遮阴直径和遮盖面积。

有了树木生长模型,City Green 就能够对局域增加动态分析和方案论证的功能。可以对现存的绿地空间在未来若干年后的结构、大小和生态环境效应进行预测;也可以对局域绿化选择树种,或者对现存绿地改造、更换树种或补充树种等规划设计进行论证,提供"脚本"图。这些无疑使 City Green 的实际应用性有了很大的提高。

2. 区域分析

City Green 的区域是在 ArcView 系统下加载 City Green – regional analysis 扩展模块进行的。City Green 提供两种区域分析作为对局域分析扩展模块的补充:归一化植被指数(Normalized Difference Vegetation Index,NDVI)植被分析和集水区分析。选择这些区域分析能够帮助我们描绘地区植被如何随时间发生动态变化。所产生的最新区域植被或地被物地图也可以帮助我们为使用局域分析扩展模块深入分析来选择样地位置。区域分析过程包括:获得研究区域的数字化卫星图像数据,生成区域植被图,比较植被动态变化,计算一个集水区内由树木提供的环境效益。

（1）使用归一化植被指数对卫星图像进行植被分类。City Green 支持的卫星图像数据有 SPOT,TM,MSS 数据，但必须把这些图像数据转换成 .bip 格式的数据，与地理坐标匹配文件以 .bpw 格式图像数据存放在同一文件夹中；地图投影必须是通用墨卡托投影，地图距离单位限定为英尺或米制。更重要的是 City Green 所需要的卫星图像数据必须含有近红外波段和红光波段。

用归一化植被指数，City Green 可执行一个对卫星数据进行基本植被分类的过程。这一过程实际是对输入的卫星图像进行图像处理。由于植被叶子的叶绿素对红光反射率非常小，而对近红外光反射率非常大，非绿色植物及人工地物对红光和近红外光反射率都很相近，正是根据这一事实，归一化植被指数用下式处理像素可以把植被和其他地物分离开

$$\mathrm{NDVI} = (IR - VI)/(IR + VI)$$

其中，IR 为近红外波段；VI 为可见光波段。

（2）动态变化分析。City Green 也可以通过比较两个归一化植被指数对植被分类的图像来实现动态变化的探测分析，产生一幅表示区域变化的地图。

（四）城市规划设计中的可达性评价模型

可达性评价模型在城市规划设计中有着广泛的应用。所谓城市可达性（Accessibility）是以广义上的有约束距离为基础的城市人文、经济和社会活动中空间实体相互联系，在时空上可接近方便程度的一种测量指标，通常具体体现在交通上的可达性。根据不同的问题可以定义不同的可达性模型，但最早的可达性模型来源于引力模型。在城市规划研究中，很早就使用了一种引力模型，即使用吸引点的规模及吸引点和发生点之间的距离作为变量的模型。所谓吸引点是指可达的对象点或目标点，例如商业点（区）、医院、居民点、公园等，吸引点的规模是指这些对象点的大小、运营面积、能力和数量等指标；发生点是指被吸引的对象点。吸引点 j 对单个发生点 i 的吸引力表示为

$$P_{ij} = M_j/d_{ij}^{\alpha}$$

式中，M_j 为发生点的规模值；d_{ij} 为由发生点 i 到吸引点 j 的距离（可以是几何距离，也可以是时间距离或成本距离）；α 为距离衰减系数；P_{ij} 为点 j 对点 i 的吸引力。

若考虑研究区域所有的吸引点，则点 i 的被吸引量为

$$P_i = \sum M_j/d_{ij}^{\alpha}$$

由引力模型知，该进程可达性指标可由引力模型改进成可达性指标

$$T_i = \sum P_{ij}/d_{ij}$$

T_i 的内涵是由 d_{ij} 的性质决定的，它是发生点到吸引点的平均最短距离或平均时间距离，

或是成本距离。

在现有的地理信息系统工具中,一般都设有简单的可达性函数操作功能,例如缓冲区分析、等距可达范围分析等。

二、野生动物生境评价

野生动物保护是人与自然和谐相处的一个重要方面,野生动物生境评价是野生动物保护的前提。野生动物生存的基本条件是食物、水和栖息环境,而这些都属于空间信息的范畴,因此在野生动物生境评价中应用地理信息系统技术是一种必然的发展趋势。下面通过两个实际研究的例子来讨论地理信息系统在这方面应用的一些基本方法。

(一) 马鹿生境条件评价的地理信息系统方法 —— 以黑龙江凉水国家级自然保护区为例

1. 确定评价马鹿生境条件的指标和评价模型

(1) 评价指标的选定。为了建立评价指标和模型,必须事先对所研究的野生动物进行生境调查,或通过不同的途径获得这方面的数据。对众多的与马鹿生活有关的环境因子进行分类筛选,在这些因子中找出影响马鹿生境条件的主要因子和次要因子。考虑到环境因子中既有定量的又有定性的,所以选择数量化模型 I 较为适宜

$$y = b_0 + \sum_{j=1}^{m} \sum_{k=1}^{r_j} b_{jk} \cdot \delta_{jk}$$

式中,m 为因子数,$j = 1,2,3,\cdots,m$;r_j 为第 j 个因子的类目数;δ_{jk} 为第 j 个因子第 k 个类目的属性值。

利用对马鹿生境条件的地面调查数据建立数量化模型 I,求出各调查因子各类目的参数、各因子的偏相关系数的方差及范围,在保持一定复相关水平上,逐步剔除偏相关最小的因子。对偏相关系数进行 t 检验,判断诸生态因子对生境选择的重要性。最后保留 5 个评价因子:森林类型、人为干扰及坡向为评价的主要因子,食物丰盛度和隐蔽条件为评价的次要因子。

(2) 评分评价模型。在生境条件评价中,往往采用专家评分评价方法,该方法的实质就是根据以往的或专家的研究,对选定的评价因子的重要性及它们对评价的贡献,以评分的形式给予认定,也就是对各评价因子及其下属的类目在不同层次上的权重分配。在本例中,对主要评价因子森林类型、人为干扰及坡向均按 10 分制打分,对次要因子食物丰盛度和隐蔽条件均按 5 分制打分。

对于马鹿每个生境评价因子下的类目,其评分标准确定如下:

① 森林类型。这里选定森林类型作为评价马鹿的采食和卧息环境的评价因子(表

6－16）。就研究区域森林植被而言,根据马鹿的生活习性可知,皆伐迹地和大的林中空地是马鹿的最佳生境,杨桦杂木林是卧息的最佳生境;而云冷杉混交林对马鹿的采食和卧息都不是好的生境。

表6－16　马鹿采食与卧息的森林类型得分标准

森林类型	采食得分	卧息得分
皆伐迹地	10	5
人工杨树幼林	6	3
杨桦杂木林	5	10
杨桦阔叶混交林	4	2
阔叶红松林	2	4
云冷杉混交林	1	1

② 坡向。坡向是地形因子,冬季积雪的深度在一定程度上随坡向变化,它是影响马鹿冬季选择生境的重要因素。根据研究,把坡向分为四个类目:半阳坡、阳坡、阴坡和半阴坡,得分标准如表6－17所示。

表6－17　马鹿坡向生境得分

坡向	得分
半阳坡	10
阳坡	9
阴坡	2
半阴坡	1

③ 人为干扰。人为干扰是指居民点、公路等人为活动频繁的地方影响马鹿对生境的选择。根据调查和研究,马鹿绝大多数时间是在远离人类活动1 000 m外的生境空间活动。评分标准确定如下:大于900 m的地方得10分,小于100 m的地方得1分,以100 m为基数,每增加100 m,得分增加1分。

④ 食物丰盛度。食物丰盛度是根据适合马鹿取食数量和食物的高度来评分的。在本地区,经调查研究马鹿可食的食物共有21种植物的嫩枝,以现有食物的数量与可食食物总数的比值作为评分标准,比值范围为0～1(表6－18);另外,可取食食物的存在高度也是食物丰盛度的一个限制条件,根据对马鹿啃食高度的调查研究,马鹿最喜欢的啃食高度为1.45 m,以此给予评分标准(表6－19)。

表 6 – 18　马鹿可取食食物得分

可取食物种数比	得分
小于 0.2	1
0.2 ～ 0.4	2
0.4 ～ 0.6	3
0.6 ～ 0.8	4
0.8 ～ 1	5

表 6 – 19　马鹿可取食食物高度得分

树木高度 /m	得分
小于 0.3 或大于 3.4	1
0.3 ～ 0.6 或 2.8 ～ 3.4	2
0.6 ～ 0.9 或 2.2 ～ 2.8	3
0.9 ～ 1.2 或 1.6 ～ 2.2	4
1.2 ～ 1.6	5

⑤隐蔽度。马鹿冬季需要稠密的森林作为它的栖息生境,林木的盖度越大对它们越有利,常以森林的郁闭度作为马鹿生境的评价标准(表 6 – 20)。

表 6 – 20　马鹿隐蔽条件得分标准

郁闭度	得分
小于 0.2	1
0.2 ～ 0.5	2
0.5 ～ 0.7	3
0.7 ～ 0.9	4
0.9 ～ 1	5

⑥马鹿生境条件的综合评价。对上述马鹿生境评价因子逐项评分后,对每个评价地点也要给出一个综合评价,其方法是把各因子得分之和除以最高分作为生境质量标准得分值(HSI),在本例中最高分为 45 分。最后按生境质量标准分为优、良、中、差四个等级(表6 – 21)。

表 6 – 21　马鹿生境质量标准的划分

HSI	1.00 ～ 0.75	0.75 ～ 0.50	0.50 ～ 0.25	0.25 ～ 0
分类	优	良	中	差

2. 马鹿生境评价的地图分析模型

对马鹿生境评价构建地图分析模型是以林相图作为主要数据源的。林相图是森林经理调查时通过航空摄影测量和地面调查编制而成的,林相图是以森林区划为主,并含有地形、河流、道路、居民点等信息的专题图。通过数字化过程可以进入地理信息系统,形成不同的矢量与栅格专题图层。

（1）马鹿生境植被专题图。在地理信息系统平台上对林相图进行空间数据处理,根据栅格林相专题图上的森林区划进行再分类,生成森林类型组专题图层,再根据马鹿的采食和卧息生境要求进行再分类,分别生成评价马鹿采食和卧息的生境评价图。最后把它们进行叠加,生成马鹿生境植被评分图(图6-40)。

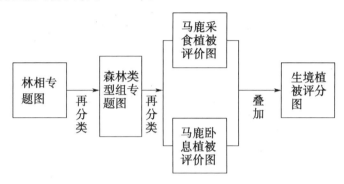

图6-40　马鹿生境植被专题图分析模型

（2）马鹿生境坡向评价地图分析模型。复原研究区域海拔高程专题图,进行数字化地形分析生成区域坡向图,通过等级再分类生成坡度级图层,根据马鹿对坡向生境的要求进行评分,通过再赋值、再分类生成马鹿生境坡向评分图(图6-41(a))。

（3）马鹿生境人为干扰评价地图分析模型。复原道路和居民点专题图,按人类活动对马鹿生境干扰程度分类值对两个专题图进行蔓延分析,分别产生道路和居民点对马鹿活动干扰的空间分布专题图。再按叠加和再分类产生马鹿受人为干扰的生境评分图(图6-41(b))。

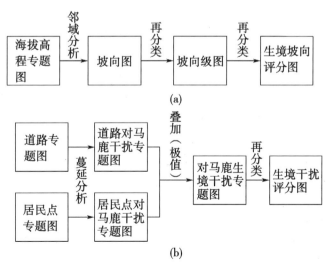

图6-41　人为干扰与坡向地图分析模型

（4）马鹿栖息隐蔽度评价地图分析模型及马鹿生境食物丰盛度分析模型。复原森林类型图,根据属性表中的林分郁闭度对森林类型图进行再分类,使其生成森林郁闭度图,再根据马鹿栖息隐蔽生境条件评分标准对郁闭度进行再分类,生成马鹿生境隐蔽度评分图。同理可得马鹿食物丰盛度评分图评分图(图 6 - 42)。

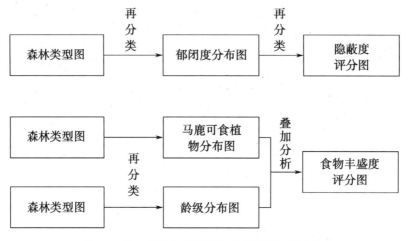

图 6 - 42　食物丰富度及隐蔽度地图分析模型

(5)马鹿生境条件综合评价地图分析模型。通过上述建立地图分析模型的过程,获得各生境评价因子的评分图,以此为基础进行第二个层次的空间分析。首先把马鹿食物丰盛度评分图、生境植被评分图、生境坡向评分图及隐蔽度评分图进行叠加,形成在无人类干扰条件下的生境综合评价得分图。因为人类活动可以对马鹿生境造成绝对的干扰,即使其他生境都合适也不能成为适合马鹿的生活空间,所以必须把人为绝对干扰的区域从马鹿的生境空间中过滤掉,使用所谓掩膜叠加的处理操作,产生马鹿有效生境评价图,最后通过再分类操作,获得马鹿生境综合评价专题图,并可获得相应的统计数据(图 6 - 43)。

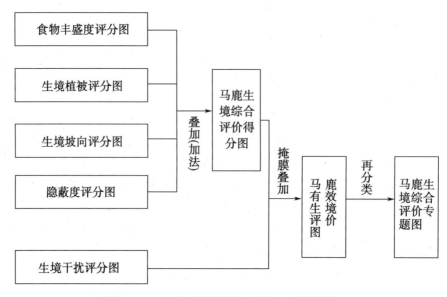

图 6 - 43　马鹿生境条件综合评价地图分析模型

（二）基于空间信息技术的丹顶鹤生境条件评价方法

本例是以对黑龙江洪河国家级自然保护区和长林岛湿地自然保护区丹顶鹤生境条件评价为例,进一步讨论和补充说明地理信息系统在野生动物保护方面的应用方法和开发潜力。

1. 丹顶鹤生境条件评价的系统框架

该研究提出了一个应用以地理信息系统为核心的空间信息技术,来支持野生动物生境条件评价的系统框架(图6-44)。对野生动物生境评价的一般模式是:界定进行评价的动物种群和评价的区域、确定评价指标和评价体系、收集评价数据、评价信息的处理和提取、实施评价模型、获得结果及应用结果进行决策和规划。以遥感、地理信息系统、全球定位系统组成的空间信息技术体系应用于生境评价的技术为切入点,可以设置三个环节:评价数据的采集,评价信息的处理和提取,评价模型的构造技术环节。

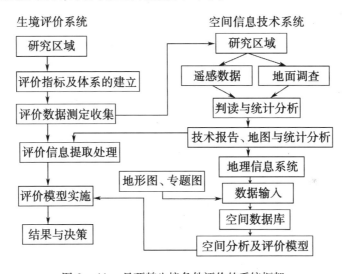

图6-44　丹顶鹤生境条件评价的系统框架

2. 在建立评价体系中采用的因子分析和判别模型

在建立评价体系的过程中,主要任务是确定参与评价的评价因子和采用的评价模型及方法。一般说来,与评价对象有关的生境因子是很多的,应该对这些因子进行筛选,确定哪些因子对生境评价的影响大一些,即所谓的主要评价因子;哪些因子对生境评价的影响相对小一些,即所谓的次要因子。对于这一任务通常可以采用数理统计中的因子分析、主成分分析、数量化模型I等,利用自变量与因变量的相关系数的大小,分析自变量对因变量的影响,进行因子筛选。在确定评价因子时,还要考虑对该因子数据收集在本次评价中是否可能。本例中使用的和前面对马鹿生境评价中所使用的方法相同 —— 数量化模型I,主要考虑评价因子中含有定性因子。在本例中对丹顶鹤生境的评价因子,通过数量化模型的筛选,最后确定为土地类型、植被类型组、地表积水深度、距河流的距离及距居民点的距离。但考虑到地表积水深度这一因子很难在遥感图像上通过目视判读的方法加以确定,所以最后也被筛选掉了。

在确定评价模型时,除了可以采用前面在马鹿生境条件评价时所采用的专家评分模型外,通常还可以采用相似系数、信息量判别、聚类分析、判别分析、数量化模型 II 等方法。本例考虑到评价因子中包含定性因子成分,所以采用具有判别性能的数量化模型 II 和欧几里得距离的方法作为丹顶鹤生境条件的评价模型

$$y_{gk} = \sum_{i=1}^{m_1} c_i \cdot x_{gk}^i + \sum_{j=1}^{m_2} \sum_{l=1}^{r_j} \delta_{gk}(j,l) \cdot b_{jl}$$

式中,y_{gk} 为第 g 组第 k 个样本的基准变量;x_{gk} 为第 g 组第 k 个样本的定量因子;$\delta_{gk}(j,l)$ 为第 g 组第 k 个样本的定性因子;c_i 为定量因子的判别系数;b_{jl} 为定性因子的判别系数;m_1 和 m_2 分别为定量因子数和定性因子数。

就本例,根据调查和研究的数据分为三组,第一组为有丹顶鹤筑巢的样地,第二组为有丹顶鹤出现但无巢的样地,第三组为无丹顶鹤出现的样地。根据各组的调查数据建立判别函数,求出各定量因子和定性因子各类目的判别系数,根据调查数据确定各组分布中心的基准变量。

3. 使用遥感卫星图像目视判读方法获得区域评价因子的空间数据

在野生动物生境评价中获得评价所需要的空间数据是能否进行评价的前提,利用现存的专题图和属性数据是一种既方便又节省开支的一种方法,如在前面评价马鹿生境时利用了现有的森林经理调查数据。但是在很多场合找不到比较合适的或满足精度要求的现存数据,此时利用卫星遥感图像或航空摄影像片判读获得所要求的数据是一种可取的方法。遥感数据和地理信息系统集成方式可以有多种形式,就遥感数据判读而言,可以采用目视判读分类,也可以通过自动化分类提取空间信息;就地理信息系统的切入时间而言,既可以首先对遥感数据进行处理、判读等过程生成评价专题图,对其数字化之后再输入地理信息系统,也可以把未经处理的遥感数据直接输入地理信息系统,在地理信息系统平台上对遥感数据进行空间数据处理、判读、生成评价专题图、地理定位匹配等过程。在本例中,使用 Landsat-5 TM 图像 4,3,2 波段合成并放大到 1∶10 万比例尺的图像资料。通过研究地物光谱特性、光谱合成加色法原理之后,建立地物目视判读标志,通过判读绘制出土地使用分类图、植被分布图、河流水系图、居民点及道路分布图。通过数字化方式输入地理信息系统,进行地理定位与匹配,再进行一系列的空间分析,生成生境评价专题图。

4. 丹顶鹤生境评价的地图分析模型

在地理信息系统平台上按图 6-45 所示的丹顶鹤生境评价的地图分析模型进行操作。第一步是把土地使用分类图、植被分布图、河流水系图、居民点及道路分布图分别从矢量专题图变为栅格数据格式的专题图;第二步是对河流、居民点及道路栅格数据专题图进行蔓延分析操作;第三步是对四个图层进行点对点叠加操作,把各图层点的值带入拟合后的数量化模型 II,获得为丹顶鹤生境评价的基准变量值,以所获得的各点基准变量值为坐标计算出距第一组有丹顶鹤筑巢的样地的中心、第二组有丹顶鹤出现但无巢的样地的中心、第三组无丹顶鹤出现的样地的中心的欧几里得距离,以最小距离判断各栅格点生境适应属性分类的归属。

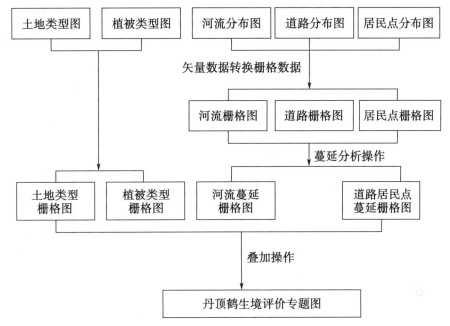

图 6-45　丹顶鹤生境评价的地图分析模型

三、在森林资源经营与管理领域中的应用

森林是生物圈中分布最广、结构复杂、类型丰富的陆地生态系统,对人类社会可持续发展具有非常重要的作用。森林的一个最大的特点是它的空间性,在森林资源的经营管理中引入地理信息系统是建立现代化林业体系的一个标志。这里仅就地理信息系统在解决森林经营与管理中的某些实际问题应用中的可能性和构造地图分析模型进行讨论。

(一) 区域尺度森林资源和森林生态系统评价及优化调整的地图分析模型

实施天然林保护工程的目的是为了提高和恢复天然林森林生态系统的结构和功能,发挥天然林的经济、生态和社会效应,形成可持续发展的森林经营体系。区域尺度森林资源和森林生态系统评价及空间优化调整是在宏观上实现这一体系的两个重要部分,地理信息系统的技术方法无疑会对解决这一问题起到重要的作用。本节在讨论这一问题时,以大兴安岭东部区域森林为例。

为了对大兴安岭东部森林进行区域尺度森林资源和森林生态系统评价以及空间结构的优化,需要建立数据库和基本图层的组织。

森林水文效应是森林生态系统的重要功能之一。森林植被对水文现象和相关环境质量有着重要的影响,森林对降水的再分配、调节、循环等过程,以及对水质和水土保持、江河的洪涝灾害都有着重要的影响。区域森林水文效应是土地资源及林种结构优化的一个决定性因素。森林水文效应分析模型的地理信息系统过程如下:

① 区域河流网络空间分布与集水区划分。在一个区域内,由于山脉的走向、地形地势都可对降水进行重新分配,所以主干河流与其相应的支流、溪流等在该区域形成了河流网络和集水区。划分集水区是研究森林水文效应的基础。

在地理信息系统平台上复原区域行政区划图、河流水系分布图及地形图,用屏幕数字化的方法生成区域集水区和子区,如图6-46。

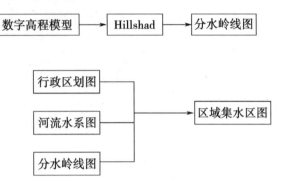

图6-46 在地理信息系统平台上进行区域集水区划分和相应的地图分析模型

② 集水区地理环境特征的空间分析。集水区的地理环境特征决定集水区域内的年径流量、年产水量、水源涵养及天然动态蓄水量等重要水文效应。集水区地理环境特征包括集水区内各子集水区的面积、平均降水量、年平均温度、森林覆盖率等。地图分析模型构筑过程:从空间数据库复原海拔高程图(栅格数据)、年降雨量和年平均温度图(矢量数据)、固定样地数据(矢量点数据)。把矢量的年降雨量和年平均温度专题图变换成相应的栅格数据格式的专题图;把固定样地数据按属性中的地类再分类。在完成这些过程之后与上面生成的区域集水区图分别进行叠加,生成集水区高程图、集水区年降雨量图、集水区年平均温度图和集水区森林覆盖率图(图6-47)。最后根据属性表的频数可以计算出集水区地理环境特征的统计数据(表6-22)。

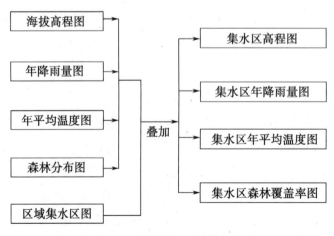

图6-47 区域集水区环境特征专题图

表 6 – 22　各集水区地理环境特征估计值

主干河流区段集水区	子集水区编号	面积 /km²	平均海拔 /m	平均降水量 /mm	年平均温度 /℃	森林覆盖率 /%
黑龙江区段集水区	1	18 431.8	556	419	– 5.9	77
	2	10 891.5	561	433	– 5.2	74
	3	34 350.3	619	477	– 4.4	84
嫩江区段集水区	4	20 107.4	539	477	– 2.6	69

③ 集水区河流网再分类。在各集水区内,水总是往低处流,由于地形的起伏和海拔的梯度变化,对大气降水进行重新分配。由地表径流汇集成小溪,小溪汇集成小河,小河汇集成支流,最后流入主干河流,这一过程形成了河流现实网络模型。根据主干河流与支流、支流与次级支流交汇的次序对河流进行分类和确定等级。确定河流等级的原则是:主干河流各河段为一级河流,汇入主干河流的支流为二级河流,汇入支流的下一级支流在等级上递减一级,依次为三级、四级等。在把河流的现实网络模型抽象为河流的地图网络模型时,由于比例尺的缘故需要进行地物的综合,所以等级低的河流就不能被表达了。

根据河流等级的分类原则,对河流水系专题图的各河段进行再分类,并进行分类统计。

④ 森林水文效应。森林被称为"绿色水库",有着巨大的渗透力和蓄水力。在有降水时森林能吸收和渗透降水,减少流入河流和大海的无效水,增加了地表有效水的蓄积,体现了森林涵养水源的功能;在雨季,减少和滞后了降水进入江河,消减和滞后了洪峰,减少了洪峰径流;在枯水期,森林逐渐释放涵养的水,增加和延长了丰水流期,缓解了旱情。

森林涵养水源的机理在于森林通过林冠截留、树干截留、林下植被截留、枯落物持水和土壤储水等过程对大气降水进行再分配、调节径流时空分布,实现了森林涵养水源的效应。森林涵养水源量 = 林冠截留量 + 枯落物持水量 + 土壤非毛管孔隙储水量。

流域水量平衡法的基本原理是利用水量平衡方程,分析水文要素受森林植被影响后的差异和变化,森林植被影响水分的循环过程(下渗过程、蒸发散过程、植被吸收过程和输出流域系统过程)表现为增加天然动态蓄水能力。根据闭合流域的水分循环过程和年降雨量,水量平衡方程可以写为

$$P = Q_s + Q_g + E + \Delta V$$

式中,Q_s 为流域地表年径流量;Q_g 为流域地下年径流量;E 为流域年蒸发量;ΔV 为流域年末年初蓄水变量,其值可正可负。

定义 $V = Q_g + E + \Delta V$,V 为流域天然动态蓄水量,则有

$$V = P - Q_s$$

径流量主要取决于降水量、植被覆盖率和蒸发散量,蒸发散量又和年平均温度及海拔等相关。可以根据这些因子建立多元回归方程,进而求出区域年径流量。经研究获得回归方程为

$$Y = 0.93X_1 - 1.749X_2 + 84.526X_3 + 0.404X_4 - 191.801$$

式中:X_1 为年平均降水量;X_2 为森林植被覆盖率;X_3 为年平均气温;X_4 为海拔高度。

考虑在该区域年平均温度为负值,所以该回归方程中年平均温度项对年径流量的估计不存在贡献值,在本区域应用该回归方程可以不考虑这一项。根据表 6-23 中的数据计算出大兴安岭东部各子集水区的年径流量与产水量的估计值。进而,按上述公式估测了各子集水区的森林植被对降水的截留(树冠、植被层、枯枝落叶层等截留与蒸腾)及天然动态蓄水量见表6-24。

表 6-23　各子集水区年径流量与产水量估测

主干河流区段集水区	子集水区编号	面积/km²	理论年径流量/mm	年产水量/t
黑龙江区段集水区	1	18 431.8	288.6	5 319 417 480
	2	10 891.5	308.9	3 364 384 350
	3	34 350.3	356.0	12 228 706 800
嫩江区段集水区	4	20 107.4	323.9	6 512 786 860

表 6-24　各子集水区的森林植被对降水的截留(天然动态蓄水量)

主干河流区段集水区	子集水区编号	年降水量/mm	森林年截留量/mm	天然动态蓄水量/mm
黑龙江区段集水区	1	419	134.7	130.4
	2	433	129.4	124.1
	3	477	146.9	121.0
嫩江区段集水区	4	477	120.7	153.1

(二)区域森林立地、生产力与适应性评价分析的地理信息系统模型

1. 区域尺度森林立地分类

对森林立地的分类及其评价是对天然林评价与经营管理的首要工作。以往对森林立地质量的测定及评价的方法可以归结为四种:

（1）以植被类型确定森林立地质量的方法。

（2）以树高生长为基础的地位级及地位指数方法。

（3）以环境因子的分类及测定直接评定森林立地的方法。

（4）把环境因子和树高或植被等因素结合起来综合评定森林立地的方法。

尽管不能简单地否定哪一种或肯定哪一种方法，但是后两种方法越来越多地在实际工作中应用。特别是在森林生态系统经营体系下，使用环境因子的森林立地分类及评价方法更能反映森林植物群落与森林立地的关系与演替动态。为此，可以环境因子森林立地分类方法为基础，以地理信息系统技术为手段，对大兴安岭林业管理局东部的森林进行森林立地分类及森林种群适生性的分析与评价。

森林立地被认为是具有一定地理空间位置的许多具有内在联系的环境条件组成的自然地理综合体。地理空间是环境条件的载体，经纬度、海拔高度、坡度、坡向、坡位等要素体现了空间异质性。地形本身对森林并不具有直接的生态内容，然而在一定的区域内，地形能够对生态因素进行再分配，地形可以对大气降水再分配，地形对土壤种类的形成、土壤厚度、光照、空气与土壤的温度、湿度等都有着一定的影响。森林生长需要一定的地理空间，在一个地带性的区域内森林随着地形变化而变化这一现象早已被人们所认识。空间的多样性在某种程度上决定着森林群落的多样性，根据区域森林调查数据，使用交互信息的度量方法能够检验区域天然林类型及森林种群与地形因子的关联性，进而论证以地形及环境因子作为对区域范围森林立地分类因子的可行性。1988 年，原林业部资源司组织有关单位完成了对中国森林立地分类体系的研究，该立地分类系统采用立地区域、立地区、立地亚区、立地类型小区、立地类型组、立地类型六个分类级，将全国划分为 8 个立地区域、50 个立地区、166 个立地亚区。

在区域范围内可以根据海拔高度划分出三种立地类型小区：

（1）丘陵立地小区，海拔在 600 m 以下。

（2）低山立地小区，海拔为 600 ~ 1 000 m。

（3）中山立地小区，海拔为 1 000 ~ 1 350 m。

在每一种立地类型小区下又可按坡度级、坡向级划分成不同的立地类型组和亚组。S，SW，SE，E 为阳坡，N，NW，NE，W 为阴坡；坡度 0° ~ 5° 为平坡，坡度 6° ~ 15° 为缓坡，坡度 16° ~ 25° 为斜坡，大于 26° 为陡坡。

应用上述森林立地分类准则对具体森林区域进行评价时，先决条件是必须具有研究区域的海拔、坡度、坡向及森林类型的地图数据和叠加分析的技术方法，这在以往几乎是不可能的。地理信息系统应用技术为此提供了技术手段,构造森林立地分类的地图分析模型方法,获得区域森林立地小区(表6-25)。

在区域森林地理空间数据库中储存着海拔图层栅格数据,通过邻域空间分析获得坡度和坡向图层的数字化数据,通过再分类空间数据操作获得海拔高程级、坡度级和坡向级图层数据,最后应用叠加空间数据操作便获得大兴安岭东部立地类型组及亚组空间分布图。

表6-25　大兴安岭东部立地分类

小区	组	亚组
丘陵立地小区	平缓坡立地组	平坡亚组
		缓坡亚组
	斜坡立地组	阳向斜坡亚组
		阴向斜坡亚组
	陡坡立地组	阳向陡坡亚组
		阴向陡坡亚组
低山立地小区	平缓坡立地组	平坡亚组
		缓坡亚组
	斜坡立地组	阳向斜坡亚组
		阴向斜坡亚组
	陡坡立地组	阳向陡坡亚组
		阴向陡坡亚组
中山立地小区	平缓坡立地组	平坡亚组
		缓坡亚组
	斜坡立地组	阳向斜坡亚组
		阴向斜坡亚组
	陡坡立地组	阳向陡坡亚组
		阴向陡坡亚组

2. 区域森林潜在生产力评价模型。

在地理信息系统支持下,根据年均温度和年均降水量的空间数据,使用 Thornthwaite 模型估计了大兴安岭东部森林生产力,得到

$$T_{SPV} = 3\ 000 / \left[1 - e^{-0.000\,969\,5(E-20)} \right]$$

$$E = \frac{1.05N}{\sqrt{1 + \left(\frac{1.05N}{L} \right)^2}}$$

$$L = 300 + 25t + 0.05t^2$$

式中:T_{SPV} 为以实际蒸发量计算得到的植物净第一性生产力;E 为年均实际蒸发量;L 为年平均最大蒸发量;N 为年平均降水量;t 为年平均气温。

T_{SPV} 的单位是 $g/m^2 \cdot a$,所代表的植物生产力均指干物质,即植物地上和地下部分的总和。森林蓄积一般以树干材积来表示,通过下式换算

$$H = 0.6T_{SPV}(1 + M_g)/W_g$$

式中:H 为森林年蓄积潜在生长量,单位是 $m^3/hm^2 \cdot a$;M_g 为木材含水率;W_g 为湿材比重,单位是 $1\,000\ kg/m^3$。

根据上述数学模型构造地图分析模型,在地理信息系统的空间分析功能支持下实现该地图的分析模型,获得大兴安岭东部森林潜在生产力空间分布(图 6-48)。

通过对区域森林立地的空间分布分析可知,该区域有 34% 的低山和中山立地,它们是黑龙江与嫩江区段的集水源头,有着很大的生态重要性,是天然林保护的重点区域。特别是中山立地区,1 000 m 的海拔,使得森林植被生态系统较为脆弱,更是保护对象的"重中之重"。通过对区域森林潜在生产力空间格局的分析可知,全区域由于年均气温和降水量都很低,所以森林潜在生产力很低,并且全区域差异不大。从这一点来看,该区域森林的经济效应受到宏观环境条件的限制。

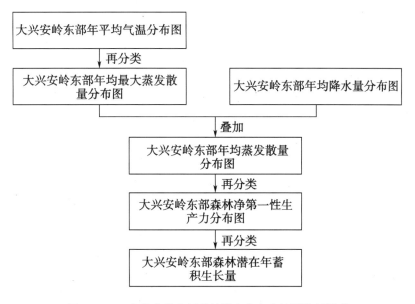

图 6-48　大兴安岭东部森林潜在生产力地图分析模型

3. 建立种群立地适宜性评价判别模型

森林种群的立地适宜性评价是森林立地质量评价的一个方面,是对区域内适应种群的

空间有效性的估计与评价。我们根据大兴安岭森林连续清查固定样地数据建立了种群立地适宜性评价模型,然后根据地理信息系统森林地理空间数据库中的数字化地形模型对森林种群适应性进行了区域性评价。

自然界地物之间在生态上是互相依存的,在空间分布上存在着一定的模式。地形与植被经常紧密地耦合于天然景观中,依有限的组合形式重复出现,每一种组合都体现了能量与物质转换的内在特征。我们选取了海拔高程、坡度、坡向等立地分类因子作为对大兴安岭东部主要种群适生立地评价的判别因子。因为缺少土壤分类因子的数据,可以加细地形因子的级距和判别因子级距的划分,作为一个补偿(表6 – 26)。

根据信息理论,信息可以被认为是人类对客观存在的事物状态和规律的认识,它可以脱离事物本身被记录、转换和处理。森林生态系统中的植被和生态环境之间的关系与组合形式可以用信息来表示和度量。

表6 – 26　　地形因子的级距和判别因子级距的划分

编码	海拔级	向级		坡度级	
	范围	名称	范围	名称	范围
1	< 300 m	半阳坡	W,SE	平坡	0° ~ 5°
2	300 ~ 500 m	阳坡	S,SW	缓坡	5° ~ 15°
3	500 ~ 700 m	阴坡	N,NW	斜坡	15° ~ 25°
4	700 ~ 900 m	半阴坡	E,NE	陡坡	25° ~ 35°
5	900 ~ 1 100 m			险坡	> 35°
6	1 100 ~ 1 300 m				

把林地作为信息源,一定的森林种群生长在特定的、由立地因子组合的空间之中。假设用 i 表示种群或林分类型,第 i 个种群个体总数为 N_i;用 j 表示地形因子;用 k 表示地形因子的指标(级距)。如果第 i 个种群的个体生长在第 j 个地形因子中第 k 个具体指标的立地上,且出现 a_i 次,其出现概率可写成 a_i/N_i,则不出现概率为 $1 - a_i/N_i$。根据Shannon的信息量公式,就我们的问题可写出各森林种群对各地形因子的平均信息量公式

$$I(X_i) = - (a_1/N_i) \cdot \log(a_1/N_i) + (a_2/N_i) \cdot \log(a_2/N_i) + \cdots + (a_n/N_i) \cdot \log(a_n/N_i)$$

其中,$I(X_i)$ 为第 i 个森林种群对各地形因子的平均信息量;N_i 为第 i 个种群的数量;$a_1, \cdots, a_n$ 为第 i 个森林种群对某一地形因子定义的 $1 \sim n$ 级距内所出现的数量。

在获得各森林种群对各地形因子平均信息量的基础上,把信息增量作为相似亲和性的测定,对种群进行立地适宜性判别

$$\Delta(A,B) = I(A + B) - I(A) - I(B)$$

式中,A,B 为两类森林种群;$I(A + B)$ 为两类信息合并后的信息量;$I(A)$,$I(B)$ 分别为两类群体的信息量;$I(A,B)$ 为两类信息合并后的信息量;$\Delta(A,B)$ 为两类信息合并后的信息增量。

　　把待判地块的地形因子特征合并,计算出合并后的信息量,进而计算出各种群的信息增量。比较各种群的信息增量,取信息增量最小的种群类型作为判定新地块适应种群归属组。分析模型见图 6 - 49。

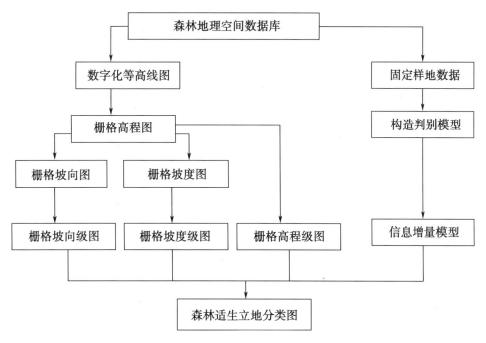

图 6 - 49　区域森林种群适生立地评价的地图分析模型

(三) 天然林区土地资源优化配置与林种结构区域尺度的评价、优化调整

　　天然林区土地资源和林种结构优化是天然林保护工程的两个重要组成部分。天然林保护的目的是通过保护的技术体系和措施提高和恢复天然林森林生态系统的结构和功能。就其实质而言,天然林保护工程是森林管理者在特定时期对所管理的森林按着特定的目标所制定的森林经理规划决策和具体的森林经营措施。

　　传统的森林经理在进行规划决策方面积累了丰富的经验,数学规划方法的应用、构建以计算机为基础的森林规划模型等都是该领域的重要发展方向,这方面具有代表性的成果当属 Timber RAM 及 Musyc 森林规划模型,它们在 20 世纪 70 ~ 90 年代产生了很大的影响和广泛的应用。然而这些森林规划模型有两个共同的特点:一是以木材收获优化调整为目标;二是这些模型仅对成熟林收获这一层次进行规划,一旦收获的对象转向次生化的幼龄林时就持续不下去了。显然,在建立可持续发展林业体系中,以木材收获调整为主体的森林规划的技术方法已不能适应目前的需要,特别是在我国提出天然林保护工程及森林生态系统经营被人们广泛接受的今天,如何通过森林经理规划来组织森林经营,实现可持续发展林业体系的宏观战略目标是一个非常重要的现实问题。

1. 传统森林经理的按林种经营与天然林保护中的森林分类经营技术体系

根据区域森林经理目标、森林的主导效应和森林生态系统的特点,把森林划分成一定的经营类型是森林经理的基础。传统森林经理把这种按经营类型进行的森林区划称为林种区划,在天然林保护中称为森林分类经营区划(图 6 – 50 和图 6 – 51)。

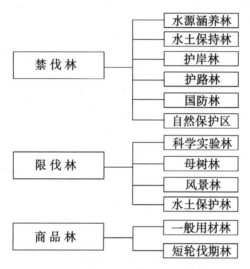

图 6 – 50　天然林保护体系中的分类经营区划类型

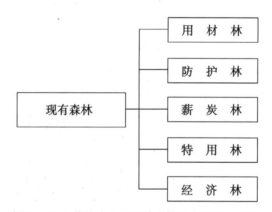

图 6 – 51　传统森林经理技术体系中的五大林种

传统森林经理把林种分为五大类:用材林、防护林、薪炭林、经济林和特用林;分类经营区划把森林划定为生态公益林(禁伐林)、多功能林(限伐林)和商品林。就其实质来说,这两种森林分类在内容方法上没有本质的差别,都是按着森林的效应进行森林分类的,五大林种细分也能划分出像分类经营类型一样的具体种类。商品林相当于林种分类中的用材林、经济林和薪炭林,生态公益林(包括多功能林)相当于防护林和特用林。两种分类体系的差异仅仅是人们随着科学的发展对森林认识的升华在森林经营和森林经理技术领域的反映。

2. 建立以天然林保护为核心的森林经营规划模型

(1) 森林经营规划目标的层次框架。森林经营管理及其规划决策的首要工作是要确定其经营目标。研究认为在确定经营目标时,应该以三个不同层次的目标关系结构为框架(图 6－52):以可持续发展林业的目标为第一层目标,以森林生态系统经营的目标为第二层目标,以特定的森林在特定的时间内的规划目标作为第三层目标。显然,第一、二层目标是指导性目标,第三层目标属于操作性目标。换言之,具体的森林规划目标必须是在可持续发展林业和森林生态系统经营的目标约束和指导下形成的。按这样的层次框架制定的森林规划目标以及做出的规划决策在本质及内涵方面将不同于以往传统森林经理以木材收获调整为主体的规划。

　　实行天然林保护,恢复地带性森林顶级群落,充分发挥森林生态效应是大兴安岭林业管理局现有森林经营规划的目标。现实林分状况是长期以来执行以木材收获优化为目标的经营结果,由于对这一目标的追求,不仅使木材收获不能持续下去,而且还偏离了可持续发展林业及森林生态系统经营的总体目标。问题的关键是,在以往的森林规划目标中缺少森林生态系统内涵,在约束条件中也没有控制森林生态系统的指标和约定。地带性森林顶级群落是自然界在长期自然选择和演替过程中形成的适应于该地区立地环境的"完美作品"。恢复和保持由地带性森林顶级群落组成的森林生态系统和森林景观层次,才能实现森林生态系统经营的目标。

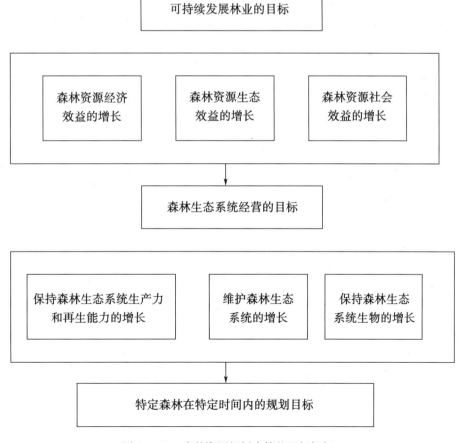

图 6－52　森林资源规划决策的目标框架

（2）基于地理信息系统的天然林保护的多目标规划决策优化模型。对天然森林资源进行多目标经营规划就是调整天然现实森林的结构。为此必须有一个明确的优化调整目标，这个理想的调整目标可以通过森林资源结构的优化模型来确定。实质是通过调整天然现实森林分类经营类型结构的比例来实现，其目的是在相同的土地资源的情况下发挥森林资源最大的生态、经济、社会效益，通过进行多目标决策使森林资源生态系统的总体效益达到最大。按数学规划理论可写出：

定义 $f_1(x)$、$f_2(x)$、$f_3(x)$ 分别代表禁伐林、限伐林、商品林的面积；λ_1，λ_2，λ_3 分别代表相应的面积权重。

目标函数为

$$\max U = \lambda_1 \cdot f_1(x) + \lambda_2 \cdot f_2(x) + \lambda_3 \cdot f_3(x)$$

规划者根据所制定的森林经营目标、现实林分生物学及生态学的具体情况、经营的各种限制条件和需求等因素，写出目标函数的约束方程组，对目标函数和约束方程组进行求解，便可以获得各个决策变量值。

这种以单一目标或多目标数学规划为基础的森林经理与森林经营的规划设计方法被认为是传统森林经理技术体系中最有代表性的先进的森林规划决策技术。但是在目前天然林保护分类经营规划决策中的应用还存在着两方面的限制。一方面，在传统森林经理中是以森林经济效益的木材收获为优化目标的，木材作为商品，它的价值和价格是可以通过对林木度量和测定而获得的，对林木及林分乃至森林的测量技术方法在传统的测树学中早已为其准备好了；但是森林的生态效益和社会效益的量度和定量分析评价的技术方法还没有建立起来，特别是森林的生态效益和社会效益目前还不具备商品属性，在市场上还不能流通，所以在数学规划中把森林的生态效益和社会效益作为决策变量还是不可能的，至少是不成熟的。另一方面，数学规划所获得的空间决策变量仅仅是数学空间结果，而不是地理空间结果；目前尚不能应用地图分析模型方法建立数学规划模型。

为此，采用多目标数学规划思想内核——目标函数和约束方程的理念，应用地图分析模型的方法，以地理信息系统为技术平台，对区域森林进行评价分析，以此为基础对区域森林资源进行空间结构的优化调整。以大兴安岭东部地区作为规划对象，以天然林保护目标作为区域优化调整的目标，以分类经营准则作为约束条件，以森林的生态效益和社会效益优先的决策方针进行规划。

表 6-27 列出的是在不同时期用三种方法对大兴安岭东部地区区域尺度森林经营区划结果的统计数据。

表6－27　　　大兴安岭东部地区在不同时期用不同方法森林经营区划统计数据

林种类型	分类经营类型	1996年林种区划数据		区域尺度优化调整		林管局分类经营区划	
		面积/hm	占比/%	面积/hm	占比/%	面积/hm	占比/%
用材林种	商品林区	5 267 986	85.8	3 684 116	44.2	1 803 410	25.1
经济林种		0	0.0				
薪炭林种		154 211	2.4				
防护林种	生态公益林区	242 038	3.9	4 667 100	55.8	5 383 801	74.9
特用林种		499 091	7.9				
区划设计面积合计		6 163 326	100	8 351 216	100	7 187 211	100

表中所列的三种森林经营区划方法内涵是不同的。林种区划的分类标准是林中分类准则，区划总体是区域有林地面积，区划策略是从下到上的。本研究项目提出的区域尺度优化调整方法是以区域总面积为区划对象，区划策略是从上到下的，仅仅是大尺度的、以本区域森林主要生态效益和社会效益为区划内容，在商品林区还要进一步按分类经营准则区划出需要限伐甚至是禁伐的小型斑块或廊道，作为生态公益保护区，而这些需要在下一层次（林业局层次）有更详细的空间数据库作为决策支持。第三种分类经营区划是地区林管部门按着国家林业和草原局颁发的天然林保护条例，结合本区域的森林具体情况制定的区域分类经营细则，以从下到上的区划策略，以林业用地为区划对象进行区划的统计结果。

四、林分尺度森林空间与动态模拟

森林动态模拟就是根据森林调查所获得的数据，利用森林生物、生态学及森林经营理论对森林生长和演替过程进行模型表达和分析，进而获得动态趋势的信息。森林是树木与环境组成的统一体，森林的发生和发展的一切动态变化无一不是在生态环境的影响下产生的。林分尺度的模拟是对具体（指定）的林分或典型的林分中林木的空间结构及林木之间的关系、组成林分的树木径阶结构或林分生长、演替趋势、疏伐等动态模拟。把地理信息系统方法引入森林动态模拟的研究中，将对森林经营技术有着很大的促进作用。但是这方面的研究才刚刚开始，要求地理信息系统在解决局域环境和虚拟现实方面能提供更多的手段。这里仅举两个简单的例子引出地理信息系统在这方面应用的可能。

（一）林分结构及林木的空间关系模拟

1. 林木大小分化度

Gadow和Fuedner（1992）提出用林木大小分化度来确定相邻树木间大小的差异程度。对林分中的每一株树，选定 n 株最近的邻株树，按下式计算它与邻近树木的大小分化度

$$T_i = 1 - \frac{1}{n} \sum_{j=1}^{n} \frac{\min\{d_i, d_j\}}{\max\{d_i, d_j\}}$$

式中，d 为胸径（单位：cm），且 $0 \leq T_i \leq 1$；$\min\{d_i, d_j\}$：第 i 株树胸径与第 j 株树胸径相比较，选定其中小的胸径值作为该项的数值；$\max\{d_i, d_j\}$：第 i 株树胸径与第 j 株树胸径相比较，选

定其中大的胸径值作为该项的数值。

2. 林木混交度

林木混交度是用来描述林分内林木混交空间配置程度的。也就是对林分中的每一株树选定 n 株最近相邻树木,按下式计算混交度

$$M_i = \frac{1}{n} \sum V_{ij}$$

式中,V_{ij} 表示当第 i 株树的 n 株邻近树中,其中的第 j 株树与第 i 株树是相同树种,那么 $V_{ij} = 0$,反之为 $1, 0 \leq V_{ij} \leq 1$

3. 聚集指数

聚集指数也是描述树木在林分空间分布的一个特征量。Pommerening(1996)用第 i 株树木到相邻最近的 n 株树木的平均距离作为聚集指数,来描述树木的空间分布特征

$$A_i = \frac{1}{n} \sum_{j=1}^{n} S_{ij}$$

式中,S_{ij} 表示第 i 株树木到与其相邻最近的第 j 株树木的距离。

4. 树木的竞争指数

有关林分内树木之间的竞争指数研究很多,Hegyi(1974)提出一种简单的竞争指数的方法

$$CI_i = \sum_{j=1}^{n} \frac{D_j}{D_i \cdot DL_{ij}}$$

式中,CI_i 为对象木的竞争指数;DL_{ij} 为对象木 i 与第 j 株竞争木之间的距离;D_j 为对象木周围的第 j 株竞争木的胸径;D_i 为对象木的胸高直径;N 为第 i 株对象木周围竞争木的数量。

上面列出的林木分化度、林木混交度、林木集聚指数与林木竞争指数,有一个共同的条件就是要求知道林分内树木的空间分布位置及它们之间的距离,地理信息系统提供了林分尺度空间模拟的平台,其过程如下。

（1）数据来源。在森林清查和森林生态系统研究中,常使用设置固定样地的方法。每个固定样地都记载其地理位置、海拔高度、坡度、坡向、土壤类型等信息,在固定样地内识别每株树木的树种、测定其固定高度部位(1.3 m)处的直径、绘出树木位置和树冠投影图或测定每株树在固定样地中的相对位置。对固定样地间隔一定年度进行重复调查,可以获得林分的动态变化数据。下面举例所使用的数据是江山娇实验林场的两块固定样地（JSJ 013 和 JSJ 028）的数据和森林专题图数据。

（2）数据的预处理和标准化。所使用的固定样地为 0.1 hm² 圆形样地,半径为 17.84 m。由此可以建立一个以样地中心为原点的高斯平面直角坐标系。在外业,样地内各林木的空间位置是用罗盘仪在样地中心按极坐标(方位角和距离)测定的。可以把极坐标变换成以样地中心为原点的高斯坐标,以便对固定样地内林木的空间位置、林木之间的距离等用高斯坐标来描述。根据树木的高斯坐标计算出每株树木的分化度、混交度、聚集指数、竞争指数,经过相应的数据处理形成. txt 或. dbf 格式文件,数据见表 6 − 28。

表 6 − 28　固定样地林木空间结构数据文件格式

树号	树种	胸径	状况	X 坐标	Y 坐标	分化度	混交度	聚集指数	竞争指数

（3）把数据加载到选定的桌面地理信息系统（如 ArcView 系统）。把 JSJ 013 和 JSJ 028 固定样地的数据作为属性表加载到 ArcView 系统中。然后通过"add event theme"过程产生点状地图要素的专题图层。图 6 – 53 是 ArcView 系统显示的两个样地中的不同树种的林木在样地中的空间分布。

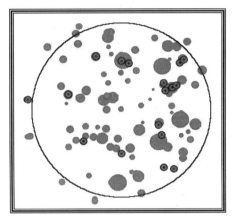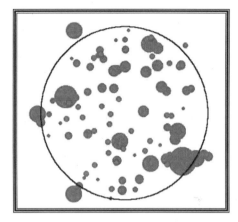

图 6 – 53　JSJ 013 和 JSJ 028 固定样地林木空间分布

图中不同颜色的圆点表示的是不同的树种，圆点大小在不同程度上表示树木胸径的差异。

（4）进行林分结构分析查询。在林分结构模拟的情况下，可以查询林分的特征，JSJ 013 号固定样地以柞树为优势树种，混有少数其他阔叶树，林冠下有人工栽植的红松幼树；JSJ 028 号固定样地是以椴树和柞树为主要树种的天然林，除了有少量其他阔叶树种外，还有一些中径级天然红松，林冠下有一定数量的天然更新的幼树。从图中可查询出林木之间的距离、林木分化、混交、集聚、竞争等状态。

（5）模拟疏伐，选择采伐木。在上述林分结构模拟分析的基础上，可以用森林经营模型进行疏伐或择伐的模拟（图 6 – 54），根据林木分布和特征以及疏伐规则进行采伐木的确定和疏伐方案模拟，比较各种疏伐方案的效果等。应用林窗理论和模型可以在林分尺度上对森林进行生长、演替等方面的模拟。

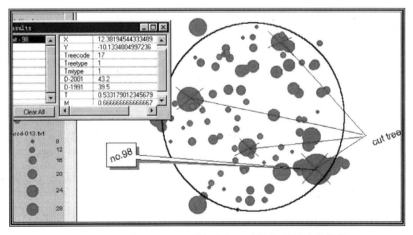

图 6 – 54　在 ArcView 系统平台上对林分进行疏伐模拟

(二) 林分生长动态模拟

森林动态的模拟模型能够提供一种很有价值的经营管理信息,为森林资源预测和合理决策提供了一种非常有用的技术手段。为此林学家们很早就开始建立森林生长和收获模型,随着森林生态系统经营的发展,从 20 个世纪 80 年代以来,出现了许多以森林生态学模型为基础的森林经营模型。这里仅从两个方面,来说明如何把地理信息系统机制引入到林分生长动态模拟中。

一方面,在森林经理领域,国内外都已经建立起连续清查的森林资源调查与监测体系,到目前为止,以系统抽样调查布设固定样地的技术方法仍然发挥着监测森林资源动态变化的作用。在我国北方每隔 10 年复查一次固定样地,迄今已积累了三次复查的资料,并且这项工作仍在继续进行着。如果把这些资料放到地理信息系统平台上进行处理和分析森林的动态,包括林木的生长、死亡和更新过程,那么这在技术上将是一个很大的进步。

另一方面,在森林生态领域,近年来出现了对森林动态进行模拟仿真的研究,提出了许多不同于森林经理领域研究的森林动态模型。其中美国森林生态学者 Janak,Botkin 和 Walls 提出一种 JABOWA 模型,该模型是按树木光合作用和呼吸作用两部分建立的树木最优生长方程

$$\frac{\mathrm{d}D^2 H}{\mathrm{d}t} = R \cdot LA \left(1 - \frac{DH}{D_{max} H_{max}}\right) \cdot f(x)$$

式中,D 为树的胸径(单位:cm);H 为树高(单位:cm);D_{max} 为该树种可能达到的最大胸径(单位:cm);H_{max} 为该树种可能达到的最大树高(单位:cm);R 为生长系数(单位:cm$^3 \cdot$ cm$^{-2} \cdot$ a^{-1});$f(x)$ 是描写环境对树木生长的生态作用函数,又称树木对环境的响应函数。在 JABOWA 模型中依据环境因子的性质,将环境的生态作用划分为光照、立地质量和营养空间竞争。

通过对这种森林动态模型的概括介绍,可以想象若能应用地理信息系统方法实现这一模型,无论是对森林动态模拟还是对地理信息系统的应用都是一种推动。

五、农业气候区划

(一) 项目背景与需求

自 20 世纪 80 年代以来,中国农业生产环境、气候环境发生了巨大变化,包括:

(1) 农业科学技术进步,高新技术引进,农业向高产、优质、高效、低耗方向发展;种植业向粮食—经济—饲料作物三元结构转变;小生产、大市场向规模经营方向发展,逐步实现种

养加、产供销、贸工农一体化发展。农村产业结构调整向农业气候区划提出了新的要求。

（2）气候条件与气候资源本身发生了变化。如东北地区平均气温升高，北方地区干旱范围扩大，长江流域洪涝增多，特别是 20 世纪 90 年代以来，异常气候事件呈现明显增多的趋势。有必要重新认识气候资源的变化及其合理利用和保护问题。

（3）农业气候区划技术条件发生了巨大变化。"3S" 技术与网络技术在农业气候资源动态监测与开发应用中展示出了广阔前景。

（4）农业生产的发展对气候资源开发利用和保护提出了更高的要求。气象部门必须依靠科技进步，技术创新适应社会的需求。建立一套基于 "3S" 技术、网络平台的区划信息系统，这有助于广大气象台（站）在气象服务手段和技术上得到提升。

（5）面对 21 世纪农业新技术革命和可持续农业战略，农业气候资源作为一种重要的投资资源，有必要对其进行科学、客观的评价。

2022 年，中国气象局提出适时启动 "第三次全国农业气候区划" 项目的目的是：采用新技术、新方法、新资料，开发 "农业气候区划信息系统（Agriculture & Climate Distributed Information System，ACDIS）"，建立气候资源开发利用和保护监测体系，实行资源平面与立体，时间与空间全方位优化配置；发挥区域气候优势，趋利避害减轻气候灾害损失，提高资源开发的总体效益。为各级政府分类指导农业生产、农村产业结构调整、退耕还林、防止水土流失等提供决策依据，为地方政府服务。

（二）农业气候区划信息系统的系统结构及工作流程

1. 系统结构

农业气候区划信息系统是基于地理信息系统工具平台建立的、面对专业技术人员的专用工具，适用于农业气候资源监测评价、气候资源管理与分析、小网格气候资源推算与空间查询、省地县三级区划产品制作等。具体实现了以下功能：

（1）地理基础信息管理：管理工作区的基础地理数据，如行政区划、水系、交通数据等。

（2）小网格资源信息管理：管理栅格格式的、与农业气候区划有关的信息，包括各种数字高程模型数据。

（3）小网格资源推算与区划产品制作。

（4）农业气候资源监测与评价。

（5）农业气候区划成果演示。

2. 系统工作流程

根据 "3S" 等新技术在区划中应用的需求，建立了农业气候区划工作基本流程（图 6 - 55）。

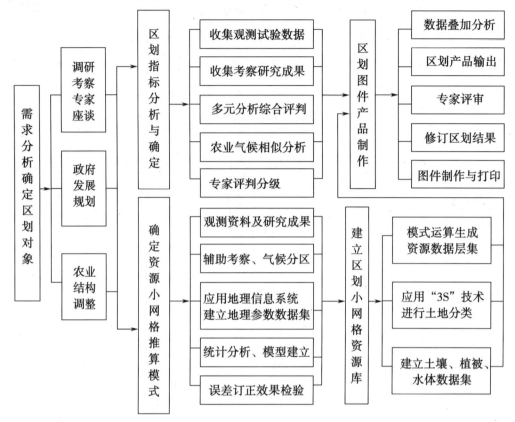

图 6 – 55　农业气候区划工作基本流程图

(三)"3S"技术在项目中的应用

1. 利用地理信息系统对农业气候区划综合要素空间的查询和管理

农业气候区划信息系统利用地理信息系统工具提供的基本功能,对其他子系统输入、处理和生成的气候资源等数据进行综合查询和管理,生成不同查询条件下的区划产品,作为区划专题内容,进而实现对区划各类产品的矢量图、栅格图、数字高程模型、注记和属性数据进行以地理表达式为条件的逻辑查询以及不同图件和属性数据的综合查询和管理,并把查询结果制图输出到绘图仪或打印机,或保存为其他格式文件。

2. 利用地理信息系统对气候资源进行小网格推算模式研究

气候资源小网格推算模式研究是区划的一项基础性工作。在收集了山区气候研究成果的基础上,辅助以气象哨、水文站雨量资料后,通过地理信息系统可快速计算和获取测点的地理参数(高程、坡向、坡度)。采用统计分析方法,根据要素的统计特征值和地理特征将全省划分为若干气候区,分别建立各区域气候要素推算统计模式,通过验证和残差订正,应用到气候资源小网格推算中。

3. 地理信息系统在农业气候资源分析中的应用

应用地理信息系统来定量采集、管理和分析具有空间特性的气候资源,建立地理信息系统分析气候资源的思想、方法和步骤,包括数字高程模型的建立、地理信息系统农业气候资源数据的建立、空间分析模型的建立、气候资源分析计算、气候分区及定量分析等。

4. 利用"3S"技术提取农业背景信息参与区划计算

农业气候区划是根据农作物生长发育过程中对气候条件的要求和气候资源的地理分布特征来进行分区划片的,在某种农作物的气候可种植区内还有不同的地物类型,不同的农作物要求不同的地理环境。为使农业气候区划对农业生产更具有指导作用,将非气象因子引入到农业气候区划中。农业气候区划对象中往往对土壤 pH 值要求很高,根据土壤类型分布可以得出土壤 pH 值的分布,将其作为区划的一个关键指标,使得区划更加有实际应用意义。利用地理信息系统将土壤分类图作为一项数据层,参与气候资源数据层集运算,得出包含土壤类型信息的区划结果。

5. 利用地理信息系统建立集区划 — 资源动态监测 — 高产栽培技术为一体的信息服务系统

利用地理信息系统工具,开发出基于网络的、对气候条件敏感的两系杂交稻制种气候资源空间配置信息系统,将区划服务与农作物生产基地选择、关键生育期气象服务、农业生产技术指导等各个方面。

六、大气污染监测管理

随着经济的发展,环境污染直接影响了人们的生活质量,环境质量问题也得到了越来越多的关注。环境污染包括水污染、大气污染、固体废弃物污染等,其中就大气污染而言,城市区域由于受到工业生产、居民生活的影响成为大气污染发生的集中区域,历史上几次严重的污染事故,如伦敦烟雾事件(1952)、洛杉矶光化学烟雾事件(1943),都是发生在大城市。近几十年来,研究者对大气污染问题进行了大量研究,并且通过试验或计算来建立适合于特定区域的大气污染物扩散模式以及确定相关参数的计算方法。

城市大气污染的来源主要包括点状污染源和线状污染源,前者主要指烟囱,后者则指汽车尾气排放。而污染扩散的影响因子,除了排放量、排放物之外,还受到气象条件、下垫面等因素的影响。通过大气动力学的研究,研究者给出了用来描述污染物在大气中扩散规律的各种解析方程。这些大气扩散公式为空气污染预报提供了一定的基础,可以为现有污染源条件在不利的气象条件下减少有害污染物的排放、在城市规划中合理进行区域规划以及环境影响评价提供了切实有效的信息。

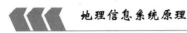

无论是点源污染,还是线源污染,其空间分布以及属性可以通过地理信息系统进行管理,而污染扩散的影响因子的空间分布同样可以作为地理信息系统的空间数据组成部分,所以基于地理信息系统可以建立大气污染扩散模型,进而地理信息系统也提供了丰富的功能以表现污染物强度空间分布,可以查询强度分布状况,并可以结合其他社会经济数据,进行更加细致的评价分析。

内蒙古自治区包头市利用地理信息系统进行大气污染扩散模拟。包头市是中国最大的稀土工业基地和著名的钢铁机械工业基地之一,是门类齐全,体系较为完善的现代化工业城市。包头市工业能源消耗以燃煤为主,占56%,其次为焦炭,在能源结构中,重中污染能源占70.8%,包头工业排放的 SO_2、烟粉尘和氟化物都较大,造成了包头市煤烟型和氟污染的特点。其中21家重点空气污染源占全市工业排放的95%,85%,96%(分别为 SO_2、烟粉尘和氟化物)。其中包头钢铁(集团)有限责任公司(简称:包钢)是最大污染厂家,其 SO_2、粉尘、氟化物的排放量高居榜首。

从自然条件上看,包头市地处内陆,属内陆半干旱、中温带大陆性季风气候,全年干燥,无霜期短。年均气温6.5℃,取暖期6个月。由于受地形影响,冬季包头多北风和西北风,夏季多东南风,各月夜间均盛行NWW风。由于城市建设的不断加快及自然植被、人工绿化面积的不断扩大,市区平均风速呈逐年下降趋势。1995年年均风速为2.2 m/s。一年中,春季风速最大,秋季风速最小,冬季风速居中。除七月份主导风向与最大风速风向恰好相反外,常年盛行风向与最大风速风向重合。

逆温层影响着污染物的扩散、稀释,包头市冬季逆温频率很高,夏季逆温频率较低,逆温的强度与厚度在冬季均明显大于夏季。

包头市曾是我国大气污染防治的重点城市,包头市关于大气污染扩散的研究工作较多。1982年,冶金部建筑研究总院针对包头钢铁集团地区的烟气综合治理规划利用风洞模拟试验、现场实验等提出了"大气输送气候学模式"(ATCM)。1989年,包头市环境监测站针对包头新市区大气扩散模式和 SO_2 容量计算,提出了基于美国 EPA 的(工业复合源大气扩散模式)ISC 的城市多源高斯模式。这些模式的建立为包头市的大气污染治理和管理提供了可靠的依据。

基于地理信息系统建立大气污染扩散模型,可以实现以下功能:

(1)模拟污染物的空间分布,评价不同区域的环境质量。

(2)将污染物空间分布与人口密度空间进行复合分析,确定受污染影响的人口数目。

(3)预测在给定气象条件下污染物的空间分布。

(4)确定不同点源对整个研究区污染总量的贡献。进而为污染整治,如降低排放量、甚至关闭某些污染源,提供决策依据。

(5)如果要增加污染点源,可以比较不同的方案(如烟囱的位置、高度等),从中选择最优方案。

(6)在城市规划时,作为确定不同用地(居住、工业、商业等)分布的依据。

七、道路交通管理

近年来,地理信息系统在交通方面的应用得到了广泛的重视,并形成了专门的交通地理信息系统 GIS－T,以满足道路交通管理方面的要求。下面分几个方面介绍地理信息系统在道路交通管理方面的具体应用。

(一) 路廓设计

路廓设计是公路设计中的一个重要环节,是确定公路最终线向的一个步骤。在路廓设计中,要综合分析多种空间数据,包括大比例尺的土地利用图、地形图以及现有的道路网等。

将从各方面收集的资料合并到地理信息系统资料库中,构造约束多边形,确定公路需要避开的区域,通常这些多边形可以分为三级:

(1) 第一级约束是必须要避开或减至最少。

(2) 第二级约束是尽量避开或减至最少。

(3) 第三级约束是可以避开或减至最少。

根据需要可以用权重表示不同的约束等级,并在地图上分别显示,以便设计人员在设计路线时尽量绕开这些区域。然后将每条试验性线路输入到地理信息系统中,利用缓冲区分析得到路廓多边形,与约束多边形进行叠加分析,计算路廓与每个多边形相交的总面积,并乘以权重,得到该试验线路的约束影响的加权总面积,用于比较这些线路设计。

在计算得到加权总面积之后,可以根据数字高程模型进行线向的详细设计,其主要操作是根据数字高程模型得到道路横断面,进而进行填挖方的优化,得到最终的路廓设计结果。

(二) 道路管理

1. 道路管理涉及的属性

在公路管理中,通常需要根据其类别、车道数目和路面种类进行分类,其管理的属性包括:

(1) 公路属性:路网标识,道路标识,路段标识,参考点等。

(2) 几何属性:路面宽度,路向,车道数目,坡度等。

(3) 设施属性:中央隔离带和隔离物,护轨,桥梁,交通标志,路灯,交通量计算仪。

(4) 公用设施:收费所,交叉口,涵洞,交通管理站等。

(5) 建筑材料属性:面层,覆盖层,基层,路基。

(6) 道路使用统计属性:交通量,每天平均车流量,事故,车重统计,车类统计,进路要求。

(7) 验收记录属性:强度,粗糙度,障碍物,路面损坏程度,限速区段,车速调查等。

(8) 合同属性:预算,费用,图则,日期等。

(9) 维修工程属性:工程类别,预算,费用,数量,日期。

这些属性是通过线性定位方法与路网建立关联,通常线性定位的方法有里程碑法和控制段法,前者采用路名和公路上的里程点来确定物体的位置,后者则将公路分成相连的、长度不等的控制段,每段有一个编码,并且其属性一致(表6-29)。

表6-29 采用控制段方法记录属性

控制段	表层	车道数目	状态	起点	终点
CS1	砾石	2	坏		
CS2	沥青	4	良好	30.08	30.16
CS3	沥青	2	尚好	30.16	30.2
CS4	沥青	2	良好		

2. 动态分段

交通模型的一个特点是多种线性物体重叠在同一个路网上,如限速区段、公共交通线路都与路网重叠,这使得地理信息系统在应用于交通时遇到了困难,而动态分段方法较好地解决了该问题。

动态分段是在数据库中纪录道路的每种属性的起止点到道路原点的距离,并不是真的将道路切断存储,适合于动态的分析,故名动态分段。

采用动态分段之后,一个路段是路网上两个交点间连线或者弧的一部分,路段的长度用其占连线的比例来表示,具有唯一的标识码。在地理信息系统数据库中,路段依附于路网数据,其本身没有坐标。由于采用了动态分段将道路的各种属性以及其分布集中在一个图层中进行管理,采用了线性定位方法,因而容易实现各种"点线"以及"线线"的叠加查询分析,形如

交通流量 > 800 000,路面状况 = "良好",道路分级 = "省道"

(三) 流量和路径分析

1. 道路网络拓扑

一个路网的表现方式可以偏重其"几何性"或者"拓扑性",在道路设计中,需要用到其几何表现,而网络分析则着重于拓扑关系(图6-56)。

图6-56 路网的两种表现方式

在交通网络中，大多数线与线的交点是具有拓扑性的交点，即在道路的交点处车辆可以转向；但是，由于在地理信息系统中使用的是平面图形，而有些道路的关系需要在三维空间中才能够正确表达，如立交桥，实际上道路并不直接相交，但是在平面图形上却表现为一个交点，这需要在应用时进行判定，区分拓扑交点和非拓扑交点，以防止出现错误的网络分析结果。

2. 用于道路网络分析的数据结构

进行道路网络分析时，可以只关注其拓扑数据表现，其数据结构和相关算法可以采用已经成熟的"图"数据结构，一种最为简单的实现方式就是"连通矩阵"，记录了结点与结点之间的连接关系（图 6 - 57）。

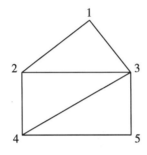

图 6 - 57　网络连通矩阵

在连通矩阵中，单元格数值为 1 表示两个结点直接相连，反之表示不直接相连，这样的连通矩阵可以用于进行连通性、可达性分析；矩阵中每个单元格的数值还可以是结点之间的距离，不直接相连的结点间距离可以用无穷大表示，利用该矩阵可以进行最短路径搜寻。在不考虑连线的方向性时，即图是无向的，连通矩阵是对称阵，而在城市道路交通中，常常会出现"单行线"的情况，即连线是有方向的，这样的矩阵是非对称的。

在城市交通中，还会出现"禁止左转"、甚至"禁止右转"的情况，这时，除了连通矩阵之外，还需要记录每个结点，即路口，的连通属性，同样可以用连通矩阵实现（图6 - 58）。

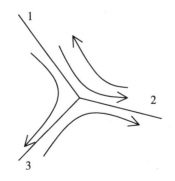

图 6 - 58　路口的转向和道路连通矩阵，其中第2,3 条道路禁止左转

在实际的网络分析中,需要综合利用结点的连通矩阵和结点上道路的连通矩阵。

3. 流量和网络分析的具体应用和相关模型

流量和网络分析一般较多地应用于城市交通中,为城市交通管理和道路规划提供科学的决策支持,其中,有如下四类主要的模型:

(1)"出行产生(Trip Generation)"模型。

根据交通分析区(Traffic Analysis Zone,TAZ)的土地利用形态以及其他社会经济数据来估计各个区域所产生的和吸引的交通量,例如,居住区会产生出行,而商业区则吸引出行。

(2)"出行分布(Trip Distribution)"模型。

根据出行产生分析的结果,确定各个区域之间的交通量。

(3)"交通工具选择(Mode Choice)"模型。

将交通量计算分配到交通工具上,计算车流量。

(4)"出行分派(Trip Assignment)"模型。

根据交通线路的容量和速度,将车流量分配到各条道路上。

上述的四种模型包含多种传统地理信息系统工具所不支持的统计分析运算以及具体的经济地理模型,在具体实现时,可以在地理信息系统中运算,将结果输出到其他系统中进行专业模型计算。

八、地震灾害和损失估计

对地震灾害以及地震次生灾害进行评估可以对一个区域降低危险、资源分配以及紧急响应规划具有重要的意义,而通过存储和分析地质构造信息,利用地理信息系统可以预测地震发生的"场景",并估计该区域由于地震引发的潜在损失。此外,地理信息系统也提供了有力的工具使得在地震实际发生时,分析灾害严重程度的空间分布,帮助分配救灾资源。

进行地震灾害评估时,要综合考虑地质构造等各种信息的空间分布,通常包括以下几个步骤(图6-59)。

(一)估计地表震动灾害

需要识别地震源点,然后建立在该点发生地震以及地震波传播的模型,最后根据地表的土壤条件得到最终的震动强度。

(二)估计次生的地震灾害

次生的地震灾害包括液化、滑坡、断裂等,评估这些灾害需要收集相应区域的地质构造信息,计算地表运动的强度和持续时间,以及在以前的地震发生过程中这些灾害发生的情况。

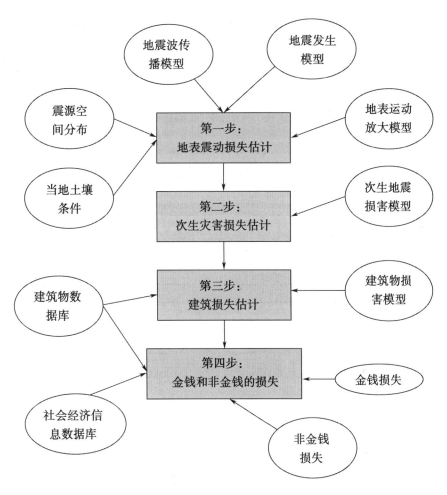

图 6 – 59 地震损失评估过程

(三) 估计对建筑物的损害

需要收集地震区域内建筑和生命线的分布状况,然后对每种建筑建立损害模型,该模型是一个函数,与地表震动强度以及潜在的次要灾害有关。

如图 6 – 59 所示,在地震损失评估中,用到了多种空间信息,如地质构造、建筑等,因此地理信息系统是非常理想的进行地震损失评估的工具,图 6 – 60,6 – 61 描述了采用地理信息系统进行评估的过程。

(四) 估计可以用金钱衡量和不可以用金钱衡量的损失

可以用金钱衡量的损失包括受损建筑的修复和重建,而不可以用金钱衡量的损失,包括人员伤亡。估算这些损失需要相应的社会经济信息,此外,清除垃圾和重新安置费用、失业、精神影响以及其他的长期或短期的影响需要建立不同的模型,分别加以确定。

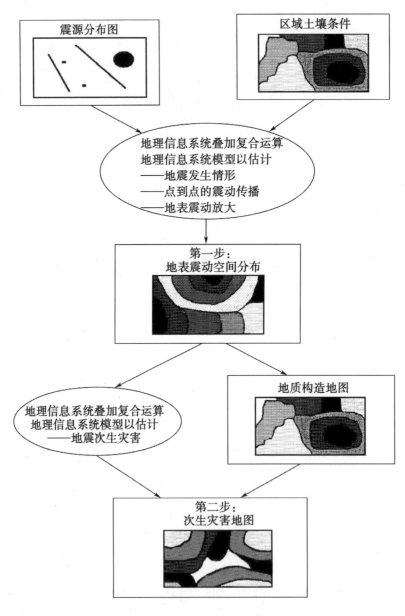

图 6-60　基于地理信息系统的地震损失评估过程

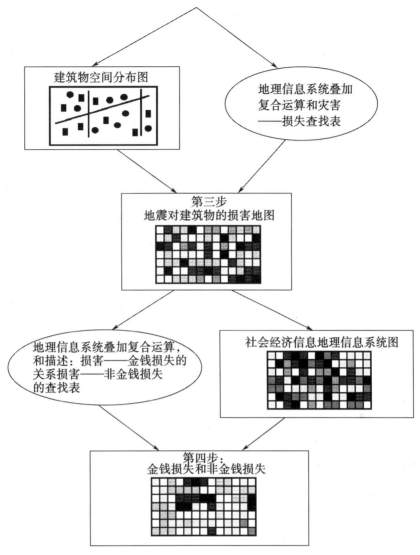

图 6 – 61 基于地理信息系统的地震损失评估过程

通常,地表震动强度可以根据震源位置以及地震波传播公式计算;而次生灾害以及建筑物的损害要根据相关的图件进行计算,并基于上述计算的结果来评估金钱损失和非金钱损失。在分析过程中,由于地震强度以及破坏程度随着与震源的距离增大而衰减,所以要采用缓冲区计算模型;而在计算金钱损失以及非金钱损失时,因为要综合考虑多个因素,所以要使用叠加复合模型。

九、医疗卫生

无疑,健康问题是人类生活中最为重要的问题之一,考虑以下因素,在医疗卫生领域应用地理信息系统,将有助于解决健康问题以及制定相应的政策。

（1）某些疾病只是限于一些地区（地方病），探讨其局部的自然和社会条件，对于研究疾病发生的原因以及治疗手段有着重要的意义。

（2）医疗设施（医院、诊所、急救中心等）具有空间分布特性，在一个区域内合理分布医疗设施有利于资源的有效利用。

（一）地理信息系统与流行病研究

由于流行病是用于描述和解释某种疾病的发病率的，从空间的角度来看，流行病学需要能够很好地描述流行病发病率空间分布特征的手段，进而可以研究发病率模型，以发现流行病和周围环境的关系。通常，地理信息系统在流行病研究中主要提供如下三个方面的功能：

1. 流行病数据的可视化

假定要使用一组点来表示某个人群的发病率，而现实是通常无法直接获得点数据，只能获得整个区域如人口普查区或其他行政区划单元的数据，这些数据包括了疾病的发病率及各疾病的年龄结构。

由于各个空间区域的大小各异，使得表现发病率的空间分布不直观，一个解决的办法是采用比较统计地图，在比较统计地图上，各个单元的大小与具有发病危险的人口数目成比例，然后将发病率绘制在该图上，这样就可以利用地理信息系统清楚地将流行病数据的空间分布可视化（图6－62）。

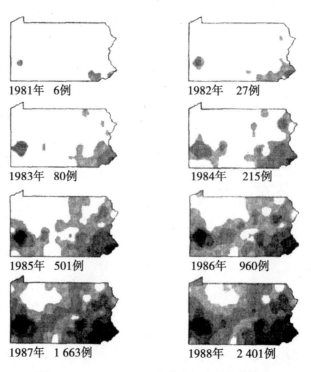

图6－62　1981－1988年某流行病的扩散情况

图 6－62 上灰色的区域成几何级数增长，生动地表现了流行病的扩散情况。

2. 空间数据分析

实际上，空间数据可视化与空间数据分析的界限是十分模糊的，如制作比较统计地图需要对地理空间进行变换。由于各个区域人口的分布是不均匀的，所以为了分析流行病病例的空间分布，通常采用的一种方法为密度估算。该方法是采用一个移动窗口覆盖于栅格化的位置点上，计算每个窗口内的密度，采用这种方法，关键是确定窗口的大小。此外，计算发病率密度与人口密度的关系，以及对病例空间分布进行聚类分析，并探讨每一特定聚集区域的具体特征，都可以应用于流行病数据的空间分析。

3. 流行病模型

在识别出每个流行病的空间分布聚集区之后，一个要重点研究的问题是确定流行病和其周围环境的关系，这将有助于验证对流行病发病原因的假定。做法之一是将空气、水质的空间分布与流行病的空间分布进行对比研究，例如在疟疾传染的研究中，使用利用遥感图像计算的 NDVI 指数来进行建模。此外为了得到流行病的病源地，采用距离分析方法，通常是根据预先假定的病源地进行缓冲区计算，然后得到每个距离范围内的病例数目，进而确定真正的病源地。

利用空间分析手段确定疾病原因，最著名的案例是英国医生约翰·斯诺(John Snow)利用地图发现了霍乱病病源。1854 年 8 月到 9 月英国伦敦霍乱病流行时，当局始终找不到发病病源，后来医生约翰·斯诺博士在绘有霍乱流行地区所有道路、房屋、饮用水机井等内容的 1∶6 500 城区地图上标出了每个霍乱病死者的住家位置，得到了霍乱病死者居住位置分布图，他分析了这张图，找到了霍乱病源之所在 —— 死者住家都集中于饮用"布洛多斯托"井水的地区及周围。根据斯诺博士的分析和请求，当局于 9 月 8 日摘下了这个水井的水泵，再往后就没有出现新的霍乱病人了。

（二）地理信息系统与医疗设施分布

1. 医疗设施规划

不论是在发达国家还是在发展中国家，随着"规划需从当地的实际情况出发"的观点不断被认可，一种以医疗中心为主的观点也不断被采纳。这意味着越来越多的国家或地区不再为了所谓声望而投资建设大型医疗基地，而代之以建造更多面向小社区的诊所，以方便大众。这时，显然需要一种办法来提供人口统计和发病率的详细资料以满足建设医疗设施的需求。在进行这种医疗设施定位时，地理信息系统可以发挥重要作用。

在定义医疗需求区域后，为了评估当地居民的需求，通常需要将已获得的调查统计数据进行社会经济分类，以便更好地描述那些小区域。这样就可获得拥有不同生活方式的不同阶层，或不同生活方式与发病率和死亡率之间联系的数据。然后将标准化发病率通过这一阶层的情况来推及个人，从而产生综合疾病指数，应用于实践。这个综合疾病指数可用于预测病人在药品支出等的开销方面。

2. 可达性、可用性及结果

地理信息系统在理解医疗结果与医疗设施可达性的关系方面很有帮助。对于一些疾病，如交通事故，迅速送往医院对于抢救的病人至关重要，这需要医院具有良好的可达性，对于可达性与医疗关系的探讨同样有助于规划医疗设施。

（三）联系流行病学与医疗实施规划 —— 空间决策支持系统

在医学地理学中,地理流行病学和医疗设施规划是两个最主要的领域。建立两者间的桥梁,需要空间决策支持系统,如果分析显示在特殊的局部区域存在健康问题,此时,空间决策支持系统将提供工具及策略来处理这一问题。在研究中,发现以下问题是值得注意的:

（1）地图的比例尺,小比例尺的地图会掩盖许多细节的重要问题,如小区域间发病率的变化。大比例尺地图则可使医疗力量集中于最需要帮助的区域。

（2）疾病的传播是无国界的,随着人类活动的扩展,疾病也随之传播,通过对人口流制图,可以研究疾病的传播规律。

十、军事

军事是以准备和实施战争为中心的社会活动。一切军事行动都是在一定的地理环境中进行的,地理环境对军事行动有着极其重要的影响。随着人类社会向信息化迅速发展,未来高技术战争中信息对抗的含量将越来越高,特别是在高技术条件下的局部战争,由于战争爆发突然、战争进程加快、战机稍纵即逝等特点,对作战指挥的时效性有了更高的要求。指挥决策智能化、作战指挥自动化、武器装备信息化将成为未来战争取胜的关键。在这种需求下,出现了数字化战场,数字化的地理环境信息将成为指挥决策的必要条件之一。因此,作为空间军事信息保障的军事地理信息系统已成为现代化军事的一项重要内容。

军事地理信息系统(Military Geographic Information System,MGIS)是地理信息系统技术在军事方面的应用,是指在计算机软硬件的支持下,对军事地形、资源与环境等空间信息进行采集、存储、检索、分析、显示和输出的技术系统。它在军事地理信息保障和指挥决策中起着重要的作用。

军事地理信息系统和遥感、全球定位系统关系密切,同时和指挥自动化系统 C^3I(Command,指挥;Control,控制;Communication,通信;Information,情报)紧密地联系在一起,形成了一个多功能的统一系统。它一般由六个子系统组成:信息收集子系统、信息传递子系统、信息处理子系统、信息显示子系统、决策监控子系统和执行子系统。其中,情报是军事决策的基础;信息收集、处理和显示是系统的核心;通信和控制是信息传输和决策过程的保证;指挥使军事决策具体执行。地理信息系统技术在情报的收集、处理、显示和指挥决策方面发挥着重要的作用。

另外,由军事技术革命引发的数字化战场建设已成为未来战场发展的主流,建设数字化战场和数字化部队已成为 21 世纪军队发展的大趋势,引起了各国的普遍关注。美国著名未来学家托夫勒(Toffler)指出,建设数字化战场是一项比研制原子弹的"曼哈顿工程"更具挑战性的系统工程,"数字化战场是打赢信息战的关键"。战场数字化就其内容来讲,主要是战场地理环境的数字化、作战部队的数字化、各种武器的数字化和士兵装备的数字化。从某种意义上来讲,战场地理环境的数字化是其他数字化的基础,它为作战部队和各种武器装备的数字化提供了必需的战场背景环境和空间定位基础。

第七章　　地理空间信息可视化与地图制图

空间信息可视化指的是有关空间数据的可视化呈现。接受空间信息可视化的主要原因之一是,它提供了一种描述复杂问题的机会,因此人们可以更好地理解地理空间过程。另一个重要原因是,空间信息可视化允许人们更好地观测和理解不同地区之间的联系。

空间信息可视化包括两个主要部分:地理信息系统和地理空间可视化技术。地理信息系统是一种计算机系统,它可以收集、存储、管理和分析部分地理数据,并将这些数据转换为地理信息,通过图形表示信息。地理空间可视化技术则是一种应用于地理信息系统的技术,它使用各种可视化工具来提取、检索、模拟和模式化地理空间数据,以及实现空间信息可视化和探索。空间信息可视化技术有助于提高决策效率,提升观察力和发现问题的能力,还可以提高工作效率,帮助人们更快地理解和分析数据。解释空间数据的可视化可以引人注目的方式捕捉到相关的因素,从而帮助使用者理解空间和空间关系的实质,给出正确的决策。空间信息可视化的应用领域十分广泛,既可以用于决策分析,也可以用于预测和研究。在决策分析中,主要应用于空间统计、规划、决策控制、土地利用规划、污染分析、公共卫生等方面;在预测和研究方面,主要应用于社区发展、经济分析、空间模式、城市规划等。

随着社会发展,空间信息可视化技术也在不断进步,流程和技术也在不断改进。具体而言,空间数据的获取、处理和可视化得到了很大的改进,同时新的空间可视化方法和工具也不断出现,使得视觉化技术被用于更多的领域,能展示更多复杂的数据。通过空间信息可视化,可以发现不同地区之间的关系,更准确、更快地了解空间现象,从而提高决策效率,更快地进行数据分析和模拟,更快实现数据驱动的决策,激发更多的空间创新。空间信息可视化可以帮助我们看见以前无法看见的空间关系,使我们的决策更加精确,提高社会发展的速度,提高生产效率,减少社会成本。

总之,空间信息可视化可以有效地管理和利用空间数据,使其更容易认识和理解,改善决策效率,提高业务水平,同时也是更好地了解自然环境、社会趋势、人口数据和经济数据等现象的重要手段。随着社会科技的不断发展,空间信息可视化技术也将在未来发挥更大的作用,为人们提供更多的发展可能性,实现更高的工作效率,更好地实现数据驱动的决策,激发更多的空间创新。

地图和地理信息系统都可看作是地理系统这个客观原型的模型,它是地理原型静态模拟的表达,一旦形成不容易更新,基本没有空间分析能力。地理信息系统以空间数据库为基础对地理原型进行数字化表达,空间数据库更新容易,系统具有很强的空间分析能力。二者具有紧密的联系,地图是地理信息系统的基础:一方面地理信息系统空间数据库的建立以地图学的理论为基础(地图投影、地图平面坐标系等),另一方面地图是地理信息系统数据库的重要数据源。地理信息系统空间数据库全部由地面测量或遥感提取的信息形成的情况很少，多数情况下都是以地图为主、以遥感和全球定位系统的局部更新相结合的模式完成地理信息系统空间数据库的建立或更新。单就遥感提取信息而言，它所提取的地物的图形信息和属性信息可以直接制作成系列专题图，也可以进入地理信息系统空间数据库。另外，地理信息系统的最终处理结果也要以专题图的形式输出，地理信息系统的制图功能以计算机图形学和虚拟现实技术为基础一直处在不断地发展和完善之中，目前的地理信息系统可以把专题图或遥感图像与数字高程模型相结合，进行三维立体显示。

第一节　　地理空间信息可视化

一、可视化概述

在信息时代，各种数据源源不断地产生，数据量远远超出了人脑的分析处理的范围。可视化技术是一种能有效处理海量数据和复杂数据以被人们快速理解的手段。它能将数据处理分析的结果以各种方式展现给用户，以便在生产、研究、规划和管理方面加以使用。以图形化的方式表达地理空间数据，即地理空间数据可视化是最常用的地理空间数据展现方式。

（一）可视化的基本概念

可视化是运用计算机图形学与图像处理技术，将数据转化为图形或图像后通过一定的媒介显示出来，并能与之进行交互处理和操作的理论、方法和技术。事实上，将任何信息以图形化的方式表示出来都可以称为可视化。地图是展示地理信息的有效方法，是地理信息的可视化方法，用符号化的方式抽象表示地理信息至少有几千年的历史了。因此，可视化可以粗略地定义为以图形为表现形式进行信息传递、表达的过程。约公元前2500年，古巴比伦黏土板地图描述了土地边界和一些自然要素，如河流和山脉等，是地理空间信息的可视化方法最初的表示方法。现代的电子地图更是一种最常用的地理空间数据有效的可视化方法。

可视化技术涉及计算机图形学、图形图像处理、计算机视觉和计算机辅助设计等多个学科和技术领域，是一项研究数据表示、数据处理和决策分析等一系列问题的综合性技术，现已被广泛运用到社会生活的各个方面。

（二）可视化的意义

研究表明，人类通过视觉通道能获得外在世界80%以上的信息。经过漫长的进化，人类对视觉信息的处理具有高速、大容量、并行化等特点。可视化把数据转换成图形，给予人们深刻的和意想不到的洞察力，在很多领域使科学家的研究方式发生了根本变化。可视化技术的应用大至高速飞行模拟，小至分子结构的演示，无处不在。

随着人类社会进入信息时代，数据获取手段得到极大丰富，数据量呈现爆发式增长。符号化、统计图表等可视化方式早已得到广泛应用。如何解读、理解、分析和应用这些海量的多源数据成为人类面临的巨大挑战。可视化技术成为认知数据的重要工具，其具体作用可以归纳为三个层次，即了解、理解和预测。

了解是指人类通过接受视觉信号，直接感受到图形所展现的数据基本情况，如数据的分布、重心、类型和变化等，了解数据所描述的基本内容及基本特征。理解是指在对数据有一定了解的基础上，通过视觉思维认识到数据背后的问题实质。如不同数据之间的相互关系、影响程度、聚合情况和重要程度等，深刻理解数据所描述事物或现象的问题本质。预测是指在对数据有深刻理解的基础上，预测数据所描述的事物或现象的发展趋势，如数据随时间的变化规律、受各种因素的影响程度和数据变化后的结果等，为决策提供实际支持。

（三）可视化的应用

随着可视化技术的发展，出现了很多与可视化相关的名词和术语。如科学可视化、数据可视化、信息可视化、知识可视化、三维可视化、多维可视化、大数据可视化、计算可视化、医学可视化、网络可视化、层次可视化、体可视化、场可视化、交互可视化、可视化分析等。根据可视化技术的应用目的，通常把可视化分为四个方向：科学可视化、数据可视化、信息可视化和知识可视化。

1. 科学可视化

科学可视化，也称科学计算可视化，是指运用计算机图形图像处理等技术，以图形方式展现科学与工程计算数据的理论和方法，涉及计算机图形学、图像处理、计算机视觉、计算机辅助设计及图形用户界面等多个研究领域。科学可视化作为科学计算与科学洞察之间的一种催化剂，主要用于处理科学与工程领域产生和收集的海量数据，帮助科学工作者寻找数据中蕴含的模式、特点、关系及异常等。科学可视化处理的对象包括医学、气象环境学、化学工程、生命科学、考古学、机械工程等领域中具有空间特征的数据，对测量、实验、模拟等获得的数据进行绘制，并提供交互分析手段。可视化能够迅速、有效地简化和提炼这些高度复杂的数据，使科学家能够直观地理解数据的内涵。

2. 数据可视化

数据可视化，特指数据库数据的可视化，主要指大型数据库或数据仓库中的数据的可视化，以便直观地看到数据及其结构关系。

数据可视化技术的基本思想是将数据库中每一个数据项作为单个图元，大量的数据集构成数据图像，同时将数据的各个属性值以多维数据的形式表示，可以从不同的维度观察数据，从而对数据进行更深入地观察和分析。

数据可视化提出了许多具体的可视化方法，根据其可视化的原理可以分为基于几何的方法、基于图标的方法、基于层次的方法、基于图像的方法和基于分布式的方法等。基于几何的可视化方法是指通过几何学的方法来表示数据，包括散点图、解剖视图、平行坐标法及星形坐标法等方法；基于图标的可视化方法是指通过图标的多个部分来表示对应实体的多维空间数据，图标可以是"枝形图""针图标""星图标"和"棍图标"等；基于层次的可视化方法

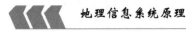

是指将多维数据空间划分成若干子空间,以层次结构的方式组织这些子空间,并用平面图形将其表示出来。数据可视化的概念正在被逐渐泛化使用,即往往被认为是对各种数据的可视化。因此,从广义上看,可以认为数据可视化是可视化的同义词。

3. 信息可视化

信息可视化,特指非空间(属性)数据的视觉呈现技术,它通过提供非空间复杂数据的视觉呈现,帮助人们理解数据中蕴含的信息。信息可视化的主要对象是统计数据、商业信息、数字图书馆、个人信息、复杂文档、历史信息、网络信息和社会关系等非空间信息,通过将信息映射为直观的视觉符号,利用人类视觉系统的高带宽和视觉思维能力,帮助人们快速地理解信息、解释现象、验证假设和发现规律。信息可视化为人们提供了理解高维度、多层次、时空、动态和关系等复杂数据的指导方法,针对一维、二维、三维、多维、层次、网络和时序等各类型的信息发展了多种可视化方法。信息可视化的概念正在被逐渐泛化使用,即往往被认为是对各种信息的可视化,因此正在逐步成为可视化的同义词。

4. 知识可视化

知识可视化是指通过可视化技术来表达复杂知识,以提高知识的传播能力和传输效率,并帮助他人正确地重构、记忆和应用知识的技术。简单地说,知识可视化是指通过知识的图解化,形成直接作用于人类视觉的表现形式。

除了传输事实性知识,知识可视化还可以传输见解、经验、态度、价值观、期望、观点、意见和预测等。例如,可以通过计算机自动生成并可视化文本信息中隐含的概念体系,可以对某知识领域科技文献的内容结构进行发现和可视化表达等。总之,从可视化的研究历史和术语使用习惯看,科学可视化主要针对具有空间结构的事物或现象,数据可视化主要针对数据库中的数据,信息可视化主要针对非空间数据,知识可视化主要是对各领域知识的图解化表达。但这些可视化概念实际是可视化技术在不同领域的应用,内容上没有清晰的边界,技术上也有很多重叠之处。所以,不需要过于追求可视化名词术语的准确性,对可视化技术实质的认识才是最重要的。

二、地理空间数据可视化的概念

(一)地理空间数据可视化概述

地理空间数据可视化是指运用地图学、计算机图形图像处理和虚拟现实等技术,实现地理空间数据图形化(结合图表、文字、图像和视频等)显示和交互的理论、方法和技术。简单地说,地理空间数据可视化就是针对地理空间数据的可视化技术。地理空间数据可视化的目的是通过人们对可视化结果的理解和感受,实现对地理空间数据所描述的地理空间世界的空间认知。

可视化技术是帮助人们认知地理空间数据的重要工具,通过对地理空间数据的认知,间接地认知地理空间数据所描述的地理空间世界。因此,地理空间数据可视化的作用是帮助人们更好地认知地理空间世界,也可以归纳为了解、理解和预测三个层次。了解是第一层次,是指人类通过接受视觉信号,直接感受地理空间数据转换为可视化图形所展现出的地理空间世界的基本情况,如地理范围、主要内容、区域分布、要素类型和特征变化等,了解地理空间数据所描述的地理空间世界的基本内容和基本特征。理解是第二层次,是指在了解地理空间世界的基本内容和基本特征的基础上,通过视觉思维认识数据所描述的地理空间世界的实质,如地理空间实体或要素的相互关系、影响程度、聚合情况、重要程度和变化规律等,深刻理解地理空间数据所描述的事物或现象的状态、联系和影响。预测是第三层次,是指在对地理空间世界的本质有深刻理解的基础上,预测地理空间世界中事物或现象的动态变化和发展趋势,如地理空间实体随时间发展的变化预测、受多种因素影响的变化预测和发展变化后的效果预测等。准确的地理空间预测能有效地辅助或指导空间决策行为。

在地理信息领域,地理信息、空间信息、地理空间信息、地理数据、空间数据、地理空间数据等术语在不严格区分的情况下,常常可以相互替代使用。因此,地理信息可视化、空间信息可视化、地理空间信息可视化、地理数据可视化、空间数据可视化、地理空间数据可视化等术语在不严格区分的情况下,也可以相互替代使用

(二) 地理空间数据可视化的内涵

地理空间数据是具有地理空间位置的自然、社会、人文和经济等方面的数据,具有四个基本特征:空间特征、属性特征、关系特征和时间特征。可以归纳为三类:几何数据、属性数据和关系数据,并且几何数据、属性数据和关系数据都具有时间特征,都会随着时间发生变化。因此,地理空间数据可视化的内涵既可以认为是几何数据、属性数据和关系数据及其变化的可视化,也可以认为是空间特征、属性特征、关系特征和时间特征的可视化。

1. 空间特征和属性特征的可视化

几何数据和属性数据的静态可视化是地理空间数据可视化的基本内容。几何数据用于描述地理实体的空间特征,如位置、形状和大小等;属性数据描述地理实体的属性特征,如类型、等级、数量、名称、质量和状态等。只有将地理实体的几何数据和属性数据结合起来进行可视化表达,才能完整地表达地理实体的基本内容。

几何数据通常用点、线、面、栅格、体和模型等数据来描述,只有与属性数据结合起来,才能确定具体的可视化形式。例如,河流和道路的几何数据都可以作为线状几何数据,单纯几何数据的可视化结果都是曲线,只有结合属性特征数据(如道路等级、河流等级等)后,河流才能可视化为渐变宽度的蓝色线状符号,道路才能可视化为不同等级的线状道路符号。因此,几何数据通常用来确定地理数据可视化的空间位置,属性数据中的某一个或某几个特征可用来确定可视化的具体形式。

2. 关系特征的可视化

关系数据描述了不同地理实体间的相互联系,可以显式或隐式地进行可视化表达。所谓隐式表达,是指不用专门的符号进行可视化表达,即不作可视化表达;显式表达是指使用专门的符号进行关系特征的可视化表达。

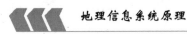

通常,地理实体间的空间关系,如包含、相交、相离和相邻等,都隐含在多个地理实体本身的可视化表达之中。例如,一个省包含哪些市,通过省界(省的可视化表达)和市界(市的可视化表达)就可以看出来,无需用专门的符号来表达这种包含关系。但是,为了表达地理实体间因为属性特征而产生的关系时,需要设计专门的符号进行可视化表达。

3. 时间特征的可视化

时间特征的信息包含在几何数据、属性数据和关系数据中。例如,不同时间的河道几何数据体现了河道随时间发生的变化,河道几何数据的时间信息是通过记录该几何数据采集的时间来描述的,即通过给几何数据附加时间戳来描述其时间信息。除了用时间戳的方法描述几何数据、属性数据和关系数据的时间特征外,还可以用与时间关联的数学模型描述其随时间发生的变化。时间特征描述了几何数据、属性数据和关系数据随时间发生变化的情况,所以时间特征的可视化通常是通过展示几何数据、属性数据和关系数据的动态变化来实现的,即通常用动态可视化方式来显示数据随时间发生的动态变化。例如,用动画的方式显示河道随时间发生的位置变化等。

(三)地理空间数据可视化的方式

地理空间数据可视化是对地理空间信息的空间特征、属性特征、关系特征和时间特征的可视化表达。根据空间认知的需要,可以指定需要重点可视化表达的数据内容,也可以为每种数据设计不同的表达方式,因此,地理空间数据可视化的方式是多种多样的。从不同的角度看这些可视化方式,就形成了不同的划分方法。

1. 根据可视化的维度分类

根据地理空间数据可视化的维度,可以分为二维可视化和三维可视化两种,随后又在此基础上衍生出了2.5维可视化和多维可视化的术语。

现实世界中的地理环境和地理实体,其空间形态是三维的;数字世界中的地理空间信息地理环境和地理实体的数字化抽象描述可以是二维的,也可以是三维的。因此,地理空间数据的可视化表达方式可以是二维的,也可以是三维的。

2. 根据可视化的动态性分类

根据地理空间数据可视化的动态性,可以分为静态可视化和动态可视化。

静态可视化是指在展现地理空间信息时,地理空间数据的内容不发生变化,例如,纸质地图就是一种最典型的地理空间数据静态可视化方式,地理空间数据以图形的方式(符号、注记等)表达并印制在纸张上,展现某一时刻地理空间数据的状态。虽然以设计符号来表达地理空间数据的动态特征,如用带箭头的线状符号表达行进路线等,但表达的地理空间数据并不发生变化,所以仍然是一种地理空间数据的静态可视化方法。如电子地图将地图显示在计算机屏幕上,可以进行放大、缩小、漫游、量算等操作,但当电子地图本身所承载的内容没有发生变化时,就是一种静态的可视化方式。同样,在地理空间数据三维可视化时,虽然可以进行视角变换等操作,但只要其所展现的地理空间数据内容没有发生变化,就仍然是一种静态的可视化方式。

动态可视化是指在展现地理空间信息时,地理空间数据的内容会发生动态变化。例如,在车辆导航电子地图上,实时显示道路拥堵情况,就属于动态可视化,因为道路特征信息在发生变化。

3. 根据可视化的形式分类

根据地理空间数据可视化的形式,可以分为地图可视化方式和虚拟现实可视化方式。

地图是根据特定的数学法则,使用地图符号系统,按照一定的比例,将地球表面物体或现象通过缩影表示为平面上的图形。地图是地理空间数据可视化的最主要和最古老的方式。传统的纸质地图是对地理空间信息的静态和固化的表达,使用者主要通过观察、阅读和量算来使用地图,但不能与地图进行交互操作。当地理信息系统把地理空间数据装入计算机并在屏幕上显示出来(电子地图)时,使用者就可以通过与屏幕上电子地图的交互,扩展传统地图的功能。

在虚拟现实可视化方式中,虚拟现实是基于计算机技术生成的虚拟环境,使用者通过视觉、听觉、触觉、嗅觉等自然方式与之交互,获得与现实世界一样的感受和体验。将虚拟现实技术应用于地理空间数据的表达,可以将地理空间数据表达为虚拟地理环境。通过使用与人类认知现实地理环境一样的方式,达到对地理空间数据更加具体化、更符合人类感官的感受效果。地理空间数据的虚拟现实表达结果具有虚拟现实的三个基本特征:沉浸性、交互性和想象性。

第二节   常规地图可视化

常规地图是指印制在纸张等媒介上或显示在计算机屏幕上的静态平面地图,其可视化方式是地理空间数据可视化的基本方式,其可视化方法是地理空间数据可视化的基本方法。常规的地图,遵循一定的数学法则,使用地图符号系统,将地球表面的自然和人文现象抽象和缩小在平面上,反映各种现象的空间分布、相互关系、属性特征和变化规律。虽然地图的定义有很多种,但基本含义是一致的。常规地图可以简单理解为是现实世界的平面化抽象模型,并具有三个特征:量测性、概括性和抽象性。

量测性是指地图通过一定的数学法则将地理现象的空间位置投影到地图平面上,同时地图上的每个点也可以通过数学法则回算到现实地理空间。所以,可以在地图上进行位置、距离、面积、坡度和体积等的量算。也就是说,地图在数学上是可量测的。概括性是指地图不是对现实世界中所有内容一一对应的描述,而是概括和简化的描述。根据地图的使用目的,通过选取重要的内容、舍弃无关的内容、弱化次要的内容、综合过于细节的内容等方法,使地图具有概括性,能够更好地满足地图用户的应用需要。换句话说,地图内容是经过概括和简化的。抽象性是指地图符号系统由地图符号和地图注记组成,是对地理现象的位置、数量、质量和形状等特征信息的抽象可视化方法。使用地图符号系统,将地理现象抽象表达为地图符号和注记,就形成了地图。也就是说,地图是对现实世界进行的抽象表达,是以地图符号的方式对现实世界的可视化表达。

地图与地理信息系统紧密相连。从模型的角度看,地图应该是地理系统原型的模型。从历史发展看,地理信息系统脱胎于地图,并成为地图信息的又一种新的载体形式,它具有采集存储、处理分析和显示传输的功能,它是地理系统原型较高级的模型。但二者之间有着一定的差别:地图强调的是数据载体、符号化与显示,而地理信息系统则着重于信息的空间分析。同时,地图学理论与方法对地理信息系统的发展有着重要影响,并成为地理信息系统发展的根源之一。地理信息系统以空间数据库为基础,具有很强的空间分析能力,最终的处理成果以专题图的形式输出。

一、地图的分类

地图的分类就是按地图的某些标志将地图划分成不同的类别。对地图进行分类,有助于人们了解各类地图的性质、功用和不同类别地图之间的关系和差异;同时,也有利于地图的生产、保管和使用。地图分类的标志很多,如地图的内容和性质、比例尺、区域范围、用途、整饰方式、出版方式和历史年代等。

(一)按内容和性质分类

按地图的内容,可分为普通地图和专题地图两大类。由于地形图已是各国从事经济和国防建设的基本地图,它比其他地图更具有系列化和规范化的特点,因而普通地图中的地形图从性质上可以看作是一个独特的类别。

1. 地形图

地形图是指国家的几种基本比例尺的全要素地图,它是按照统一的规范和图式符号测(或编)制的,全面而详尽地表示各种地理事物,有较高的几何精度,能适应多方面的用图要求,是国家各项建设的基础资料,也是编制其他地图的原始资料。

2. 普通地理图

普通地理图是表示地面上主要的自然现象和社会经济现象的地图,能比较全面地反映制图区域的地理特征,包括水体、地形、土质、植被、居民地、交通网、境界线以及主要的社会经济要素等。它区别于地形图的是,地图投影、分幅;比例尺和表示方法等都随需要具有一定的灵活性,表示的内容比同比例尺地形图概括,几何精度较地形图低。

3. 专题地图

专题地图是着重表示一种或几种自然现象或社会经济现象的地理分布,或强调表示这些现象的某一方面特性的地图。专题地图的主题多种多样,表达对象也很广泛。

(二)按比例尺分类

1. 大比例尺地图

比例尺大于和等于1:10万的地图为大比例尺地图,如1:5万、1:1万、1:0.5万等,它详尽而精确地表示地面的地形和地物或某种专题要素,它往往是在实测或实地调查的基础上编制而成的,可进行图上量算和提供各种资料的基础地图。

2. 中比例尺地图

比例尺小于1∶10万且大于1∶100万的地图为中比例尺地图,如1∶20万、1∶50万等。它内容比较简要,由大比例尺地图或根据卫星图像经过制图综合编制而成,可供全国性部门和省级机关作总体规划、专业普查使用。

3. 小比例尺地图

1∶100万和更小比例尺的地图为小比例尺地图,如1∶200万、1∶500万、1∶2 000万等。这种地图随着比例尺的缩小,内容概括程度增大,几何精度相对降低,用以表示制图区的总体特点以及地理分布的规律和区域差异等,主要用在一般参考及科学普及方面。

(三) 按制图区域分类

地图按制图区域分类,一般分为世界图、半球图、大洋图、分洲图、分国图、分省图、分县图等。另外,不同专业也有不同的分区系统,如按流域分区,有黄河流域图、长江流域图等;按地形分区有青藏高原图、黄土高原图等。此外,从扩大了的地图定义来说,还有月球图、火星图等。

(四) 按用途分类

按用途分类,如教学地图、军事地图、航海地图、规划地图、旅游地图等。这些地图的名称就表明了他们的用途。此外,按使用方式,可以分为桌图和挂图;按图型可分为线划地图和影像地图;按出版形式,可分为单幅图、系列图和地图集;按印刷色数可分为单色图和多色图等。总之,可作地图分类的标志很多,无须一一列述。

地图的图名往往反映该地图的属性,例如"中国土壤教学挂图""北京市旅游图"等,这些是由几种不同分类的类别组合而成的图名,以表明它的内容、用途和区域范围等。

二、地图的构成要素

展开一幅地图,就会看到一系列由颜色、大小和形状不同的点、线、面符号和文字、数字组成的图像,以反映制图区的自然和社会经济现象的分布。虽然地图所表现的主题、区域和比例尺各不相同,但归纳起来都是由下述三类要素构成的。

(一) 数学要素

数学要素用以确定地理要素的空间相关位置,起着地图的"骨架"作用,如经纬网或坐标网、比例尺和控制点等,都属于数学要素。

(二) 地理要素

地理要素系指地图的内容。普通地图包括自然和社会经济要素。自然要素有水体(如江、河、湖、海等)、地形(如山脉、丘陵、平原、高原等)、土质植被(如沙漠、森林、草地、沼泽等);社会经济要素有城市、村镇等居民地,联系居民地的公路、铁路、航线等交通线,各级行政单元的界线,文化遗迹等。专题地图有作为指示地图位置的某些底图要素,如主要河流及居民点,或者与专题有关的政区界线等,在此基础上,还有表示主题的某一种或若干种专题要素。

(三) 辅助要素

辅助要素包括图名、图号、图例、插图和图表,各种文字说明和图廓外的其他补充说明等。

三、地图的功用

地图的功用,第一是有利于表示地理事物的空间分布、相互关系,有利于读者建立空间概念和加强记忆,具有直观性。第二是地图表示地理要素能和实地保持几何相似,具有可量测性。通过地图的量算和分析,可以获得方向、距离、面积、高度和体积等数据,并可以推算出密度、强度和梯度等的变化。第三是地图具有综合性,在一幅地图上可以观察广大的空间,做到"万里江山,尽收眼底"。通过同地区不同时期地图的比较,能具体和确切地了解地理要素的运动方向和变化发展,有利于综合分析,提出发展规划。因此,有不少规划设计和预测预报工作必须利用地图来完成。

四、地图的特点

地图是人们存储和表达空间信息的一种方式,是地理原型最早的模型。已经形成了很完备的地图学学科,使地图科学化、标准化和规范化。地图具有以下特点:

① 地图存储在纸、薄膜等介质上,只能是对一定的空间信息在某一特定时间"静止"的表达,更新比较困难。

② 地图都按一定的比例尺和投影来绘制,有制图综合 —— 综合取舍与归类的特点。地图表达限制了一定的空间信息容量,使真实的信息大大被压缩。

③ 按一定的地理区域框架来分幅。

④ 地图都按点、线、面,一定的符号、线型、颜色、文字及图例来表达空间信息。

⑤ 空间信息一旦进入地图,就很难再把它和其他空间信息相结合,进行定量的空间处理分析,更不能建立空间分析应用模型。

随着计算机技术的发展,出现了计算机制图学,从地理信息系统的发展过程可以看出,地理信息系统的产生、发展与制图信息系统存在着密切的联系,两者的相通之处是都基于空间数据库的空间信息的表达、显示和处理。从系统组成和功能上看,一个地理信息系统拥有计算机辅助地图制图系统的所有组成和功能,并且地理信息系统还有数据处理的功能。但随着电子制图系统(Electronic mapping system,EMS)的出现和发展,出现了电子地图集。与传统地图集相比,电子地图集有许多新的特征:① 声、图文和数据多媒体集成,把图形的直观性、数字的准确性、声音的引导性和亲切感相结合,充分利用了读者的各种感官。② 查询检索和分析决策功能,能够支持从地图图形到属性数据和从属性数据到地图图形的双向检索。③ 图形动态变化功能,从开窗缩放、浏览阅读等基本功能到地图动画功能、多维动画图形模拟等。④ 具有良好的用户界面,使读者介入地图的生成过程。⑤ 多级比例尺之间的相互转换,由于计算机屏幕幅面的限制和计算机潜在的计算功能和巨大的存储能力,要求具有多级比例尺不同程度的制图综合功能。与地理信息系统相比,由于电子制图系统具有电子地图集的功能,因此它所拥有的表达与显示空间信息的功能更强。好的电子制图系统应具有地理信息系统的基本功能,并且具有在电子媒体上应用各种不同的格式来创建、存储和表达资料信息的能力。

第三节　制图综合

一、概述

无论是用地面测量的方法还是用遥感技术方法将地理事物测绘成地图,或是用地理信息系统空间数据库中已有的数据资料,或是将其空间分析结果编绘成专题地图,都要在纸上以一定的比例尺表达缩小了数千或数万倍的实际地面上各种详细的事物,图纸的幅面就显得太小了。因而必然引起表示地理事物数量的减少,轮廓形状的简化,产生了取舍与概括。图纸是平面,而地理事物分布在三维空间,如空中分布的降水、气压与风;地上分布着河流、道路、村镇、土壤、植被;地下分布着不同的地层、矿产等。这些事物在空间的分布错综复杂,相互重叠渗透。要表示在平面地图上,就需要进行选择、分类与分级等,并利用色调深浅和线粗细等方法,组成地图符号系统,以便在视感上产生聚类、主次及层次等效果。在制图过程中,将原始的或间接的地理事物的资料进行选择与取舍、分类和分级、设计图式符号等工作,统称为制图综合。

在制图综合工作中实质上是要处理好以下两种关系:

① 地图要素的几何精度与地理特征的关系。要保持地图的几何精度,就要严格按比例尺描绘地理要素,其结果有许多重要的要素因尺寸过小,缩小后无法表示。例如,宽 10 m 的道路,在 1∶100 万地图上只有 0.01 mm 宽,无法表示,但是从道路的重要意义考虑又必须表示,所以编图时就必须放大。放大的结果既夸张了道路的宽度,又使靠在道路边的城市移位。这就是调整几何精度与地理特征的简单例子。制图综合的工作内容之一,就是要处理好这种关系。

② 地图的负载量与清晰易读的关系。地图上能负载多少内容,详细到何种程度,是有不同标准的。单纯要求视感上能辨认、工艺上能表达,这是一种机械的标准。从地图的用途来说,如科学研究、规划设计所要求的地图负载量,与教学和科学普及所要求的悬殊。因此,在编图过程中,如何针对不同的使用对象,处理好符合要求的地图内容和具有清晰易读的视感效果之间的关系,是制图综合的另一个重要内容。

为解决好上述两种关系而采取的具体方法,也就是实施制图综合,一般要根据地图的比例尺、用途、主题及制图区域的地理特征,对地理事物进行内容的取舍、形状的简化、要素的分类分级、归纳推理及符号化(构成地图的表达方式)等。其目的在于增强地图信息传输的功能与效果,使地图能表达事物的本质和典型特征。

地图的制图综合与航空像片、卫星图像的概括及风景画的艺术夸张,有本质的区别。航空像片、卫星图像虽然也是地面的平面图形,经过纠正的航空像片也能正确地反映事物的地理位置,以便进行长度、面积的量算,但是它对地理事物的反映是被动的、机械的,受光学与机械条件的影响。例如,面积大、成像条件好的事物在像片上能留下突出的影像;面积小、成像条件差的事物就可能模糊不清晰,难以辨认或者表示不出来;无一定外形或无法直接观察到的事物就不可能在照片上留下影像。像片虽然能如实地记录所摄取的事物,但不能按读者的需要进行选择。此外,像片是哑图,它不能反映地理事物的名称。风景画是地理事物的艺术图像,表现手法概括而夸张,图中物体的方位及大小都随绘画者的位置、距离和角度的不同而改变,不能反映确切的地理位置,因而无法量算及比较大小。而地图的制图综合既有概括,也有夸张,既不是机械地概括,也不是任意地夸张,而是有一定的科学原则与要求,从而使地图具有科学性、几何性和地理面貌的真实性。

制图综合在地图学中具有特殊的重要意义,它是地图理论与实践的统一。由于制图综合使地理事物能用地图形式反映它们的分布规律和相互联系,是航空像片和艺术图像所不能代替的。

对制图综合内容的理解和学习,有助于我们正确选择、阅读和运用地图。不同的地图,即使主题相同而比例尺不同,或比例尺相同而用途不同,其综合的方式与特点也是互不相同的。

二、影响制图综合的因素

地图的比例尺、主题、用途及制图区域的地理特征是制图综合的主要依据,也是直接影响制图综合的因素。此外,制图综合还受到制图资料和符号图形等的限制。

(一) 地图比例尺

地图比例尺是引起制图综合的根本原因之一。首先,它限定了地面缩绘到图上的面积,因而也限定了在图上能表示要素的数量,制约着要素的选取。例如,实地 $1\,km^2$,在 $1:1\,000$ 地图上为 $1\,m^2$,在 $1:1$ 万地图上为 $10\,cm^2$,在 $1:10$ 万地图上为 $1\,cm^2$,在 $1:100$ 万地图上为 $1\,mm^2$。显然,在这 4 种比例尺地图上要表示同样数量的事物是不可能的。由于比例尺的逐步缩小,图形也随着缩小,以致产生描绘的困难。一些面积不大的事物,则难以表达其碎部点,甚至连整个事物都无法表示,因而不得不对其形状进行简化,只能着重反映该事物的地理位置。

当图纸面积一定时,不同比例尺地图所反映的实地范围不同,大比例尺地图表达的范围较小,小比例尺地图表达的范围较大。在不同的范围内,同一事物的重要性不同,要反映在图上的主要特征亦不相同,从小范围看是重要的事物,在大范围内可能变成次要的。例如,图上表示河流,在小区域内只表达河流的某一段,这时河的宽度、河水深度、水的流速、能否徒涉等都是应该表达的内容。但是在大区域内,图上表示整个河系的分布,上述的某段河流的详细情况就失去意义了,而河网的形态、结构特点、密度差异、水系与其他要素之间的关系,则成为应当反映的主要内容。

(二) 地图的用途和主题

地图的用途不同,需要对某地区了解的深度与广度也就不同。这与地图比例尺有关,如果地图比例尺已由地图的用途决定,那么地图的用途就是制图综合的主导因素了。地图的不同用途,影响着地图内容的表达程度与特点。例如,1∶400万地图,用于一般参考的与用于教学的相比,前者信息量多、内容丰富、符号细致小巧,后者内容简明、重点突出、符号粗大、地图的信息量要比前者少。

地图的主题决定着某要素在图上的重要程度,因而制图综合时要做出相应的处理。例如,同一种比例尺、同样地区而主题不同的两幅地图,一幅是水网图,另一幅是航道图。在水网图上,水系要详细,尽量选取一切可能选取的小支流与湖泊,以反映河网的密度差异与结构特点,图上可不表示道路,适当地选取少量的重要居民地作为地理位置的标志;在航道图上,重点是表示通航的河段,一般要按航道的等级绘成宽度不同的带,可舍弃许多或者全部不通航的河流,图上选取的居民地应多于水网图,凡是主要的港口、码头都要表示出来。

地图主题不同,影响着对同一要素如何处理的问题。例如,同是居民地,在政区图上以表示行政意义为主,在人口图上则要表示人口数量,在经济图上则要表示经济地位,对这三种不同的地图,居民地的选取标准和表示方式就不能类同了。

(三) 制图区域的地理特征

同一种现象在不同地区的重要意义不同。众所周知,在人烟稀少的荒漠地区,几百人的集镇也很有意义;在交通困难的高山丛林里,一条人行小道也十分重要;在高山间奔流的河流,狭窄而湍急,与平原上的河流迥然不同。这是受到不同地区的地理特征的影响,在地图上需要研究如何区别对待这些问题。因此,制图综合必须结合具体的地理特征做出相应的处理。

(四) 制图资料

制图综合的各项措施都以制图资料为基础,资料的质量、完备程度及现势性等都直接影响制图综合的质量。制图资料有地图资料、照片资料(航空像片、卫星图像)、文字资料及统计资料等。

制图时若资料完备、详细,就能为选择合理而恰当的制图综合方法提供有利条件。例如,利用数据资料绘制等温线图,若气象台站点密布,资料详细,数据多,就有可能内插出精确的等温线,反之,则只能勾绘出概略的等温线。

制图资料的形式与特点也影响制图综合措施的选择。例如,提供的是数据资料,要按数据进行分类、分级;若是地图资料,则可根据图形进行类别或级别的概括、合并等。此外,若资料的种类比较多,能相互补充、参考,就为选择满意而适当的综合方法提供可能。

（五）符号

地图符号是地图的语言单位，通过对地图符号的解读，可以直观地了解地图所表达的地理信息，得到所表示事物的空间位置、形状、质量和数量特征，以及各事物之间的相互联系及区域总体特征。地图符号有图形符号和注记符号两种，图形符号由形状、尺寸和颜色三个基本因素组成，具有系统化的特点；注记符号是地图符号的一个重要组成部分，也有形状、尺寸和颜色的区别。根据地图符号所指代概念的空间分布状态，地图符号可分为点状符号、线状符号、面状符号和体状符号。

地图符号由形状不同、大小不一、色彩有别的图形和文字组成，是表示地图内容的基本手段。地图符号作为一种图形语言，与文字语言相比较，它最大的特点是形象直观。单个符号可以表示事物的空间位置、大小、质量和数量特征；同类符号可以反映各类要素的分布特点；而各类符号的总和，则可表现各类要素之间的相互关系及区域总体特征。地图符号的形成是一种约定俗成的过程，是人们对地理事物和现象不断认识、不断实践的结果，为广大用图者所熟悉和承认。然后对现实地物进行符号化，即可得到相应的地图。而符号化的过程则要求我们认识和设计地图符号。在得到的地图中，利用地图符号，可以保证所表示的事物的空间位置具有较高的几何精度，从而提供了可测量性。

地图是地理信息系统主要的数据来源之一，也是它最终输出的一种主要形式，且地图强调的是数据分析、符号化与显示，重点研究地图制作和应用，而地理信息系统更注重于对空间信息的分析、管理和决策。这就使得地理信息系统不同于地图对于符号的应用，如需要建立基于不同软件平台的符号库，由于不同地理信息系统平台的差异，同一符号库在不同的平台间无法通用，此时可通过符号虚拟机屏蔽具体地理信息系统平台的差异性，为符号库的实现者提供统一的接口，从而实现同一个符号库在不同地理信息系统平台上的通用。

符号的形状、尺寸、颜色、结构直接影响地图的负载量，因而也制约着综合的程度与方法。例如，一条弯曲的海岸线，用细线描绘能保留较多细小的弯曲，而图面仍清晰易读；若用粗线描绘，将无法表示细小弯曲。可见线的粗细直接影响要素碎部的表达程度。同样，用细小圈形符号和注记表示居民地，能在单位面积内表示较多的居民地；若改用大的符号与注记，相同面积内负载量就小，不得不舍弃许多要素。可见细致小巧的符号能提高地图内容的负载量。

多色的地图能比单色地图容纳较多的信息量，而仍能达到清晰易读的效果。

除特殊用途以外，多数地形图、普通地图尽量使用细小符号，以便表示较多内容。从读图效果看，符号最小尺寸应有一定限制，这种限制由下列因素决定，即人的感受能力、绘图与印刷技术。正常情况下，人的视觉能辨认 0.02 ～ 0.03 mm 的线，一般绘图技术能绘出 0.06 ～ 0.09 mm 的线，刻图法可刻绘 0.03 ～ 0.04 mm 的线，印刷技术能印出 0.08 ～ 0.1 mm 的线。因此，一般规定地图上单线最细为 0.08 ～ 0.1 mm，双线间隔不得小于 0.2 mm。空心图形边长不得小于 0.4 ～ 0.5 mm，实心图形为 0.3 ～ 0.4 mm。线划的弯曲程度规定宽为 0.6 ～ 0.7 mm，高为 0.4 mm。

上面的各项影响因素并不是彼此孤立的,而是相互间有密切联系的。例如,地图的用途决定着地图内容的精确和详细程度,因而也就决定了比例尺和对制图资料的要求,并影响地图符号。

由于制图综合的各项具体措施都是通过制图者来完成的,所以整个制图综合过程就是制图者将科学的理论付诸实践的过程,制图者的创造能力、掌握的科学知识及编图技巧与素养,都在制图综合中得到体现。

随着地理学研究中定量分析方法的广泛应用,促进了制图工作者研究如何更多地以数量指标作为制图综合措施的依据,从而使制图综合由带有一定的经验性与主观性工作逐渐向数量化、公式化工作方向发展,这不仅能提高制图综合的效果与质量,而且为计算机制图自动综合提供条件。

三、制图综合的主要方法

制图综合的主要方法有内容的取舍、形状的简化、要素的分类分级和归纳推理与符号化。

(一) 内容的取舍

内容的取舍是根据地图主题、比例尺和用途选取主要的,舍弃次要的内容。

"选取主要的"是指:(1) 选取主要的类别,如编制普通地图时选取水体、地形、居民地、境界线、交通线与土质植被。(2) 选取主要类别中的主要要素,如选取水体中长而宽的河流,选取居民地中人口多而规模大的村镇等。"舍弃次要的"也有两方面:(1) 舍弃次要类别,如政区地图上舍弃地形要素、测量控制点、通信线及独立地物等。(2) 舍弃所选取类别中次要的要素,如舍弃水体中短小的或季节性的河流,舍弃居民地中的自然村等。

应当指出,所谓主要与次要是相对的,它是随地图的主题、用途和比例尺的不同而异。例如,在专题图中,主题要素是主要内容,应详细表示;地理底图内容处于衬托地位,只从中选取足以标明主题要素地理位置的一些底图要素即可,也应选取其中与专题内容有密切关系的某些要素。

编制地图时,一般都规定各类要素的选取标准,即数量指标及质量指标。如河流的长度,湖泊的面积,居民地的人口数等,都属于数量指标;河流水流的特点(长流水、季节流水),湖、河的经济意义(通航条件、灌溉作用等),居民地的行政等级、经济地位等,都属于质量指标。选取时按上述数量与质量指标依主次顺序划分,而后依次选取。在实际工作中,常用的选取方法有:

1. 资格法

将数量与质量指标作为选取的资格,例如规定图上河长 1 cm,湖泊面积 2 mm^2 作为河、湖的选取资格,达到此指标的则选取,不够的则舍弃。又如在中、小比例尺的地图中,将居民地的行政等级作为选取资格,如乡、镇政府驻地以上的选取,以下的舍弃等。

2. 定额法

规定图上单位面积或不同密度分区内应表示要素的总数量,如在不同地区规定居民地每单位面积内应选取的不同个数指标,选取河流时规定在不同的河网密度区内选取时应保证相对密度。

3. 根式定律法

根据大量试验表明,资料图上地图的负载量与新编图的负载量同其比例尺之间具有一定比例关系。用公式表示为

$$n_b = n_a \sqrt{m_b/m_a}$$

式中 n_b,n_a 分别为新编图 b、资料图 a 中要素的总数量;m_b,m_a 分别为新编图 b、资料图 a 的比例尺。

此式适用于采用同一种符号(或稍缩小)的同一类地图(如地形图)。当新编地图的符号尺寸与资料图差异较大时,可用下式

$$n_b = n_a C_B C_Z \sqrt{m_b/m_a}$$

式中 C_B 为符号夸张系数(面积系数),分三种情况:$C_B = 1$,用于夸张的一般符号;$C_B = \sqrt{m_b/m_a}$ 用于无夸张的轮廓符号,如湖、岛屿;$C_B = \sqrt{m_a/m_b}$ 用于夸张的地物符号,如居民地。C_Z 为符号形状系数,亦分三种情况:$C_Z = 1$ 用于相同的符号;$C_Z = \dfrac{S_a}{S_b}\sqrt{m_b/m_a}$ 用于线状符号,S_a,S_b 分别为资料图与新编图上线状符号的宽度;$C_Z = \dfrac{P_a}{P_b}\sqrt{m_b/m_a}$,用于面状符号,$P_a$,$P_b$ 分别为资料图与新编图的面积。

定额法、根式定律法都只规定了选取的限额,但具体保留哪些要素,仍需由制图者根据资格确定。因此,定额法、根式定律法都要与资格法配合使用。确定了在图上表示哪些要素后,这些要素如何表示,表示的效果如何,都取决于其他几种综合措施的应用。

(二) 形状的简化

形状的简化主要用于呈线状与面状分布的要素,如河流、岸线、土壤类型区、不同农作区的轮廓界线。简化的目的在于保留要素所固有的、典型的、而从地图的用途看是很重要的特征,从而保持地图的真实性与合理性,并使复杂的图形变得简单明了、清晰易读。简化的方法有删除、合并和夸大。删除就是对小弯曲进行截弯取直,如河流、岸线及等高线的小弯曲,居民地轮廓、植被分布轮廓的小碎部等。合并是将相邻近而性质相同的若干个图形合成一个图形,如居民地内小街区的合并,森林内一些不连续林地的合并等。夸大是将某些小而具有重要意义的部分适当放大表示,因为要素的特征往往是由众多的细小碎部反映的,简化时不应机械地删除所有依比例尺不能表示的碎部,有的要按其重要程度适当进行夸张,前面所举的道路宽度就是一例。经过简化的图形在总的特点和形态上应与原图形相吻合,重要特征点的位置应相对准确。

进行形状简化时,要考虑与其他有关要素的关系,使图上各种要素协调一致。例如,进行等高线形状的简化,要与水系结合考虑,使图上等高线的形态与河谷的主次关系协调一致。

（三）要素的分类

地图上表示的自然和社会经济要素各种各样,要使地图内容能反映良好的系统性、规律性及差异性,必须按质量进行分类并按数量进行分级。要素分类一般按其所属学科确定的分类原则为标准,但不同用途和不同比例尺的地图反映分类的详细程度不同,所以制图工作者需要调整要素类别,以便用比较概括的分类代替详细的分类。

减少分类方法有两种:一种是合并同属一大类的低级类别,如沼泽在大比例尺地图上详细分类时分为能通行、通行困难及不能通行三类,而在小比例尺地图上只表示沼泽。又如,大比例尺地图上表示森林分布可区分落叶松、云冷杉、山杨、白桦等多种树种,既有森林界线,也有树种界线;随着比例尺的缩小,删除树种界线,只表示针叶林、阔叶林及混合林三种林种界线;比例尺再缩小时,则删除林种界线,只表示森林界线。另一种方法是舍弃面积小而意义不大的类别。例如,表示果树分布,在大比例尺地图上可以详细表示不同品种,当比例尺缩小时,可将面积过小的某种果树类别舍弃。

此外,所使用资料不同,分类方法亦不同。反映类别和性质的资料有两种,一种是图形或位置资料,如地图或对类别分布状况的文字描述,这种资料分类已很明确,综合时可直接进行合并。另一种是数据资料,如提供各区域的水田、林地、草地、果园等的面积数或占总土地面积的百分比。这时,要根据有关资料(如其他图件、土地利用资料和经济意义等)进行分析,以便在图上确定要素的类别及确定具体的类别界线。

（四）要素的分级

地图上反映要素的数量特征,主要有两种方式:一种是表示实际数量,如地面高程、水深等。此时,制图综合表现为对高程点、水深点及其数量注记的取舍,所表示数量精度的降低。另一种是以符号的大小表示要素的数量变化及等级。制图综合表现为对数量的分级,减少分级的数目,综合程度愈大,分级数目愈少,反之,分级数目愈多。例如,在普通地图上表示地形时,要根据等高线确定分级(高度表)。在较大比例尺地图上,等高线可分为 10 个等级:0 ～ 50 m,50 ～ 100 m,100 ～ 200 m,200 ～ 500 m,500 ～ 1 000 m,1 000 ～ 1 500 m,1 500 ～ 2 000 m,2 000 ～ 3 000 m,3 000 ～ 5 000 m,5 000 m 以上。在较小比例尺图上,减少为 6 个等级,0 ～ 200 m,200 ～ 500 m,500 ～ 1 000 m,1 000 ～ 2 000 m,2 000 ～ 5 000 m,5 000 m 以上。

数量分级的方法很多,过去主要采取等差分级、等比分级、间隔逐渐增大或减小的非比例分级等。近些年在制图、地学等专业中广泛应用了数理统计方法,分级的方法更加丰富,如标准差分级、分位数分级、按面积分级等。

每幅地图使用何种分级方法,数量如何合并,这不仅与地图的用途、比例尺等有关,而且也取决于要素数量分布的特点及特殊数量指标的重要意义。例如,地形中 0 m,200 m,500 m,1 000 m 等高线是区分平原、丘陵及低山的基本等高线,因此各种比例尺地图都应选取。又如居民地的人口 10 万,30 万,100 万是我国划分小、中、大城市的数量标志,对这些具有重要意义的数量指标进行综合时,不能机械地、随意地合并或删除。

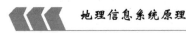

上述几种制图综合的方法，其结果都使新编地图的信息量少于原始资料。如前所述，通过取舍概括，达到突出反映地理事物最本质、最具特征性的目的。在制图实践中，还常用另一种制图综合措施达到增加信息量的目的，即逻辑推理方法在制图中的应用，例如各种等值线图形的建立。地图上用等值线法表示的事物，其数量具有连续分布而逐渐变化的特点，如气温、降水、气压、风和磁差等现象。对这些现象的研究方法通常是选若干个有代表性的观察台（站），经过长期的连续观察而获得的具有代表性的数值。

绘制等值线的具体方法是：在地图上找出台（站）点位置，标出它们的数据，按逻辑推理的方法，对已知数据点进行内插，以增加许多新的数据点，据此绘制等值线，建立该现象的分布模式，这就是制成等值线图的过程。在此图上不仅能量算（或直接读出）没有经过观察和记录地点的数量，而且可以反映该现象的分布特点与变化规律。这样的地图所反映的信息多于原始资料所提供的内容，这种制图方法，称为归纳推理。

此外，归纳推理的方法还广泛用于对要素的分类中。例如，土壤类型分布，通常是根据采样点的资料，按归纳推理的方法确定分类界线而制成土壤类型图。

从广义上讲，凡是通过对制图资料进行科学的分析、研究，运用逻辑推理的方法将某些孤立的、无直接联系的数据或样品资料制成揭示分布规律、内部性质及相互联系的地图，这种制图综合的方法，都可列为归纳推理的方法。

上述制图综合的各种方法最后都要用具体的地图符号来体现，当采用地图资料、数据资料编制地图时，或当直接从实地测量而绘成地图时，都要将制图内容符号化。符号化的过程体现了抽象、概括、分级、分类与简化的过程。

在应用制图综合的各项措施时要互相配合而不能分开。在进行要素形状的简化时，实际也是一种取舍。例如，简化海岸线的形状，实际就是舍弃小的海湾及海角；减少要素的分类、分级，实际也就是舍弃其中某些次要的类别或等级，但从性质看，彼此间是有区别的。

第四节　专题地图

在专题地图上表示的专题内容一般具有空间特征、属性特征和时间特征。所以专题地图不仅仅要显示专题的空间分布，还要反映其属性特征、它们之间的联系及发展。因此，在专题地图上，从地图内容要素的显示特征来看，一般包括以下三个方面，即空间分布、时间变异以及数量、质量特征。

一、专题地理现象的特征

（一）空间分布

一般可归纳为三大类：

① 实地上分布面积较小（按地图比例尺仅能定位于点）或呈点状的,如防火塔、居民点、城镇等。

② 分布呈线状或带状的,如道路、河流、海岸等。

③ 呈面状分布的,如湖泊、沼泽、森林、土壤类型等。

（二）时间变异

通常也有三种情况:

① 反映某一现象特定时刻的状况。

② 反映某现象变迁过程的,如人口迁移、货运等。

③ 反映某一段时间的动态变化情况。

二、专题内容的表示方法

专题地图表示的内容十分广泛,它以表示各种专题现象为主,但也能表示普通地图上的某一个要素,如交通、水系等。既能表示自然地理现象,又能表示社会经济或人文地理现象;既能表示各种具体、有形的现象,又能表示抽象、无形的现象;既可表示历史事件,又可预测未来变化。

专题地图由地理底图和专题内容组成。地理底图是指具备地图数学基础和简略的基本地理要素（水系、居民地、交通线、政区界、地形）,用做专题地图的骨架和控制的统一地理基础的地图。地理底图是根据专题内容的需要,以普通地图为基础重新编制的。地理底图作为编绘专题内容的骨架,表示专题内容的地理位置,并说明专题内容与地理环境的关系。专题地图上表示的地理要素和其详细程度根据专题内容的不同而有所不同。专题内容是普通地图内容中一种或几种要素,并将其显示得比较完备和详细,而把其他要素放到次要地位或省略,如交通图、水体图等;二是地面上看不见的或不能直接测量的和在普通地图上没有的专题要素,如人口密度图、人口分布图等。

专题地图的表示方法是指在地图上对制图要素进行符号化表示的方法,且在制图实践中逐步创造并经过较长时间的运用而得到不断完善。现代地图,由于用途和内容不同,表示的方法和整饰的方法亦是多种多样的。其中某些表示法在普通地图上已广泛采用,如用符号法表示各种独立地物和居民点,用线状符号表示河流、道路,用箭状符号表示水流的流向,用等高线表示地貌,在点绘的轮廓范围内加底色表示森林等。这些方法在专题地图上不仅被广泛采用,而且有了发展。

在自然界与人类社会中,凡属空间分布的事物,几乎都可作为专题地图的内容。地理事物虽然种类繁多,差异万千,但在地图上传输的信息可概括为以下四种:

① 表示专题要素的空间分布状态。

② 表示专题要素的质量差异（即类别）。

③ 表示专题要素的数量差异（数量上的等级,或主次关系）。

④ 表示专题要素的动态。

其中反映要素的类别及空间分布状态是最基本的,因为制作地图的根本目的就是反映地理事物在空间的分布位置。地图传输给读者的基本信息是:这是什么?分布在哪里?例如,森林分布图,不仅反映森林的分布范围,还可区分针叶林、阔叶林、针阔混交林等的不同类别树木所分布的范围。此外,地图还告诉读者,数量有多少?如何发展变化的?如在林相图上各小班的森林蓄积量、面积。专题要素的分类和分级是按其所属学科确定分类系统和分级标准的。而专题要素的动态需根据两期数据确定,如土地利用变化图。

专题要素的空间分布状态,目前在地理信息系统中主要分为三种:点状符号、线状符号和面状符号。

点状符号是当地图符号所指代的概念在抽象意义下可认为是定位于几何上的点时,称为点状符号。如测量控制点、居民点、独立地物、矿产地等符号,一般是相对集中于较小范围的事物。点状符号只能有一个定位点,而不管该点在符号的什么位置。对点状符号本身来说,该点是一数学上的点,但却可以代表实际呈点、线、面分布的事物。也就是说,不论地图符号是什么形状,什么尺寸,甚至形状有无意义,只要它有且仅有一个定位点,就是点状符号。因此各种个体符号是点状符号,各种统计图表也是点状符号。

线状符号是当地图符号所指代的概念在抽象意义下可认为是定位于几何上的线时,称为线状符号。符号沿着某个方向延伸,且宽度与地图比例尺没有关系,而长度随地图比例尺变化而变化。一般是具有线状或带状延伸的事物,如河流、沟渠、道路、等高线等符号。

面状分布是地图符号所指代的概念在抽象意义下被认为是定位于几何上的面时,称为面状符号。面状符号表示的是占有一定面积的事物,其中有的是连续而布满全制图区的,如森林、土壤、植被、行政区域、气温等;有的是松散(离散)分布的,如人口分布。通常面状符号中的面与实际事物的面是对应的,常用的表示方法有范围法、质底法、量底法和分区统计法等。对体状分布的事物,相应的数据结构尚处于研究中,在制作专题地图方面,一般通过虚拟现实技术实现。

专题地图的表示主要是通过符号、线型、颜色和注记来实现,近年来一些地理信息系统项目有关制图的常用符号和线型见图7-1。

专题内容主要是靠线型、符号和颜色的组合和注记来表示的。注记是专题地图上文字和数字的总称,基本有三种:① 名称注记,指各种事物的专有名称(如河流、道路的名称)。② 说明注记,用来说明各种事物的种类、性质或特征。③ 数字注记,用来说明地理目标的数量特征。特别是制作影像地图,没有注记的称为"哑图",带有一定注记的影像地图才有意义。注记时要注意字体、字形和颜色的搭配,如给河流注记时,一定的字体和字形的颜色应与河流的颜色一致。同时要注意注记的排列与配置。

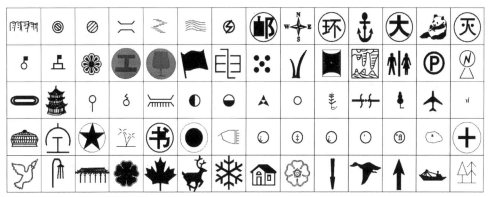

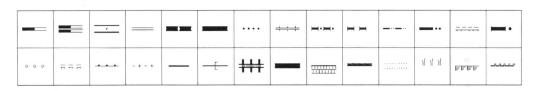

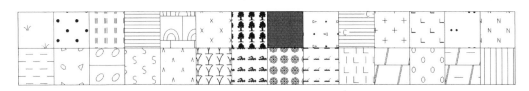

图 7 – 1　点、线、面的表示形式

三、专题地图的编制

编制专题地图的过程通常由准备数据、专题地图编制及输出三部分组成。

（一）专题地图的编制特点

（1）专题地图内容是与各学科相关的，涉及面广，且专业性强，因而要求制图者具备一定的专业知识，并与各学科专业人员密切配合。配合的方式有：

① 专业人员与制图人员一起进行地图设计和编辑工作。

② 制图人员根据编图资料自行编制，送有关专业部门审核。

③ 制图人员制订统一的制图规范，提供必要的底图。由专业人员编制作者原图，然后编图人员根据作者原图编制专题地图。

（2）因制图资料的多样性，特别是使用大量的文字资料与数据资料，因而使资料的处理加工工作复杂多样，成为编制专题地图的重要工作之一。

（3）专题内容在图上的表现形式各异，是各种附图、附表的有机配合，各要素表示方法的选择及不同表示方法、符号的合理配合是地图设计的主要内容。

（4）专题地图编制包括地理底图的绘制与专题内容的编绘。

（5）编制专题地图应处理好地图的统一协调关系。自然界各种要素相互联系、相互影响、相互制约，并按一定的空间组合和分异形式构成一个完整的统一体 —— 自然综合体。因此，专题地图的统一协调主要是：不同图幅之间的有关要素，其分布位置、轮廓界线等应协调；不同专题图之间相互对照、统一协调，有些专题内容是必须在另一些内容的基础上推断与派生出来的，当然这种派生的逻辑关系必须符合这一区域自然综合体内在的规律性。如地质图、地貌图与植被图、土壤图是统一的。

（二）编制专题地图的方法

不同内容的专题地图，其编制的具体步骤与方法不尽相同，有的比较简单，如单幅图或单要素图；有的比较复杂，如综合图、成套地图或地图集。但总的说来都有以下几项工作：

1. 制订初步的制图计划

当接受某项制图任务后，首先要拟定初步的制图计划，其内容有：制图的目的、总的要求、使用地图的对象、地图的主题内容、图幅包括的区域范围、图幅的开本及印刷数量和地图的形式（单张图、成套图、地图集）等。

2. 数据的准备、分析评价

地图资料是制图的依据，资料的质量和特点不仅影响地图的质量，而且也影响地图表示方法的选择与制图综合。收集资料是制图的重要工作之一，要求全面而细致，以便获得内容完备、现势性强、精确而可靠的全部制图所需要的资料。其中，很多数据可能已经在地理信息系统的空间数据库中，或可以从数据库中通过处理派生出来，可从下面两个步骤分析评价制图资料的完备性、可靠性、精确性和现势性。

（1）资料的类别。① 图像资料：即同比例尺或稍大比例尺的普通地理图、地形图、专题地图、影像地图、航空像片、卫星图像、其他外业调绘的原图、工作稿图等。② 文字资料：包括各种有关的历史文献、各学科的专著、考察记录、学术论文及有关制图区域地理特征的文章等。③ 数据资料：如各要素的实测数据、长期观察记录数据、各专业的统计数据及图上量测的数据等。

（2）资料的整理与分析评价。将收集的资料按性质、内容分门别类，并编号列表记录，以备查用。然后，对各种资料进行分析评价，确定其使用程度，即分出：制图的基本资料、补充资料及参考资料。分析评价的标准有：① 现势性，即资料的新旧程度，例如资料的汇编或编制时间，是否记载最新科学成就及最新建设项目。② 可靠性与精确性，主要指资料的来源及依据，例如，数据资料中，实测的、统计的及观测记录的数据可靠性大，图上量算的则与地图的精度和量算精度有关，推测的、估算的则可靠性差。精确性指资料是否准确，有无错误等。③ 完备性，指资料项目是否完整，例如统计资料是否每小区都有，数据统计与区域单元是否一致等。

上述各种资料在编制不同的地图中各有不同的作用，一般从使用资料的方便程度及使用效果考虑。地图资料及数据资料多用作制图的基本资料；文字资料常用于对专题内容及制图区域特征的研究，如研究要素的分布特点、数量及质量特征、发展变化趋势等，并作为验证其他图件资料的参考和依据；但文字资料在某些地图的编制中起主要作用，如有关历史事件、土地权属范围等记载，这时文字资料是制图的主要依据；地形图、普通地理图及影像地图、航空像片、卫星图像等则作为编制地理底图的基本资料，其中影像地图、航空像片、卫星图像因其信息量丰富、反映地理事物逼真具体，也是编制专题地图的编图资料。

（三）专题地图设计与输出

1. 专题地图设计

专题地图设计是将专题信息以图形进行表达与传输的过程，需将非制图资料抽象概括成可供制图的形式，以及在任务和要求明确后初步提出的图幅基本轮廓。包括明确比例尺、投影选择、划定图幅范围、进行图面规划和绘制设计略图，以及表示方法的设计与选择、图例设计、（含网纹）色彩设计等。

（1）表示方法的选择。专题地图的表示方法是以地图符号为基础的。若通过比较及试验后，选用了最合适的表示方法，以一定的集合形式表现在专题地图上的符号，会包含超过符号总量的潜在信息量。影响表示方法选择的因素包括被表示物体和现象所要求的精度和定位程度、制图资料的情况、专题数据的特点、地图的用途、比例尺和区域特点。

（2）图例设计。图例对地图信息的传递全过程都有重要意义，是地图上所使用全部地图符号的说明。图例分为工作图例与应用图例两种。工作图例的使用对象主要是制图人员；应用图例的使用对象是读者和用图者，可认为是工作图例的简化。图例设计应遵循的基本要求包括图例符号的完备性与一致性，以及图例系统的科学性。完备性主要指图例应包括专题地图中出现的所有专题符号。图例符号的一致性对点状、线状、面状符号的含义不同：对点状符号是指在形状、色彩、尺寸、结构等方面与图内相应符号要保持严格的一致；对线状、面状符号的情况就比较复杂，可理解为图面与图例符号相对应图形变量的同类性。线状符号的图例应选取能概括该符号完整外形特征的线，并保持色彩、尺寸一致。面状符号的图例常以矩形方式代替，网纹与图内相同类别一致。此外，图例符号的设计还应考虑易读性、艺术性以及便于制作等。

（3）图幅基本轮廓的设计。专题地图的设计要比普通地图和国家基本地形图复杂多样。专题地图的编制，不但要将制图与学科专业紧密结合，而且要深入了解和掌握图幅的用途和使用者的要求。在此基础上，才能设计图幅的基本轮廓。主要应了解以下内容：

① 该图幅是专用还是多用。专题地图越来越向多用途方向发展，即专题地图既能专用也可多用，并相应地产生了一版地图多种式样的做法。

② 已出版的类似专题地图。分析这些图件的优缺点，改进其不足之处，吸收其长处以更

好地满足使用者的用图要求。

③明确地图使用者的特殊要求。根据地图的用途、使用场合、使用对象等要求,明确专题地图总体设计的指导思想,拟定专题内容项目,突出重点,提出图幅设计的方案。

(4)制图区域范围的确定。根据用途和要求确定专题地图图幅的区域范围。范围选择与专题地图的数学基础有紧密的联系,并在很大程度上影响着图幅的使用效能。制图区域根据图幅范围可分为单幅、单幅图的内分幅这两种形式。

①单幅。单幅指专题区域能由一幅图的范围完整地包括。应正确地处理专题区域与周围地区的关系。专题区域在图幅的正中,它的形状确定了图幅是横放还是竖放,以及图幅的长宽尺寸。为了便于阅读和使用,专题地图一般以横放为主。某些专题区域性形状较长,由于上北下南的习惯,多采用竖放的样式。

②单幅图的内分幅。专题区域超过一张全开纸尺寸而分为若干印张。应按纸张规格进行分幅,分幅不宜过于零碎,分幅面积应大体相同。

内分幅地图的分幅原则为须注意纸张规格和印刷条件;各图幅印刷面积尽可能平衡(印刷面积是指图纸上带有印刷要素的有效面积,而不是单指图廓的大小);主区在图廓内基本对称,同时应照顾到与周围地区的联系;照顾主区内重要物体的完整性;照顾图面配置的基本要求;大幅地图的内分幅应考虑局部地区可组合成新完整图幅。

此外,设计时应明确图廓内专题区域以外的范围的确定方法。方法1,区内区外表示方法相同,只加粗专题区域界线,或加彩色晕边,以突出专题区域线,显示专题区域范围,同时也能与相邻区域紧密联系。方法2,只表示专题区域范围,区域外空白,区内区外要素没有联系。方法3,内外有别,即区内用彩色,区外用单色,且内容从简。专题地图普遍采用这种方法。

(5)专题地图数学基础的设计。

①影响数学基础设计的因素。地图的数学基础是指地图上各要素与相应的地面景物之间保持一定对应关系的数学要素,其中地图投影和比例尺最重要。根据专题地图的用途与要求,由于地图所表现的主题和内容不同,即使同一制图区域,其地图投影方式的选择也有所不同。制图区域的地理位置、形状和大小往往影响投影和比例尺的选择、地图的幅面及形式。另外,由于不同比例尺的精度要求不同,制图比例尺也会影响投影的选择。

②投影和比例尺的设计。投影设计:专题地图制图中较多采用等积投影和等角投影,但具体设计时应根据专题地图的用途和要求,制图区域的地理位置、形状和范围大小,制图比例尺等确定采用何种投影。比例尺设计:应考虑地图的用途和要求,充分利用纸张的有效面积,并考虑纸的规格,根据制图区域形状、大小,设计专题地图比例尺,此时还应设计好主副图的比例尺。

（6）图面设计。专题地图需要同时具备科学性和艺术性。图面设计包括图名、比例尺、图例、统计图表、影像、照片、文字说明等的位置与大小、专题内容与图廓的关系等。很多情况下，一个幅面上可能有多幅地图，它们之间可能有主次之分或者同等重要，需对其进行合理的安排。

① 主图。专题地图图幅的主体，应占有较大的图面空间和突出位置。主图的方向一般为上北下南，但在某些特殊情况，可与正常的南北方向适当偏离，但应配以明确的指向线。

② 移图。地图比例尺、制图区域形状与制图区域大小难以协调时，可将主图部分移到图廓内较为适宜的区域，称为移图。移图为主图的一部分，移图通常比主图的比例尺小。

③ 图名。专题地图的图名要求简练、确切，简单说明图幅的主题，一般放在图幅上方中央，或在图廓内以横排或竖排的形式放在左上或右上的位置。字体要与图幅大小相称，以等线体或美术体为主。

④ 比例尺。专题地图上的比例尺一般放在图或图例的下方，或图廓外下方中央，且以直线比例尺最为有效。在制图区域范围较大、比例尺很小的情况下，可将比例尺省略。

⑤ 图例。图例符号多半放在图中不显著的某一角，且尽可能集中在一起。在图例符号较多，集中安置会影响主图表示及整体效果时，可分成几部分进行安置，并按读图习惯，由左到右有序排列。图例是专题内容的表现形式，图例中符号的内容、尺寸和色彩应与图内一致。

⑥ 附图。附图是指主图外加绘的图件，补充说明主图的不足。专题地图中的附图，包括重点地区扩大图、内容补充图、主图位置示意图等。附图放置的位置应灵活。

⑦ 文字说明和统计图表。文字说明和统计图表是对主题概括、补充较有效的形式。文字说明和统计图表在图面组成中占次要地位，要求简单扼要，所占幅面不宜太大，一般安排在图例中或图中空隙处。在专题地图的设计中，一定要根据制图区域形状、图面尺寸、图例和文字说明、附图及图名等多方面内容和因素依具体情况灵活运用，使整个图面生动。

2. 专题地图输出

最终编制好的专题地图一般都要用绘图仪打印出来，主要是要解决图面大小的问题，即通常所说的 A0 幅面还是 A1 幅面等。有的项目既需要 A0 幅面的专题图，又需要大量的 A4 幅面的附图，在制作小图时，可能由于所需要的数量较多，通常的方法是使用制图软件（如地理信息系统软件、AutoCAD 等）将小图在大幅面的图纸上规则排列（如在 A0 纸上排列 16 个 A4 幅面的小图）。但要注意专题图的比例尺和图中所用线型、符号的比例尺问题，考虑制图综合的影响因素，运用有关的制图综合方法，制作出不同比例尺和主题的专题图，保证不管是大图还是小图，其比例尺、线型和符号协调美观。

第五节　遥感数据与系列制图

遥感系列制图是遥感区域综合分析的重要手段,也是区域研究成果的科学表达方式。它是遥感技术和地图学的结合。用遥感手段提取的信息可以更新地理信息系统的空间数据库,也可以制成系列专题地图。

自然界中各种要素相互联系、相互影响和相互制约,并按一定的空间组合和分异方式构成一个完整的统一体 —— 自然综合体。自然界的各种现象有它自身的发生、发展、变化规律。这个规律与其他现象是相互联系的。因此,要想系统、全面地阐明这种相互联系,单凭对一种现象的分析是难以达到的。它需要综合研究各种物体和现象以及它们的相关性,这对宏观上的全面了解是很有意义的。这里要求各个专业不仅各自阐明某种或某些要素的特有规律,描述自然界现象的多样性,而且要求它们彼此之间能够相互论证、相互补充,从而揭示复杂的自然现象之间的联系,以达到辩证的统一。

现代遥感技术的飞速发展以及科学研究的不断深入为遥感系列制图提供了可能。遥感图像包含丰富的信息,客观地反映了地理景观的结构和特征,以及具有数量化、动态的特点。遥感系列制图便是研究如何利用丰富的遥感信息,结合地学调查研究,进行遥感地学综合分析判读和成图处理,以一套图文并茂、统一协调的专题地图来反映自然综合体的统一性和自然条件与自然资源的多样性,反映图像信息的特征和它们的内在联系,以供科学研究和生产建设有关部门认识特定地区的自然条件、清查自然资源、编制发展规划的方法。这样的一套遥感专题系列地图是由不同专业人员按照各自的应用目的和要求,通过图像解译与综合调查分别获得的,并将获得的专题信息按统一协调的分类和图例系统,转绘和表达在统一的地理基础底图上,这样可在每一种专题地图上既反映专题内容又兼顾与之有关的内容,避免出现矛盾。因而,它具有专业性、系统性和综合性,可以相互对比与引证,达到统一协调的目的。

一、遥感系列制图的基本条件

1. 选择统一的遥感信息源作为制图的基础

根据制图的精度要求、制图区域的地学特征和遥感信息源本身的特点,选择同一遥感信息源作为制图的基础。这样,由于利用的是同一地区和时间、同一基础资料和观察方法,在科学体系上易于统一。尽管各学科观点有所不同,研究程度各异,但在相互借鉴下,分类指标、分类系统、分类等级便于协调。这里应该说明的是,在遥感系列制图过程中,往往还需要运用其他遥感和非遥感信息作为基本信息源的一种补充。

2. 统一的制图规范和相对应的分类原则

制图规范指基础底图、表达方式、分幅、地图整饰、图例、制图综合、制图精度等方面内容均是统一的。分类原则指无论地貌图、地质构造图、土壤图、……、其各级分类系统、分类等级和类型都必须对应。其中各专业间分类标准详略的一致性是各专业类型界线统一协调的基础。

在对整个地区的自然环境各要素发生和发展过程及相互关系的深刻了解的基础上,找出它们共同的分类基础,作为各个学科协调的依据。同时制定适于该地区的制图分类原则、分类等级和表示方法。在统一的制图规范下,对统一的地理基础底图按照自然环境的区域分异原则及各级地理景观的空间结构与相互关系,划分各专题类型的重要界线,以保持各级界线在轮廓上相互协调、彼此对应。这样在综合的基础上分析,在专题分析的基础上综合,强化了对专题内容理解的深度与广度。系列制图是从最基本地理单元(景观单元)出发的。对应于一个制图单元,在图上的每一块图斑,是按这个比例尺不必再分的最小空间实体 —— 地理综合体。这样,对某个制图区域或部门,既然制图规范、基础底图是统一的,又按统一的地理单元制图,尽管地理环境各要素有它特定的空间组合和分异形式,但是它们各类型的重要界线在轮廓上应该是相互对应的。

3. 统一的地理基础

制图学中强调地理底图,在用计算机制图时只要选择统一的地图投影和坐标系统即可。在遥感图像解译之前,通过遥感图像的几何精校正就可以实现地理基础的统一。

4. 掌握各专题内容之间的关系

根据各环境要素间相互联系、相互制约的特点,有些专题内容必须是在另一些内容的基础上进行推断与派生。这种派生出来的逻辑顺序必须符合这一区域自然综合体内在的规律。如在反映基本自然条件的系列图中,地势图往往是必不可少的主干图。这是因为地势是自然综合体各要素中最重要的要素之一。它的高低起伏与走向在一定程度上决定着热量与水分的再分配,影响水系的发育与形态,制约着植被和土壤的形成。编制土地资源评价图,必须先有土地利用现状图和土地类型图,一般从地质图、地貌图派生出植被图、土壤图等。这样既保持各专题制图的差别和可对比性,又能揭示各组成要素的统一协调、一致性。可以节约许多彼此旁征博引的重复工作,克服学科间的局限性,便于统一认识区域的整体,使各部分有机联系起来,有利于发现、揭示相互间的依存和矛盾,提高判读分析的深度。

二、遥感信息源的选择

1. 遥感信息源

在遥感技术几十年的发展历程中,不同的国家根据不同的研究目的研制并发射了自己的遥感卫星,它们已经形成了不同类型的信息源,每一种类型的信息源又由不同高度的传感器组成立体对地观测系统。在 20 世纪 80 到 90 年代,由于我国获得的遥感信息源十分有限,基本处于有什么信息源就利用什么信息源的状态。在地质、海洋、资源调查、环境监测等各个领域,专题信息的提取都可以从 TM 影像或气象卫星图像中得到结果,它们几乎成了万能信息源,传感器的光谱分辨率、几何分辨率都成为次要因素,甚至很少考虑某种卫星本来的应用目的和适用性,很多应用者一旦用 TM 影像解决不了自己领域的问题,就怀疑遥感技术不行,这与新型对地观测系统不断问世的遥感发展趋势有些不相适应。其实,遥感技术不等于任何一种信息源,它一直处于不断的发展中,目前已经发展为由各种类型的信息源、不同高度的传感器组成的一种立体对地观测系统,而且是一种包括信息获取、处理、应用的理论和方法的集成。

从1957年第一颗人造地球卫星升空,拉开了航天遥感的序幕开始,在几十年的发展历程中,遥感技术完成了从实验室的概念到完整的技术系统,从单一技术的发展到遥感科技领域的确立,从单学科的应用到多学科的综合应用,从静态资源的调查到动态环境的监测,从区域的分析到全球性的研究的蜕变。在世界范围内遥感经历了20世纪60年代的奠基,20世纪70年代发展,20世纪80年代的巩固,到20世纪90年代至今的大发展,已为世人所瞩目。近年来,发射了多颗对地观测卫星,人类比任何时候都要综合全面地观测和监测着我们的地球,这些新型的对地观测系统以高空间分辨率、高光谱分辨率、多角度观测和微波雷达遥感为主导趋势。

自法国的SPOT卫星以10 m的空间分辨率面世以来,高空间和超高空间分辨卫星遥感就成了一个重要领域。美国的陆地卫星系列卫星所携带的传感器经历了MSS、TM和1999年4月发射的Landsat 7携带的ETM +,空间分辨率由MSS的57 m × 79 m,到TM的30 m × 30 m,再到ETM + 的15 m × 15 m(全色波段);SPOT系列从1986年至1998年共发射了4颗卫星(SPOT 1—SPOT 4),空间分辨率多光谱波段为20 m × 20 m,全色波段为10 m × 10 m,2002年5月4日又发射了SPOT 5,空间分辨率多光谱波段为10 m × 10 m,全色波段5 m × 5 m和2.5 m × 2.5 m。20世纪90年代末,由于一系列技术问题的解决,一些商业对地观测小卫星发射升空,将空间分辨率提高到了一个新的水平,开辟了摄影测量和遥感科学的新纪元。最具代表性的是美国的Earth - Watch公司的QUICK BIRD(快鸟),空间分辨率达0.6 m;Spectral Imaging公司的IKONOS,空间分辨率为1 m。以上这些遥感信息源在中国科学院遥感卫星地面接收站或一些代理公司都能购买,而且图像处理和应用方法非常成熟。

雷达遥感具有特有的全天候、全天时数据获取能力和对一些地物的穿透性能。在遥感技术发展的初期就已受到国际社会的关注。多角度遥感是一种新型的遥感技术,是20世纪末遥感发展的一个重要趋势,传统的遥感技术主要是以垂直观测的方式来获取地物光谱的,在假设目标物为漫反射体(即兰勃特体)的基础上对资料进行解译和处理。而Goel, A. H. Stahler及李小文等许多学者的研究结果表明,在遥感图像上,地表亮度除取决于所测地物的几何形态特征和光谱性质外,在很大程度上还与入射光方向和观测方向有关。同时,无论大气或地表,都不是理想的均匀层或兰勃特体表面,把地物目标作为漫反射体的假定与实际情况有较大差异,其反射分布必须要用双向反射分布函数(BRDF)来描述。双向反射分布函数建模的主要分类为辐射传输、几何光学和计算机模拟3种。这些模型适用于多角度遥感观测资料,垂直观测的遥感信息在建立双向反射分布函数模型时需要测量大量参数,其分解算法比较复杂,我国学者李树楷完成了"三维机载对地观测技术"的研究,取得了突破性的成果。

高光谱分辨率遥感是在20世纪末的最后两个十年中,人类在对地观测方面取得的重大技术突破之一,是当前遥感前沿技术。光谱分辨率的提高是自遥感发展以来的一个重要趋势,国际遥感界达成共识,光谱分辨率在 10^{-1} μm 数量级范围内的称为多光谱(Multispectral),这样的遥感器在可见光和近红外光谱区只有几个波段,如美国陆地卫星 TM 和法国 SPOT 卫星等;光谱分辨率在 10^{-2} μm 的数量级范围内的为高光谱(Hyperspectral)。由于光谱分辨率高达纳米(nm)数量级,在可见光到近红外光谱区,其光谱通道多达数十条甚至超过 100 条。由于光谱分辨率大幅度提高,这种新型对地观测系统使得精细光谱分析和地物参数定量反演成为可能。

在航天领域中,除美国地球观测系统(Earth Observation System,EOS)计划中的中分辨率成像光谱仪(MODIS)和欧洲空间局的中分辨率成像光谱仪(MERIS)之外,美国、日本、澳大利亚等国也都研制了星载高光谱分辨率成像光谱仪。长春光学精密机械与物理研究所研制的 C-HRIS 高光谱分辨率成像光谱仪,将我国成像光谱技术提高到了一个新的水平。近些年来,一系列搭载着成像光谱仪的卫星升入太空,具有代表性的是美国的 EO-1 卫星、Orbview-3、NEMO、地球观测系统计划中的 MODIS 和 ASTER、欧洲航天局的 MERIS 和澳大利亚的 ARIES 卫星。这标志着成像光谱技术已经达到了实用化阶段,也说明高光谱遥感应用的高潮即将到来。美国 EO-1 卫星是美国航空航天局为接替 Landsat 7 卫星而研制的新型地球观察卫星,星上搭载两种传感器,即高级陆地成像仪(Advanced Land Imager-ALI)和高光谱成像仪(Hyperium)。高光谱成像仪具有 220 波段,光谱分辨率 10 nm,空间分辨率 30 m,光谱区间 400~2 500 nm。

成像光谱技术的特点是将成像技术与光谱技术结合在一起,在对目标对象的空间特征成像的同时,对每个空间像元经色散分光形成几十个乃至几百个窄波段,以进行连续的光谱覆盖,所获得的图像包含了丰富的空间、辐射和光谱三重信息,既表现了地物空间分布的影像特征,同时也获得了像元或像元组的辐射强度及光谱信息。高光谱分辨率不是用于目视解译的,而是用于进行精细的地物光谱分析和一些地学参数定量反演的。

如此多的遥感信息源,用户究竟怎样选用,这是其一;其二是遥感仅仅是地学信息源的一部分,地学信息源除遥感外还有许多,如野外调查、定位观测、统计数据等,选择了一种或几种遥感信息源后,如何应用遥感数据提取所需要的专题信息也是一个问题。这里先论述第一个问题,第二个问题在后文进行讨论。

2. 遥感信息源的选择

选择遥感信息源的一般方法和原则是:研究对象的地学特性、遥感信息的物理属性和研究应用目的协调统一。

(1)研究对象的地学特性。从遥感应用的角度,遥感研究对象存在着空间分布特征、波谱反射发射特征和时相变化特征。这是一切地物在自然界存在的基本形式。

①地物的空间分布特征。地物的空间分布特征是指任何地物都存在空间的位置、大小、形状及其相互之间的关系。从地理信息系统数据模型的角度,地面对象可归结为点状、线状和面状目标及它们之间的拓扑关系,地物的空间分布特征是遥感解译标志的基础,是遥感目

标识别的重要依据。地面目标的空间分布存在地域分异规律,一般我国南方地形构造较为复杂,造成其环境要素组合的复杂化,如水系、植被、土地资源和土地利用方面差异较大,自然景观单元变小、类型增多、复杂程度增加,因而与北方相比,同类项目要求遥感信息源的分辨率要高。

② 地物的光谱特征。任何地物都有电磁波的反射和发射特性,这也是遥感的基本出发点。掌握每类地物光谱曲线的整体形状、存在的吸收带和反射峰等地物的光谱特性是遥感解译的基础,同时还要充分了解地物的光谱变异规律,在遥感解译时要特别注意"同物异谱"和"同谱异物"现象。在一定的条件下地物的双向反射分布函数的值发生变化,由于双向分布函数呈主轴为光线入射方向的椭球面分布,则观测方向与主反射方向(与光线入射方向一致的反射方向称为主反射方向)的夹角越大,探测器获得的表面双向分布函数值越小。影响地物光谱特征的因素很多(如时间、地点、环境背景等),它是一种综合作用的结果。因此,近年来分专题或区域的地物光谱数据库的研究又重新为人们所重视。对地物光谱特性的研究,一方面为传感器的研制、波段的确定提供科学依据;另一方面在应用遥感数据进行解译时,为进行波段选择、波段组合提供重要参考,特别是在高光谱数据分类时,为有效地定量提取专题信息选择并确定稳定的光谱参量提供定量标准。

③ 地物的时相变化。地面对象都有时相变化。地物的时相变化有两层含义,其一是指自然变化过程,即其发生、发展和演化的过程;其二是节律,即事物的发展在时间序列上表现出某种周期性重复的规律。遥感数据是瞬时记录,因此在分析遥感资料时必须考虑研究对象本身所处的时态,不能从一个瞬时记录中来超越它所能反映的范围。要确定目标的最佳识别时间,使得遥感的时间分辨率与之对应起来,如我国东北林区每年9月末会出现"五花山",即不同的树种以不同的颜色表现出来,此时是区分树种最好的时间。

综上,要用遥感数据正确地提取专题信息,必须透彻了解遥感研究对象的地学属性(空间分布、波谱特征和时相变化),并将其与遥感信息本身的物理属性(空间分辨率、光谱分辨率、时间分辨率和辐射分辨率)对应起来,如果选择的遥感资料充分反映了地物的空间分布特征、符合地物的光谱特征和时相变化规律,那么提取的专题信息可靠,反之,基本条件不具备,所提取的信息不可靠甚至不成功。

(2) 遥感信息的物理属性。① 空间分辨率,是指每个像元在地面上相应的范围,也称为地面分辨率。如 MSS 的 57 m × 79 m,TM 的 30 m × 30 m,ETM + 全色波段的 15 m × 15 m,SPOT 5 的 10 m × 10 m、5 m × 5 m 和 2.5 m × 2.5 m,IKONOS 的 1 m × 1 m,QUICK BIRD 的 0.6 m × 0.6 m 等。对于空间分辨率,有几点需要说明:首先,从理论上分析,在影像上能区分的最小地物尺寸为几何分辨率的大小,即 $2\sqrt{2}a$(a 为像元的大小)。但实际上,地物在图像上的可分程度,不完全取决于空间分辨率的绝对值,如铁路和一些公路在 TM 影像上能清晰可见,所以必须考虑周围的环境因子。其次,图像的空间分辨率降低,影像的概括能力增大,不能单纯从地面分辨率的大小来决定其用途的大小,要看它研究什么对象、解决什么问题。对于不同的应用目的,要求图像的概括能力不同,选择的地面分辨率也完全不同,如一些大尺度的地理地质宏观结构问题需要分辨率低、概括力高的遥感数据。最后,遥感图像的空间分辨率是基于目视解译的,空间分辨率的提高对于定量反演模型没有帮助。② 光谱分辨率,指传感器所用的波段的数目、波段的中心波长和波段的宽度。按光谱分辨率的大小可将遥感技术分为多光谱遥感和高光谱遥感。在遥感技术的发展历程中,从光谱分辨率的角度,过去的航空像片采用一个综合波段(全色波段),卫星遥感开始多波段记录,提高了区分地物光谱差异的能力,扩大了应用范围。同时,多波段光谱信息的利用使专题研究中波段的选择针对性愈来愈强。20 世纪末,人类在对地观测方面取得了重大突破,出现了高光谱遥感技术,它是 21 世纪初遥感的前沿技术。在与多光谱遥感相同的光谱波长范围内,细分为数百个波段,所以高光谱遥感数据的每一像元都对应着一条连续的光谱曲线,这种新型对地观测系统使得精细光谱分析和地物参数定量反演成为可能。在构制反演模型时,提取特征参量的灵活性大大增加,如光谱特征模型 SAI(吸收峰位置、深度和宽度) 技术、比值、差值、去外壳、导数波型分析(对于数字图像就是差分变换)、光谱角计算、各种植被指数和二进制波型编码、对数变换、归一化变换或几种变换的组合等。在此基础上就有可能定量地反演出植被盖度和生物量以及土壤含水量等一些地学参数。因此,光谱分辨率就成了定量提取专题信息的基础。③ 时间分辨率,指对同一地区遥感影像重复覆盖的频率,如 MSS 的 18 天,TM 的 16 天等。要反映地物的时相变化规律,必须有遥感数据的时间分辨率作为保证。时间分辨率的意义在于一是及时更新数据库,进行动态监测;二是充分利用同一地区不同时相的图像相互对比,往往可得到任何单一时相所得不到的信息,利用时间差提高解译能力。④ 辐射分辨率,指传感器区分两种辐射强度差异的能力,表现为灰度级的数目,如 MSS 分为 64 个灰度级,TM 分为 256 个灰度级。辐射分辨率越高,表达景物层次的能力越强。

(3) 一般的应用目的。一般地,根据环境特征的大小,可将遥感应用分为以下几类:

巨型环境特征,大致相当于千米级的宏观现象。如大陆漂移、地质构造、自然地带等,采用气象卫星便可解决问题。

大型环境特征,相当于百米级的现象。如环境质量评价、土地类型等,多属于国家级或地区级,陆地卫星的 TM 或 SPOT 1 - 4 就可以保证。

中型环境特征,如资源调查、环境监测、植被类型等在 50 m 以下的范围。一般选择 Landsat 7 的 ETM + 或 SPOT 系列(包括 5 号星)即可。

小型环境特征,如城市发展规划、小流域治理等在 10 m 以下的范围。可以选用 SPOT 5、印度星数据、IKONOS、QUICK BIRD 或航片来满足不同的要求。

综上,不同专业研究应用的任务、目的不同,应根据研究对象的地学特点,遥感信息源的物理属性综合考虑,将三者结合起来选择合适的信息源。

三、遥感信息提取方法

1. 应用的基本思路
地表原型是多维的,是一个连续的、无限的信息源。如森林有一定的面积,有高度,同时还有动态变化(时间)。而遥感信息一般为二维模型,经过采样和量化后为数字化离散的信息源,与原型相比,任一遥感信息源都是退化了的、有限的信息源。用数学公式可以描述如下

$$g(x,y) = \iint f(\alpha,\beta)h(x-\alpha,y-\beta)\mathrm{d}\alpha\mathrm{d}\beta + n(x,y)$$

式中,$h(x-\alpha,y-\beta)$ 叫作点扩散函数或系统的冲击响应,图像的退化就是受 $h(x-\alpha,y-\beta)$ 影响所致,$n(x,y)$ 为图像的加性噪声。

从信息传递的角度,用遥感手段获取专题信息的过程见图7-2,T_1 表示从地面到遥感信息的获取,即成像过程。由于图像的退化,必然要损失一部分信息。

T_2 表示从图像模型反演地表原型信息的过程,即遥感图像的解译过程。要准确地提取专题信息,一般要与其他信息综合,如地面调查数据、现有各种资料、应用人员所掌握的知识和经验等。目前,研究应用较多的是将地理信息系统空间数据库中的数据作为辅助信息来提高遥感分类和信息提取的精度。

T_3 表示对遥感提取的专题图信息的人的理解过程。专题图一般是通过符号、线型、颜色和注记表现的,借助人脑中的知识和经验重新恢复出原有的连续的原型。

T_4 表示对遥感系统、应用处理手段整个过程的反馈调整过程。如新型遥感技术的发展、小波和神经网络等较高级的处理方法的引进等,使得所获取的信息能进一步满足用户的需求,提取的专题信息更为充分。

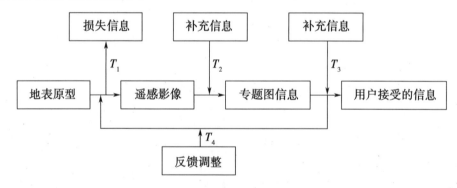

图7-2 遥感信息的传递过程

因此,经过上述分析可知,应用遥感信息源的整体思路为多种信息的综合。其一,遥感数据所对应的地理环境是一个错综复杂的系统,是多层次、多要素的,是地质、地貌、土壤、植被、水文、动物资源等自然资料和社会资料的综合;是不断运动变化着的;是无限的信息源。遥感是有限的信息源,单独靠遥感不能全面认识地理环境,需要将遥感信息、专业知识信息、各种已有的资料和地面实况信息有机地结合起来,进行综合分析。其二,遥感信息本身的综合,它是不同空间分辨率、光谱分辨率、时间分辨率的遥感信息的综合。其三,利用在遥感信息上隐含的地物的分布规律、地物地学属性之间相关性来推断在遥感数据上未反映出来的信息。

2. 应用方法

按上述应用的思路,应用遥感数据的方法主要有以下几种。

（1）信息复合。信息复合是指同一区域内的遥感信息之间或遥感与非遥感信息之间，在空间配准的基础上进行的多种形式的组合。空间配准是关键，内容复合是目的。遥感信息之间的复合是指不同空间分辨率、光谱分辨率和时间分辨率的遥感数据各具特点又相互补充，进行综合分析可以弥补单一信息的不足，扩大各信息的应用范围，提高分析精度。它分为多波段遥感信息的复合，多时相遥感信息的复合，多平台遥感信息的复合。

遥感信息与非遥感信息之间的复合一般包括遥感影像与地图的复合、遥感数据与地理信息系统的复合。前者主要指影像地图化，在经过几何校正的图像上加上一些地图的数学要素（如经纬网、公里网、比例尺等）、部分地理要素（地形、行政区划或前期的专题区划）和一些辅助要素（图名、图例、文字说明等），在一定程度上提高了遥感图像的解译性。遥感与地理信息系统的复合分三种情况：一是用地理信息系统数据对遥感图像先分层，然后分类，如用高程、坡度或坡向将遥感图像分成不同的层次后，再分别对不同的层次进行分类，在一定的程度上能消除"异物同谱"的现象；二是用数据对遥感的分类结果作后处理；三是地理信息系统数据直接参与遥感图像的分类。

（2）目视解译。目视解译是在制定分类系统的基础上建立解译标志，用目视的方法提取专题信息的方法。根据直接解译标志（大小、形状、色调、纹理、阴影）提取信息很有限，多数情况下，要根据地物本身分布的连续性、完整性和分布规律，地物之间的相关关系，运用相关的专业知识、经验进行判断和推理。目前，目视解译还是一种非常有效的提取专题信息的方法，可以把遥感图像调入地理信息系统在屏幕上直接进行矢量化解译。

（3）自动分类。图像处理的结果表明，监督分类和非监督分类的实用性不高，常出现"满天星"的结果。因此，研究提高自动分类精度就成为一项很重要的研究内容。有效分类指标的选择和分类方法的改进都可以提高分类的精度，如监督分类、非监督分类、KL变换、神经网络分析、小波分析等，但我们认为分类的特征空间是本质，反映不同类别的实质信息，不同的分类方法是建立在特定的分类特征空间上的。离开地物光谱特征及其变异规律而单纯依靠数学方法的改进进行地物识别和分类有较大的局限性。如果将地理信息系统中的数据作为一个波段参与遥感数据的分类，或是在高光谱遥感数据中更多地、更有效地提取特征参量，如光谱特征模型SAI（吸收峰位置、深度和宽度）技术、比值、差值、去外壳、导数波型分析（对于数字图像就是差分变换）、光谱角计算、各种植被指数和二进制波型编码、对数变换、归一化变换或几种变换的组合等，将会大大提高自动分类的精度。所以，这里的结论是合理分类的特征空间再加上合理分类的数学方法是提高自动分类精度的有效途径。另外，综合运用各种知识和经验的人工智能分类方法是提高分类精度的另一途径。

（4）遥感信息模型。随着遥感技术的发展和生产实际的需要，遥感技术由定性向定量发展。遥感数据必须从定性的解释走向定量的计算，通过实验的或物理的模型将其信息与地学参量联系起来，定量地反演或推算某些地学和生物学参量。

在遥感技术发展初期就同时存在目视解译和定量化方法，只不过地学领域的应用者更习惯使用"看图识字"的目视解译方法而已，在Landsat 1刚刚发射成功时，E. A. Weisblatt、

H. L. Yarger 等就提出了用 Landsat 1 和 MSS 遥感数据定量计算水体悬浮泥沙含量的统计模型。在航天遥感二十年的研究应用历程中,不同研究者在各自的领域都提出了不同的定量数学模型。近年来,有些研究人员又提出了遥感信息模型的概念,并用 NOAA 和 TM 信息源做了不同应用领域的研究。

遥感信息模型与一般的数学模型是有重要区别的,数学模型是在抽象的数学空间内完成计算的,它可以是连续的,也可以是离散的,不一定与图像有关。用这样的模型可以定量地获得一些点或同质区域的地物参数,而一些地学或生物学变量是随着地理分布变化的,如森林蓄积量、生长量、植被的盖度、生物量等,一般的数学模型对地学参量的地理分布通常是无能为力的。遥感既然是信息收集的技术,理应承担起这样的任务,遥感信息模型正是基于此建立起来的,它一定是离散的、与图像有关的模型,是在数学模型的基础上按像元的计算能提供地学参数地理分布的可视化模型。许多数学模型,稍加修改补充就可以转化为遥感信息模型。

建立遥感信息模型通常可分成选择遥感信息的独立变量、建立模型和按像元计算并成图三个步骤,其中建立模型可按两类方法进行:

① 将地学参量直接与遥感信息变量建立经验的回归模型,这类方法的优点是建模方法简单,缺点是由于各次实验条件、影响因素都有些差异,关系常常不稳定,应用时重复性差、难于对比和推广。

② 通过理论分析或概念分析建模。地理问题既有必然的规律,又有偶然的因素影响,因此,研究地理问题既要弄清主要因子之间的关系,又要处理次要因子的随机影响。一般是先通过理论上的成因分析建立数理方程,再将数理方程通过统计方法来处理。这种方法的优点是所建立的模型稳定,缺点是建模困难。

用遥感信息模型的方法提取专题信息的最大优点是很容易与地理信息系统集成。因为从地理信息系统数据结构的角度看,遥感数据是栅格结构的,每个栅格(像元)存储的是相应地面大小的地物的平均光谱辐射的量化值,遥感信息模型就是要将每个栅格(像元)的光谱辐射值通过模型转化为不同的专题值(如生物量、植被盖度、森林蓄积量等),从而使遥感信息模型的结果转变为地理信息系统空间数据库的栅格数据结构的图层。

第六节　扩展地图可视化

扩展地图可视化是指在地理空间数据的常规地图可视化方式基础上,对地理空间数据的可视化方式进行扩展,主要包括电子地图可视化和扩展电子地图可视化两种。

一、电子地图可视化

(一) 电子地图及其特点

电子地图是20世纪80年代中期随着地理信息系统的发展而产生的,逐步从单幅地图的实时显示发展到电子地图集,从浏览型电子地图发展到分析型电子地图,从静态电子地图发展到动态电子地图。电子地图是指以数字方式存储、在电子屏幕上显示、以人机交互方式使用的可视地图。由于电子地图是在电子屏幕上显示的地图,又称"屏幕地图"。

电子地图的数据存储与数据显示是分离的,并且其数据内容可以不断更新,数据显示可以随时调整。因此,与传统纸质地图相比,电子地图有了新的特点。

1. 动态性

电子地图具有以动态方式表现地理空间信息的能力。电子地图的动态性表现在两个方面:一是用具有时间维度的地图动画来反映事物随时间变化的动态过程,并可通过对动态过程的分析来反映事物发展变化的趋势,如城市区域范围的动态沿革变化,河流湖泊水涯线的不断推移等;二是利用闪烁、渐变、动画等动态显示技术来表达地理实体或现象,以吸引用户的注意力和理解地理空间信息的特征,如通过色彩浓度动态渐变产生的云雾状感受来描述地物定位的不确定性,通过符号的跳动闪烁来突出反映地理实体或现象的空间位置和重要性等。

2. 交互性

电子地图具有交互性,即通过地图使用者与电子地图的交互操作,可以实现地理空间信息的查询、展现和分析等,使用户能够更好地认知地理空间信息。

在电子地图数据进行可视化显示时,地图用户可以对显示内容及显示方式等进行干预,将制图过程与读图过程融为一体。由于用户使用电子地图的目的不同及对地图内容的理解不同,所以对同样的地理空间数据会产生完全不同的可视化结果。也就是说,电子地图的表达和使用更加个性化。

电子地图实际是一个地理信息系统,因此可以提供数据查询、图面量算、空间分析等交互应用工具,方便用户更灵活、更有效地认知地理空间信息,从而使电子地图发挥出更大的作用。

3. 多媒体性

电子地图以地理空间数据中的地理实体或现象为主体,将图像、文字、声音、视频等多媒体信息融入电子地图中,弥补了静态纸质地图在信息内容和表现方式上的先天缺陷。

将多媒体数据加入电子地图数据库后,通过人机交互的查询手段,可以获取与地理实体或现象相关的多媒体信息,大大丰富了地图的内容,有利于充分调动读者的多种感官,最大限度地发挥地理空间信息的认知效能。因此,电子地图在提供不同类型信息、满足不同层次需要方面具有传统地图无法比拟的优点。

(二) 电子地图设计的依据

电子地图与纸质地图具有许多不同的特点,纸质地图是建立在纸和模拟图形基础上的,而电子地图是建立在计算机屏幕和数字图形基础上的。电子地图设计是建立电子地图系统的主要准备工作,是生成满足用户需求的高质量电子地图的基础。进行电子地图设计时,用户需求、软硬件环境、资料情况及地图用途等因素是电子地图设计的主要依据。

1. 用户需求

满足用户需求是电子地图设计的首要目的,也是检验电子地图设计结果好坏的尺度。例如,军用电子地图是作战指挥最基本的工具,利用电子地图不但可以研究分析作战环境,而且可以标绘敌我态势图、兵力部署图、火力配置图等。因此,军用电子地图的基本要求是:可进行图幅的拼接和裁剪,可任选地图显示区域范围(如矩形、方形或圆形等);电子地图各要素既能分层分级显示,又能叠加显示;能在电子地图上按指定位置清晰地标绘各种军事目标;能快速调阅已存储的各种军事情况图,并能快速准确地实施叠加;能按图幅编号、地名及范围、经纬度、比例尺和图名进行调阅;具有开窗放大、区域漫游、推拉镜头、线划加粗变细、图形放大缩小和立体显示等功能等。

2. 软硬件环境

软硬件环境是电子地图设计的基础,确定了电子地图制作和使用的软硬件基础。硬件环境可以分为电子地图制作硬件环境和电子地图使用硬件环境,包括数据采集、数据存储、数据传输和图形图像显示设备等,如计算机、扫描仪、数据采集设备、网络环境、可视化设备、人机交互设备等。

软件环境可分为电子地图制作软件环境和电子地图使用软件环境,主要包括计算机操作系统、数据库管理系统、地图数据采集软件、地图符号制作软件、地图可视化显示软件、网络数据传输软件、多媒体显示软件、设备驱动软件等。

3. 资料情况

资料情况指电子地图的数据内容决定了电子地图制作和使用的地理空间数据内容、数据组织方式、数据显示方式和地图使用方式。编制电子地图所需要的资料包括:数字地图数据,指各种类型和尺度的数字地图,有些来源于已出版的纸质地图;遥感影像数据,主要指不同范围、类型、时间、分辨率的航空像片数据、卫星遥感数据等;专题数据,指电子地图涉及的地理实体或现象的属性特征数据,如专题统计数据、兵要地志数据等;多媒体数据,指地理实体或现象相关的多媒体信息,如图片、视频、音频、文本、报表等。

制作电子地图需要各种与地图用途相关的资料,这些资料往往需要经过处理(如配准、投影变换、化简、关联、切片、分层等)才能成为电子地图可以直接使用的数据。

4. 地图用途

地图用途是电子地图设计的基本依据,不仅决定了电子地图的内容和显示方式,而且决定了电子地图的人机交互操作方式。地图用途包含的内容很多:用户类型,不同的地图用户对地图内容和使用方式会有不同的要求;使用目的,决定了电子地图应具有的功能,如对车辆导航的应用目的,需要提供路径规划功能;使用环境,桌面地图使用环境、移动地图使用环境、夜晚地图使用环境、电子屏幕的尺寸与分辨率等直接影响电子地图显示的内容、可视化符号的设计和人机交互的方式等。

(三) 电子地图符号设计

电子地图符号设计需要考虑电子地图显示环境和条件,运用电子地图视觉变量理论和方法,根据表示的要素及其特征的需要,确定符号的类型和视觉变量。地图符号对地图表示效果有着决定性的影响,地图符号设计是电子地图设计中极为重要的一环。电子地图的符号,在国家基本比例尺地形图中,应与纸质地图的符号保持一致,即遵守现行的地形图的图式标准,以利于阅读的连续性,但符号的尺寸要根据视距和屏幕分辨率进行修改。对于没有图式规定的小比例尺地图,其符号设计要自行拟定,但也要和国家基本比例尺地形图的符号保持一定的联系。电子地图的符号设计内容主要有图案设计、尺寸设计、色彩设计和动态符号设计。

1. 图案设计

图案设计是指电子地图符号中的图案构图方式。构图一般应遵循形象、会意、美化和逻辑性等原则。形象是指所设计的符号与对象具有相似性,即要抓住对象的主要特征,使读者建立符号和实体的联想;会意是指对于那些在地面上无明显形状的一些现象,其符号应便于读者理解,如境界线、航线等的符号化方法;美化是指设计的符号要有艺术性,主要体现在符号美观、简洁、明显等方面;逻辑性是指地图内容的分类、分级、重要、次要等特点要体现在图形的变化上。

2. 尺寸设计

尺寸设计是指确定电子地图符号的大小和线划的粗细。

与纸质地图符号尺寸不同,影响电子地图符号尺寸的最主要因素是图形载体(电子屏幕)的分辨率和阅读距离。电子屏幕的分辨率一般为 0.3 mm 左右,而纸质地图的分辨率一般为 0.1 mm 左右。在阅读距离上,电子地图一般为 1 m 左右,而纸质地图一般为 30 cm 左右。因此,在设计电子地图符号尺寸时,要考虑屏幕分辨率和视距对符号尺寸设计的影响,使设计的符号清晰易读。除此之外,还应考虑电子地图的用途、地理环境的特点、地物等级及符号的相互配合等问题。对于旅游用的电子地图,其旅游景点的符号尺寸应大些,以突出主要内容。在地理环境方面,地物稀少地区的符号尺寸可大些,地物稠密地区的符号尺寸可小些。等级高的地物,符号尺寸应设计大些,反之则要小些。符号间尺寸的恰当配合也是设计中不可忽视的,例如圆形居民地符号与公路符号之间尺寸的配合问题,圆形的直径应适当大于公路符号的宽度,等于或小于都是不恰当的。

3. 色彩设计

色彩设计是指确定地图符号的色彩,色彩在电子地图符号中的作用尤为突出,对增强电子地图的表现力、减少符号数量等具有重要意义。

色彩的表现力体现在符号的颜色可明显区别物体或现象的分类、分级、质量、数量、重要性等特征。减少电子地图符号的数量主要体现在用不同颜色的同一个符号来表示同一类别而质量不同的物体,甚至可表示不同类别的物体或现象。

4. 动态符号设计

动态符号设计是指用地图符号的动态变化来表达地图内容的动态变化,也是电子地图特有的可视化表达方式,是电子地图动态显示的基础。

动态符号的出现使用户更容易理解图上所表示的现实世界,较传统静态符号减少了抽象思维的过程。动态符号设计除常用静态视觉变量外,还用到动态变量(显示时刻、持续时间、频率、显示顺序、变化率和同步变量)、扩展视觉变量(清晰度、模糊／朦胧、晕影、透明度、纹理)。

动态符号的实现需要动态显示技术的支撑。如动画变量可用播放的帧速率表示,视频可用播放时间表示,闪烁显示的符号可用闪烁速率表示,高亮显示的符号可用色相和亮度表示等。

(四)电子地图显示形式

电子地图的显示形式要根据地图用途、显示设备、地图操作等的不同而采取不同的方式。

地图用途。地图有不同的用途,如车辆导航、旅游参考、查询专题信息显示文化特征、分析土地利用、表达人口迁移等。同时,不同的地图用途可能会有不同的使用环境,例如,导航地图往往在车载环境中使用。地图显示效果应该更好地符合地图的用途,不同用途的地图可能需要不同的地图显示效果,在地图符号、注记样式、显示风格等方面都可能不同。

显示设备。显示设备的显卡性能、屏幕尺寸、颜色空间、分辨率等的不同,使得同一地理要素进行相同的符号化显示时,会有不一样的效果,有的亮度降低、有的层次感减弱、有的符号变小,等等。常用的图像显示设备有阴极射线管(Cathode Ray Tube,CRT)屏幕、液晶屏幕、投影仪屏幕、掌上电脑、汽车内显示屏、手机屏幕等,屏幕尺寸有大有小,计算机运算速度有快有慢。相同地理范围在不同尺寸的屏幕上显示时,屏幕尺寸大的较尺寸小的显示的地图内容要更加详细。

地图操作。屏幕地图的比例尺和地图内容的负载量会随着用户对屏幕地图的操作(放大、缩小、漫游、查询、分析等)而发生变化,这将影响地图显示内容的变化,其表现手法和采用的符号也可能发生变化。例如,从全球到国家到省到市再到镇的地图显示操作,居民地的符号应从圈形符号自然变化到平面轮廓图形符号再变化到街区图形符号。

电子地图的显示方式主要有全要素分区、分层和分级显示,专题要素闪烁显示,要素特征多媒体显示等。

1. 全要素分区、分层和分级显示

电子地图显示需要表达迅速、内容清晰、易于阅读,但电子地图显示区域较小,地图数据内容很多,若不进行地图内容的显示控制,则用图者很难从大量的地图内容中找到所需要的信息。为了使有用的信息得到突出显示,一般采用分区、分层和分级的策略。

分区显示是将制图区域分成若干区域,根据地图用途确定这些区域的重要程度,以不同的详略程度和表达方式来控制不同区域中地图内容的显示;分层显示是指根据地图用途将地图内容划分出不同的图层,如道路图层、河流图层等,可以根据用户的使用情况,指定显示

的图层;分级显示是指在分层显示基础上,根据地图内容的重要性,随着地图的放大,重要的信息先显示,次要的信息后显示,概要的信息先显示,细节的信息后显示。

2. 专题要素闪烁显示

对于需要突出显示的专题要素,可以采用闪烁显示的方法来引起使用者的重点关注,即通过规定一组静态符号的有序快速播放(包括起始状态、中间状态和终止状态),来强调表现事物或现象的重要性。闪烁显示能吸引读者的注意,便于快速寻找目标。

3. 要素特征多媒体显示

电子地图中的地理实体或现象包含了多媒体信息,通过文本、图片、视频、声音、动画等构成了更直观、更细致的特征信息。如何触发多媒体数据的显示、如何发挥多媒体的表达效果、如何更新和修改多媒体数据等都是电子地图设计时需要考虑的内容。

二、扩展电子地图可视化

(一) 多媒体电子地图

1. 多媒体电子地图的特点

多媒体电子地图是一种集地图、文字、图片、动画、音频和视频等多媒体信息于一体的电子地图产品,通过听觉、视觉等感知形式,更加直观、丰富、形象和生动地表达地理空间信息,使用户快速、高效地认知地理环境的主要特征。多媒体电子地图主要有以下特点。

(1) 信息内容的多媒体性。多媒体电子地图是计算机硬件和软件发展的结果,集成了地图、影像、文本、音频、视频等多种信息,大大丰富了地图的内容。

(2) 表现形式的多样性。相比传统纸质地图以线划符号为主的表达方式,多媒体电子地图增强了地图的表现力,可以更好地发挥地图的认知效能。

(3) 感知内容的多元性。多媒体电子地图通过听觉、视觉等感知形式,可以获得以多媒体方式组织起来的信息,有利于用户综合认知地理环境的多元特征。

(4) 使用方式的交互性。多媒体电子地图通过人机交互手段,使使用者由被动读图变为主动查询,便于用户获得需要的信息。

2. 多媒体电子地图的制作

多媒体电子地图制作就是应用地理信息系统技术,将地图数据与多媒体数据结合起来,通过数据获取、数据处理、数据集成、软件调试等步骤,形成可发布的软件产品。

(1) 数据获取。根据多媒体电子地图的内容要求,进行相关数据的准备,包括地图数据和多媒体数据。

(2) 数据处理。根据多媒体电子地图软件的数据使用要求,将地图数据和多媒体数据进行规范化处理,如坐标配准、图像裁剪、视频编辑和动画制作等。

(3) 数据集成。使用多媒体电子地图软件进行数据组织、图幅构建、热点设置、媒体信息链接、数据库关联等,将地图数据与多媒体数据有机结合起来。

（4）软件调试。通过对多媒体电子地图软件系统的调试，消除各种错误，并形成数据与软件一体的电子地图产品，以便出版和产品复制。

（二）地图动画

1. 地图动画的特点

地图动画，也称动态地图、动画地图等，是指在地图上以动态变化的地图符号来表达地理空间信息动态特征的地图形式。地图动画使用动态地图符号来表现地理实体或现象的时空变化，具有以下特点：（1）可以展现地理实体或现象各种属性特征随时间变化的过程，如地壳演变、冰川形成、人口变化等过程。（2）可以展现地理实体或现象的空间位置随时间发生变化的过程，如人、车、船、飞机、卫星、导弹、云等空间位置的变化。（3）可以实时显示地理实体或现象的空间位置和属性特征及其动态变化情况。通过各种实时监测设备可以获取目标当前的位置和状态，并在地图上进行实时显示，如航班实时监控、地面交通状况实时显示等。

2. 地图动画的可视化表示方法

（1）采用具有地图要素动态特征表达功能的传统地图符号来表示制图对象的动态变化，即采用静态的地图符号来表达事物或现象的动态变化。例如，用带箭头的线状符号表示地理实体或现象的移动路线，用符号加时间标注来表示地理实体或现象在某一时刻的位置。

（2）通过地图符号的动态变化来表示制图对象的特征变化，即使用动态地图符号来反映事物的质量、数量、空间特征的变化。例如，通过地图符号空间位置的变化，反映制图对象的空间运动路径；通过地图符号变化的时长、速率、次序及节奏等，反映制图对象的属性特征变化。

（3）制作一系列内容逐步变化的地图快照来表现地理空间信息在不同时刻的状态，通过播放这些地图快照形成地图动画，使读者在视觉上感受到地图内容随时间所发生的变化，从而形成对事物或现象动态变化的空间认知。

（三）三维电子地图

1. 三维电子地图及其特点

三维电子地图，简称三维地图，是以三维可视化方式对地图内容的实景模拟表达。网络三维电子地图通常集成了生活资讯、电子政务、电子商务、虚拟社区、出行导航等信息，具有地图内容查询、路径规划与导航等应用功能。与二维电子地图相比，三维电子地图具有一些新的特点，主要体现在以下几个方面：① 三维电子地图增加了一维显示空间，可以给地图用户提供更丰富的视觉感受，便于更好地实现对地图内容的空间认知。② 三维电子地图的地图符号增加了高度显示轴，可以显示更多的属性特征，便于地理空间数据的有效表达。③ 三维电子地图的显示方式更符合人们的日常习惯，使地图用户更容易理解和感受场景所表达的地理空间信息。④ 三维电子地图可以更形象地表达地理环境及相关信息，二维电子地图则更加抽象，可以满足不同的用图目的和用图习惯。

2. 三维电子地图的制作

三维电子地图除了采用传统的视觉变量表达地理实体与现象的特征外，还要用色彩、阴影、纹理、透视变换等来构造三维影像,而三维电子地图的制作则需要三维可视化软件的支持,主要包括建模软件、平台软件和应用软件三类。

(1)建模软件。主要用于构建三维模型,即将现实世界中的房屋、道路、管道、植物、动物、日常用品等建成三维模型的数据。

(2)平台软件。基于三维模型数据,实现三维数据的显示、漫游、观察、分析、交互等功能,并提供二次开发接口,是制作三维电子地图的基础软件。

(3)应用软件。即使用三维电子地图的软件系统,如数字校园、数字小区、数字城市、三维导航等三维电子地图系统。

因为真三维的电子地图需要大规模的三维建模工作,所以目前大多数三维电子地图都是2.5维的。

(四)虚拟现实可视化

1.虚拟现实及其特征

虚拟现实是指综合应用仿真技术、计算机图形学、人机交互技术和多媒体技术等生成的一种虚拟三维动态场景,给人的感觉就像真实世界一样。虚拟现实技术为地理空间信息可视化提供了一种新的形式,即以人类认识世界的自然方式来展现地理空间信息。交互、沉浸和想象通常被认为是虚拟现实的三个基本特征。

(1)交互。虚拟现实的最大特点就是用户可以用自然方式与虚拟环境进行交互操作,这种人机交互比平时计算机屏幕界面交互要复杂得多。例如,当人在虚拟场景中行走时,体位和视角的任何变化,都应引起场景画面的变动,计算机都要连续不断地重新构造画面。

(2)沉浸。虚拟现实的沉浸特征可以看作是交互的深化,即置身于一个"适人化"的多维信息空间,以人在自然空间所具有的各种感觉功能(视觉、听觉、触觉、味觉、嗅觉)去感知虚拟空间的信息。在这个空间中,技术难点是感知系统和肌肉系统与虚拟现实系统的交互,只有实现各种感觉的逼真感受,才能产生沉浸于多维信息空间的仿真感觉。

(3)想象。虚拟环境的设计不仅来自于真实世界,即仿制客观世界现有的物体、现象、行为等,而且可以来自人的想象世界。这个想象世界是将难以在现实生活中出现的微观、巨变、艰险、复杂的环境,用虚拟现实技术再现出来,使用户拥有亲历的机会。

2.虚拟现实系统的基本构成

虚拟现实系统主要由虚拟环境生成系统、虚拟感知生成系统、传感与交互系统三部分组成,各部分的关系是密切关联的。

(1)虚拟环境生成系统。用于生成逼真的三维立体图像。人接受外界信息的80%是通过视觉获得的,因此虚拟环境生成系统是虚拟现实系统的核心部分。

(2)虚拟感知生成系统。用于生成听觉、触觉、嗅觉、味觉等人类感知。需要通过操控音频系统等设备,产生需要的感官刺激。

(3)传感与交互系统。用于人与虚拟现实系统的交互操作。通过传感设备获取用户的各种输入信息,并反馈到虚拟现实系统,使系统的输出做出相应改变。

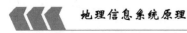

虚拟现实系统需要使用多种硬件设备,如声像头盔、大屏幕显示器、立体眼镜、数据手套、跟踪球等,也需要相应的软件支持,如三维建模软件、实时仿真软件等。

3. 虚拟地理环境

应用虚拟现实技术,地理空间信息可以展现为虚拟地理环境。虚拟地理环境可以看作现实地理环境在信息空间中的映射,同时,其展现的内容还可以超越现实地理世界包含的内容。与三维电子地图相比,虚拟地理环境更加追求逼真性和沉浸感,虽然是以视觉感知为主,但结合了听觉、触觉、嗅觉等感知,使人们犹如进入了真实的地理空间环境,并可以自然方式进行交互。

虚拟地理环境提供了一种更加具体化、更加自然的空间认知方式和操作平台,在数字城市、智慧城市、虚拟战场环境和虚拟海洋环境等领域得到了广泛的应用。

参考文献

[1]苏世亮,李霖,翁敏.空间数据分析[M].北京:科学出版社,2019.

[2]华一新,赵军喜,张毅.地理信息系统原理[M].北京:科学出版社,2012.

[3]范文义,周洪泽.资源与环境地理信息系统[M].北京:科学出版社,2003.

[4]郑新奇,吕利娜.地统计学(现代空间统计学)[M].北京:科学出版社,2018.

[5]秦昆.GIS空间分析理论与方法:第2版[M].武汉:武汉大学出版社,2010.

[6]崔铁军.地理信息科学基础理论[M].北京:科学出版社,2012.

[7]汤国安.地理信息系统教程[M].2版.北京:高等教育出版社,2019.

[8]邬伦,张晶,赵伟.地理信息系统[M].北京:电子工业出版社,2002.

[9]李霖,尹章才,刘强,等.地理信息系统原理[M].北京:科学出版社,2022.

[10]何必,李海涛,孙更新.地理信息系统原理教程[M].北京:清华大学出版社,2010.

[11]黄杏元,汤勤.地理信息系统概论[M].北京:高等教育出版社,1989.

[12]邬伦,刘瑜,张晶,等.地理信息系统:原理、方法和应用[M].北京:科学出版社,2001.

[13]陆守一,唐小明,王国胜.地理信息系统实用教程[M].北京:中国林业出版社,1998.

[14]樊红,詹小国.ARC/INFO应用与开发技术:修订版[M].武汉:武汉大学出版社,1995.

[15]胡鹏,黄杏元,华一新.地理信息系统教程[M].武汉:武汉大学出版社,2002.

[16]陈述彭,鲁学军,周成虎.地理信息系统导论[M].北京:科学出版社,1999.

[17]毛锋,沈小华,艾丽双.ArcGIS8开发与实践[M].北京:科学出版社,2002.

[18]刘南,刘仁义.WebGIS原理及其应用:主要WebGIS平台开发实例[M].北京:科学出版社,2002.

[19]赵道胜.森林资源经营管理模型的建立与应用[M].北京:中国林业出版社,1995.

[20]牛文元.自然资源开发原理[M].郑州:河南大学出版社,1989.

[21]孙玉军.可持续发展林业的理论与方法[M].哈尔滨:黑龙江科学技术出版

社,1996.

[22]李德仁,等.GIS 的前景[J].测绘通报.1994(3):30 - 35.

[23]王桥,吴纪桃.GIS 中的应用模型及其管理研究[J].测绘学报,1997,26(3):280 - 283.

[24]BURROUGH PA. Principles of Geographic Information System and Land Resources Assessment. Londen:Clarendon Press,986.

[25]THOMASJW. Forest Service Perspective on Ecosystem Management[J]. Ecological Application,1996,6(3):703 - 705.

[26]QIMING ZHOU. Relief Shading Using Digital Elevation Model[J]. Computer & Geosciences. 1992,18:1035 - 1045.

[27]阳含熙,卢泽愚.植物生态学的数量分类方法[M].北京:科学出版社,1981.

[28]詹昭宁,邱尧荣.中国森林立地"分类"和"类型"[J].林业资源管理,1996,(1):28 - 30.

[29]李应国,唐小明,田永林.GIS 中数字地形模型及相关功能的实现方法[J].林业资源管理,1994,(6):46 - 51.

[30]秦其明,曹五丰,陈杉.ArcView 地理信息系统实用教程[M].北京:北京大学出版社,2001.

[31]房佩君,赵卫东,李旭峰,等.地理信息系统(ARC/INFO)及其应用[M].上海:同济大学出版社,2000.

[32]徐绍铨,吴祖仰.大地测量学[M].武汉:武汉测绘科技大学出版社,1996.

[33]朱华统.常用大地坐标系及其变换[M].北京:解放军出版社,1993.

[34]陆漱芬,陈由基,王近仁,等.地图学基础[M].北京:高等教育出版社,1987.

[35]张克权,黄仁涛,等.专题地图编制[M].北京:测绘出版社,1982.

[36]孙以义.计算机地图制图[M].北京:科学出版社,2000.

[37]马蔼乃.遥感信息模型[M].北京:北京大学出版社,1997.

[38]容观澳.计算机图象处理[M].北京:清华大学出版社,2000.

[39]章毓晋.图像处理和分析[M].北京:清华大学出版社,1998.

[40]陈述彭,赵英时.遥感地学分析[M].北京:测绘出版社,1990.